本书部分案例展示

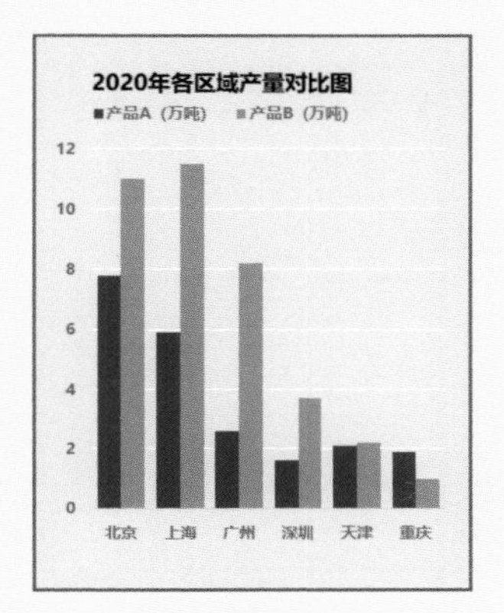

用柱形图展示数据对比

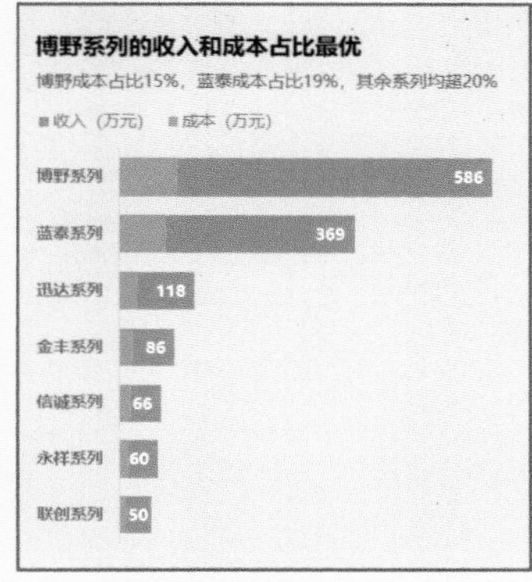

用条形图展示数据对比

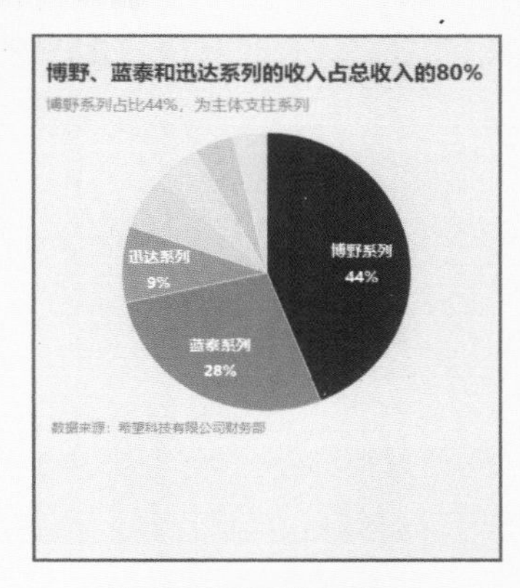

用饼图展示数据占比

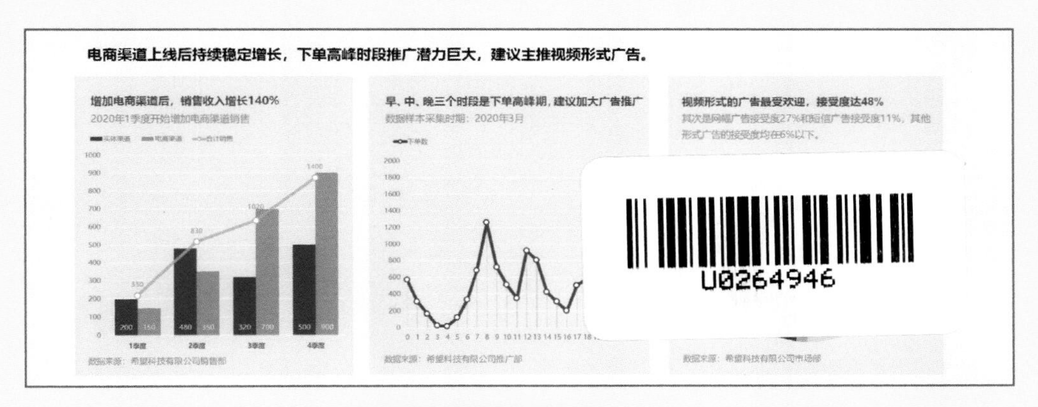

结合多层面数据进行综合分析

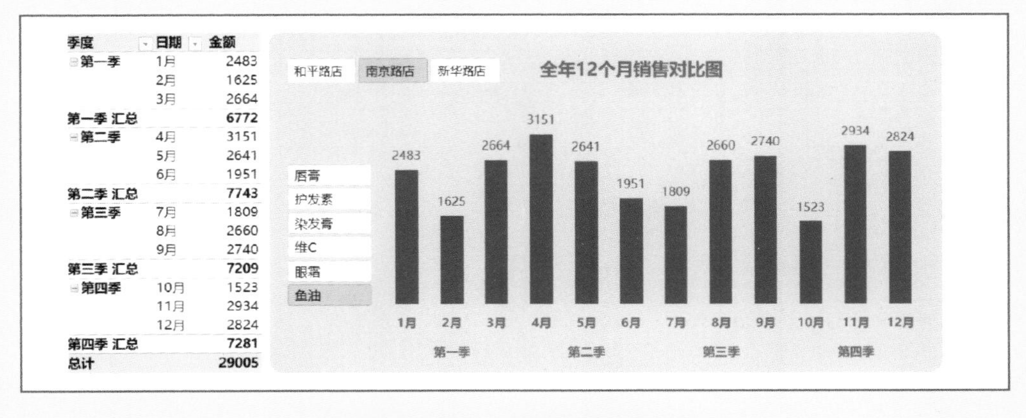

季度	日期	金额
第一季	1月	2483
	2月	1625
	3月	2664
第一季 汇总		6772
第二季	4月	3151
	5月	2641
	6月	1951
第二季 汇总		7743
第三季	7月	1809
	8月	2660
	9月	2740
第三季 汇总		7209
第四季	10月	1523
	11月	2934
	12月	2824
第四季 汇总		7281
总计		29005

运用数据透视表、数据透视图展示数据

本书部分案例展示

日报看板

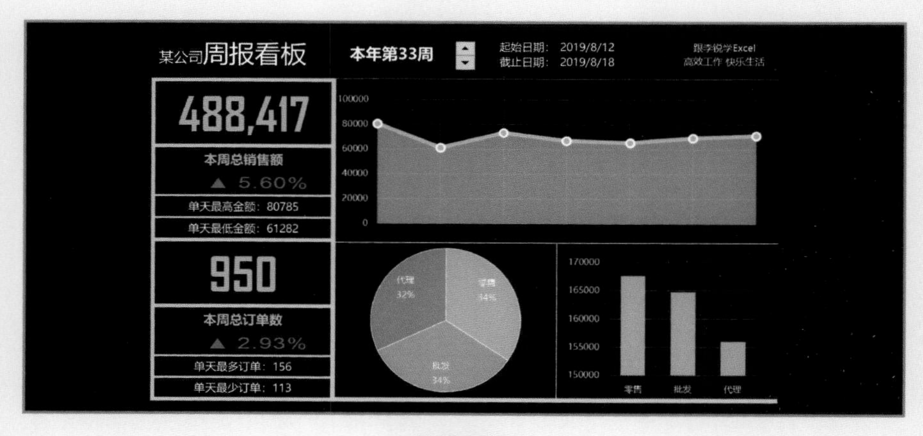

周报看板

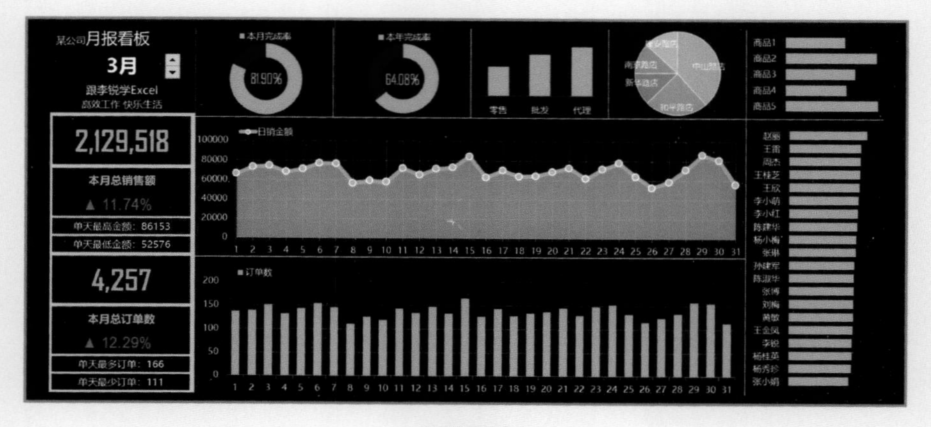

月报看板

跟李锐学

Excel数据分析

李 锐◎著

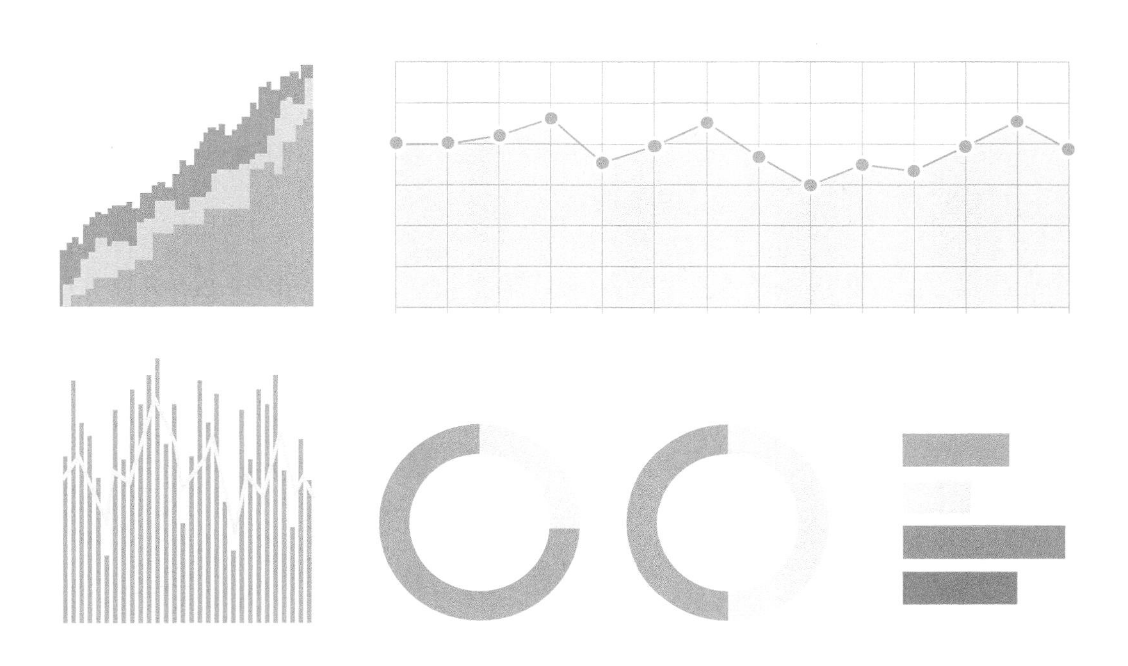

人民邮电出版社
北 京

图书在版编目（ＣＩＰ）数据

跟李锐学Excel数据分析 / 李锐著. -- 北京 : 人民邮电出版社, 2021.11
ISBN 978-7-115-55856-5

Ⅰ. ①跟… Ⅱ. ①李… Ⅲ. ①表处理软件 Ⅳ. ①TP391.13

中国版本图书馆CIP数据核字(2020)第268267号

内 容 提 要

本书是作者 20 年实战经验的总结、提炼，汇集了职场人在实际工作中常见的需求。书中结合具体场景，以实例的形式讲解 Excel 常用技术，能够帮助读者有效提高工作效率。跟李锐学 Excel，高效工作、快乐生活。

本书共 13 章，全面覆盖 Excel 函数与公式、数据透视表、商务图表、动态图表、数据管理、数据可视化、多表合并、数据看板、Power Query、Power Pivot 等技术。本书根据实际工作流程安排内容，各章环环相扣，从数据录入到数据管理，从多表合并到函数建模，从数据可视化到专业数据看板分析，辅以经典案例，在传授方法的同时解析思路，以便读者能够举一反三、学以致用。

本书内容翔实、图文并茂，包含丰富专业的实用技术，不但适合零基础“小白”阅读，而且适合有一定经验的职场人学习。

◆ 著　　　　李　锐
责任编辑　马雪伶
责任印制　王　郁　彭志环

◆ 人民邮电出版社出版发行　　北京市丰台区成寿寺路 11 号
邮编　100164　　电子邮件　315@ptpress.com.cn
网址　https://www.ptpress.com.cn
北京九州迅驰传媒文化有限公司印刷

◆ 开本：700×1000　1/16　　彩插：1
印张：21　　2021 年 11 月第 1 版
字数：376 千字　　2024 年 12 月北京第 19 次印刷

定价：79.90 元

读者服务热线：(010)81055410　印装质量热线：(010)81055316
反盗版热线：(010)81055315
广告经营许可证：京东市监广登字 20170147 号

前言

当今时代，Excel到底有多重要，相信身处职场中的你比任何人都有更深的体会。职场竞争激烈，Excel简直成了标配。你会，Excel就是你的职场加分项；你不会，加班再多也很难提高效率。

我花了很多时间学Excel，为什么还是总加班？

很多人有这样的疑惑：我知道Excel很重要，我也花了很多时间学，为什么工作时还是不知道该怎么用，还是经常加班呢？

通过观察，我发现造成这种结果的原因可能有以下两方面。

一是“慌不择路”，学得盲目。Excel的功能非常强大，技巧成百上千，如果不经选择就开始学，很可能学了几个月，到头来你会发现工作中根本用不到！

二是所用所学知识陈旧，脱离实际工作。现在已经进入大数据时代，无论什么岗位的员工，都应具备一定的数据计算、统计、分析、可视化呈现的能力，而完成这些任务最简单、易用的工具非Excel莫属。如果你所学的内容仍然只是制作表格、输入数据，当然难以应对日常办公的需求。

我从2017年开展Office职场办公在线教育，至今已有10万余名付费学员跟我一起学Excel。为了能带动更多的职场人高效工作、快乐生活，我把其中的一门在线视频课程的内容编写成本书。

本书有什么特色？

特色1：本书内容丰富，覆盖领域广泛，适用于各行业人士快速提升Excel技能。

特色2：看得懂，学得会。在讲解案例的时候，注重传授方法、解析思路，以便读者更好地理解并运用所学知识。

特色3：本书内容贴合实际工作需求，介绍职场人急需的技能，跟着书中案例学习，即学即用，学习效果立竿见影。

如第12章所介绍的企业经常用到的动态周报数据看板，可以动态更新数据，集中展现多个关键指标。

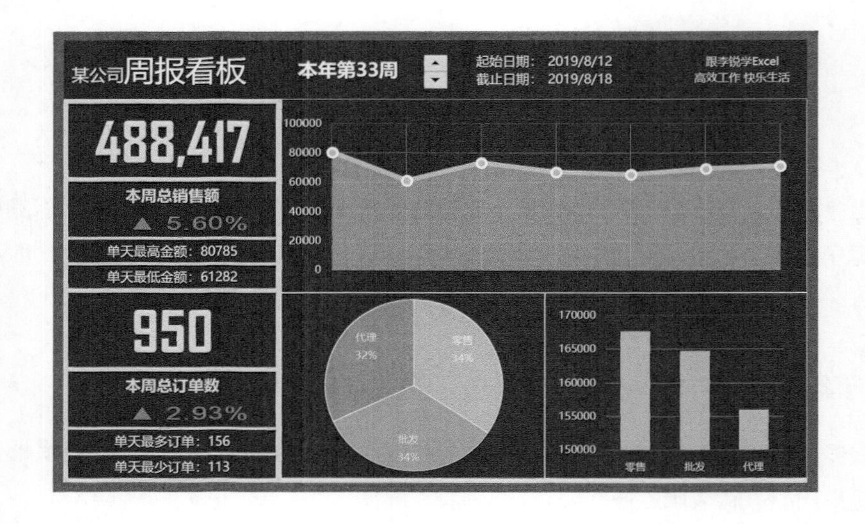

如何获取本书的赠送资源？

关注微信公众号“跟李锐学Excel”，关注成功后发送关键词“72”，即可获取本书的赠送资源。

交流讨论及后续服务

读者在学习过程中若遇到问题，可以通过微信公众号“跟李锐学Excel”→“已购课程”→“联系小助手”添加助手个人微信号进行一对一咨询。

“跟李锐学Excel”团队欢迎读者提出宝贵意见和建议，可以发送电子邮件至ExcelLiRui@163.com，您的反馈将使我们的后续服务更加完善。

李锐

目 录

第01章

只按一键，告别烦琐重复的操作

身处大数据时代，数据已经渗透到每个行业或领域，无论你从事什么工作，可能都会和数据打交道，需要完成数据汇总、数据比对、数据提取或者数据报表制作等工作。手动处理这类问题，不仅费时费力，而且容易出错。其实Excel早就具备了对应的功能，你只需按一次键，瞬间就可以完成这些工作！

本章主要学习以下几种常见场景中的快捷操作方法。

- ◆ 瞬间实现报表数据汇总
- ◆ 快速进行数据比对
- ◆ 瞬间完成数据提取、数据合并
- ◆ 超级表，瞬间自动美化报表

学完本章内容，你在遇到相应场景时能够选择最合适的方法，快速解决问题。

1.1 瞬间实现报表数据汇总

日常工作中经常会遇到各种数据汇总的需求，有的人习惯用计算器计算，有的人习惯在Excel中编写公式计算……其实很多数据汇总问题并不需要复杂的操作，有时只要掌握了正确的方法，仅需1秒即可完成。

1.1.1 多列数据瞬间汇总

某公司主营4种商品，现要求汇总每种商品的销售额（单位：万元），如图1-1所示。

商品 分公司	手机	iPad	笔记本	台式机
北京	49	92	30	65
上海	30	64	41	87
广州	27	96	78	30
深圳	47	66	92	33
厦门	38	90	25	28
成都	73	51	72	84
重庆	57	51	64	66
南京	25	72	88	89
天津	92	75	81	59
石家庄	81	54	61	55
大连	31	77	20	56
汇总				

图1-1

遇到这种对每列数据求和的问题，大多数人都是在汇总行中输入SUM函数，对数据逐列求和。这样做虽然也能得到正确结果，但比起下面这种方法，就显得有点慢了。

选中B2:E13单元格区域，然后按<Alt+=>组合键，瞬间完成对多列数据的汇总，如图1-2所示。

商品 分公司	手机	iPad	笔记本	台式机
北京	49	92	30	65
上海	30	64	41	87
广州	27	96	78	30
深圳	47	66	92	33
厦门	38	90	25	28
成都	73	51	72	84
重庆	57	51	64	66
南京	25	72	88	89
天津	92	75	81	59
石家庄	81	54	61	55
大连	31	77	20	56
汇总				

Alt+=

商品 分公司	手机	iPad	笔记本	台式机
北京	49	92	30	65
上海	30	64	41	87
广州	27	96	78	30
深圳	47	66	92	33
厦门	38	90	25	28
成都	73	51	72	84
重庆	57	51	64	66
南京	25	72	88	89
天津	92	75	81	59
石家庄	81	54	61	55
大连	31	77	20	56
汇总	550	788	652	652

图1-2

1.1.2 多行数据瞬间汇总

总公司想查看每个分公司的销售情况，现要求汇总每个分公司中所有商品的销售额，如图1-3所示。

现在问题变成了对每行数据求和，同样可以使用<Alt+=>组合键，瞬间得到汇总结果。

商品 / 分公司	手机	iPad	笔记本	台式机	汇总
北京	49	92	30	65	
上海	30	64	41	87	
广州	27	96	78	30	
深圳	47	66	92	33	
厦门	38	90	25	28	
成都	73	51	72	84	
重庆	57	51	64	66	
南京	25	72	88	89	
天津	92	75	81	59	
石家庄	81	54	61	55	
大连	31	77	20	56	

图 1-3

选中B2:F12单元格区域，然后按<Alt+=>组合键，瞬间完成对多行数据的汇总，如图1-4所示。

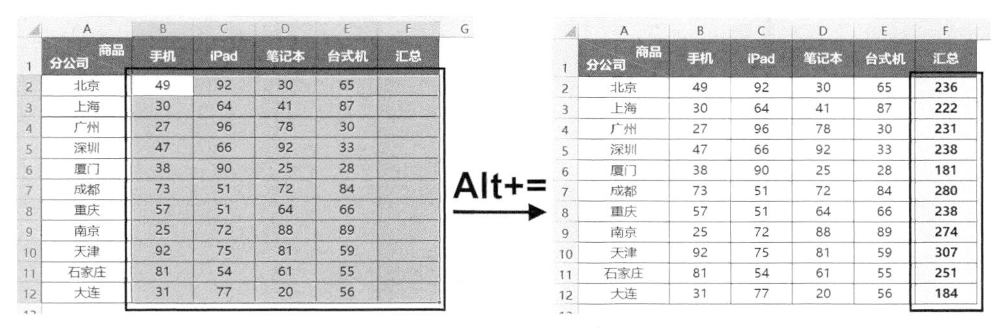

商品 / 分公司	手机	iPad	笔记本	台式机	汇总
北京	49	92	30	65	
上海	30	64	41	87	
广州	27	96	78	30	
深圳	47	66	92	33	
厦门	38	90	25	28	
成都	73	51	72	84	
重庆	57	51	64	66	
南京	25	72	88	89	
天津	92	75	81	59	
石家庄	81	54	61	55	
大连	31	77	20	56	

商品 / 分公司	手机	iPad	笔记本	台式机	汇总
北京	49	92	30	65	236
上海	30	64	41	87	222
广州	27	96	78	30	231
深圳	47	66	92	33	238
厦门	38	90	25	28	181
成都	73	51	72	84	280
重庆	57	51	64	66	238
南京	25	72	88	89	274
天津	92	75	81	59	307
石家庄	81	54	61	55	251
大连	31	77	20	56	184

图 1-4

虽然这种情况也可以通过在汇总列或行中输入SUM函数来计算，但比起使用<Alt+=>组合键的方法，速度就慢很多了，所以推荐优先使用组合键的操作。

1.1.3　一键实现分别按行、按列汇总数据

本例要求在报表中每列下方汇总每种商品在所有分公司中的销售额，在每行右侧汇总每个分公司中所有商品的销售额，在右下角汇总所有商品所有分公司的总销售额，如图1-5所示。

商品 / 分公司	手机	iPad	笔记本	台式机	汇总
北京	49	92	30	65	
上海	30	64	41	87	
广州	27	96	78	30	
深圳	47	66	92	33	
厦门	38	90	25	28	
成都	73	51	72	84	
重庆	57	51	64	66	
南京	25	72	88	89	
天津	92	75	81	59	
石家庄	81	54	61	55	
大连	31	77	20	56	
汇总					

图 1-5

现在问题升级为不但要对每列数据求和，而且要对每行数据求和，最后还要在右下角对整个区域的数据求和，这时如果手动输入公式来计算会大费周

章，但如果用下面的方法，瞬间即可完成以上所有计算。

选中B2:F13单元格区域，按<Alt+=>组合键，瞬间完成对多行、多列数据的汇总，如图1-6所示。

	A	B	C	D	E	F
1	商品 分公司	手机	iPad	笔记本	台式机	汇总
2	北京	49	92	30	65	
3	上海	30	64	41	87	
4	广州	27	96	78	30	
5	深圳	47	66	92	33	
6	厦门	38	90	25	28	
7	成都	73	51	72	84	
8	重庆	57	51	64	66	
9	南京	25	72	88	89	
10	天津	92	75	81	59	
11	石家庄	81	54	61	55	
12	大连	31	77	20	56	
13	汇总					

Alt+=

	A	B	C	D	E	F
1	商品 分公司	手机	iPad	笔记本	台式机	汇总
2	北京	49	92	30	65	**236**
3	上海	30	64	41	87	**222**
4	广州	27	96	78	30	**231**
5	深圳	47	66	92	33	**238**
6	厦门	38	90	25	28	**181**
7	成都	73	51	72	84	**280**
8	重庆	57	51	64	66	**238**
9	南京	25	72	88	89	**274**
10	天津	92	75	81	59	**307**
11	石家庄	81	54	61	55	**251**
12	大连	31	77	20	56	**184**
13	汇总	**550**	**788**	**652**	**652**	**2,642**

图1-6

在Excel中，选中数据区域后按<Alt+=>组合键，可以对数据进行求和，求和结果将显示在数据区域的下方或右侧。

1.2 快速进行数据比对，找出差异值

日常工作中需要进行数据比对的场景很多，相应的方法也很多，本节介绍一种经典的数据比对方法。

要想对数据进行差异比对，有时候仅需1秒就能完成，下面结合不同场景来介绍。

1.2.1 两列数据比对

在盘点库存时，核对数据是经常要做的工作。例如，要在库存盘点报表中，以B列的账存数为基准（基准列在左侧），在C列的实盘数中标识出差异数据，如图1-7所示。

	A	B	C	D
1	库存商品	账存数	实盘数	
2	商品1	848	848	
3	商品2	747	750	
4	商品3	106	106	
5	商品4	499	500	
6	商品5	759	759	
7	商品6	842	840	
8	商品7	941	941	
9	商品8	601	600	
10	商品9	688	688	
11	商品10	839	840	
12	商品11	520	520	
13	商品12	895	900	
14	商品13	366	366	
15	商品14	912	910	
16	商品15	571	570	
17	商品16	828	828	
18	商品17	813	810	
19	商品18	837	837	
20	商品19	382	380	
21				

图1-7

遇到这种情况，有的人会用肉眼逐行比对；有的人会做一个辅助列后将两列数据相减，再筛选结果不为0（即存在差异）的数据。但这些都不是最合适的方法，用下面的方法进行比对仅需1秒即可完成。

01 选中B2:C20单元格区域，按<Ctrl+\>组合键，瞬间在C列定位差异数据所在的单元格，如图1-8所示。

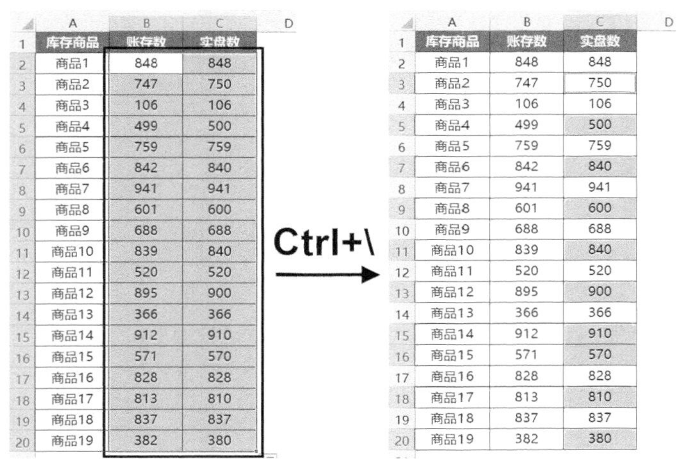

	A	B	C
1	库存商品	账存数	实盘数
2	商品1	848	848
3	商品2	747	750
4	商品3	106	106
5	商品4	499	500
6	商品5	759	759
7	商品6	842	840
8	商品7	941	941
9	商品8	601	600
10	商品9	688	688
11	商品10	839	840
12	商品11	520	520
13	商品12	895	900
14	商品13	366	366
15	商品14	912	910
16	商品15	571	570
17	商品16	828	828
18	商品17	813	810
19	商品18	837	837
20	商品19	382	380

	A	B	C
1	库存商品	账存数	实盘数
2	商品1	848	848
3	商品2	747	750
4	商品3	106	106
5	商品4	499	500
6	商品5	759	759
7	商品6	842	840
8	商品7	941	941
9	商品8	601	600
10	商品9	688	688
11	商品10	839	840
12	商品11	520	520
13	商品12	895	900
14	商品13	366	366
15	商品14	912	910
16	商品15	571	570
17	商品16	828	828
18	商品17	813	810
19	商品18	837	837
20	商品19	382	380

图1-8

02 批量定位这些单元格之后，可以设置单元格背景颜色为黄色，使其更加醒目。

这种方法不但适用于数值型数据的比对，而且同样支持文本内容的比对，十分方便。

注意

这里按的键是“\”而不是“/”。<Ctrl+\>组合键在金山WPS及微软公司Excel 2010以下版本中不支持。

使用Excel 2010以下版本的用户，可以按<Ctrl+G>组合键，弹出“定位”对话框，然后按图1-9所示步骤操作，代替<Ctrl+\>组合键的功能。

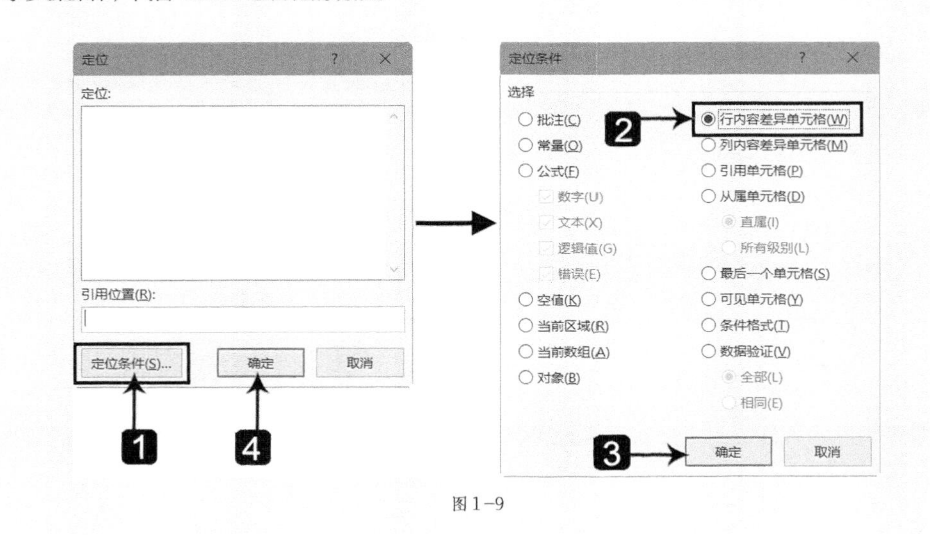

图1-9

举一反三

本例中，若以C列的实盘数为基准（基准列在右侧），在B列的账存数中标识出差异数据，如图1-10所示，该如何操作呢？

先单击C2单元格，按住鼠标左键不松开，向左下方拖曳鼠标指针，选中C2:B20单元格区域，然后按〈Ctrl+\〉组合键，即可瞬间在B列定位差异数据所在的单元格，如图1-11所示。

	A	B	C
1	库存商品	账存数	实盘数
2	商品1	848	848
3	商品2	747	750
4	商品3	106	106
5	商品4	499	500
6	商品5	759	759
7	商品6	842	840
8	商品7	941	941
9	商品8	601	600
10	商品9	688	688
11	商品10	839	840
12	商品11	520	520
13	商品12	895	900
14	商品13	366	366
15	商品14	912	910
16	商品15	571	570
17	商品16	828	828
18	商品17	813	810
19	商品18	837	837
20	商品19	382	380

图1-10

	A	B	C
1	库存商品	账存数	实盘数
2	商品1	848	848
3	商品2	747	750
4	商品3	106	106
5	商品4	499	500
6	商品5	759	759
7	商品6	842	840
8	商品7	941	941
9	商品8	601	600
10	商品9	688	688
11	商品10	839	840
12	商品11	520	520
13	商品12	895	900
14	商品13	366	366
15	商品14	912	910
16	商品15	571	570
17	商品16	828	828
18	商品17	813	810
19	商品18	837	837
20	商品19	382	380

Ctrl+\

	A	B	C
1	库存商品	账存数	实盘数
2	商品1	848	848
3	商品2	747	750
4	商品3	106	106
5	商品4	499	500
6	商品5	759	759
7	商品6	842	840
8	商品7	941	941
9	商品8	601	600
10	商品9	688	688
11	商品10	839	840
12	商品11	520	520
13	商品12	895	900
14	商品13	366	366
15	商品14	912	910
16	商品15	571	570
17	商品16	828	828
18	商品17	813	810
19	商品18	837	837
20	商品19	382	380

图1-11

这个案例中虽然使用的组合键依然是〈Ctrl+\〉，但是要注意选中区域的顺序，是从C2单元格开始选取的，这是和上个案例的重要区别。

1.2.2 多列数据比对

两列数据的比对很容易完成，如果有多列数据需要进行比对呢？例如，图1-12所示的答题表中，要以B列的正确答案为基准（基准列在左侧），找出每个学生（其他各列）答案有差异的单元格。

01 单击B2单元格，从左上方向右下方拖曳鼠标指针，选中B2:G21单元格区域，按<Ctrl+\>组合键，如图1-13所示，即可实现以左侧的B列为基准列，瞬间定位右侧所有的差异单元格，如图1-14所示。

	A	B	C	D	E	F	G
1	题目	正确答案	学生1	学生2	学生3	学生4	学生5
2	题目1	A	A	A	B	A	A
3	题目2	B	B	A	B	B	B
4	题目3	A	A	A	A	A	A
5	题目4	C	A	C	C	C	C
6	题目5	D	D	D	A	D	D
7	题目6	C	C	C	C	C	B
8	题目7	C	C	C	C	A	C
9	题目8	A	A	A	A	A	A
10	题目9	B	B	B	B	B	B
11	题目10	A	A	C	A	A	A
12	题目11	BD	BD	BD	AB	BD	BD
13	题目12	AC	AC	AC	AC	AD	AC
14	题目13	CD	CD	BD	CD	CD	CD
15	题目14	AD	BD	AD	AD	AD	AD
16	题目15	AB	AB	AB	AB	AB	AB
17	题目16	ABC	ABC	ABC	ABD	BCD	ABC
18	题目17	BCD	BCD	ACD	BCD	BCD	BCD
19	题目18	ABD	ABD	ABD	ABD	ABD	ABD
20	题目19	ACD	AC	ACD	ACD	ACD	ACD
21	题目20	ABD	ABD	ABD	ABD	ABD	ABC

图1-12

	A	B	C	D	E	F	G
1	题目	正确答案	学生1	学生2	学生3	学生4	学生5
2	题目1	A	A	A	B	A	A
3	题目2	B	B	A	B	B	B
4	题目3	A	A	A	A	A	A
5	题目4	C	A	C	C	C	C
6	题目5	D	D	D	A	D	D
7	题目6	C	C	C	C	C	B
8	题目7	C	C	C	C	A	C
9	题目8	A				A	A
10	题目9	B				B	B
11	题目10	A				A	A
12	题目11	BD	BD	BD	AB	BD	BD
13	题目12	AC	AC	AC	AC	AD	AC
14	题目13	CD	CD	BD	CD	CD	CD
15	题目14	AD	BD	AD	AD	AD	AD
16	题目15	AB	AB	AB	AB	AB	AB
17	题目16	ABC	ABC	ABC	ABD	BCD	ABC
18	题目17	BCD	BCD	ACD	BCD	BCD	BCD
19	题目18	ABD	ABD	ABD	ABD	ABD	ABD
20	题目19	ACD	AC	ACD	ACD	ACD	ACD
21	题目20	ABD	ABD	ABD	ABD	ABD	ABC

Ctrl+\

图 1-13

E2　fx　B

	A	B	C	D	E	F	G
1	题目	正确答案	学生1	学生2	学生3	学生4	学生5
2	题目1	A	A	A	B	A	A
3	题目2	B	B	A	B	B	B
4	题目3	A	A	A	A	A	A
5	题目4	C	A	C	C	C	C
6	题目5	D	D	D	A	D	D
7	题目6	C	C	C	C	C	B
8	题目7	C	C	C	C	A	C
9	题目8	A	A	A	A	A	A
10	题目9	B	B	B	B	B	B
11	题目10	A	A	C	A	A	A
12	题目11	BD	BD	BD	AB	BD	BD
13	题目12	AC	AC	AC	AC	AD	AC
14	题目13	CD	CD	BD	CD	CD	CD
15	题目14	AD	BD	AD	AD	AD	AD
16	题目15	AB	AB	AB	AB	AB	AB
17	题目16	ABC	ABC	ABC	ABD	BCD	ABC
18	题目17	BCD	BCD	ACD	BCD	BCD	BCD
19	题目18	ABD	ABD	ABD	ABD	ABD	ABD
20	题目19	ACD	AC	ACD	ACD	ACD	ACD
21	题目20	ABD	ABD	ABD	ABD	ABD	ABC

图 1-14

02 设置单元格背景颜色为黄色，以突出显示差异数据。

举一反三

若以G列的正确答案为基准列（基准列在右侧），找出其他各列中答案有差异的单元格，如图1-15所示，该如何操作呢？

	A	B	C	D	E	F	G
1	题目	学生1	学生2	学生3	学生4	学生5	正确答案
2	题目1	A	A	B	A	A	A
3	题目2	B	A	B	B	B	B
4	题目3	A	A	A	A	A	A
5	题目4	A	C	C	C	C	C
6	题目5	D	D	A	D	D	D
7	题目6	C	C	C	C	B	C
8	题目7	C	C	C	A	C	C
9	题目8	A	A	A	A	A	A
10	题目9	B	B	B	B	B	B
11	题目10	A	C	A	A	A	A
12	题目11	BD	BD	AB	BD	BD	BD
13	题目12	AC	AC	AC	AD	AC	AC
14	题目13	CD	BD	CD	CD	CD	CD
15	题目14	BD	AD	AD	AD	AD	AD
16	题目15	AB	AB	AB	AB	AB	AB
17	题目16	ABC	ABC	ABD	BCD	ABC	ABC
18	题目17	BCD	ACD	BCD	BCD	BCD	BCD
19	题目18	ABD	ABD	ABD	ABD	ABD	ABD
20	题目19	AC	ACD	ACD	ACD	ACD	ACD
21	题目20	ABD	ABD	ABD	ABD	ABC	ABD

图 1-15

单击G2单元格，从右上方向左下方拖曳鼠标指针，选中G2:B21单元格区域，按<Ctrl+\>组合键，如图1-16所示，即可实现以右侧的G列为基准列，瞬间定位左侧所有差异单元格，如图1-17所示。

	A	B	C	D	E	F	G
1	题目	学生1	学生2	学生3	学生4	学生5	正确答案
2	题目1	A	A	B	A	A	A
3	题目2	B	A	B	B	B	B
4	题目3	A	A	A	A	A	A
5	题目4	A	C	C	C	C	C
6	题目5	D	D	A	D	D	D
7	题目6	C	C	C	C	B	C
8	题目7	C	C	C	A	C	C
9	题目8	A	[illegible]	[illegible]	[illegible]	A	A
10	题目9	B	[illegible]	[illegible]	[illegible]	B	B
11	题目10	A	[illegible]	[illegible]	[illegible]	A	A
12	题目11	BD	BD	AB	BD	BD	BD
13	题目12	AC	AC	AC	AD	AC	AC
14	题目13	CD	BD	CD	CD	CD	CD
15	题目14	BD	AD	AD	AD	AD	AD
16	题目15	AB	AB	AB	AB	AB	AB
17	题目16	ABC	ABC	ABD	BCD	ABC	ABC
18	题目17	BCD	ACD	BCD	BCD	BCD	BCD
19	题目18	ABD	ABD	ABD	ABD	ABD	ABD
20	题目19	AC	ACD	ACD	ACD	ACD	ACD
21	题目20	ABD	ABD	ABD	ABD	ABC	ABD
22							

Ctrl+\

图 1-16

D2 | B

	A	B	C	D	E	F	G
1	题目	学生1	学生2	学生3	学生4	学生5	正确答案
2	题目1	A	A	B	A	A	A
3	题目2	B	A	B	B	B	B
4	题目3	A	A	A	A	A	A
5	题目4	A	C	C	C	C	C
6	题目5	D	D	A	D	D	D
7	题目6	C	C	C	C	B	C
8	题目7	C	C	C	A	C	C
9	题目8	A	A	A	A	A	A
10	题目9	B	B	B	B	B	B
11	题目10	A	C	A	A	A	A
12	题目11	BD	BD	AB	BD	BD	BD
13	题目12	AC	AC	AC	AD	AC	AC
14	题目13	CD	BD	CD	CD	CD	CD
15	题目14	BD	AD	AD	AD	AD	AD
16	题目15	AB	AB	AB	AB	AB	AB
17	题目16	ABC	ABC	ABD	BCD	ABC	ABC
18	题目17	BCD	ACD	BCD	BCD	BCD	BCD
19	题目18	ABD	ABD	ABD	ABD	ABD	ABD
20	题目19	AC	ACD	ACD	ACD	ACD	ACD
21	题目20	ABD	ABD	ABD	ABD	ABC	ABD
22							

图 1-17

若以D列的正确答案为基准列（基准列在中间），找出其他各列中答案有差异的单元格，如图1-18所示，该如何操作呢？

	A	B	C	D	E	F	G
1	题目	学生1	学生2	正确答案	学生3	学生4	学生5
2	题目1	A	A	A	B	A	A
3	题目2	B	A	B	B	B	B
4	题目3	A	A	A	A	A	A
5	题目4	A	C	C	C	C	C
6	题目5	D	D	D	A	D	D
7	题目6	C	C	C	C	C	B
8	题目7	C	C	C	C	A	C
9	题目8	A	A	A	A	A	A
10	题目9	B	B	B	B	B	B
11	题目10	A	C	A	A	A	A
12	题目11	BD	BD	BD	AB	BD	BD
13	题目12	AC	AC	AC	AC	AD	AC
14	题目13	CD	BD	CD	CD	CD	CD
15	题目14	BD	AD	AD	AD	AD	AD
16	题目15	AB	AB	AB	AB	AB	AB
17	题目16	ABC	ABC	ABC	ABD	BCD	ABC
18	题目17	BCD	ACD	BCD	BCD	BCD	BCD
19	题目18	ABD	ABD	ABD	ABD	ABD	ABD
20	题目19	AC	ACD	ACD	ACD	ACD	ACD
21	题目20	ABD	ABD	ABD	ABD	ABD	ABC
22							

图 1-18

先以B2单元格作为活动单元格，从左上方向右下方拖曳鼠标指针，选中B2:G21单元格区域，再按两次<Tab>键将选中区域中的活动单元格切换至D2单元格，然后按<Ctrl+\>组合键，如图1-19所示，即可实现以中间的D列为基准列，瞬间定位左侧和右侧所有的差异单元格，如图1-20所示。

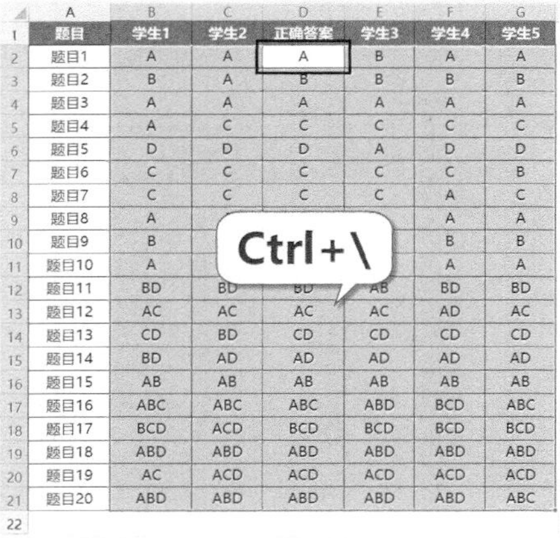

Ctrl+\

	A	B	C	D	E	F	G
1	题目	学生1	学生2	正确答案	学生3	学生4	学生5
2	题目1	A	A	A	B	A	A
3	题目2	B	A	B	B	B	B
4	题目3	A	A	A	A	A	A
5	题目4	A	C	C	C	C	C
6	题目5	D	D	D	A	D	D
7	题目6	C	C	C	C	C	B
8	题目7	C	C	C	C	A	C
9	题目8	A				A	A
10	题目9	B				B	B
11	题目10	A				A	A
12	题目11	BD	BD	BD	AB	BD	BD
13	题目12	AC	AC	AC	AC	AD	AC
14	题目13	CD	BD	CD	CD	CD	CD
15	题目14	BD	AD	AD	AD	AD	AD
16	题目15	AB	AB	AB	AB	AB	AB
17	题目16	ABC	ABC	ABC	ABD	BCD	ABC
18	题目17	BCD	ACD	BCD	BCD	BCD	BCD
19	题目18	ABD	ABD	ABD	ABD	ABD	ABD
20	题目19	AC	ACD	ACD	ACD	ACD	ACD
21	题目20	ABD	ABD	ABD	ABD	ABD	ABC
22							

图1-19

	A	B	C	D	E	F	G
1	题目	学生1	学生2	正确答案	学生3	学生4	学生5
2	题目1	A	A	A	B	A	A
3	题目2	B	A	B	B	B	B
4	题目3	A	A	A	A	A	A
5	题目4	A	C	C	C	C	C
6	题目5	D	D	D	A	D	D
7	题目6	C	C	C	C	C	B
8	题目7	C	C	C	C	A	C
9	题目8	A	A	A	A	A	A
10	题目9	B	B	B	B	B	B
11	题目10	A	C	A	A	A	A
12	题目11	BD	BD	BD	AB	BD	BD
13	题目12	AC	AC	AC	AC	AD	AC
14	题目13	CD	BD	CD	CD	CD	CD
15	题目14	BD	AD	AD	AD	AD	AD
16	题目15	AB	AB	AB	AB	AB	AB
17	题目16	ABC	ABC	ABC	ABD	BCD	ABC
18	题目17	BCD	ACD	BCD	BCD	BCD	BCD
19	题目18	ABD	ABD	ABD	ABD	ABD	ABD
20	题目19	AC	ACD	ACD	ACD	ACD	ACD
21	题目20	ABD	ABD	ABD	ABD	ABD	ABC
22							

图1-20

小结

从以上几个案例可以总结得出，选中单元格区域后将活动单元格移动至基准列，再按<Ctrl+\>组合键，即可瞬间实现差异比对。

1.3 瞬间完成数据提取、数据合并

很多重复、烦琐的工作都是由数据提取、数据合并这类问题造成的，在Excel早期版本中出现这类问题时需要使用函数和公式，甚至VBA编程来解决，从Excel 2013开始，Excel新增的快速填充功能可以智能完成绝大多数工作中常见的数据提取和数据合并问题。下面介绍其具体用法，使你在学习之后，处理此类问题时能够事半功倍！

1.3.1 从文件编号中提取部门信息

图1-21左图所示的表格是一个文件记录表，现在要从表格中的A列文件编号中提取所属部门信息，并将其放置到C列。

在C2单元格手动输入“财务部”，然后按<Ctrl+E>组合键，即可将整个C列快速填充，如图1-21所示。

使用组合键之前在C2单元格手动输入部门名称，是为了给Excel做出一个示范，让Excel知晓提取的规则和效果。如果遇到比较复杂的数据填充，仅输入一个数据作为示范可能无法保证填充的准确性，这时可以手动输入多个数据（一般不会超过4个），再按<Ctrl+E>组合键。

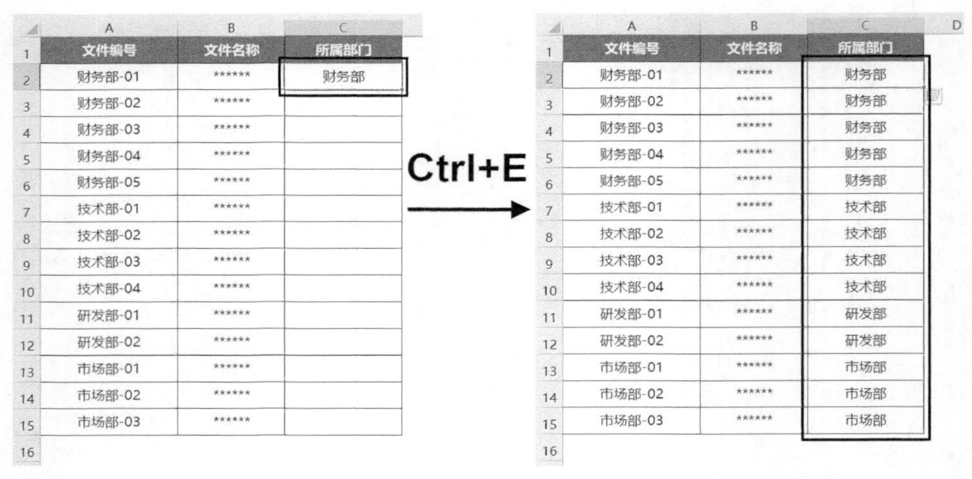

	A	B	C
1	文件编号	文件名称	所属部门
2	财务部-01	******	财务部
3	财务部-02	******	
4	财务部-03	******	
5	财务部-04	******	
6	财务部-05	******	
7	技术部-01	******	
8	技术部-02	******	
9	技术部-03	******	
10	技术部-04	******	
11	研发部-01	******	
12	研发部-02	******	
13	市场部-01	******	
14	市场部-02	******	
15	市场部-03	******	
16			

	A	B	C	D
1	文件编号	文件名称	所属部门	
2	财务部-01	******	财务部	
3	财务部-02	******	财务部	
4	财务部-03	******	财务部	
5	财务部-04	******	财务部	
6	财务部-05	******	财务部	
7	技术部-01	******	技术部	
8	技术部-02	******	技术部	
9	技术部-03	******	技术部	
10	技术部-04	******	技术部	
11	研发部-01	******	研发部	
12	研发部-02	******	研发部	
13	市场部-01	******	市场部	
14	市场部-02	******	市场部	
15	市场部-03	******	市场部	
16				

图 1-21

1.3.2 从联系方式中提取手机号

有时我们拿到的通讯录是图1-22左图所示的表格，人名和手机号存储在同一列（A列），这时就要从A列提取手机号，得到图1-22右图所示的效果。

在B2单元格手动输入第一个手机号，然后按<Ctrl+E>组合键，即可将整个B列快速填充，如图1-22所示。

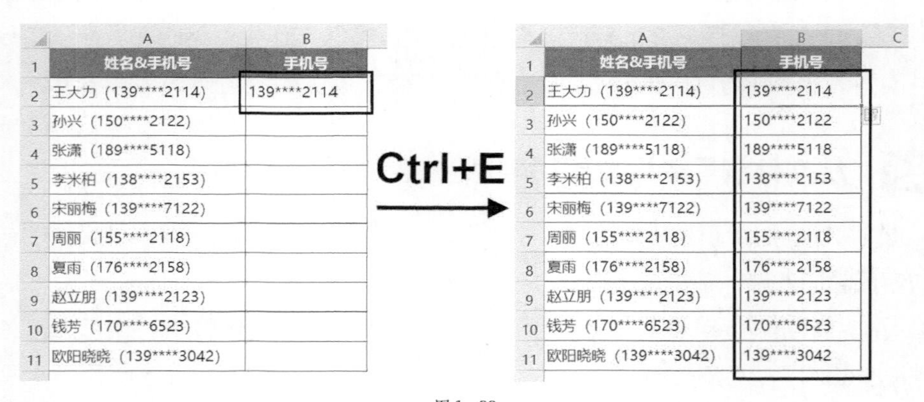

	A	B
1	姓名&手机号	手机号
2	王大力（139****2114）	139****2114
3	孙兴（150****2122）	
4	张潇（189****5118）	
5	李米柏（138****2153）	
6	宋丽梅（139****7122）	
7	周丽（155****2118）	
8	夏雨（176****2158）	
9	赵立朋（139****2123）	
10	钱芳（170****6523）	
11	欧阳晓晓（139****3042）	

	A	B	C
1	姓名&手机号	手机号	
2	王大力（139****2114）	139****2114	
3	孙兴（150****2122）	150****2122	
4	张潇（189****5118）	189****5118	
5	李米柏（138****2153）	138****2153	
6	宋丽梅（139****7122）	139****7122	
7	周丽（155****2118）	155****2118	
8	夏雨（176****2158）	176****2158	
9	赵立朋（139****2123）	139****2123	
10	钱芳（170****6523）	170****6523	
11	欧阳晓晓（139****3042）	139****3042	

图 1-22

使用快速填充功能时，要注意检查结果的准确性。如果出现部分错误，可以在开始时多输入几个示范数据再使用<Ctrl+E>组合键。

1.3.3 从身份证号码中提取出生日期

从身份证号码中提取代表出生日期的8位数字的方法也很简单。

在B2单元格手动输入身份证号码中代表出生日期的8位数字，然后按<Ctrl+ E>组合键，即可将整个B列快速填充，如图1-23所示。

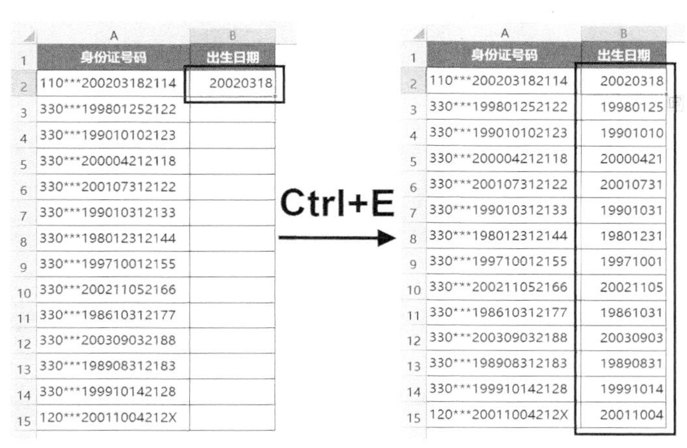

	A	B
1	身份证号码	出生日期
2	110***200203182114	20020318
3	330***199801252122	
4	330***199010102123	
5	330***200004212118	
6	330***200107312122	
7	330***199010312133	
8	330***198012312144	
9	330***199710012155	
10	330***200211052166	
11	330***198610312177	
12	330***200309032188	
13	330***198908312183	
14	330***199910142128	
15	120***20011004212X	

	A	B
1	身份证号码	出生日期
2	110***200203182114	20020318
3	330***199801252122	19980125
4	330***199010102123	19901010
5	330***200004212118	20000421
6	330***200107312122	20010731
7	330***199010312133	19901031
8	330***198012312144	19801231
9	330***199710012155	19971001
10	330***200211052166	20021105
11	330***198610312177	19861031
12	330***200309032188	20030903
13	330***198908312183	19890831
14	330***199910142128	19991014
15	120***20011004212X	20011004

图1-23

1.3.4 批量合并多列信息

日常工作中，我们经常会遇到将多列数据合并到一列的情况，如要将图1-24左图所示表格中的A、B、C三列数据合并在一起，并使用短横线连接，该如何操作呢？

在D2单元格手动输入第一个示范数据，然后按<Ctrl+E>组合键，即可将整个D列快速填充，如图1-24所示。

	A	B	C	D
1	区域	渠道	商品	区域-渠道-商品
2	和平路店	代理	手机	和平路店-代理-手机
3	槐安路店	批发	手机	
4	新华路店	代理	笔记本	
5	中山路店	代理	iPad	
6	南京路店	批发	充电宝	
7	中山路店	零售	iPad	
8	和平路店	零售	耳机	
9	新华路店	批发	手机	
10	和平路店	批发	笔记本	
11	槐安路店	代理	耳机	
12	中山路店	批发	充电宝	
13	槐安路店	批发	iPad	
14	新华路店	零售	笔记本	
15	南京路店	批发	耳机	
16				

	A	B	C	D
1	区域	渠道	商品	区域-渠道-商品
2	和平路店	代理	手机	和平路店-代理-手机
3	槐安路店	批发	手机	槐安路店-批发-手机
4	新华路店	代理	笔记本	新华路店-代理-笔记本
5	中山路店	代理	iPad	中山路店-代理-iPad
6	南京路店	批发	充电宝	南京路店-批发-充电宝
7	中山路店	零售	iPad	中山路店-零售-iPad
8	和平路店	零售	耳机	和平路店-零售-耳机
9	新华路店	批发	手机	新华路店-批发-手机
10	和平路店	批发	笔记本	和平路店-批发-笔记本
11	槐安路店	代理	耳机	槐安路店-代理-耳机
12	中山路店	批发	充电宝	中山路店-批发-充电宝
13	槐安路店	批发	iPad	槐安路店-批发-iPad
14	新华路店	零售	笔记本	新华路店-零售-笔记本
15	南京路店	批发	耳机	南京路店-批发-耳机
16				

图1-24

本案例中的连接符号也可以为其他符号，符号不会影响快速填充功能。

1.3.5 多列数据智能组合

要求将图1-25左图所示表格中的A、B两列数据智能组合，从A列中提取姓氏再与B列的职位组合，将结果放置在C列。

在C2单元格手动输入第一个示范数据“王经理”，然后按<Ctrl+E>组合键，即可将整个C列快速填充，如图1-25所示。

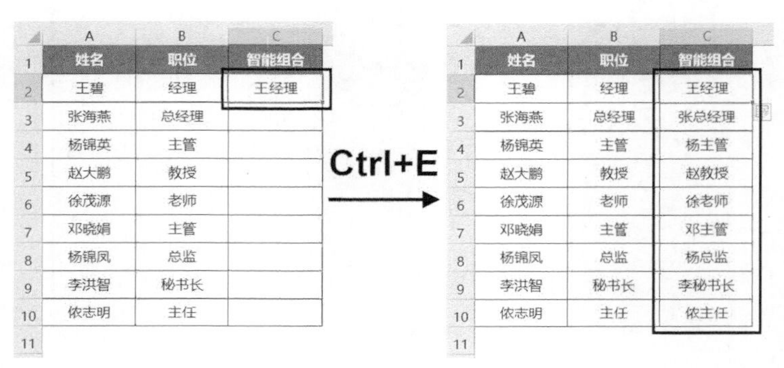

	A	B	C
1	姓名	职位	智能组合
2	王碧	经理	王经理
3	张海燕	总经理	
4	杨锦英	主管	
5	赵大鹏	教授	
6	徐茂源	老师	
7	邓晓娟	主管	
8	杨锦凤	总监	
9	李洪智	秘书长	
10	依志明	主任	
11			

	A	B	C
1	姓名	职位	智能组合
2	王碧	经理	王经理
3	张海燕	总经理	张总经理
4	杨锦英	主管	杨主管
5	赵大鹏	教授	赵教授
6	徐茂源	老师	徐老师
7	邓晓娟	主管	邓主管
8	杨锦凤	总监	杨总监
9	李洪智	秘书长	李秘书长
10	依志明	主任	依主任
11			

图1-25

1.3.6 智能合并地址信息

要求将图1-26左图所示表格中的A、B、C三列的省、市、区信息智能合并为有效地址，在A列的省名称后添加“省”，在B列的市名称后添加“市”，在C列的区名称后添加“区”，再全部合并。

在D2单元格手动输入第一个示范数据，然后按<Ctrl+E>组合键，即可将整个D列快速填充，如图1-26所示。

	A	B	C	D
1	省	市	区	智能合并地址信息
2	河北	石家庄	长安	河北省石家庄市长安区
3	黑龙江	大庆	大同	
4	吉林	白山	临江	
5	辽宁	铁岭	银州	
6	河南	焦作	山阳	
7	山西	太原	小店	
8	四川	成都	金牛	
9				

Ctrl+E

	A	B	C	D
1	省	市	区	智能合并地址信息
2	河北	石家庄	长安	河北省石家庄市长安区
3	黑龙江	大庆	大同	黑龙江省大庆市大同区
4	吉林	白山	临江	吉林省白山市临江区
5	辽宁	铁岭	银州	辽宁省铁岭市银州区
6	河南	焦作	山阳	河南省焦作市山阳区
7	山西	太原	小店	山西省太原市小店区
8	四川	成都	金牛	四川省成都市金牛区
9				

图1-26

1.4 超级表，瞬间自动美化报表

工作中使用的各种报表，不仅要做到数据准确，而且要尽量美观、易读，但完全不必花费过多的时间来美化报表，因为Excel早就为用户准备了自动美化功能。

1.4.1 让报表自动隔行填充颜色

当报表包含的内容较多时，为了避免阅读报表的人看串行，可以为报表设置隔行填充颜色，以便于区分内容。如对图1-27所示的原始报表，可按如下步骤操作。

	A	B	C
1	分类	超清视频课程名称	内容简介
2	财务会计	财务会计Excel实战特训营 | 从新手蜕变为财会精英	财务会计垂直领域实务课程
3	HR人资	HR人资Excel实战特训营 | 快速提升百倍身价	HR人资垂直领域实务课程
4	个税专题	2019年个税计算专题系列课	最新个税 | 年终奖个税 | 倒推税前 | 套表模板
5	一期	提升10倍工作效率 | 菜鸟也能起飞	思维体系/函数公式/数据透视/PQ/动态图表等
6	二期	玩转Excel函数与公式 | 从此拒绝加班	函数初级班，精讲工作必备的67个Excel函数，零基础学会
7	三期	最强利器数据透视表 | 海量数据不再愁	报表变换/组合/计算/排序/筛选/切片器/数据透视图等
8	四期	高效办公 | 自动化数据管理	数据管理/数据可视化/数据保护/自动化办公等119种技术
9	五期	图表可视化 | 让你的数据会说话	图表初级班，精讲所有类型图表专业制作及配色美化等
10	六期	相见恨晚的100个Excel技巧 | 告别机械重复工作	Excel技巧班，传授100种最具价值的Excel必备技术
11	七期	年终总结必备商务图表 | 绝对惊呆众领导	精讲各行业月总结、周总结、年终总结常用的商务图表
12	八期	相见恨晚的100个Excel函数公式 | 让你什么都会算	函数进阶班，临场实战传授多函数嵌套/多函数组合思路等
13	九期	Excel函数公式中级班 | 突破瓶颈	函数中级班，精讲数组/动态引用/跨表引用/三维引用等
14	十期	Excel动态图表（第一季） | 让你的图表动起来	动态图表第一季
15	十一期	Excel多表合并及多表汇总	多工作表合并/多工作簿文件合并/多表汇总统计
16	十二期	Excel函数公式应用班	函数公式在各领域场景中的灵活应用
17	十三期	Excel数据透视表进阶班	100个案例进阶数据透视表实战应用技术
18	十四期	Excel数据转换利器Power Query初级班	Power Query初级班，数据转换、数据整合、数据查询等
19	十五期	Excel商业智能图表仪表盘Dashboard	专业数据可视化分析+动态交互分析仪表盘
20	全领域	72节课：跟李锐学Excel，从入门到精通	全面覆盖技巧、函数、透视表、图表、Power BI全方位提升
21			

图1-27

01 将光标定位在报表中的任意一个单元格，按<Ctrl+T>组合键，弹出“创建表”对话框，单击“确定”按钮，如图1-28所示。

这样即可瞬间让报表实现隔行填充颜色，既美观又快捷！

02 如果你对默认填充的颜色或样式不满意，还可以单击“表格工具”下的“设计”选项卡，从表格样式中选择更丰富的样式，如图1-29所示。

当然，也可以在现有表格样式的基础上进行自定义设置，直到令你满意为止。

分类	超清视频课程名称	内容简介
财务会计	财务会计Excel实战特训营丨从新手蜕变为财会精英	财务会计垂直领域实务课程
HR人资	HR人资Excel实战特训营丨快速提升百倍身价	HR人资垂直领域实务课程
个税专题	2019年个税计算专题系列课	最新个税丨年终奖个税丨倒推税前丨套表模板
一期	提升10倍工作效率丨菜鸟也能起飞	思维体系/函数公式/数据透视/PQ/动态图表等
二期	玩转Excel函数与公式丨从此拒绝加班	函数初级班，精讲工作必备的67个Excel函数，零基础学会
三期	最强利器数据透视表丨海量数据不再愁	报表变换/组合/计算/排序/筛选/切片器/数据透视图等
四期	高效办公丨自动化数据管理	数据管理/数据可视化/数据保护/自动化办公等119种技术
五期	图表可视化丨让你的数据会说话	图表初级班，精讲所有类型图表专业制作及配色美化等
六期	相见恨晚的100个Excel技巧丨告别机械重复工作	Excel技巧班，传授100种最具价值的Excel必备技术
七期	年终总结必备商务图表丨绝对惊呆众领导	精讲各行业月总结、周总结、年终总结常用的商务图表
八期	相见恨晚的100个Excel函数公式丨让你什么都会算	函数进阶班，临场实战传授多函数嵌套/多函数组合思路等
九期	Excel函数公式中级班丨突破瓶颈	函数中级班，精讲数组/动态引用/跨表引用/三维引用等
十期	Excel动态图表（第一季）丨让你的图表动起来	动态图表第一季
十一期	Excel多表合并及多表汇总	多工作表合并/多工作簿文件合并/多表汇总统计
十二期	Excel函数公式应用班	函数公式在各领域场景中的灵活应用
十三期	Excel数据透视表进阶班	100个案例进阶数据透视表实战应用技术
十四期	Excel数据转换利器Power Query初级班	Power Query初级班，数据转换、数据整合、数据查询等
十五期	Excel商业智能图表仪表盘Dashboard	专业数据可视化分析+动态交互分析仪表盘
全领域	72节课：跟李锐学Excel，从入门到精通	全面覆盖技巧、函数、透视表、图表、Power BI全方位提升

图 1-28

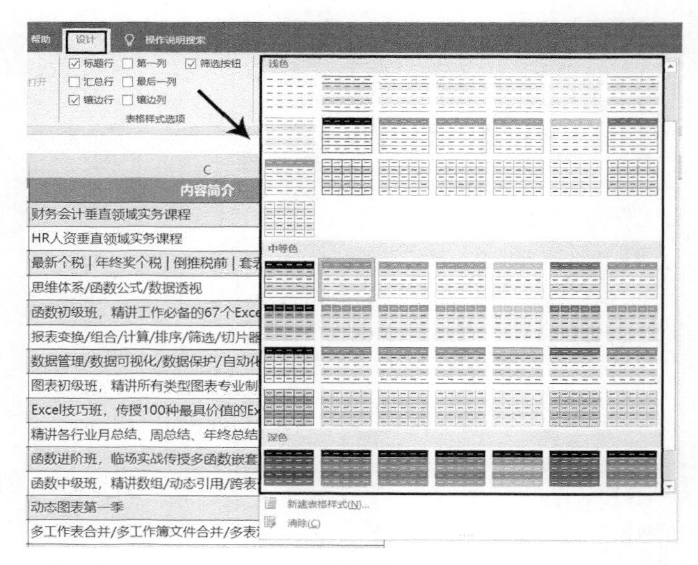

图 1-29

1.4.2 让长报表的标题行自动置顶

图1-30所示为一张包含一万条记录的长报表，由于记录太多，阅读报表的人在浏览数据的过程中看不到顶部对应的字段名称，可能会导致对部分数据含义理解错误。

怎样才能让报表的标题行始终置顶呢？

选中报表中的任意一个单元格，按<Ctrl+T>组合键，在弹出的对话框中单击“确定”按钮，如图1-31所示。

	A	B	C	D	E	F	G
1	序号	日期	分店	产品	分类	金额	店员
2	1	2019/1/1	和平路店	鱼油	代理	823	王大壮
3	2	2019/1/1	和平路店	眼霜	批发	505	周玉芝
4	3	2019/1/1	南京路店	护发素	批发	178	张萍萍
5	4	2019/1/1	新华路店	唇膏	代理	378	宋薇
6	5	2019/1/1	南京路店	眼霜	批发	760	李小萌
7	6	2019/1/1	新华路店	鱼油	代理	424	高平
8	7	2019/1/1	和平路店	染发膏	批发	216	赵蕾
9	8	2019/1/1	南京路店	维C	代理	170	李小萌
10	9	2019/1/1	新华路店	护发素	代理	959	宋薇
11	10	2019/1/1	南京路店	眼霜	批发	90	张萍萍
12	11	2019/1/1	南京路店	唇膏	批发	464	张萍萍
13	12	2019/1/1	南京路店	唇膏	批发	273	孙娜
14	13	2019/1/1	南京路店	维C	零售	627	孙娜
15	14	2019/1/1	新华路店	染发膏	批发	810	高平
16	15	2019/1/1	新华路店	维C	零售	84	郑建国

此报表共一万条记录，中间省略若干

9990	9989	2019/12/31	新华路店	护发素	批发	184	郑建国
9991	9990	2019/12/31	南京路店	唇膏	零售	820	张萍萍
9992	9991	2019/12/31	新华路店	鱼油	代理	311	高平
9993	9992	2019/12/31	南京路店	维C	代理	54	张萍萍
9994	9993	2019/12/31	新华路店	染发膏	批发	354	孙娜
9995	9994	2019/12/31	南京路店	护发素	零售	818	孙娜
9996	9995	2019/12/31	新华路店	唇膏	批发	250	郑建国
9997	9996	2019/12/31	新华路店	眼霜	批发	406	宋薇
9998	9997	2019/12/31	新华路店	唇膏	批发	328	郑建国
9999	9998	2019/12/31	新华路店	护发素	代理	316	高平
10000	9999	2019/12/31	南京路店	护发素	批发	63	张萍萍
10001	10000	2019/12/31	和平路店	染发膏	代理	285	周玉芝
10002							

图1-30

	A	B	C	D	E	F	G
1	序号	日期	分店	产品	分类	金额	店员
2	1	2019/1/1	和平路店	鱼油	代理	823	王大壮
3	2	2019/1/1	和平路店	眼霜	批发	505	周玉芝
4	3	2019/1/1	南京路店	护发素	批发	178	张萍萍
5	4	2019/1/1					宋薇
6	5	2019/1/1					李小萌
7	6	2019/1/1					高平
8	7	2019/1/1					赵蕾
9	8	2019/1/1					李小萌
10	9	2019/1/1					宋薇
11	10	2019/1/1					张萍萍
12	11	2019/1/1					张萍萍
13	12	2019/1/1	南京路店	唇膏	批发	273	孙娜
14	13	2019/1/1	南京路店	维C	零售	627	孙娜
15	14	2019/1/1	新华路店	染发膏	批发	810	高平
16	15	2019/1/1	新华路店	维C	零售	84	郑建国
17	16	2019/1/1	和平路店	眼霜	零售	587	赵蕾

图1-31

这时再向下浏览报表，报表顶部始终显示标题行字段信息，如图1-32所示。

	序号	日期	分店	产品	分类	金额	店员
3230	3229	2019/4/29	和平路店	护发素	批发	503	周玉芝
3231	3230	2019/4/29	南京路店	护发素	零售	926	张萍萍
3232	3231	2019/4/29	新华路店	眼霜	零售	132	高平
3233	3232	2019/4/29	南京路店	唇膏	批发	655	孙娜
3234	3233	2019/4/29	南京路店	染发膏	零售	816	张萍萍
3235	3234	2019/4/29	和平路店	维C	批发	944	周玉芝
3236	3235	2019/4/29	和平路店	护发素	批发	619	王大壮
3237	3236	2019/4/29	南京路店	眼霜	代理	85	孙娜
3238	3237	2019/4/29	南京路店	护发素	零售	583	李小萌
3239	3238	2019/4/29	南京路店	唇膏	零售	696	李小萌
3240	3239	2019/4/29	和平路店	眼霜	批发	84	赵蕾
3241	3240	2019/4/29	新华路店	维C	代理	245	郑建国
3242	3241	2019/4/29	新华路店	唇膏	零售	682	高平
3243	3242	2019/4/29	新华路店	鱼油	代理	777	高平
3244	3243	2019/4/29	新华路店	维C	零售	73	郑建国
3245	3244	2019/4/29	和平路店	鱼油	零售	116	王大壮
3246	3245	2019/4/29	新华路店	眼霜	代理	912	宋薇
3247	3246	2019/4/30	和平路店	眼霜	批发	255	周玉芝

图1-32

无论是自动隔行填充颜色，还是标题行自动置顶，都是借助<Ctrl+T>组合键将普通区域转换为超级表实现的。

提示

如果想把超级表转换为普通区域，可以按图1-33所示步骤操作。

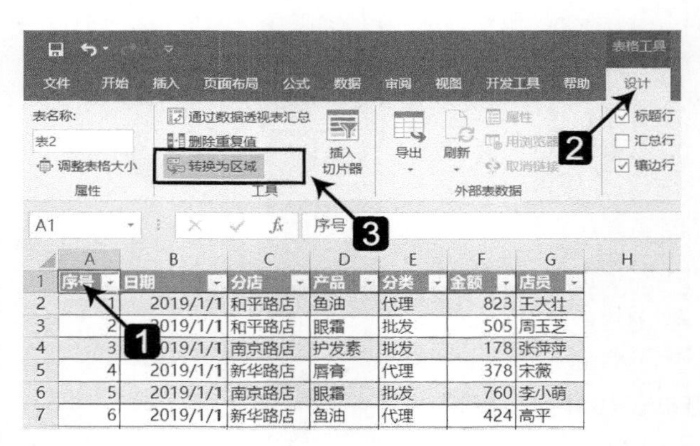

图 1-33

注意

当超级表转换为普通区域后，隔行填充颜色的效果不会消失，但是自动置顶标题行的效果会消失。

第02章

轻点鼠标，批量导入数据

当今社会已经进入大数据时代，我们几乎每天都要从不同的渠道和来源获取并处理数据，本章从以下几个方面介绍批量导入数据的方法。

- TXT 文件中的数据，如何批量导入Excel
- 网页中的数据，如何批量导入Excel
- 图片中的数据，如何快速导入Excel
- 数据库文件中的数据，如何快速导入Excel

看似复杂的各种数据导入，无须掌握任何函数和编程知识，只需轻点几下鼠标，即可让数据乖乖导入Excel。

2.1 TXT文件中的数据，如何批量导入Excel

在实际工作中，很多平台和系统导出的数据都是TXT格式的，那么我们就从文本文件数据的导入开始介绍吧。

为了能游刃有余地应对各种情况，下面结合4个案例展开介绍。

2.1.1 常规文本文件数据的导入

需要导入的文本文件如图2-1所示。

01-1 文本导入案例1.txt - 记事本

文件(F) 编辑(E) 格式(O) 查看(V) 帮助(H)

序号	日期	分店	产品	分类	金额	店员
1	2019/1/1	和平路店	鱼油	代理	823	王大壮
2	2019/1/1	和平路店	眼霜	批发	505	周玉芝
3	2019/1/1	南京路店	护发素	批发	178	张萍萍
4	2019/1/1	新华路店	唇膏	代理	378	宋薇
5	2019/1/1	南京路店	眼霜	批发	760	李小萌
6	2019/1/1	新华路店	鱼油	代理	424	高平
7	2019/1/1	和平路店	染发膏	批发	216	赵蕾
8	2019/1/1	南京路店	维C	代理	170	李小萌
9	2019/1/1	新华路店	护发素	代理	959	宋薇
10	2019/1/1	南京路店	眼霜	批发	90	张萍萍
11	2019/1/1	南京路店	唇膏	批发	464	张萍萍
12	2019/1/1	南京路店	唇膏	批发	273	孙娜
13	2019/1/1	南京路店	维C	零售	627	孙娜
14	2019/1/1	新华路店	染发膏	批发	810	高平
15	2019/1/1	新华路店	维C	零售	84	郑建国
16	2019/1/1	和平路店	眼霜	零售	587	赵蕾
17	2019/1/1	南京路店	眼霜	零售	531	孙娜
18	2019/1/1	南京路店	护发素	批发	781	孙娜
19	2019/1/1	南京路店	维C	零售	144	孙娜
20	2019/1/1	和平路店	护发素	代理	524	王大壮
21	2019/1/1	新华路店	护发素	代理	914	宋薇
22	2019/1/1	新华路店	维C	零售	693	宋薇
23	2019/1/1	新华路店	鱼油	零售	501	高平
24	2019/1/1	新华路店	维C	代理	684	高平
25	2019/1/1	和平路店	眼霜	代理	670	周玉芝
26	2019/1/1	新华路店	维C	代理	846	宋薇
27	2019/1/1	和平路店	维C	零售	952	周玉芝
28	2019/1/1	南京路店	染发膏	批发	611	李小萌
29	2019/1/1	和平路店	眼霜	批发	711	王大壮
30	2019/1/2	和平路店	维C	代理	994	王大壮

图2-1

要在Excel中导入文本文件中的数据，有两种方法，一种是利用文本导入工具，另一种是借助Power Query工具，前者是Excel各个版本通用的方法，后者是Excel 2016、Excel 2019和Office 365版本的内置功能，如果使用的是Excel 2013或Excel 2010，需要从微软公司官网下载并安装Power Query插件。

下面就这两种方法，分别展开介绍。

■ 方法一：利用文本导入工具导入

在Excel 2019版本中，文本导入工具位于“数据”选项卡下面的“获取外部数据”组中，如图2-2所示。我们可以调用此工具进行文本数据的导入，方法如下。

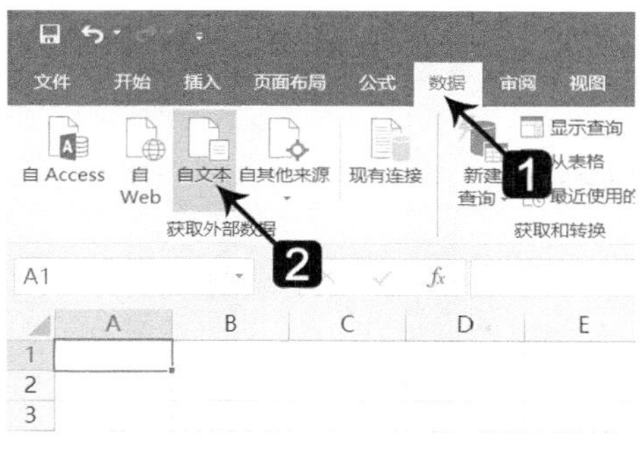

图 2-2

01 打开要放置文本数据的Excel工作簿，单击A1单元格，然后单击“数据”选项卡下的“自文本”按钮，弹出“导入文本文件”对话框，选择文本文件所在位置，单击“导入”按钮，如图2-3所示。

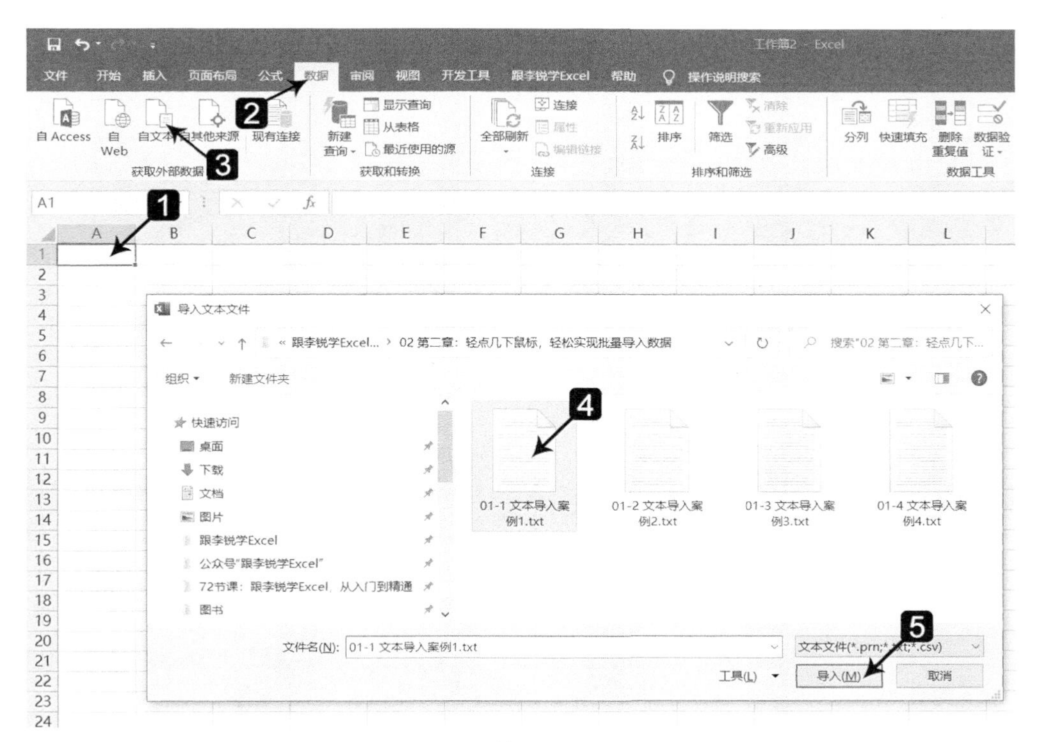

图 2-3

02 在文本导入向导的第1步中，按图2-4所示步骤操作。

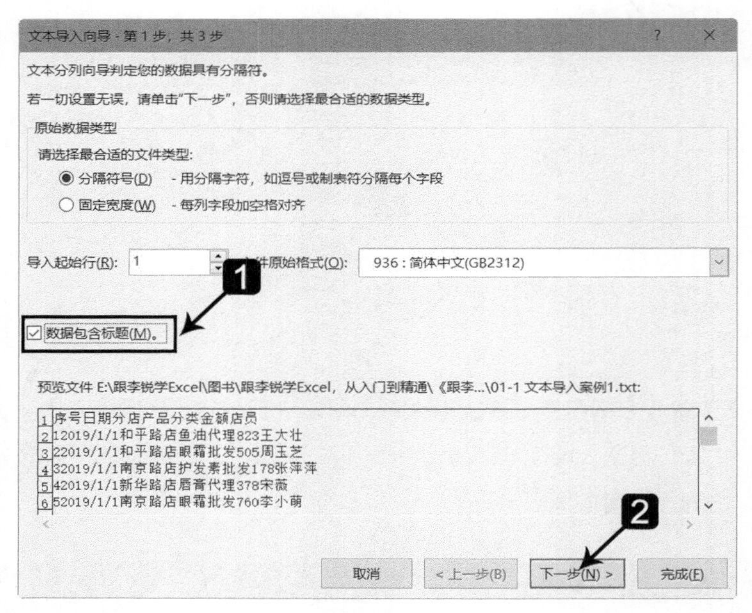

图 2-4

03 进入文本导入向导的第2步，按图2-5所示步骤操作。

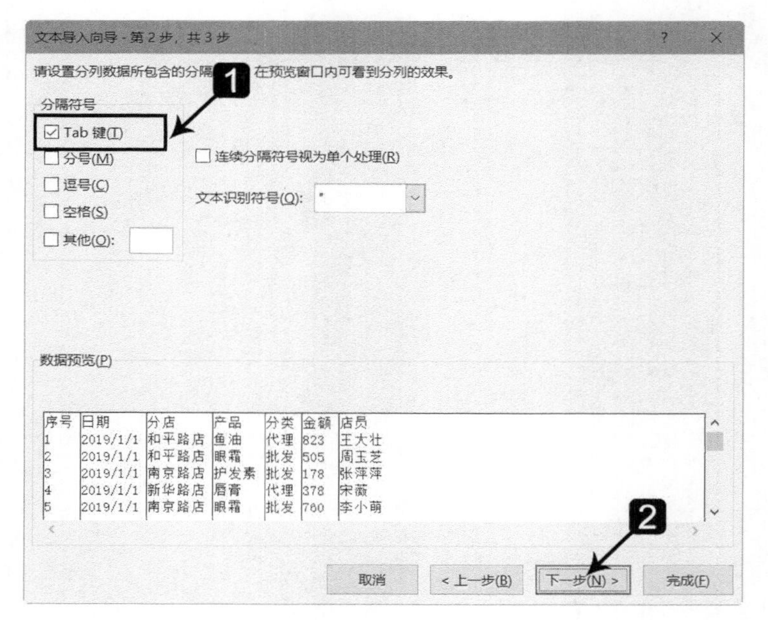

图 2-5

04 进入文本导入向导的第3步，按图2-6所示步骤操作。

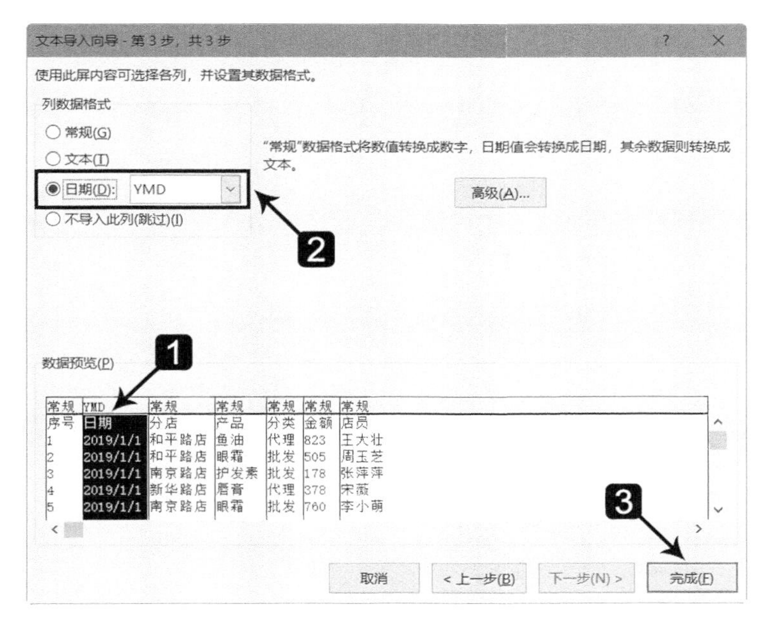

图 2-6

05 完成文本导入的操作后，设置数据的放置位置，如图2-7所示。

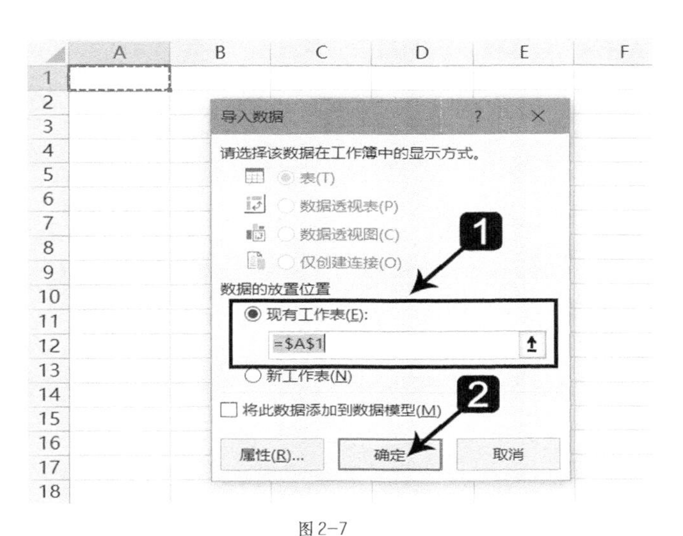

图 2-7

06 将数据导入Excel后的效果如图2-8所示。

	A	B	C	D	E	F	G
1	序号	日期	分店	产品	分类	金额	店员
2	1	2019/1/1	和平路店	鱼油	代理	823	王大壮
3	2	2019/1/1	和平路店	眼霜	批发	505	周玉芝
4	3	2019/1/1	南京路店	护发素	批发	178	张萍萍
5	4	2019/1/1	新华路店	唇膏	代理	378	宋薇
6	5	2019/1/1	南京路店	眼霜	批发	760	李小萌
7	6	2019/1/1	新华路店	鱼油	代理	424	高平
8	7	2019/1/1	和平路店	染发膏	批发	216	赵蕾
9	8	2019/1/1	南京路店	维C	代理	170	李小萌
10	9	2019/1/1	新华路店	护发素	代理	959	宋薇
11	10	2019/1/1	南京路店	眼霜	批发	90	张萍萍
12	11	2019/1/1	南京路店	唇膏	批发	464	张萍萍
13	12	2019/1/1	南京路店	唇膏	批发	273	孙娜
14	13	2019/1/1	南京路店	维C	零售	627	孙娜
15	14	2019/1/1	新华路店	染发膏	批发	810	高平
16	15	2019/1/1	新华路店	维C	零售	84	郑建国
17	16	2019/1/1	和平路店	眼霜	零售	587	赵蕾
18	17	2019/1/1	南京路店	眼霜	零售	531	孙娜
19	18	2019/1/1	南京路店	护发素	批发	781	孙娜
20	19	2019/1/1	南京路店	维C	零售	144	孙娜

图2-8

■ **方法二：借助Power Query工具导入。**

01 单击“数据”选项卡下的“新建查询”按钮→“从文件”→“从文本”，如图2-9所示。

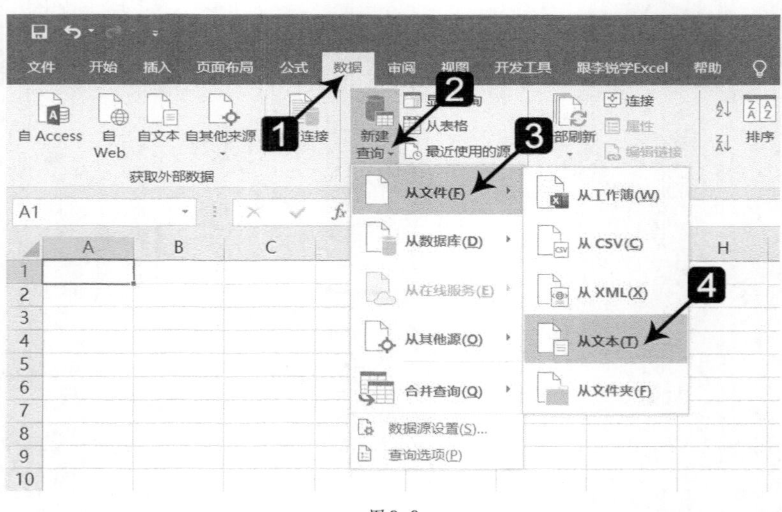

图2-9

02 在弹出的对话框中选择要导入的文本文件所在位置，单击“打开”按钮。

03 在弹出的Power Query导入界面中，按图2-10所示步骤操作，加载数据。

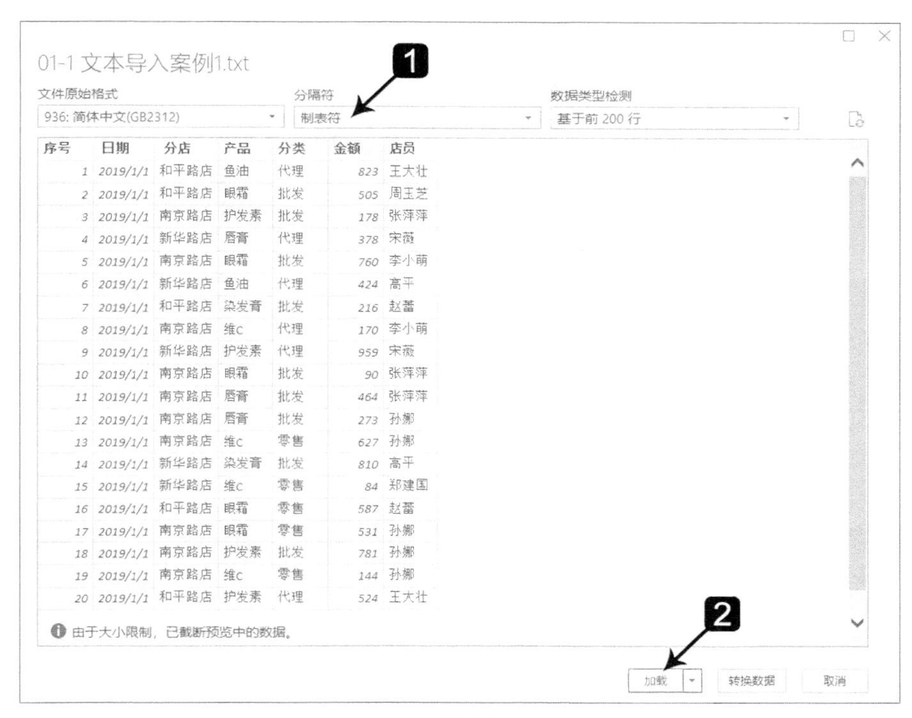

图 2-10

04 加载数据后的效果如图2-11所示。

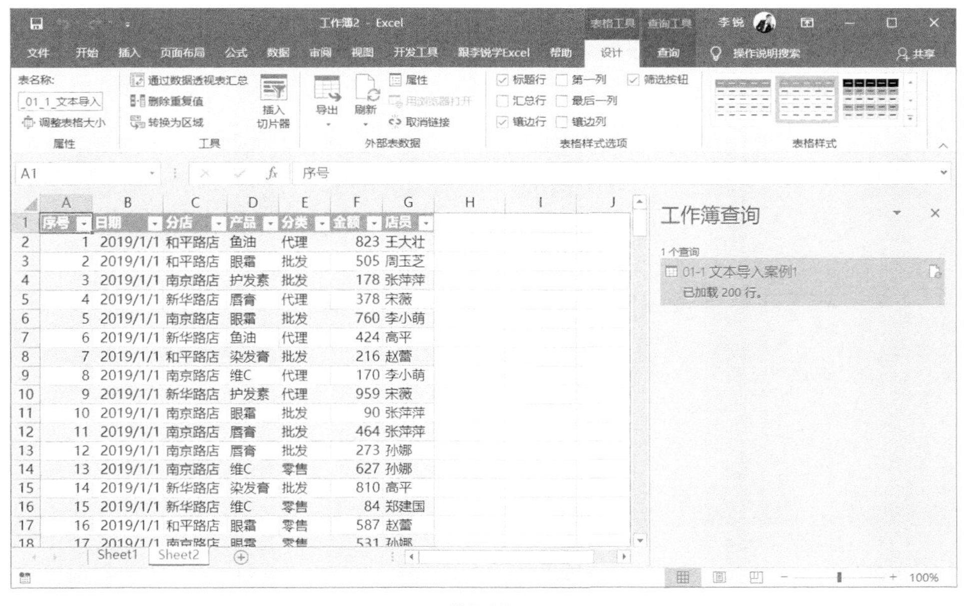

图 2-11

你会发现，Excel默认将数据创建为超级表而非普通区域。

虽然以上两种方法都可以导入文本文件中的数据，但是显然方法二（借助Power Query导入数据）更加快捷。

不仅如此，当文本文件中的数据变更或向其中追加新的数据时，使用方法二导入Excel中的结果还支持同步更新，仅需单击“刷新”按钮即可，如图2-12所示。

图2-12

小结

推荐使用Excel 2016、Excel 2019或Office 365版本的用户优先使用Power Query导入文本文件中的数据，低版本用户使用方法一导入数据。

2.1.2 身份证号码等长文本数据的导入

除了常规的数据，实际工作中还可能遇到一些特殊数据，如身份证号码或银行账号等位数较多的数字，这时如果还按照上一小节介绍的步骤导入，会导致部分数据丢失。

下面结合一个案例说明关键步骤的设置方法。

现在有大量18位数字的身份证号码需要导入Excel，由于篇幅有限，仅展示前10行数据，如图2-13所示（已对身份证号码进行脱敏处理）。

由于身份证号码为18位数字，使用常规方法进行导入时，Excel默认只保留15位数字，这样会导致所有身份证号码的后3位数字变为0，如图2-14所示。

01-2 文本导入案例2.txt - 记事本

文件(F) 编辑(E) 格式(O) 查看(V) 帮助(H)

袁婉容 410482****02117087
王芳馨 410482****07132566
柏甜恬 410482****03219589
范浩晶 410482****06125836
凤高爽 410482****08238211
滕彦博 410482****05115638
魏俊豪 530121****04253359
齐远翔 530121****05289934
冯和泰 530121****01145690
廉高朗 410482****03265052

图2-13

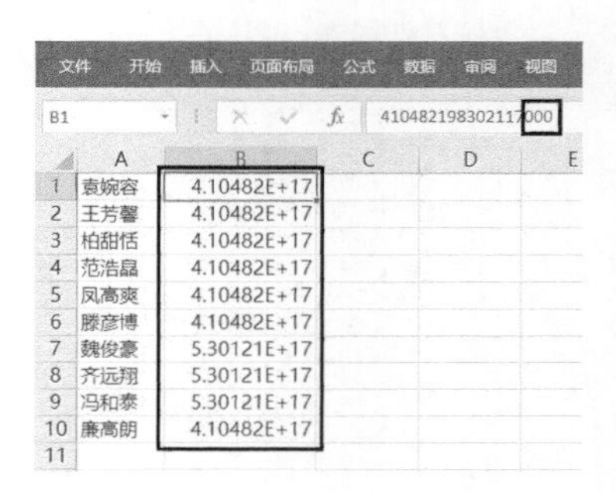

	A	B	C	D	E
1	袁婉容	4.10482E+17			
2	王芳馨	4.10482E+17			
3	柏甜恬	4.10482E+17			
4	范浩晶	4.10482E+17			
5	凤高爽	4.10482E+17			
6	滕彦博	4.10482E+17			
7	魏俊豪	5.30121E+17			
8	齐远翔	5.30121E+17			
9	冯和泰	5.30121E+17			
10	廉高朗	4.10482E+17			
11					

图2-14

为了避免这种情况的发生，需要在导入数据时指定身份证号码列按文本格式导入，下面分两种方法介绍关键的设置步骤。

■ 方法一：利用文本导入工具导入

01 参照2.1.1小节图2-3~图2-6所示的操作，在文本导入向导第3步对应的对话框中选中身份证号码所在的列，将其设置为文本格式，单击“完成”按钮，如图2-15所示。

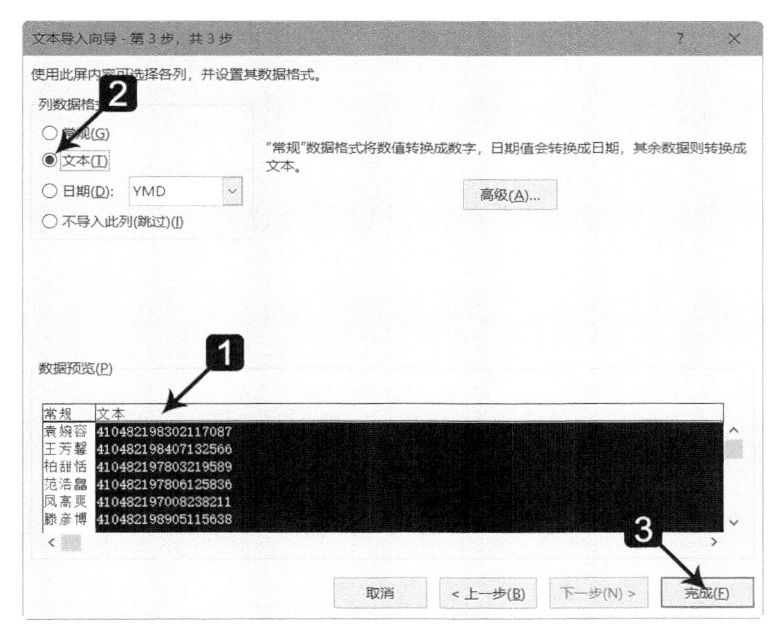

图2-15

02 这样设置后才能完整地导入身份证号码，如图2-16所示。

	A	B	C
1	袁婉容	410482****02117087	
2	王芳馨	410482****07132566	
3	柏甜恬	410482****03219589	
4	范浩晶	410482****06125836	
5	凤高爽	410482****08238211	
6	滕彦博	410482****05115638	
7	魏俊豪	530121****04253359	
8	齐远翔	530121****05289934	
9	冯和泰	530121****01145690	
10	廉高朗	410482****03265052	
11			

图2-16

■ 方法二：借助Power Query工具导入

01 参照2.1.1小节图2-9所示的操作，进入Power Query导入界面后，可见身份证号码列的数字变为科学记数法显示，所以这时不能直接单击“加载”按钮，而要单击“转换数据”按钮，如图2-17所示。

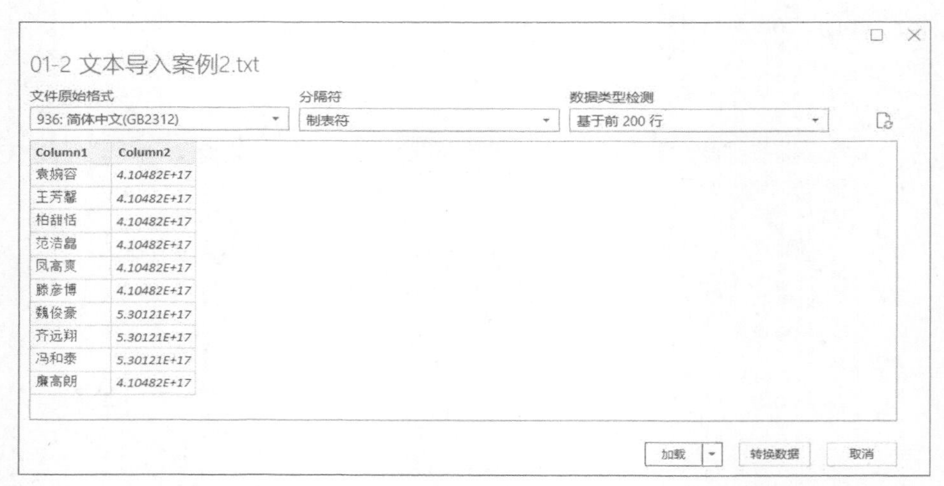

图2-17

02 进入Power Query编辑器后，界面如图2-18所示。

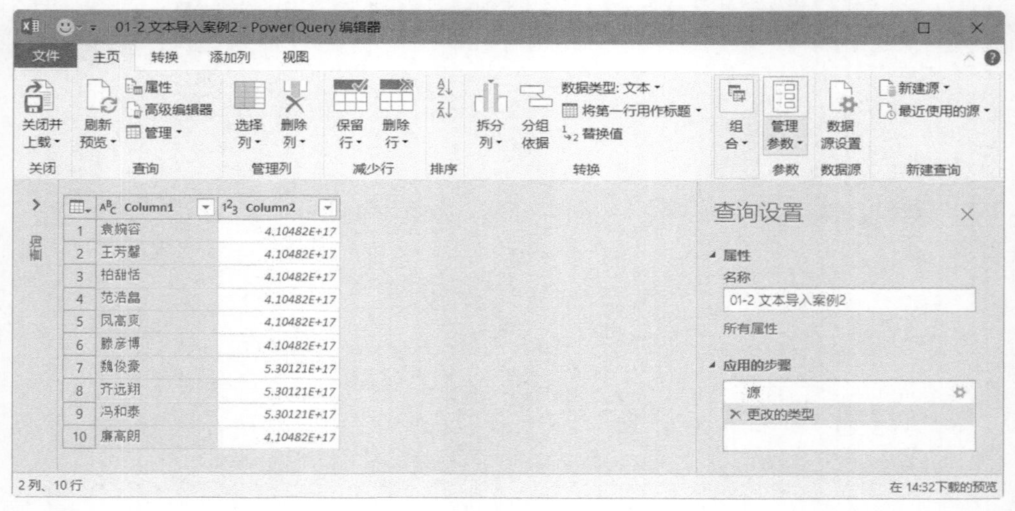

图2-18

03 选中身份证号码所在的列，将其转换为文本格式，如图2-19所示。

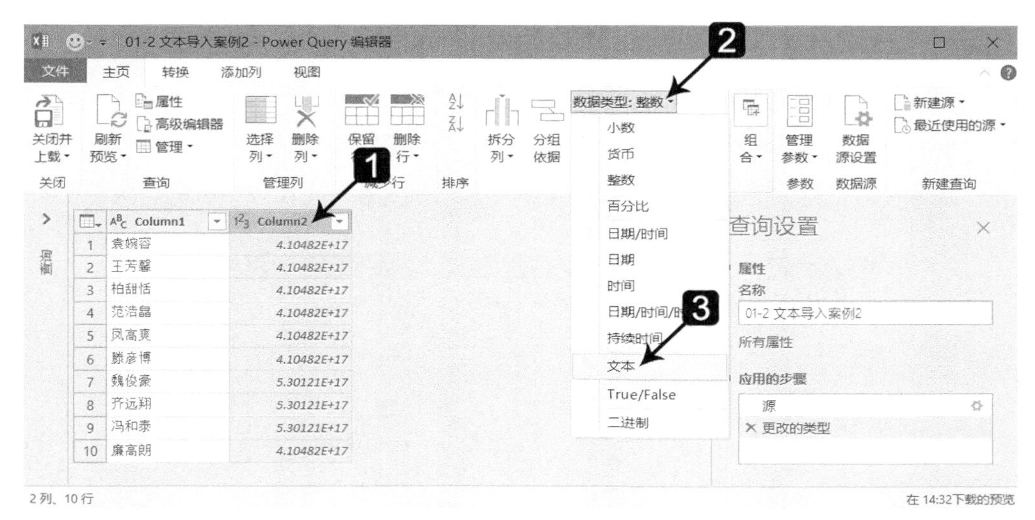

图2-19

04 在弹出的对话框中单击“替换当前转换”按钮，如图2-20所示。

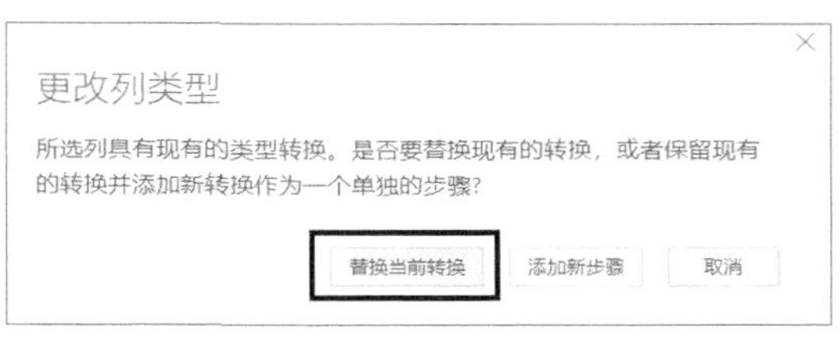

图2-20

05 转换成功后，即可完整显示18位身份证号码，单击“关闭并上载”按钮，将Power Query中的转换结果导入Excel中，如图2-21所示。

06 将数据导入Excel中的结果如图2-22所示。

图2-21

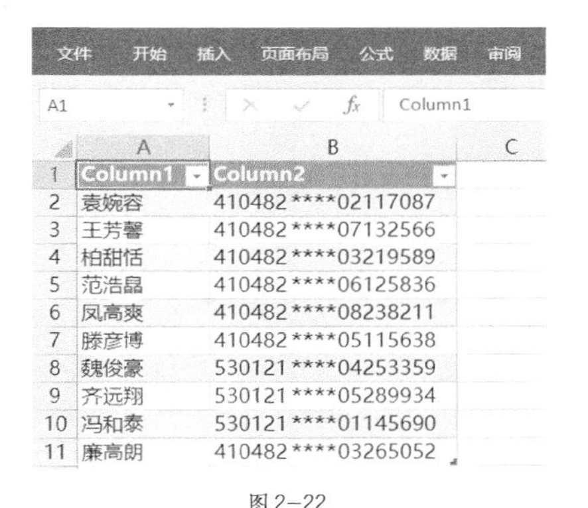

	A	B	C
1	Column1	Column2	
2	袁婉容	410482****02117087	
3	王芳馨	410482****07132566	
4	柏甜恬	410482****03219589	
5	范浩晶	410482****06125836	
6	凤高爽	410482****08238211	
7	滕彦博	410482****05115638	
8	魏俊豪	530121****04253359	
9	齐远翔	530121****05289934	
10	冯和泰	530121****01145690	
11	廉高朗	410482****03265052	

图2-22

Excel中的这个结果同样也是支持跟随数据源刷新的，当文本文件中的数据源变动后，在Excel中单击“设计”选项卡下的“刷新”按钮即可同步更新。

2.1.3 从十几个文本字段中删除部分字段再导入Excel

前面两个案例都是将文本文件中所有字段数据导入Excel，实际工作中有时我们只需要数据中的一部分字段，所以可以从数据中删除部分字段再导入。

原始文本文件如图2-23所示。其中的“退款额”和“退货量”无须导入Excel。

01-3 文本导入案例3.txt - 记事本

文件(F) 编辑(E) 格式(O) 查看(V) 帮助(H)

日期	浏览量	访客数	访问深度	销售额	销售量	订单数	成交用户数	客单价	转化率	退款额	退货量
2019/6/16	297	160	1.9	138	2	2	2	69	1.25%	0	0
2019/6/17	171	115	1.5	0	0	0	0	0	0.00%	0	0
2019/6/18	193	97	2	29.9	1	1	1	29.9	1.03%	0	0
2019/6/19	263	124	2.1	69.7	3	3	3	23.23	2.42%	0	0
2019/6/20	333	171	1.9	236.9	4	4	4	59.22	2.34%	0	0
2019/6/21	319	123	2.6	109.6	4	2	2	54.8	1.63%	0	0
2019/6/22	332	138	2.4	192.8	4	4	4	48.2	2.90%	0	0
2019/6/23	294	121	2.4	29.9	1	1	1	29.9	0.83%	0	0
2019/6/24	399	181	2.2	182.7	5	5	5	36.54	2.76%	9.9	1
2019/6/25	513	179	2.9	389.8	7	6	6	64.97	3.35%	0	0
2019/6/26	374	139	2.7	118.8	4	3	3	39.6	2.16%	29.9	0
2019/6/27	489	220	2.2	252.4	8	6	5	50.48	2.27%	0	0
2019/6/28	726	426	1.7	29.9	1	1	1	29.9	0.23%	0	0
2019/6/29	456	234	1.9	326.6	7	5	5	65.32	2.14%	0	0
2019/6/30	727	217	3.4	548.91	50	19	17	32.29	7.83%	0	0
2019/7/1	674	316	2.1	282.51	10	8	8	35.31	2.53%	0	0
2019/7/2	956	334	2.9	740	33	13	11	67.27	3.29%	98.9	1
2019/7/3	781	287	2.7	418.52	22	15	12	34.88	4.18%	104.9	3
2019/7/4	592	192	3.1	372.01	15	6	6	62	3.12%	0	0
2019/7/5	634	279	2.3	183.62	11	5	5	36.72	1.79%	0	0
2019/7/6	739	268	2.8	351.51	11	6	6	58.58	2.24%	0	0
2019/7/7	589	224	2.6	99.5	5	3	3	33.17	1.34%	0	0
2019/7/8	597	201	3	287.4	10	6	6	47.9	2.99%	0	0
2019/7/9	382	169	2.3	29.9	1	1	1	29.9	0.59%	0	0
2019/7/10	504	195	2.6	108.8	3	3	3	36.27	1.54%	0	0
2019/7/11	497	173	2.9	296.7	6	6	6	49.45	3.47%	0	0
2019/7/12	550	197	2.8	318	11	3	3	106	1.52%	0	0
2019/7/13	401	146	2.7	432.01	5	3	3	144	2.05%	0	0
2019/7/14	421	178	2.4	227.6	6	4	4	56.9	2.25%	0	0

图2-23

下面依然分两种方法展开介绍。

■ 方法一：利用文本导入工具导入

由于前面已经介绍过文本导入工具，所以这里重复的步骤不赘述。

01 参照2.1.1小节图2-3~图2-6所示的操作，在文本导入向导第3步对应的对话框中，依次选中无须导入的字段所在的列，选中“不导入此列（跳过）”单选项，单击“完成”按钮，如图2-24所示。

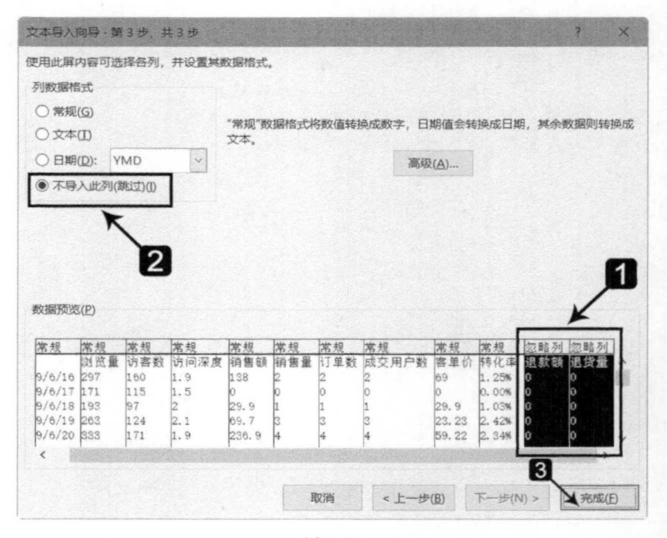

图2-24

02 这样即可忽略无须导入的字段，将数据导入Excel中，如图2-25所示。

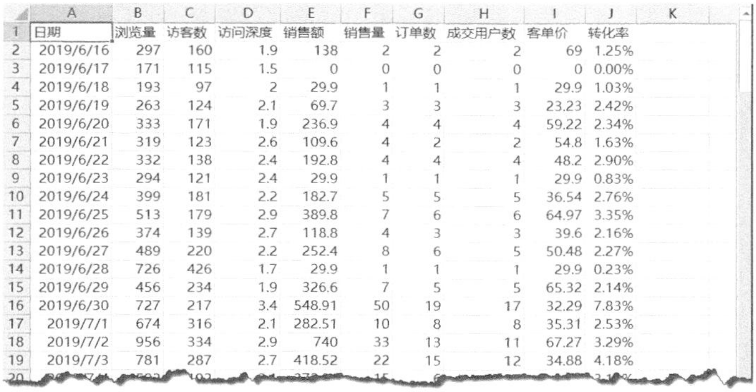

	A	B	C	D	E	F	G	H	I	J	K
1	日期	浏览量	访客数	访问深度	销售额	销售量	订单数	成交用户数	客单价	转化率	
2	2019/6/16	297	160	1.9	138	2	2	2	69	1.25%	
3	2019/6/17	171	115	1.5	0	0	0	0	0	0.00%	
4	2019/6/18	193	97	2	29.9	1	1	1	29.9	1.03%	
5	2019/6/19	263	124	2.1	69.7	3	3	3	23.23	2.42%	
6	2019/6/20	333	171	1.9	236.9	4	4	4	59.22	2.34%	
7	2019/6/21	319	123	2.6	109.6	4	2	2	54.8	1.63%	
8	2019/6/22	332	138	2.4	192.8	4	4	4	48.2	2.90%	
9	2019/6/23	294	121	2.4	29.9	1	1	1	29.9	0.83%	
10	2019/6/24	399	181	2.2	182.7	5	5	5	36.54	2.76%	
11	2019/6/25	513	179	2.9	389.8	7	6	6	64.97	3.35%	
12	2019/6/26	374	139	2.7	118.8	4	3	3	39.6	2.16%	
13	2019/6/27	489	220	2.2	252.4	8	6	5	50.48	2.27%	
14	2019/6/28	726	426	1.7	29.9	1	1	1	29.9	0.23%	
15	2019/6/29	456	234	1.9	326.6	7	5	5	65.32	2.14%	
16	2019/6/30	727	217	3.4	548.91	50	19	17	32.29	7.83%	
17	2019/7/1	674	316	2.1	282.51	10	8	8	35.31	2.53%	
18	2019/7/2	956	334	2.9	740	33	13	11	67.27	3.29%	
19	2019/7/3	781	287	2.7	418.52	22	15	12	34.88	4.18%	

图2-25

■ 方法二：借助Power Query工具导入

01 在“数据”选项卡下单击“从文本/CSV”按钮，将文本文件中的数据导入Power Query。在Power Query导入界面单击“转换数据”按钮，如图2-26所示。

01-3 文本导入案例3.txt

文件原始格式：936: 简体中文(GB2312)　分隔符：制表符　数据类型检测：基于前200行

日期	浏览量	访客数	访问深度	销售额	销售量	订单数	成交用户数	客单价	转化率	退款额	退货量
2019/6/16	297	160	1.9	138	2	2	2	69	1.25%	0	0
2019/6/17	171	115	1.5	0	0	0	0	0	0.00%	0	0
2019/6/18	193	97	2	29.9	1	1	1	29.9	1.03%	0	0
2019/6/19	263	124	2.1	69.7	3	3	3	23.23	2.42%	0	0
2019/6/20	333	171	1.9	236.9	4	4	4	59.22	2.34%	0	0
2019/6/21	319	123	2.6	109.6	4	2	2	54.8	1.63%	0	0
2019/6/22	332	138	2.4	192.8	4	4	4	48.2	2.90%	0	0
2019/6/23	294	121	2.4	29.9	1	1	1	29.9	0.83%	0	0
2019/6/24	399	181	2.2	182.7	5	5	5	36.54	2.76%	9.9	1
2019/6/25	513	179	2.9	389.8	7	6	6	64.97	3.35%	0	0
2019/6/26	374	139	2.7	118.8	4	3	3	39.6	2.16%	29.9	0
2019/6/27	489	220	2.2	252.4	8	6	5	50.48	2.27%	0	0
2019/6/28	726	426	1.7	29.9	1	1	1	29.9	0.23%	0	0
2019/6/29	456	234	1.9	326.6	7	5	5	65.32	2.14%	0	0
2019/6/30	727	217	3.4	548.91	50	19	17	32.29	7.83%	0	0
2019/7/1	674	316	2.1	282.51	10	8	8	35.31	2.53%	0	0
2019/7/2	956	334	2.9	740	33	13	11	67.27	3.29%	98.9	1
2019/7/3	781	287	2.7	418.52	22	15	12	34.88	4.18%	104.9	3
2019/7/4	592	192	3.1	372.01	15	6	6	62	3.12%	0	0
2019/7/5	634	279	2.3	183.62	11	5	5	36.72	1.79%	0	0

由于大小限制，已截断预览中的数据。

单击

加载　转换数据　取消

图2-26

02 在Power Query编辑器中，按住<Ctrl>键不松开并依次选中无须导入的两列，单击“删除列”按钮，如图2-27所示。

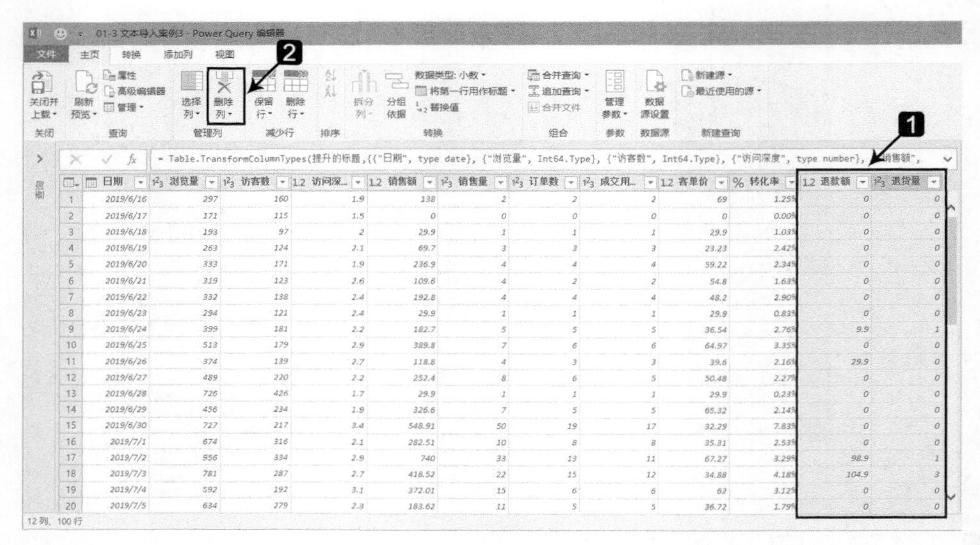

图 2-27

03 单击“关闭并上载”按钮将Power Query中的转换结果导入Excel中，如图2-28所示。

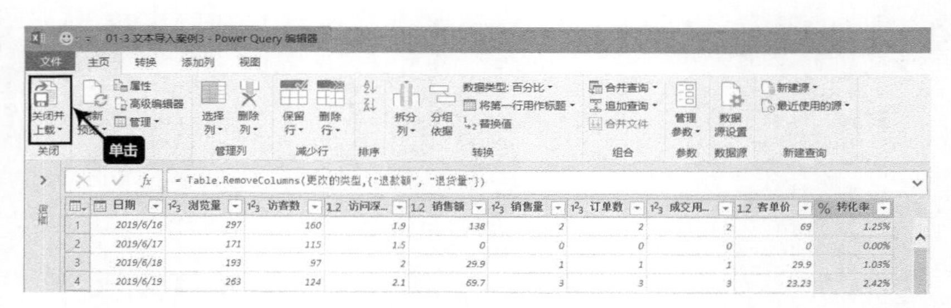

图 2-28

04 Excel中的结果如图2-29所示。

日期	浏览量	访客数	访问深度	销售额	销售量	订单数	成交用户数	客单价	转化率
2019/6/16	297	160	1.9	138	2	2	2	69	0.0125
2019/6/17	171	115	1.5	0	0	0	0	0	0
2019/6/18	193	97	2	29.9	1	1	1	29.9	0.0103
2019/6/19	263	124	2.1	69.7	3	3	3	23.23	0.0242
2019/6/20	333	171	1.9	236.9	4	4	4	59.22	0.0234
2019/6/21	319	123	2.6	109.6	4	2	2	54.8	0.0163
2019/6/22	332	138	2.4	192.8	4	4	4	48.2	0.029
2019/6/23	294	121	2.4	29.9	1	1	1	29.9	0.0083
2019/6/24	399	181	2.2	182.7	5	5	5	36.54	0.0276
2019/6/25	513	179	2.9	389.8	7	6	6	64.97	0.0335
2019/6/26	374	139	2.7	118.8	4	3	3	39.6	0.0216
2019/6/27	489	220	2.2	252.4	8	6	5	50.48	0.0227
2019/6/28	726	426	1.7	29.9	1	1	1	29.9	0.0023
2019/6/29	456	234	1.9	326.6	7	5	5	65.32	0.0214
2019/6/30	727	217	3.4	548.91	50	19	17	32.29	0.0783
2019/7/1	674	316	2.1	282.51	10	8	8	35.31	0.0253
2019/7/2	956	334	2.9	740	33	13	11	67.27	0.0329
2019/7/3	781	287	2.7	418.52	22	15	12	34.88	0.0418
2019/7/4	592	192	3.1	372.01	15	6	6	62	0.0312

图 2-29

2.1.4 从字段中选择性导入数据

当文本文件中需要删除的字段太多时，我们可以仅选择需要导入的字段进行导入。

原始文件中包含几十列数据，如图2-30所示，仅需导入前面的从“日期”至“转化率”的10个字段，后面的几十个字段数据无须导入。

```
01-4 文本导入案例4.txt - 记事本
文件(F)  编辑(E)  格式(O)  查看(V)  帮助(H)
日期	浏览量	访客数	访问深度	销售额	销售量	订单数	成交用户数	客单价	转化率	退款额	退货量	退款率	退货率
店铺收藏数	宝贝收藏数	新增购物车人数	新增购物车宝贝件数	页面平均停留时间（秒）	人均停留时间	新客平均停留时间
老客平均停留时间	旺旺咨询人数	询盘-成交转化率	静默转化率	浏览量（PC）	访客数（PC）	新客PV（PC）	老客PV（
PC）	新客UV（PC）	老客UV（PC）	销售额（PC）	销售量（PC）	订单数（PC）	成交用户数（PC）	客单价（PC）
转化率（PC）	退款额（PC）	退货量（PC）	退款率（PC）	退货率（PC）	浏览量（手机）	访客数（手机）	新客PV（手机）
老客PV（手机）	新客UV（手机）	老客UV（手机）	销售额（手机）	销售量（手机）	订单数（手机）	成交用户数（手机）	客单价（
手机）	转化率（手机）	退款额（手机）	退货量（手机）	退款率（手机）	退货率（手机）	6日回访客（PC）	6日回访客（手机）
销售额（老客）	销售量（老客）	成交用户数（老客）	DSR得分（描述相符）	DSR评分次数（描述相符）	DSR得分（服务态度）
DSR评分次数（服务态度）	DSR得分（发货速度）	DSR评分次数（发货速度）	DSR得分（物流速度）	DSR评分次数（物流速度）	星期
2019/6/16	297	160	1.9	138	2	2	2	69	1.25%	0	0	0.00%	0.00%	1
2	4	4	70	116	117	59	5	40.00%	0.00%	167	101	165	2	100	1
138	2	2	2	69	1.98%	0	0	0	0	130	59	129	1	58	1
0	0	0	0	0	0	0	0	0	0	9	2	0	0	0	5
1	5	1	5	1	0	0	日
2019/6/17	171	115	1.5	0	0	0	0	0	0.00%	0	0	0.00%	0.00%	1
6	1	1	34	51	52	40	4	0.00%	0.00%	117	77	112	5	74	3
0	0	0	0	0	0.00%	0	0	0	0	54	38	53	1	37	1
0	0	0	0	0	0	0	0	0	0	6	1	0	0	0	0
0	0	0	0	0	0	0
2019/6/18	193	97	2	29.9	1	1	1	29.9	1.03%	0	0	0.00%	0.00%	2
1	1	1	67	146	148	45	5	20.00%	0.00%	119	55	117	2	54	1
29.9	1	1	1	29.9	1.82%	0	0	0	0	74	42	73	1	41	1
0	0	0	0	0	0	0	0	0	0	5	2	0	0	0	0
0	0	0	0	0	0	0
2019/6/19	263	124	2.1	69.7	3	3	3	23.23	2.42%	0	0	0.00%	0.00%	2
3	6	10	68	140	142	29	9	33.33%	0.00%	130	63	129	1	62	1
29.9	1	1	1	29.9	1.59%	0	0	0	0	133	61	127	6	59	2
39.8	2	2	2	19.9	0.0328	0	0	0	0	3	1	29.9	1	1	0
0	0	0	0	0	0	0
2019/6/20	333	171	1.9	236.9	4	4	4	59.22	2.34%	0	0	0.00%	0.00%	3
10	8	10	47	82	79	144	8	50.00%	0.00%	129	74	123	6	71	3
```

图2-30

下面依然分两种方法展开介绍。

■ 方法一：利用文本导入工具导入

01 参照2.1.1小节图2-3~图2-6所示的操作，在文本导入向导第3步对应的对话框中（如图2-31所示），先单击“退款额”所在的列，再按住鼠标左键不松开并向右拖动底部的滚动条直至最后一列。

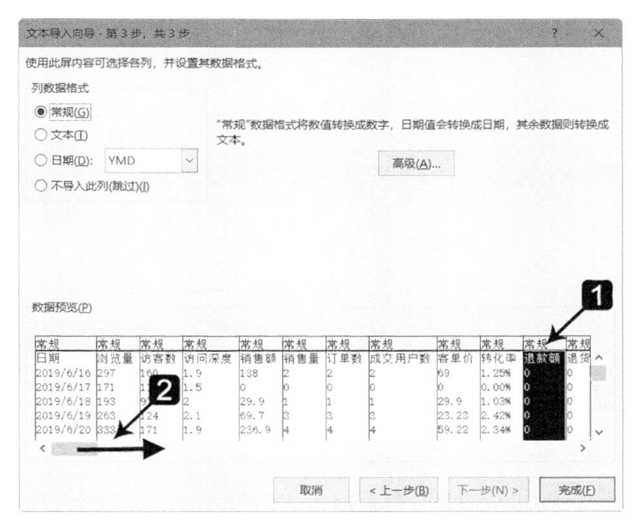

图2-31

02 按住<Shift>键不松开并单击最后一列（“星期”字段所在的列），目的是选中从“退款额”至“星期”的连续几十列，然后选中“不导入此列（跳过）”单选项，单击“完成”按钮，如图2-32所示。

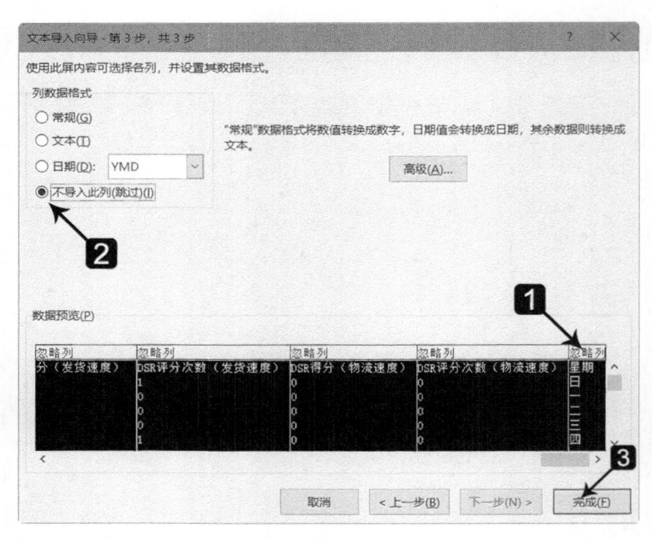

图2-32

03 这样即可忽略无须导入的几十列，仅导入有效数据，如图2-33所示。

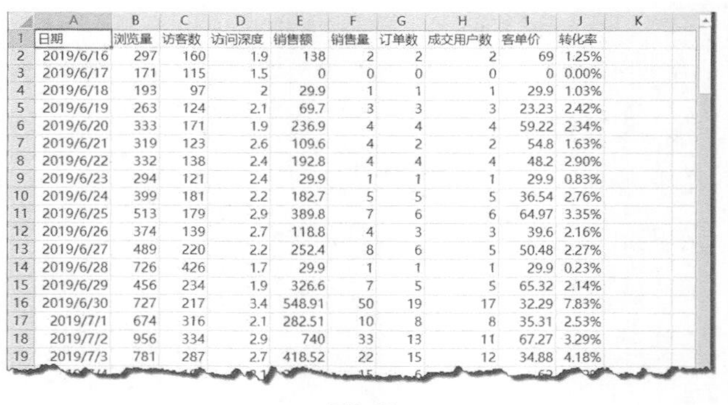

	A	B	C	D	E	F	G	H	I	J	K
1	日期	浏览量	访客数	访问深度	销售额	销售量	订单数	成交用户数	客单价	转化率	
2	2019/6/16	297	160	1.9	138	2	2	2	69	1.25%	
3	2019/6/17	171	115	1.5	0	0	0	0	0	0.00%	
4	2019/6/18	193	97	2	29.9	1	1	1	29.9	1.03%	
5	2019/6/19	263	124	2.1	69.7	3	3	3	23.23	2.42%	
6	2019/6/20	333	171	1.9	236.9	4	4	4	59.22	2.34%	
7	2019/6/21	319	123	2.6	109.6	4	2	2	54.8	1.63%	
8	2019/6/22	332	138	2.4	192.8	4	4	4	48.2	2.90%	
9	2019/6/23	294	121	2.4	29.9	1	1	1	29.9	0.83%	
10	2019/6/24	399	181	2.2	182.7	5	5	5	36.54	2.76%	
11	2019/6/25	513	179	2.9	389.8	7	6	6	64.97	3.35%	
12	2019/6/26	374	139	2.7	118.8	4	3	3	39.6	2.16%	
13	2019/6/27	489	220	2.2	252.4	8	6	5	50.48	2.27%	
14	2019/6/28	726	426	1.7	29.9	1	1	1	29.9	0.23%	
15	2019/6/29	456	234	1.9	326.6	7	5	5	65.32	2.14%	
16	2019/6/30	727	217	3.4	548.91	50	19	17	32.29	7.83%	
17	2019/7/1	674	316	2.1	282.51	10	8	8	35.31	2.53%	
18	2019/7/2	956	334	2.9	740	33	13	11	67.27	3.29%	
19	2019/7/3	781	287	2.7	418.52	22	15	12	34.88	4.18%	

图2-33

■ 方法二：借助Power Query工具导入

01 参照2.1.2小节图2-9、图2-10所示的操作，将数据导入Power Query编辑器后，按住<Shift>键不松开并依次单击“日期”列和“转化率”列，目的是选中这些需要导入的连续多列数据，然后单击“删除列”按钮的下半部分，在弹出的下拉菜单中选择“删除其他列”，如图2-34所示。

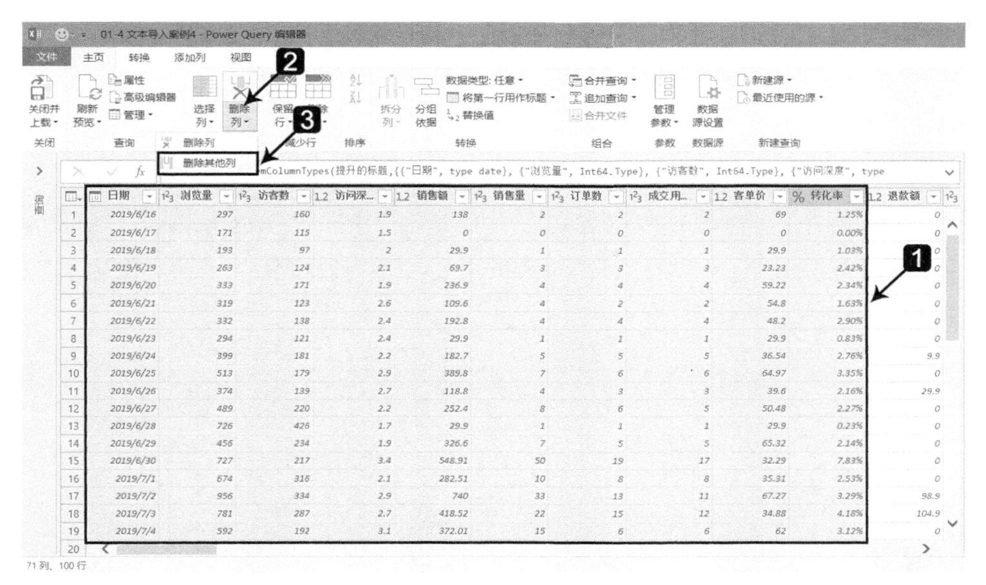

图 2-34

02 在Power Query中转换得到想要的结果后，单击“关闭并上载”按钮，如图2-35所示。

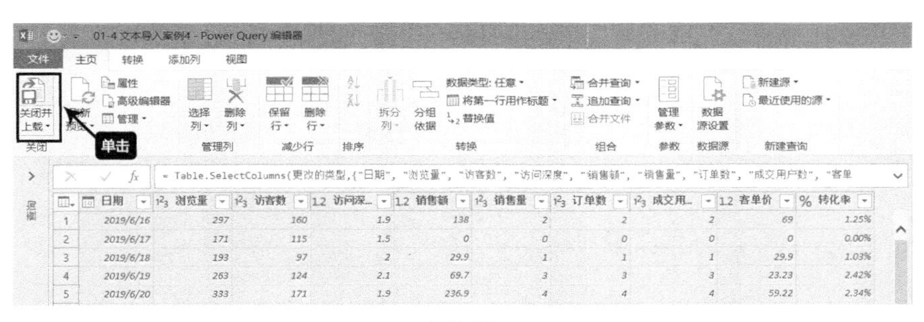

图 2-35

03 Excel中的效果如图2-36所示。

当然，借助Power Query导入的这些数据，可以借助“刷新”功能使之与数据源保持同步更新，这也是使用Power Query的极大优势所在。

	A	B	C	D	E	F	G	H	I	J
1	日期	浏览量	访客数	访问深度	销售额	销售量	订单数	成交用户数	客单价	转化率
2	2019/6/16	297	160	1.9	138	2	2	2	69	0.0125
3	2019/6/17	171	115	1.5	0	0	0	0	0	0
4	2019/6/18	193	97	2	29.9	1	1	1	29.9	0.0103
5	2019/6/19	263	124	2.1	69.7	3	3	3	23.23	0.0242
6	2019/6/20	333	171	1.9	236.9	4	4	4	59.22	0.0234
7	2019/6/21	319	123	2.6	109.6	4	2	2	54.8	0.0163
8	2019/6/22	332	138	2.4	192.8	4	4	4	48.2	0.029
9	2019/6/23	294	121	2.4	29.9	1	1	1	29.9	0.0083
10	2019/6/24	399	181	2.2	182.7	5	5	5	36.54	0.0276
11	2019/6/25	513	179	2.9	389.8	7	6	6	64.97	0.0335
12	2019/6/26	374	139	2.7	118.8	4	3	3	39.6	0.0216
13	2019/6/27	489	220	2.2	252.4	8	6	5	50.48	0.0227
14	2019/6/28	726	426	1.7	29.9	1	1	1	29.9	0.0023
15	2019/6/29	456	234	1.9	326.6	7	5	5	65.32	0.0214
16	2019/6/30	727	217	3.4	548.91	50	19	17	32.29	0.0783
17	2019/7/1	674	316	2.1	282.51	10	8	8	35.31	0.0253
18	2019/7/2	956	334	2.9	740	33	13	11	67.27	0.0329
19	2019/7/3	781	287	2.7	418.52	22	15	12	34.88	0.0418
20	[illegible]	592	[illegible]	3.1	[illegible]	[illegible]	[illegible]	[illegible]	[illegible]	[illegible]

图 2-36

2.2 网页中的数据，如何批量导入Excel

当工作需要的数据来自网页，并且网页数据时常更新时，应该如何操作才能把网页中的数据导入Excel中，并且支持同步更新呢？

下面结合外汇牌价查询的实际案例，讲解从网页中抓取并更新数据的方法。

某企业需要从某银行网站的网页中抓取各种货币的外汇牌价，网页中的部分数据如图2-37所示。

银行外汇牌价

打印

起始时间： 结束时间： 牌价选择：选择货币 【关于远离违法违规外汇交易的风险提示】

货币名称	现汇买入价	现钞买入价	现汇卖出价	现钞卖出价	中行折算价	发布日期	发布时间
阿联酋迪拉姆		184.73		198.46	191.15	2020-02-21	15:26:59
澳大利亚元	462.42	448.05	465.82	467.42	464.5	2020-02-21	15:26:59
巴西里亚尔		153.63		174.43	159.99	2020-02-21	15:26:59
加拿大元	528.86	512.16	532.76	534.58	529.62	2020-02-21	15:26:59
瑞士法郎	713.03	691.02	718.03	721.11	713.68	2020-02-21	15:26:59
丹麦克朗	101.24	98.12	102.06	102.54	101.43	2020-02-21	15:26:59
欧元	756.63	733.12	762.21	764.66	757.43	2020-02-21	15:26:59
英镑	903.46	875.38	910.11	913.23	904.58	2020-02-21	15:26:59
港币	90.11	89.4	90.47	90.47	90.21	2020-02-21	15:26:59

图2-37

01 首先复制网页的网址，然后打开Excel，单击“数据”选项卡→“自网站”，如图2-38所示。

02 在弹出的对话框中粘贴网页的网址，单击“确定”按钮，如图2-39所示。

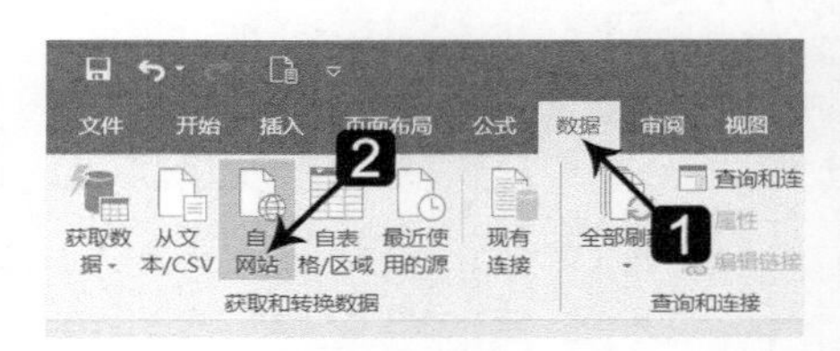

图2-38

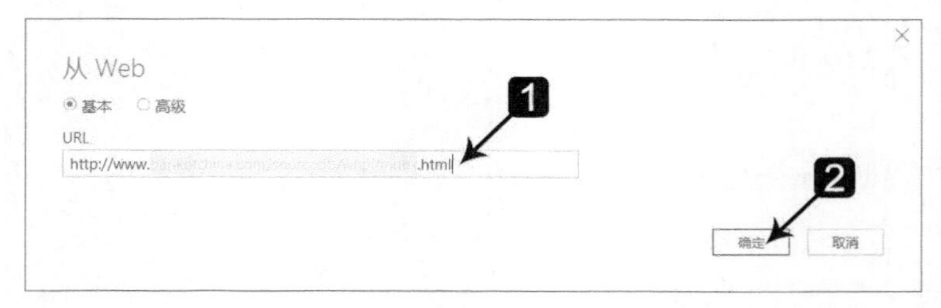

图2-39

03 进入Power Query导航器后，选择网页中要导入的数据所在的表单Table 0，单击“转换数据”按钮，如图2-40所示。

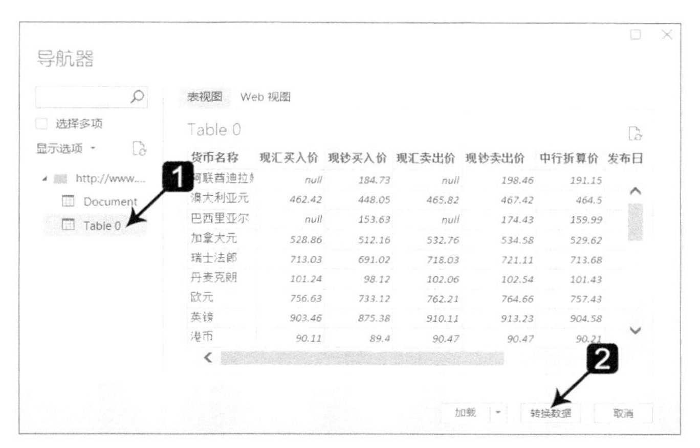

图 2-40

04 将数据导入Power Query编辑器后，单击“关闭并上载”按钮，如图2-41所示。

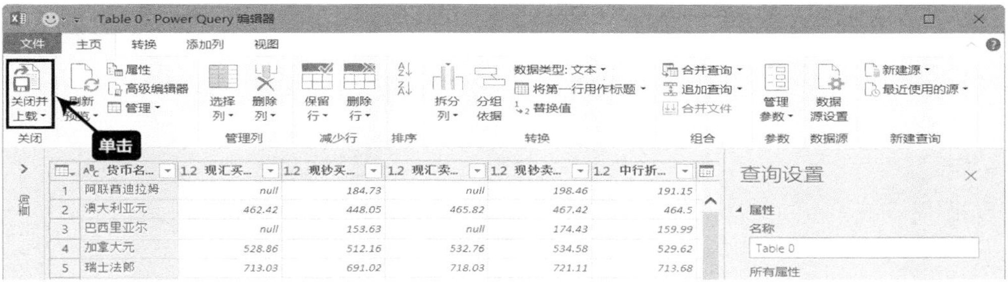

图 2-41

05 当所有数据加载完成后，Excel中的数据如图2-42所示。

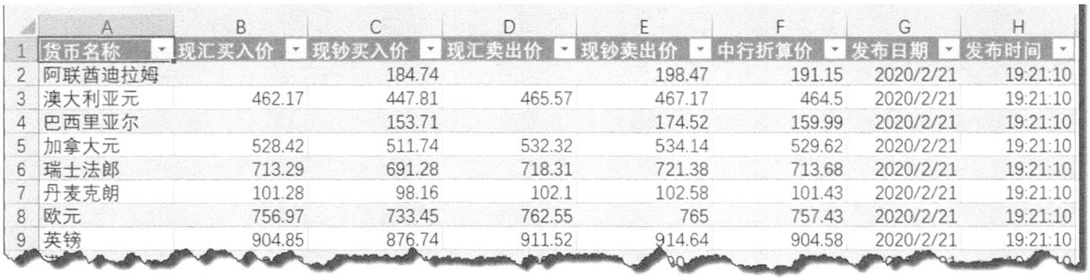

	A	B	C	D	E	F	G	H
1	货币名称	现汇买入价	现钞买入价	现汇卖出价	现钞卖出价	中行折算价	发布日期	发布时间
2	阿联酋迪拉姆		184.74		198.47	191.15	2020/2/21	19:21:10
3	澳大利亚元	462.17	447.81	465.57	467.17	464.5	2020/2/21	19:21:10
4	巴西里亚尔		153.71		174.52	159.99	2020/2/21	19:21:10
5	加拿大元	528.42	511.74	532.32	534.14	529.62	2020/2/21	19:21:10
6	瑞士法郎	713.29	691.28	718.31	721.38	713.68	2020/2/21	19:21:10
7	丹麦克朗	101.28	98.16	102.1	102.58	101.43	2020/2/21	19:21:10
8	欧元	756.97	733.45	762.55	765	757.43	2020/2/21	19:21:10
9	英镑	904.85	876.74	911.52	914.64	904.58	2020/2/21	19:21:10

图 2-42

这样即可从网页中抓取外汇牌价数据并导入Excel，当网页数据更新后，只需单击“表格工具”中的“刷新”按钮，即可同步更新Excel中的数据。

2.3 图片中的数据，如何快速导入Excel

工作中常会遇到数据来自图片的情况，这时候应该如何操作才能将图片中的数据批量导入Excel中，以便借助Excel的强大功能进行数据处理呢？

当下比较常用的从图片中提取数据的技术是OCR，OCR是Optical Character Recognition（光学字符识别）的缩写，是通过扫描等方式将各种票据、报刊、书籍、文稿及其他印刷品的文字转化为图像信息，再利用文字识别技术将图像信息转化为可以编辑的文字形式的输入技术。

OCR可应用于大量文字资料、档案卷宗、数据的批量录入和处理，尤其适用于银行、税务等行业大量数据表格的自动扫描识别及长期存储。

当下市面上的OCR软件有很多种，下面通过一个使用汉王OCR扫描图片提取表格数据的案例，介绍OCR软件的使用方法。

图2-43所示是一张某企业的招聘记录表。

序号	姓名	身份证号码	手机号	应聘岗位
1	李锐	530121***903119561	139***21234	财务
2	朱怡宁	530121***60427732X	139***21235	会计
3	伍欣然	410482***209201794	139***21236	人资
4	任雅艳	410482***307144762	139***21237	技术
5	袁雅蕊	410482***10811486X	139***21238	客服
6	张玉琪	530121***808228647	139***21239	美工
7	孙菲	530121***502181698	139***21240	售后
8	李熙泰	530121***603134175	139***21241	研发
9	金新荣	530121***101198894	139***21242	市场
10	陈宇	530121***006281454	139***21243	销售
11	方伟诚	410482***902133435	139***21244	财务

图2-43

01 打开汉王OCR软件，单击“文件”→“打开图像”，如图2-44所示。

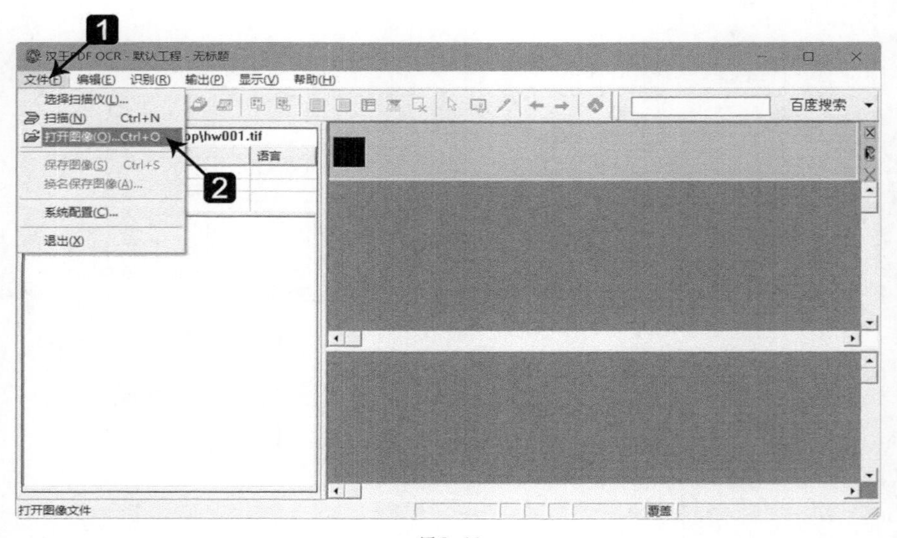

图2-44

02 在弹出的对话框中选中要扫描的图片，单击“打开”按钮，如图2-45所示。

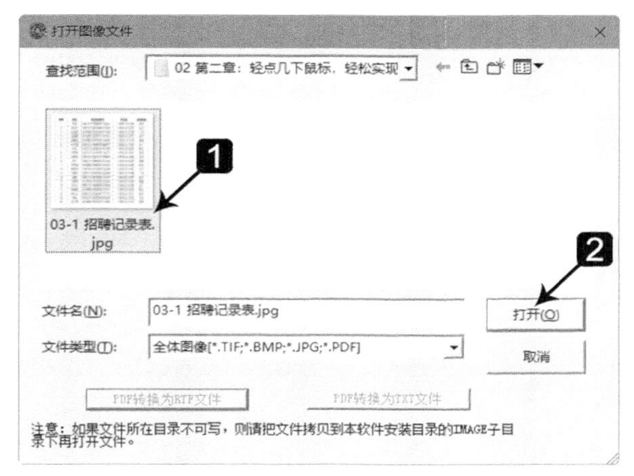

图2-45

03 在软件中导入图片后，为了提高识别的准确性，先进行版面分析，如图2-46所示。

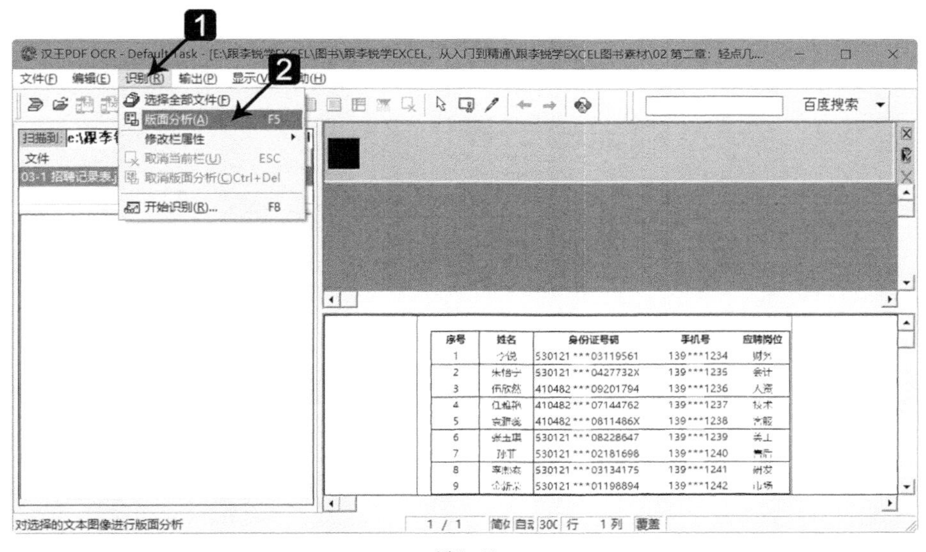

图2-46

04 经过版面分析后单击“识别”→“开始识别”，软件会利用OCR技术识别下方的图像信息，将其转化为可使用的数据格式，如图2-47所示。

05 将识别结果保存为Excel文件，操作步骤如图2-48所示。

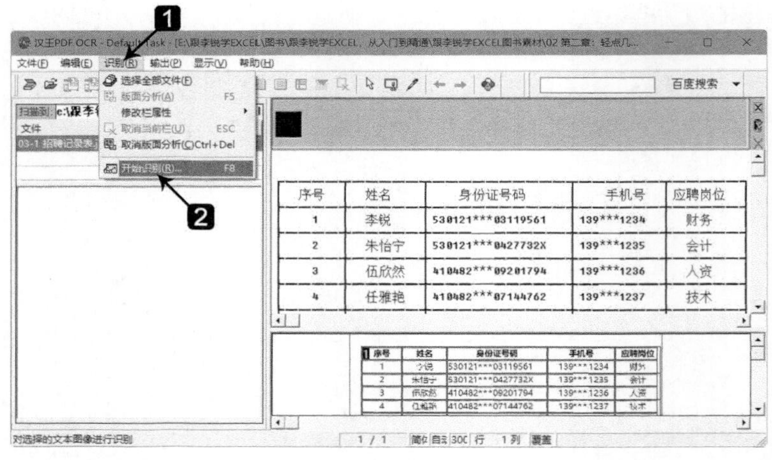

图 2-47

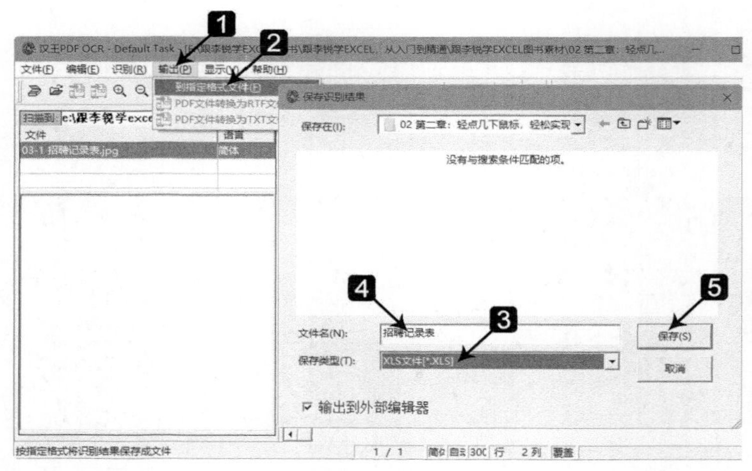

图 2-48

06 导入Excel中的效果如图2-49所示。

	A	B	C	D	E
1	序号	姓名	身份证号码	手机号	应聘岗位
2	1	李锐	530121***03119561	139***1234	财务
3	2	朱怡宁	530121***0427732X	139***1235	会计
4	3	伍欣然	410482***09201794	139***1236	人资
5	4	任雅艳	410482***07144762	139***1237	技术
6	5	袁雅蕊	410482***0811486X	139***1238	客服
7	6	张玉琪	530121***08228647	139***1239	美工
8	7	孙菲	530121***02181698	139***1240	售后
9	8	李熙泰	530121***03134175	139***1241	研发
10	9	金新荣	530121***01198894	139***1242	市场
11	10	陈宇	530121***06281454	139***1243	销售
12	11	方伟诚	410482***02133435	139***1244	财务

图 2-49

至此，我们将图片中的信息识别并转化为Excel数据，便于后期的数据整理及统计。虽然其他OCR软件的功能各不相同，但识别及转化流程与此相似。需要说明的是，当图片中包含的图像信息较多或数据复杂时，免费的OCR软件识别效果不尽如人意，可以使用付费OCR软件进行精准识别，此处不赘述。

2.4 数据库文件中的数据，如何快速导入Excel

随着大数据时代的来临，数据的形态越来越多样化，量级也日益增加，除了Excel文件中的数据，我们还经常会遇到一些存储着大量数据的数据库文件，如Access数据库文件。

面对数万行的数据库文件记录，很多人无从下手，下面通过一个案例介绍如何将数据库文件中的大量数据快速导入Excel中。

某企业2019年的全年销售数据共计50 000条记录，对应的数据库文件如图2-50所示。

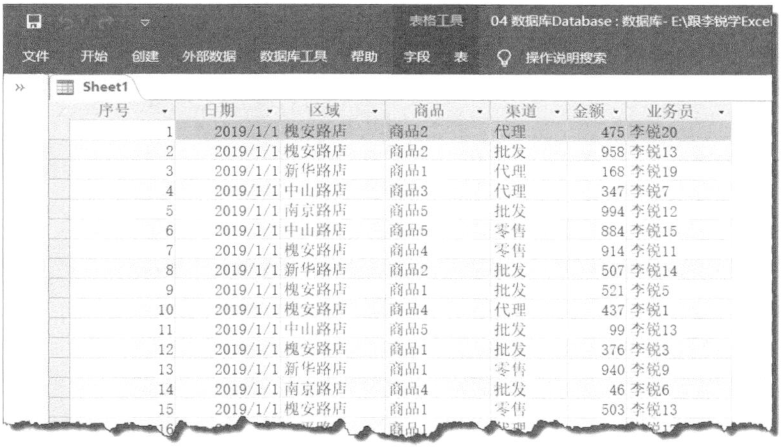

表格工具　04 数据库Database : 数据库- E:\跟李锐学Excel

文件　开始　创建　外部数据　数据库工具　帮助　字段　表　操作说明搜索

Sheet1

序号	日期	区域	商品	渠道	金额	业务员
1	2019/1/1	槐安路店	商品2	代理	475	李锐20
2	2019/1/1	槐安路店	商品2	批发	958	李锐13
3	2019/1/1	新华路店	商品1	代理	168	李锐19
4	2019/1/1	中山路店	商品3	代理	347	李锐7
5	2019/1/1	南京路店	商品5	批发	994	李锐12
6	2019/1/1	中山路店	商品5	零售	884	李锐15
7	2019/1/1	槐安路店	商品4	零售	914	李锐11
8	2019/1/1	新华路店	商品2	批发	507	李锐14
9	2019/1/1	槐安路店	商品1	批发	521	李锐5
10	2019/1/1	槐安路店	商品4	代理	437	李锐1
11	2019/1/1	中山路店	商品5	批发	99	李锐13
12	2019/1/1	槐安路店	商品1	批发	376	李锐3
13	2019/1/1	新华路店	商品1	零售	940	李锐9
14	2019/1/1	南京路店	商品4	批发	46	李锐6
15	2019/1/1	槐安路店	商品1	零售	503	李锐13

图2-50

01 要将数据导入Excel中，首先打开要放置数据的Excel工作簿，然后按图2-51所示的步骤获取数据。

02 在弹出的“导入数据”对话框中选择数据库文件并导入Excel，如图2-52所示。

图 2-51

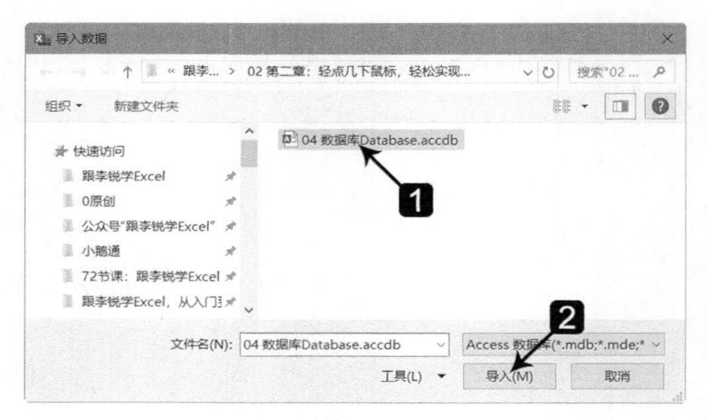

图 2-52

03 Excel会启动Power Query与数据源连接，导入过程会显示图2-53所示的提示。导入过程所耗费的时间与数据量大小、电脑硬件配置等相关。

图 2-53

04 进入Power Query导航器后，按图2-54所示步骤操作。

图2-54

05 数据导入Power Query编辑器后如图2-55所示。这时我们要根据需求对数据进行整理及转换，以符合后续的处理要求。

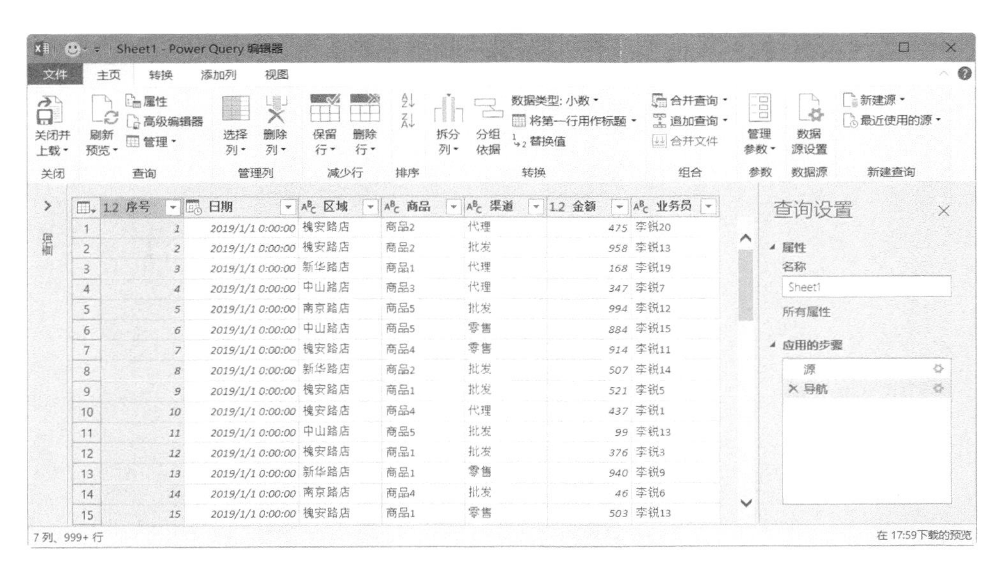

图2-55

06 当前案例的数据整理操作步骤如图2-56所示。

07 将Power Query编辑器中的数据导入Excel，操作步骤如图2-57所示。

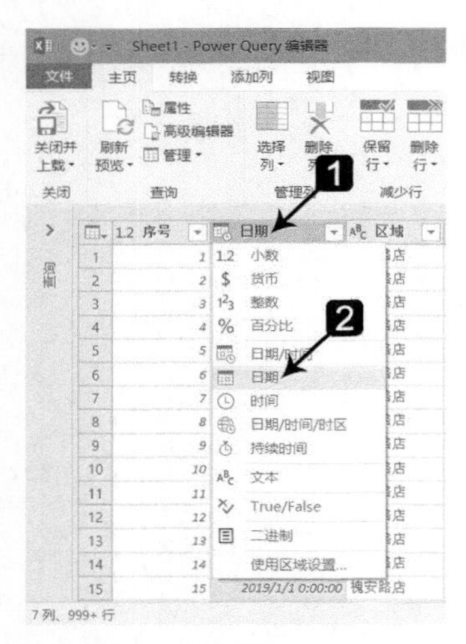

图 2-56

图 2-57

08 导入Excel的效果如图2-58所示。

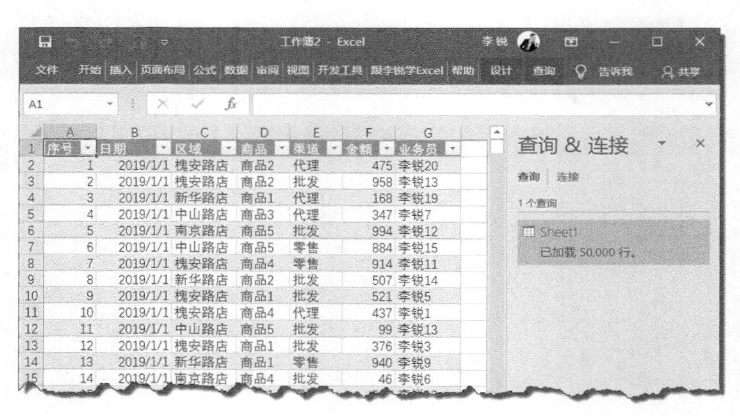

图 2-58

值得一提的是，Excel中的数据可以与数据库文件保持同步更新，这无疑是职场人的巨大福音。

第 03 章

极速录入法，让你快 20 倍

在实际工作中，快捷、准确地录入数据对后续的数据统计和数据分析具有非常重要的意义，本章从以下几个方面介绍极速录入数据的方法。

- 手敲数字总出错？一个妙招极速录入超长数值
- 不想手动输入长名称？两个妙招极速录入超长文本
- 不想逐个添加前缀、后缀？这两招都能批量完成
- 如何在多个单元格区域同时录入数据
- 在多张工作表中同时录入数据

3.1 手敲数字总出错？一个妙招极速录入超长数值

在需要输入尾数有很多0的数值时，很多人都是一边数着0的数目一边输入，采用这样的录入方法不但速度慢，而且容易出错。

在Excel中可以借助科学记数法的原理极速录入尾数有很多0的超长数值，如需要录入一亿，即数值100 000 000，在Excel中输入“1**8”即可生成科学记数法形式的一亿，即“1.00E+08”，它代表1乘以10的8次方，将其设置为常规格式即可转换为“100 000 000”的形式。

明白了这个原理，你就可以轻松、快捷地录入各种超长数值了，如图3-1所示。

	A	B	C	D
1	说明区	录入内容	输入后的效果	常规格式的数值
2	六万	6**4	6.00E+04	60000
3	九十万	9**5	9.00E+05	900000
4	一百万	1**6	1.00E+06	1000000
5	五百万	5**6	5.00E+06	5000000
6	一千万	1**7	1.00E+07	10000000
7	八千万	8**7	8.00E+07	80000000
8	两千三百万	2.3**7	2.30E+07	23000000
9	一亿五千万	1.5**8	1.50E+08	150000000
10	235.86亿	235.86**8	2.36E+10	23586000000

图 3-1

在Excel中，将数值格式由科学记数法的格式转换为常规格式的组合键是<Ctrl+Shift+1>，当有大量超长数值采用科学记数法形式录入完毕时，可以借助此组合键批量将其格式转换为常规数值格式。

3.2 不想手动输入长名称？两个妙招极速录入超长文本

当工作中经常需要输入一些长名称时，采用手动逐个输入的方法不但速度慢，而且一不小心就可能出错，更麻烦的是出了错你还全然不知，导致后续出现更严重的错误。

■ 方法一：通过下拉菜单输入

与其小心翼翼地手动输入，不如将经常要输入的长名称设置成Excel的下拉菜单，直接选择即可录入。

某企业的工作要求经常录入一些合作单位的单位全称，要求一字不差。在Excel中选中设置好下拉菜单的单元格后会显示下拉按钮，方便用户从展开的下拉菜单中直接选择内容，如图3-2所示。

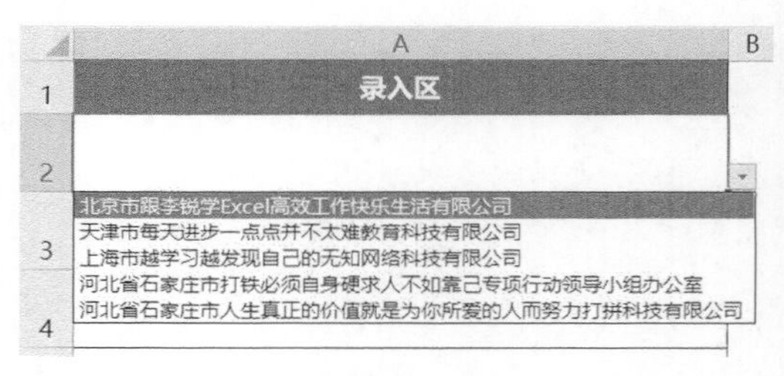

图 3-2

下面介绍设置下拉菜单的具体操作步骤。

01 将合作单位的单位全称整理到Excel中，如放置到C列，如图3-3所示。

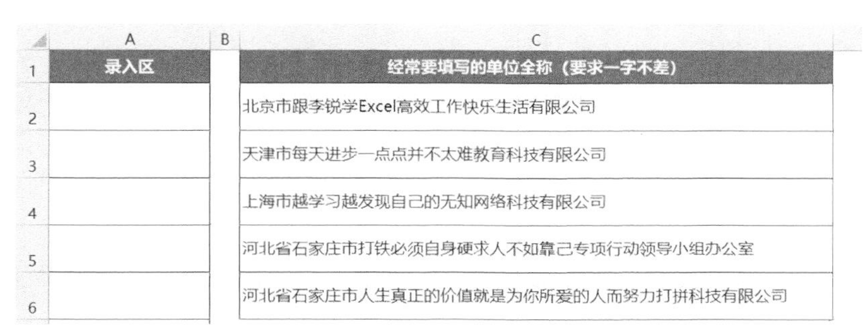

	A	B	C
1	录入区		经常要填写的单位全称（要求一字不差）
2			北京市跟李锐学Excel高效工作快乐生活有限公司
3			天津市每天进步一点点并不太难教育科技有限公司
4			上海市越学习越发现自己的无知网络科技有限公司
5			河北省石家庄市打铁必须自身硬求人不如靠己专项行动领导小组办公室
6			河北省石家庄市人生真正的价值就是为你所爱的人而努力打拼科技有限公司

图 3-3

02 在Excel工作表里选中要录入的区域（如A列），设置下拉菜单的操作步骤如图3-4所示。

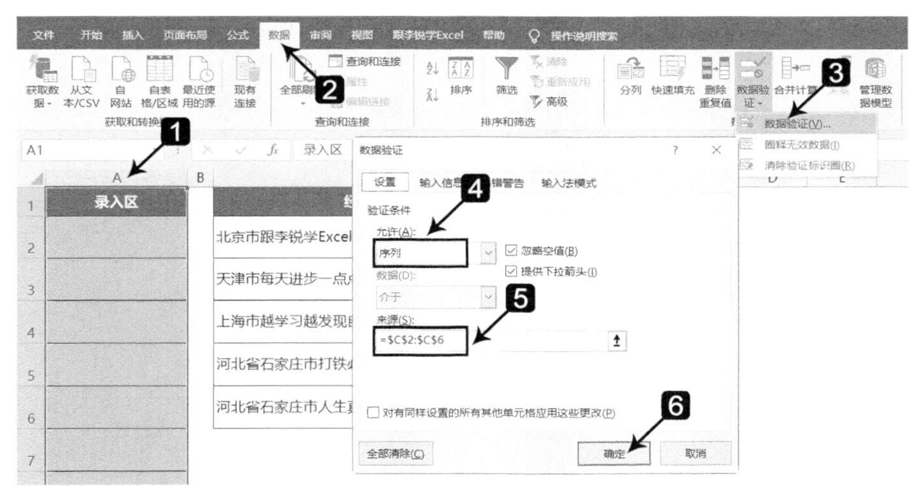

图 3-4

提示

要输入图3-4中步骤5所示的内容可这样操作：将光标定位在“来源”文本框中，然后用鼠标指针框选工作表中的C2:C6单元格区域即可。

03 至此下拉菜单设置完毕，可以将C列隐藏起来使表格更加美观，隐藏C列不会影响A列已设置好的下拉菜单，如图3-5所示。

这样就可以在Excel中既快捷又准确地输入超长单位名称了，使用此方法的前提是在Excel工作表中预先输入指定的单位名称（如C列）。是否还有更快捷的方法呢？当然有，下面再介绍一种极速录入法。

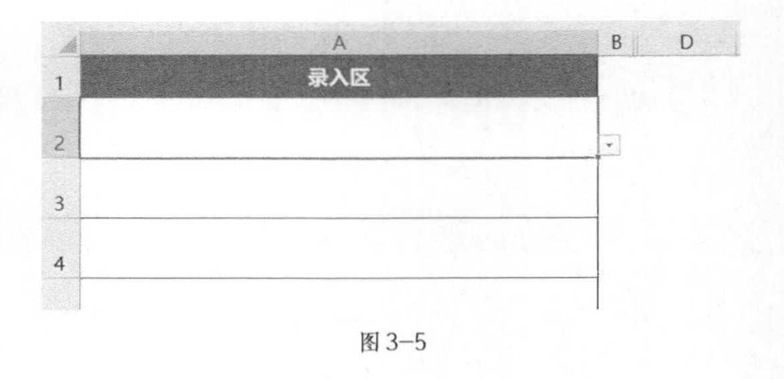

图 3-5

■ 方法二：借助自动更正输入

如现在想要输入的单位名称是“河北省石家庄市人生真正的价值就是为你所爱的人而努力打拼科技有限公司”，在Excel中单击“文件”→“选项”，在“Excel选项”对话框中设置自动更正选项，如图3-6所示。

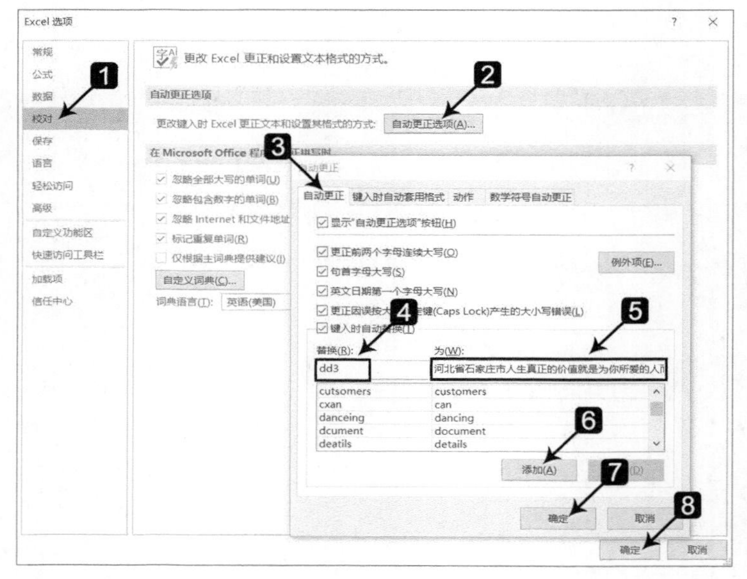

图 3-6

图3-6中步骤4中的“dd3”是快捷录入时需要用户手动输入的文本，建议这个文本使用容易输入且在工作中不与其他内容重复的文本。

提示

要求“容易输入”是为了方便用户快捷输入，如“dd3”都是左手中指键位，无须更换手指即可轻松输入；要求“不与其他内容重复”是为了避免误替换，如仅使用“a”则会把所有出现“a”的位置全部替换为步骤 5 中的超长文本，造成误替换。

图3-6中步骤5中的文本就是要输入的单位全称：河北省石家庄市人生真正的价值就是为你所爱的人而努力打拼科技有限公司。

使用这种方法的好处在于，无须提前在Excel中输入下拉菜单所需的数据，便可快速录入超长文本，而且这种自动更正选项的设置不仅适用于Excel，而且适用于PowerPoint、Word、Outlook、Access、OneNote等所有Office组件，十分方便。

3.3 不想逐个添加前缀、后缀？这两招都能批量完成

当在工作中遇到需要在已有数据基础上为其添加前缀或后缀的情况时，很多人会逐个在数据前后输入前缀、后缀，这样做费时费力且无法保证准确性。其实在Excel中是有方法批量添加前缀、后缀的，下面结合一个实际案例介绍两种方法。

某企业需要在已有的部门名称基础上增加品牌名的前缀信息，如图3-7所示。

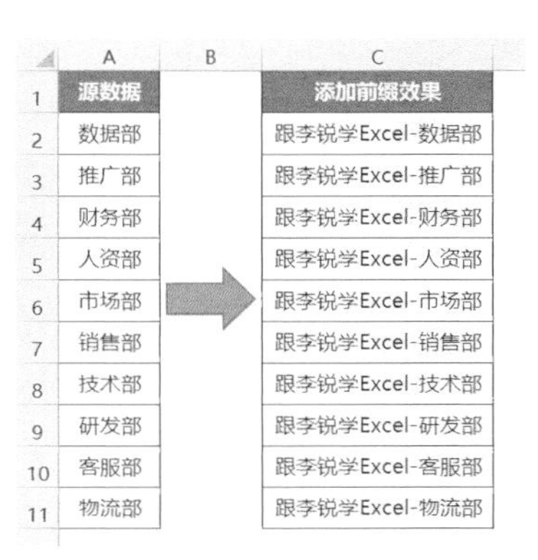

	A	B	C
1	源数据		添加前缀效果
2	数据部		跟李锐学Excel-数据部
3	推广部		跟李锐学Excel-推广部
4	财务部		跟李锐学Excel-财务部
5	人资部		跟李锐学Excel-人资部
6	市场部		跟李锐学Excel-市场部
7	销售部		跟李锐学Excel-销售部
8	技术部		跟李锐学Excel-技术部
9	研发部		跟李锐学Excel-研发部
10	客服部		跟李锐学Excel-客服部
11	物流部		跟李锐学Excel-物流部

图3-7

这时不必逐个手动添加，只需在C2单元格输入以下公式：

="跟李锐学Excel-"&A2

将公式向下填充即可批量添加品牌名前缀，如图3-8所示。

如果需要在源数据后面添加年份信息作为后缀，如图3-9所示。

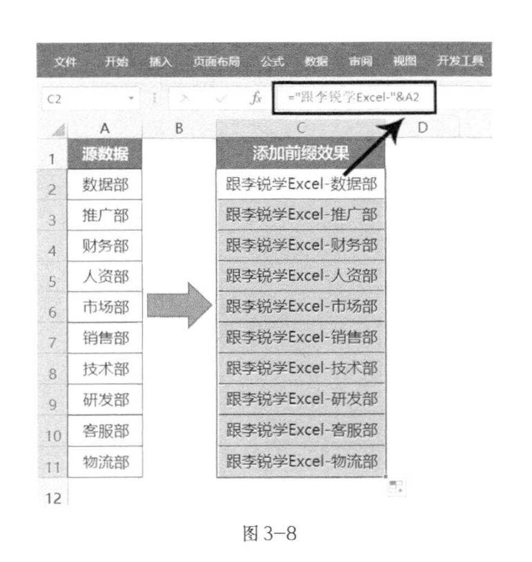

	A	B	C	D
1	源数据		添加前缀效果	
2	数据部		跟李锐学Excel-数据部	
3	推广部		跟李锐学Excel-推广部	
4	财务部		跟李锐学Excel-财务部	
5	人资部		跟李锐学Excel-人资部	
6	市场部		跟李锐学Excel-市场部	
7	销售部		跟李锐学Excel-销售部	
8	技术部		跟李锐学Excel-技术部	
9	研发部		跟李锐学Excel-研发部	
10	客服部		跟李锐学Excel-客服部	
11	物流部		跟李锐学Excel-物流部	
12				

图3-8

	A	B	C	D
1	源数据		添加后缀效果	
2	数据部		数据部-2020年	
3	推广部		推广部-2020年	
4	财务部		财务部-2020年	
5	人资部		人资部-2020年	
6	市场部		市场部-2020年	
7	销售部		销售部-2020年	
8	技术部		技术部-2020年	
9	研发部		研发部-2020年	
10	客服部		客服部-2020年	
11	物流部		物流部-2020年	
12				

图3-9

同样可以借助下面的Excel公式批量添加：

=A2&"-2020年"

将公式向下填充后的效果如图3-10所示。

这样即可在已有数据基础上批量添加前缀或后缀。

在实际工作中，当前缀或后缀需要经常更新时，采用上面的方法需要经常修改Excel公式，然后将公式重新填充到指定区域，为了避免这类重复操作，我们可以采用第二种方法。

第二种方法的思路是，先将前缀或后缀信息放置到某个单元格中，然后在Excel公式中引用这个单元格，即可批量添加前缀或后缀。

文件 开始 插入 页面布局 公式 数据 审阅 视图

C2 =A2&"-2020年"

	A	B	C
1	源数据		添加后缀效果
2	数据部		数据部-2020年
3	推广部		推广部-2020年
4	财务部		财务部-2020年
5	人资部		人资部-2020年
6	市场部		市场部-2020年
7	销售部		销售部-2020年
8	技术部		技术部-2020年
9	研发部		研发部-2020年
10	客服部		客服部-2020年
11	物流部		物流部-2020年

图3-10

这样设置的好处是，当需要更改前缀或后缀时，我们仅需要更改放置前缀或后缀信息的指定单元格，无须修改Excel工作表中的所有公式，就可以将所有公式结果同步更新了。

如果后缀信息需要经常变动，可按下述方法设置。

01 在E2单元格中输入后缀信息，如图3-11所示。

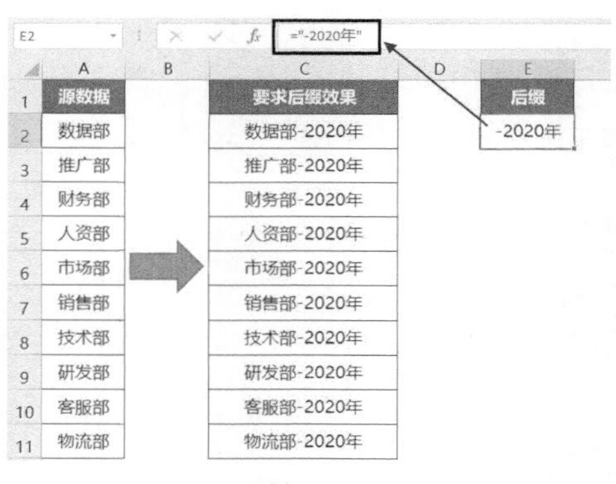

图3-11

02 在C列的公式中引用放置了后缀信息的E2单元格，输入公式如下：

=A2&$E$2

注意

公式中使用“$E$2”的目的是绝对引用E2单元格，使公式向下填充的过程中不会引用其他单元格。

03 将C2单元格的公式向下填充，效果如图3-12所示。

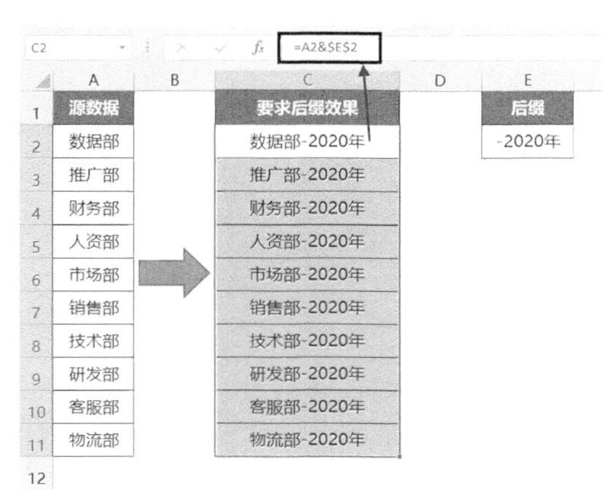

图3-12

04 当需要变更后缀信息时，仅需要更改E2单元格中的内容，无须更改C列公式即可使所有后缀批量同步更新，如图3-13所示。

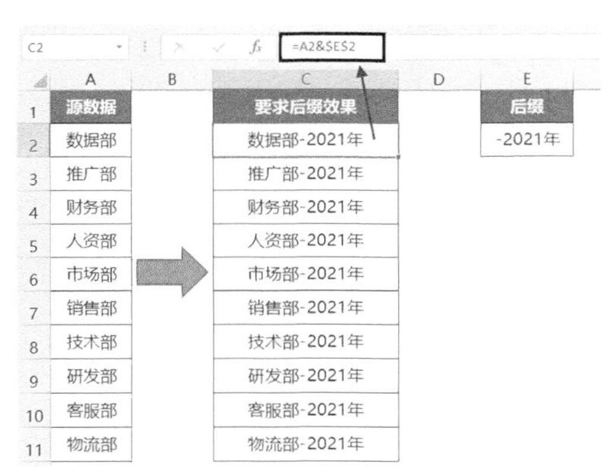

图3-13

综上，两种方法都可以实现批量添加前缀或后缀的效果，大家可以根据工作中的实际需求进行选择。

3.4 如何在多个单元格区域同时录入数据

当需要在多个单元格区域同时录入数据时，可以使用批量录入数据的方法。下面结合案例具体介绍。

Excel中的B2:C3、B5:C7、E2:G3、E5:G7四个单元格区域互不相邻，如图3-14所示。要求在这四个单元格区域中都录入品牌名“跟李锐学Excel”，应该如何操作？

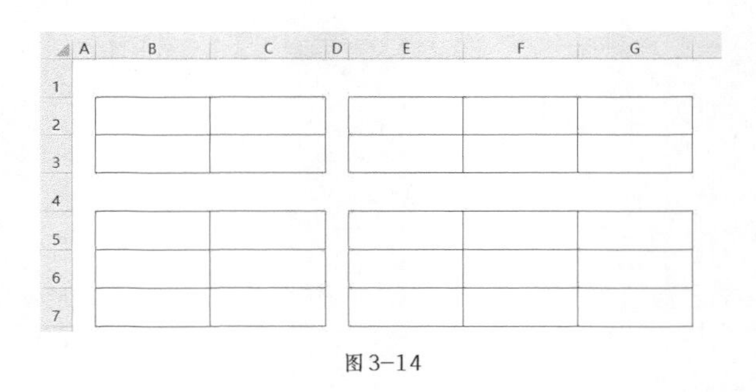

图3-14

01 选中B2:C3单元格区域，按住Ctrl键不松开，依次选中B5:C7、E2:G3、E5:G7三个单元格区域，如图3-15所示。

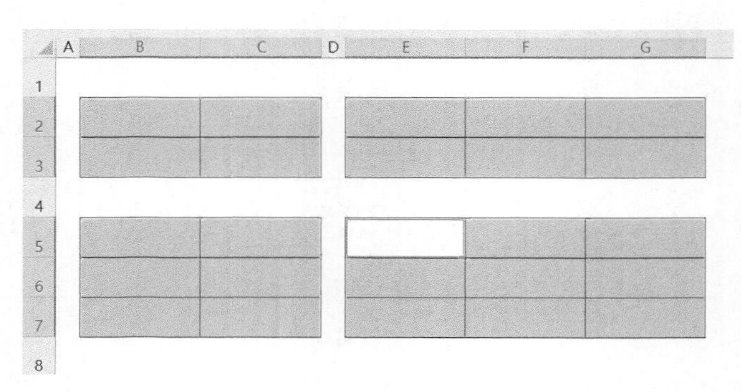

图3-15

02 输入“跟李锐学Excel”（注意不要按<Enter>键），如图3-16所示。

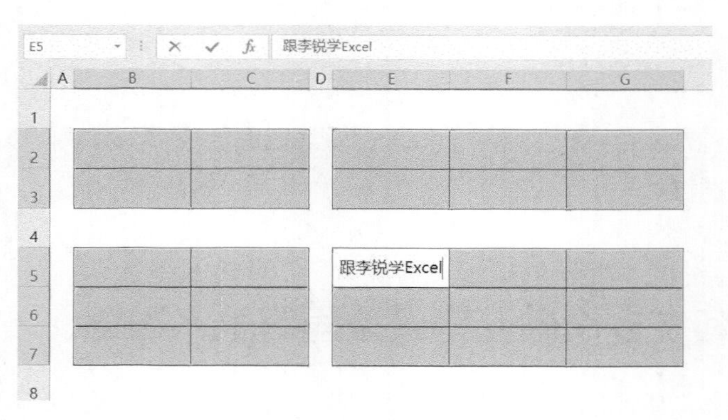

图3-16

03 按<Ctrl+Enter>组合键即可输入数据，效果如图3-17所示。

图3-17

<Ctrl+Enter>组合键的作用是在Excel中所有选中的单元格区域同时输入数据，如果只按<Enter>键则只在当前单元格输入数据。

举一反三

此方法还可以用于批量输入Excel函数。

如要求将多个单元格区域中输入1至100之间的随机整数，应该如何操作呢？

前面选中多个单元格区域的操作不变，在输入数据时改为输入以下公式：

=RANDBETWEEN(1,100)

输入公式后不要按<Enter>键，效果如图3-18所示。

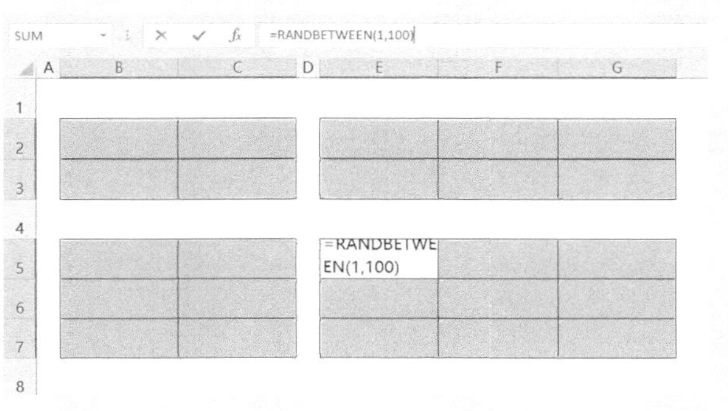

图3-18

按<Ctrl+Enter>组合键输入数据，效果如图3-19所示。

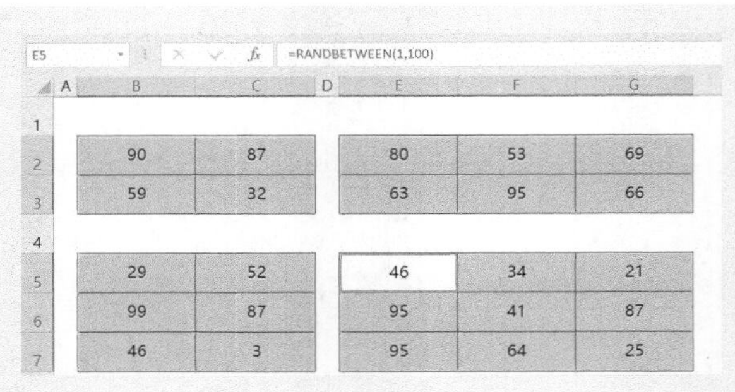
E5 =RANDBETWEEN(1,100)

	A	B	C	D	E	F	G
1							
2		90	87		80	53	69
3		59	32		63	95	66
4							
5		29	52		46	34	21
6		99	87		95	41	87
7		46	3		95	64	25

图 3-19

由于RANDBETWEEN函数的作用是产生区间范围内的随机整数，所以每次按<F9>键即可触发Excel重新计算，可随机生成1至100之间的随机整数，如图3-20所示。

	A	B	C	D	E	F	G
1							
2		69	73		20	12	76
3		93	43		4	26	22
4							
5		20	99		66	1	6
6		50	24		15	89	4
7		54	93		62	42	27

图 3-20

3.5 在多张工作表中同时录入数据

当需要在多张工作表中同时录入数据时，我们可以先将要同时操作的多张工作表组合在一起，然后再输入数据，这样就可以一次性操作了。

如要求在名为“北京”“上海”“广州”的3张工作表中同时录入报表表头，可以这样操作。

01 选中“北京”工作表标签，按住<Shift>键不松开，单击“上海”“广州”工作表标签，将“北京”“上海”“广州”这3张工作表组成工作表组合，效果如图 3-21 所示。

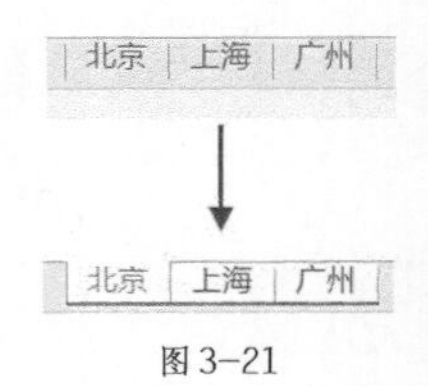

图 3-21

02 录入报表表头数据，并设置好格式，如图3-22所示。

	A	B	C	D	E
1	月份	手机	iPad	笔记本	台式机
2	1月				
3	2月				
4	3月				
5	4月				
6	5月				
7	6月				
8	7月				
9	8月				
10	9月				
11	10月				
12	11月				
13	12月				
14					

案例1 | 北京 | 上海 | 广州 | 1 | 2 | 3 | 4 | 5 | 6

图3-22

由于是在工作表组合状态下录入表头并设置格式的，所以这期间的所有操作都同步应用于组合中的每一张工作表，这样就一次性在“北京”“上海”“广州”这3张工作表中批量录入数据并设置格式，效果如图3-23所示。

	A	B	C	D	E
1	月份	手机	iPad	笔记本	台式机
2	1月				
3	2月				
4	3月				
5	4月				
6	5月				
7	6月				
8	7月				
9	8月				
10	9月				
11	10月				
12	11月				
13	12月				
14					

案例1 | 北京 | 上海 | 广州 | 1 | 2 | 3 | 4 | 5 | 6

	A	B	C	D	E
1	月份	手机	iPad	笔记本	台式机
2	1月				
3	2月				
4	3月				
5	4月				
6	5月				
7	6月				
8	7月				
9	8月				
10	9月				
11	10月				
12	11月				
13	12月				
14					

案例1 | 北京 | 上海 | 广州 | 1 | 2 | 3 | 4 | 5 | 6

图3-23

此案例中的3张工作表是连续放置的，所以按住<Shift>键并单击首尾工作表标签即可选中其间所有连续的工作表。如果工作表不是连续放置的，可以按住<Ctrl>键并分别单击各个工作表标签，将多张工作表组成工作表组合。

3.6 将12张工作表中的数据快速汇总

将多张工作表组合，不仅可以实现批量录入数据、设置格式，而且可以实现多张工作表批量汇总计算，下面结合一个案例介绍具体方法。

某企业全年12个月的销售数据分别放置在名为“1”至“12”的工作表中，如图3-24所示（为了清晰查看，仅展示1月和12月工作表，其余月份的表结构一致，仅数据不同）。

	A	B	C	D	E	F
1	商品 分公司	手机	iPad	笔记本	台式机	汇总
2	北京	32	23	80	73	
3	上海	26	87	54	77	
4	广州	67	38	29	79	
5	深圳	25	79	75	68	
6	厦门	69	80	64	39	
7	成都	25	45	65	43	
8	重庆	73	29	50	53	
9	南京	82	40	33	47	
10	天津	81	91	96	66	
11	石家庄	98	65	63	74	
12	大连	24	82	83	91	
13	汇总					
14						

案例1 | 北京 | 上海 | 广州 | 1 | 2 | 3 | 4 | 5 | 6 | 7 | 8 | 9 | 10 | 11 | 12

	A	B	C	D	E	F
1	商品 分公司	手机				
2	北京	36				
3	上海	95				
4	广州	81				
5	深圳	50				
6	厦门	21				
7	成都	80				
8	重庆	89				
9	南京	92				
10	天津	83				
11	石家庄	82				
12	大连	47	67	96	33	
13	汇总					
14						

案例1 | 北京 | 上海 | 广州 | 1 | 2 | 3 | 4 | 5 | 6 | 7 | 8 | 9 | 10 | 11 | 12

图3-24

每张工作表中都已存放各个分公司与商品的销售数据，需要分别对其进行求和，以完成如下3项要求：

①对每个分公司所有商品的销售数据求和，汇总结果放置在F列；

②对每种商品所有分公司的销售数据求和，汇总结果放置在13行；

③对所有分公司所有商品的销售数据求总和，结果放置在F13单元格。

要想实现12张工作表所有数据按以上要求一次性批量汇总，需按如下步骤操作。

01 按住<Shift>键不松开，分别单击“1”和“12”工作表标签，将全年数据所在的12张工作表组合成工作表组合，然后选中B2:F13单元格区域，如图3-25所示。

	A	B	C	D	E	F
1	商品 分公司	手机	iPad	笔记本	台式机	汇总
2	北京	36	36	20	44	
3	上海	95	78	98	73	
4	广州	81	97	69	45	
5	深圳	50	42	34	81	
6	厦门	21	78	37	96	
7	成都	80	77	64	58	
8	重庆	89	60	67	72	
9	南京	92	44	43	84	
10	天津	83	79	96	24	
11	石家庄	82	63	29	92	
12	大连	47	67	96	33	
13	汇总					
14						

案例1 | 北京 | 上海 | 广州 | 1 | 2 | 3 | 4 | 5 | 6 | 7 | 8 | 9 | 10 | 11 | 12

2

1

图3-25

02 按<Alt+=>组合键，一次性完成12张工作表的数据快速求和，效果如图3-26所示。

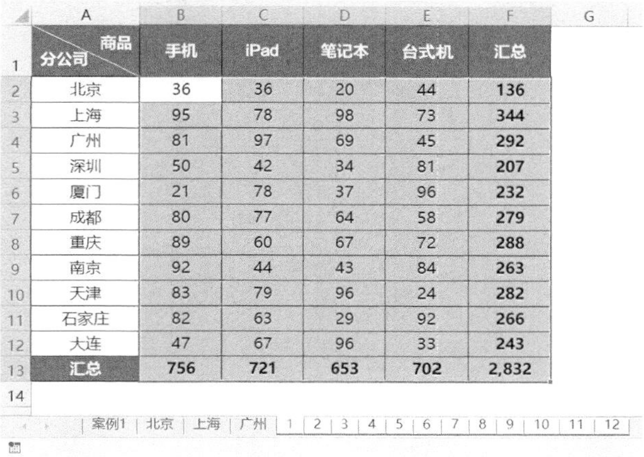

商品 分公司	手机	iPad	笔记本	台式机	汇总
北京	36	36	20	44	136
上海	95	78	98	73	344
广州	81	97	69	45	292
深圳	50	42	34	81	207
厦门	21	78	37	96	232
成都	80	77	64	58	279
重庆	89	60	67	72	288
南京	92	44	43	84	263
天津	83	79	96	24	282
石家庄	82	63	29	92	266
大连	47	67	96	33	243
汇总	756	721	653	702	2,832

案例1 | 北京 | 上海 | 广州 | 1 | 2 | 3 | 4 | 5 | 6 | 7 | 8 | 9 | 10 | 11 | 12

图3-26

03 这时，从“1”至“12”的全部12张工作表都实现了行列快速求和，在工作表标签上单击鼠标右键，取消组合工作表，如图3-27所示。

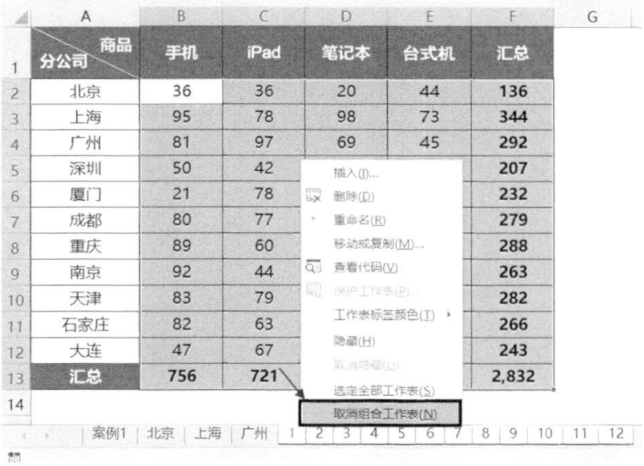

商品 分公司	手机	iPad	笔记本	台式机	汇总
北京	36	36	20	44	136
上海	95	78	98	73	344
广州	81	97	69	45	292
深圳	50	42			207
厦门	21	78			232
成都	80	77			279
重庆	89	60			288
南京	92	44			263
天津	83	79			282
石家庄	82	63			266
大连	47	67			243
汇总	756	721			2,832

图3-27

分别查看各张工作表，即可看到所有汇总的结果已全部完成。由于工作表数量较多，这里仅展示12月工作表的效果，如图3-28所示。

	A	B	C	D	E	F	G
1	商品 分公司	手机	iPad	笔记本	台式机	汇总	
2	北京	32	23	80	73	208	
3	上海	26	87	54	77	244	
4	广州	67	38	29	79	213	
5	深圳	25	79	75	68	247	
6	厦门	69	80	64	39	252	
7	成都	25	45	65	43	178	
8	重庆	73	29	50	53	205	
9	南京	82	40	33	47	202	
10	天津	81	91	96	66	334	
11	石家庄	98	65	63	74	300	
12	大连	24	82	83	91	280	
13	汇总	602	659	692	710	2,663	
14							

案例1 | 北京 | 上海 | 广州 | 1 | 2 | 3 | 4 | 5 | 6 | 7 | 8 | 9 | 10 | 11 | 12

图 3-28

综上，我们可以在工作中根据不同情况，选择最合适的方法，在多个单元格区域、多张工作表中同时录入数据，同时计算数据，避免重复操作，大幅提高工作效率。

第 04 章

数据管理，轻松清洗和转换脏数据

我们在工作中接触的数据不但来源渠道广泛，而且结构、格式各不相同，所以需要将各种不规范的数据转换、整理为规范的数据。这个过程不但会影响工作效率，数据的准确性也会直接影响后续的数据统计和数据分析结果。为了让大家掌握科学的方法，本章从以下几个方面介绍数据管理和数据转换技术。

- ◆ 系统导出的数据，如何快速清洗
- ◆ 报表中的数字无法正常统计，如何批量转换
- ◆ 整列的伪日期格式数据，如何批量转换格式
- ◆ 整张报表格式错乱，如何快速转换为规范格式
- ◆ 使合并单元格变“乖”，批量拆分并智能填充数据

4.1 系统导出的数据，如何快速清洗

进入大数据时代后，我们工作中需要分析的数据，80%以上的数据都是各种软件或系统导出的，其中有些系统导出的数据中经常会包含脏数据，需要经过数据清洗后才能使用。本节结合以下3种工作中最常出现的脏数据情况，介绍经典的数据清洗方法。

①原始数据中包含多余标题行。

②原始数据中包含多余空白行。

③原始数据中包含不可见字符。

4.1.1 删除多余标题行

某企业从系统导出的2019年全年销售数据如图4-1所示。

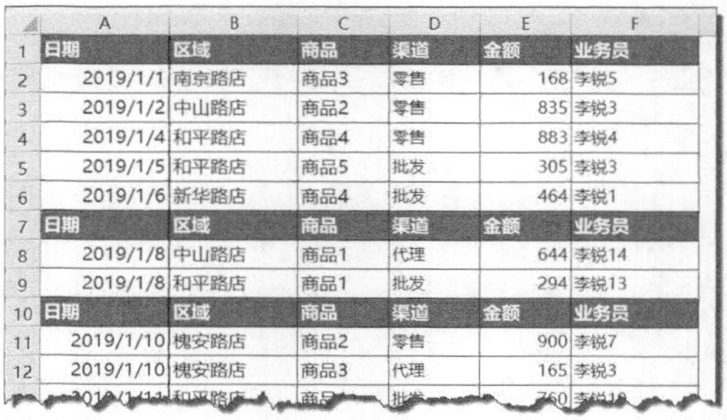

	A	B	C	D	E	F
1	日期	区域	商品	渠道	金额	业务员
2	2019/1/1	南京路店	商品3	零售	168	李锐5
3	2019/1/2	中山路店	商品2	零售	835	李锐3
4	2019/1/4	和平路店	商品4	零售	883	李锐4
5	2019/1/5	和平路店	商品5	批发	305	李锐3
6	2019/1/6	新华路店	商品4	批发	464	李锐1
7	日期	区域	商品	渠道	金额	业务员
8	2019/1/8	中山路店	商品1	代理	644	李锐14
9	2019/1/8	和平路店	商品1	批发	294	李锐13
10	日期	区域	商品	渠道	金额	业务员
11	2019/1/10	槐安路店	商品2	零售	900	李锐7
12	2019/1/10	槐安路店	商品3	代理	165	李锐3

图4-1

要想删除其中多余的标题行，只保留第一个标题行，应该如何操作才最快捷呢？

01 任选其中一个标题行中的单元格（如A1单元格），单击鼠标右键，然后按照图4-2所示步骤操作。

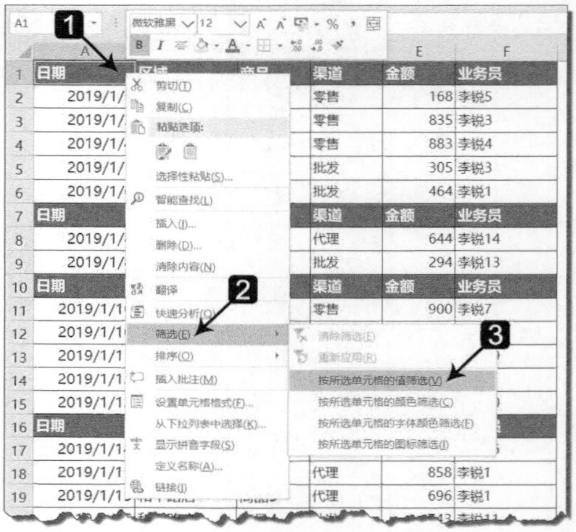

图4-2

02 这样即可将所有的标题行全部筛选出来，如图4-3所示。

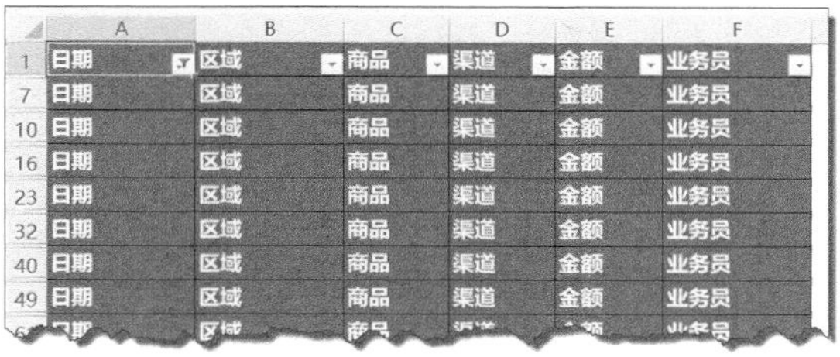

	A	B	C	D	E	F
1	日期	区域	商品	渠道	金额	业务员
7	日期	区域	商品	渠道	金额	业务员
10	日期	区域	商品	渠道	金额	业务员
16	日期	区域	商品	渠道	金额	业务员
23	日期	区域	商品	渠道	金额	业务员
32	日期	区域	商品	渠道	金额	业务员
40	日期	区域	商品	渠道	金额	业务员
49	日期	区域	商品	渠道	金额	业务员

图4-3

03 选中第二个标题行所在的整行，如图4-4所示，然后按<Ctrl+Shift+ ↓ >组合键向下选中所有的标题行。

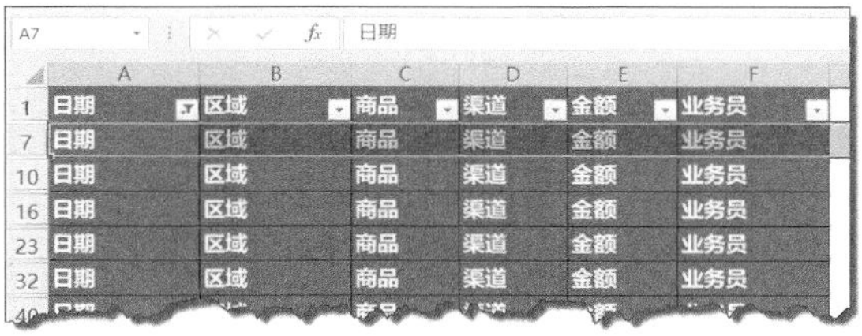

A7　fx　日期

	A	B	C	D	E	F
1	日期	区域	商品	渠道	金额	业务员
7	日期	区域	商品	渠道	金额	业务员
10	日期	区域	商品	渠道	金额	业务员
16	日期	区域	商品	渠道	金额	业务员
23	日期	区域	商品	渠道	金额	业务员
32	日期	区域	商品	渠道	金额	业务员

图4-4

04 单击鼠标右键，选择“删除行”，删除多余的标题行，如图4-5所示。

图4-5

05 当多余的标题行被删除之后，在筛选状态下全选所有数据，如图4-6所示。

最终得到规范的表格，如图4-7所示。

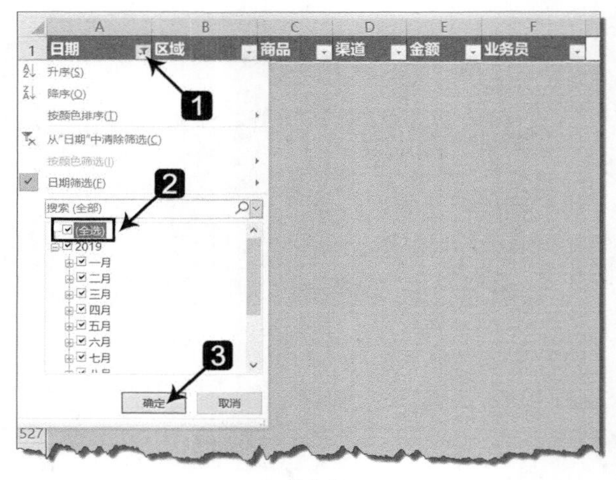

图 4-6

	A	B	C	D	E	F
1	日期	区域	商品	渠道	金额	业务员
2	2019/1/1	南京路店	商品3	零售	168	李锐5
3	2019/1/2	中山路店	商品2	零售	835	李锐3
4	2019/1/4	和平路店	商品4	零售	883	李锐4
5	2019/1/5	和平路店	商品5	批发	305	李锐3
6	2019/1/6	新华路店	商品4	批发	464	李锐1
7	2019/1/8	中山路店	商品1	代理	644	李锐14
8	2019/1/8	和平路店	商品1	批发	294	李锐13
9	2019/1/10	槐安路店	商品2	零售	900	李锐7
10	2019/1/10	槐安路店	商品3	代理	165	李锐3
11	2019/1/11	和平路店	商品1	批发	760	李锐19
12	2019/1/12	和平路店	商品3	代理	547	李锐8
13	2019/1/12	和平路店	商品2	零售	502	李锐10
14	2019/1/14	中山路店	商品2	零售	681	李锐16
15	2019/1/15	和平路店	商品4	代理	858	李锐1

图 4-7

4.1.2 删除多余空白行

从系统中导出的原始数据中除了包含多余标题行，还可能包含多余空白行，如图4-8所示。

	A	B	C	D	E	F
1	日期	区域	商品	渠道	金额	业务员
2	2019/1/1	南京路店	商品3	零售	168	李锐5
3	2019/1/2	中山路店	商品2	零售	835	李锐3
4						
5	2019/1/4	和平路店	商品4	零售	883	李锐4
6	2019/1/5	和平路店	商品5	批发	305	李锐3
7	2019/1/6	新华路店	商品4	批发	464	李锐1
8						
9	2019/1/8	中山路店	商品1	代理	644	李锐14
10	2019/1/8	和平路店	商品1	批发	294	李锐13
11						
12	2019/1/10	槐安路店	商品2	零售	900	李锐7

图 4-8

由于Excel的筛选功能默认是按照连续区域筛选的，空白行会将原始报表分割为多个连续区域，所以如果这时还按上一案例的方法操作，就无法筛选出所有空白行了。我们换一种方法删除多余的空白行。

01 首先选择数据类别比较少的一列（如B列），按<Ctrl+Shift+L>组合键，使该列数据处于筛选状态，如图4-9所示。

	A	B	C	D	E	F
1	日期	区域	商品	渠道	金额	业务员
2	2019/1/1	南京路店	商品3	零售	168	李锐5
3	2019/1/2	中山路店	商品2	零售	835	李锐3
4						
5	2019/1/4	和平路店	商品4	零售	883	李锐4
6	2019/1/5	和平路店	商品5	批发	305	李锐3
7	2019/1/6	新华路店	商品4	批发	464	李锐1
8						
9	2019/1/8	中山路店	商品1	代理	644	李锐14
10	2019/1/8	和平路店	商品1	批发	294	李锐13
11						
12	2019/1/10	槐安路店	商品2	零售	900	李锐7

图4-9

02 单击B1单元格右侧的筛选按钮▾，仅选中“（空白）”复选框，如图4-10所示。

	A	B	C	D	E	F
1	日期	区域	商品	渠道	金额	业务员
			商品3	零售	168	李锐5
			商品2	零售	835	李锐3
			商品4	零售	883	李锐4
			商品5	批发	305	李锐3
			商品4	批发	464	李锐1
			商品1	代理	644	李锐14
			商品1	批发	294	李锐13
			商品2	零售	900	李锐7
			商品3	代理	165	李锐3
			商品1	批发	760	李锐19
			商品3	代理	547	李锐8
			商品2	零售	502	李锐10

图4-10

03 单击“确定”按钮，即可筛选出所有空白行，如图4-11所示。

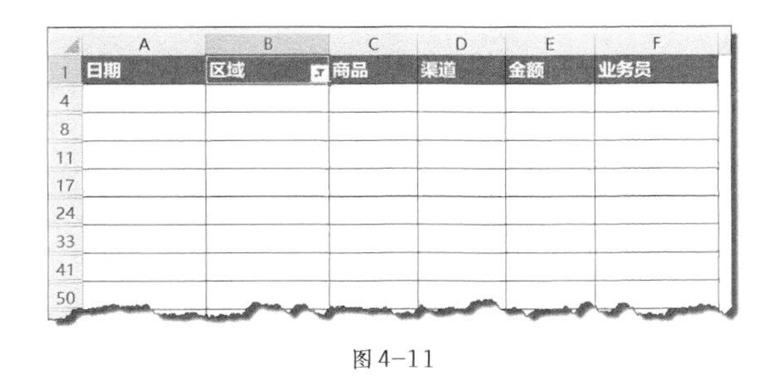

	A	B	C	D	E	F
1	日期	区域	商品	渠道	金额	业务员
4						
8						
11						
17						
24						
33						
41						
50						

图4-11

04 选中第一个空白行，按<Ctrl+Shift+↓>组合键向下选中所有空白行，如图4-12所示。

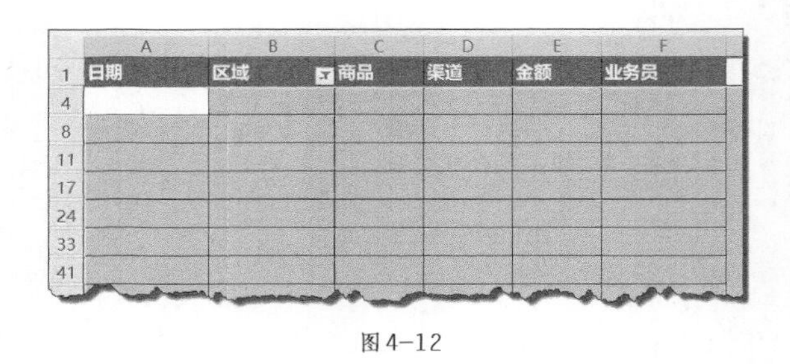

图4-12

05 单击鼠标右键，选择“删除行”，删除所有空白行，如图4-13所示。

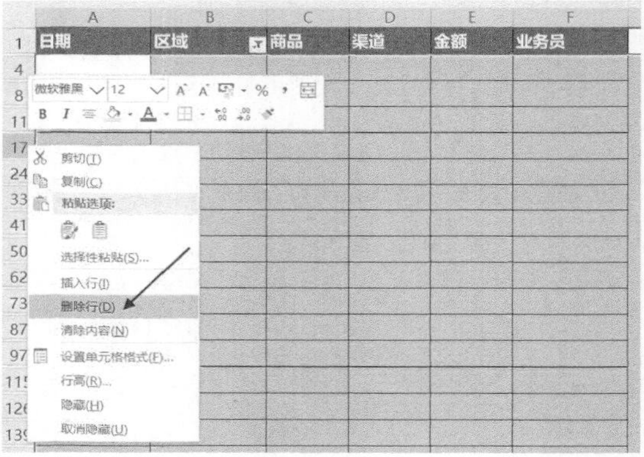

图4-13

06 单击B1单元格右侧的筛选按钮，取消报表的筛选状态，如图4-14所示。

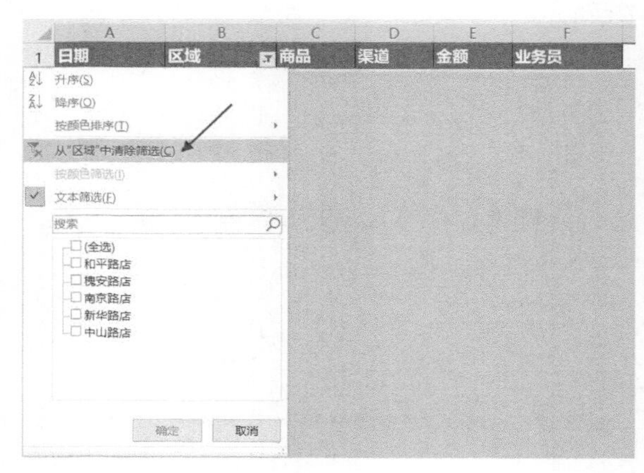

图4-14

最终得到规范的数据报表，如图4-15所示。

日期	区域	商品	渠道	金额	业务员
2019/1/1	南京路店	商品3	零售	168	李锐5
2019/1/2	中山路店	商品2	零售	835	李锐3
2019/1/4	和平路店	商品4	零售	883	李锐4
2019/1/5	和平路店	商品5	批发	305	李锐3
2019/1/6	新华路店	商品4	批发	464	李锐1
2019/1/8	中山路店	商品1	代理	644	李锐14
2019/1/8	和平路店	商品1	批发	294	李锐13
2019/1/10	槐安路店	商品2	零售	900	李锐7
[illegible]	[illegible]	商品3	[illegible]	[illegible]	[illegible]

图4-15

4.1.3 删除不可见字符

除了包含多余标题行和多余空白行的情况，还会遇到包含不可见字符（如空格）的原始数据，下面结合案例讲解正确的清洗方法。

某企业从系统导出的招聘信息包含不可见字符，造成格式错乱，如图4-16所示。

在Excel里选中数据所在的单元格，从编辑栏中逐个字符选中，即可看到不可见字符，如图4-17所示。虽然单元格中的空格不影响Excel表格的显示效果，但是对于Excel来说，“ 李锐”与“李锐”是不同的，所以应将表格中多余的空格删除。

序号	姓名	手机号	应聘岗位
1	李锐	139****1234	财务
2	朱怡宁	139****1235	会计
3	伍欣然	139****1236	人资
4	任雅艳	139****1237	技术
5	袁雅蕊	139****1238	客服
6	张玉琪	139****1239	美工
7	孙菲	139****1240	售后
8	李熙泰	139****1241	研发
9	金新荣	139****1242	市场

图4-16

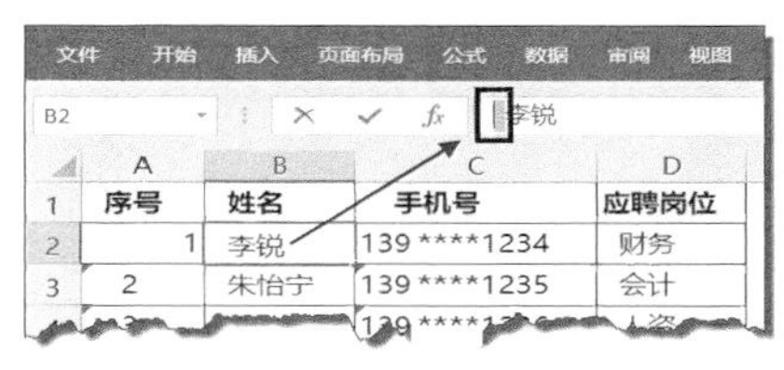

序号	姓名	手机号	应聘岗位
1	李锐	139****1234	财务
2	朱怡宁	139****1235	会计

图4-17

01 选中空格，然后按<Ctrl+C>组合键将其复制。

02 下面借助Excel的替换功能批量清除空格。按<Ctrl+H>组合键，弹出“查找和替换”对话框，在“查找内容”文本框中按<Ctrl+V>组合键，将刚才复制的空格粘贴在此处，“替换为”文本框保持为空，单击“全部替换”按钮将空格全部替换为空，如图4-18所示。

经过替换操作，Excel会将刚才复制的空格全部删除，如图4-19所示。

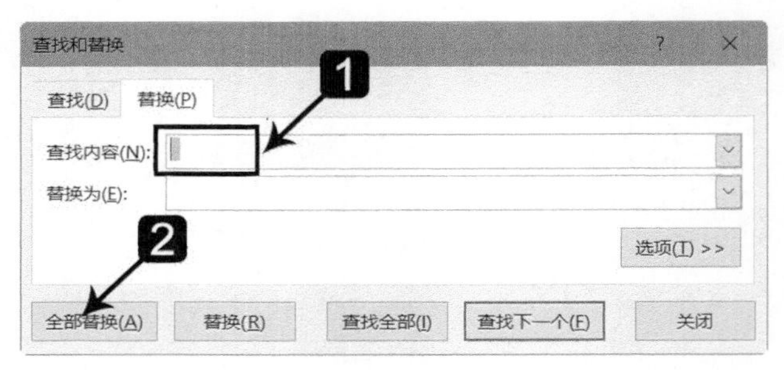

图 4-18

用相同的方法继续从编辑栏复制其他类型的不可见字符，将其替换为空，最后得到规范的数据报表，如图4-20所示。

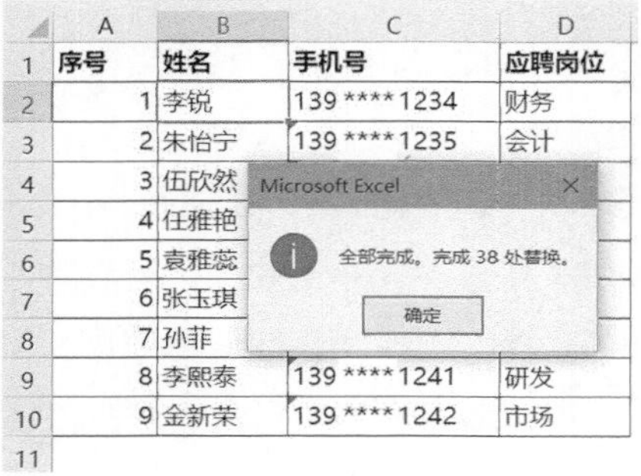

	A	B	C	D
1	序号	姓名	手机号	应聘岗位
2	1	李锐	139 ****1234	财务
3	2	朱怡宁	139 ****1235	会计
4	3	伍欣然		
5	4	任雅艳		
6	5	袁雅蕊		
7	6	张玉琪		
8	7	孙菲		
9	8	李熙泰	139 ****1241	研发
10	9	金新荣	139 ****1242	市场
11				

Microsoft Excel
全部完成。完成 38 处替换。
确定

图 4-19

	A	B	C	D
1	序号	姓名	手机号	应聘岗位
2	1	李锐	139 ****1234	财务
3	2	朱怡宁	139 ****1235	会计
4	3	伍欣然	139 ****1236	人资
5	4	任雅艳	139 ****1237	技术
6	5	袁雅蕊	139 ****1238	客服
7	6	张玉琪	139 ****1239	美工
8	7	孙菲	139 ****1240	售后
9	8	李熙泰	139 ****1241	研发
10	9	金新荣	139 ****1242	市场
11				

图 4-20

4.2 报表中的数字无法正常统计，如何批量转换

有的数据看起来明明是数字，但是使用SUM函数汇总得到的结果却是0，如图4-21所示。这是因为这些数字是文本格式的，使用SUM函数计算的结果当然为0了。

在进行数据统计和数据分析之前，需要先将文本格式的数字转换为数值格式，下面介绍两种方法。

F2 =SUM(B2:E2)

	A	B	C	D	E	F
1	商品 分公司	手机	iPad	笔记本	台式机	汇总
2	北京	49	92	30	65	0
3	上海	30	64	41	87	0
4	广州	27	96	78	30	0
5	深圳	47	66	92	33	0
6	厦门	38	90	25	28	0
7	天津	92	75	81	59	0
8	石家庄	81	54	61	55	0
9	大连	31	77	20	56	0
10	汇总	0	0	0	0	0
11						

图 4-21

■ 方法一：直接转换为数字

01 选中数字所在的单元格区域，此时在单元格区域的左侧出现提示符号⚠，单击

这个符号，然后选择“转换为数字”，如图4-22所示。

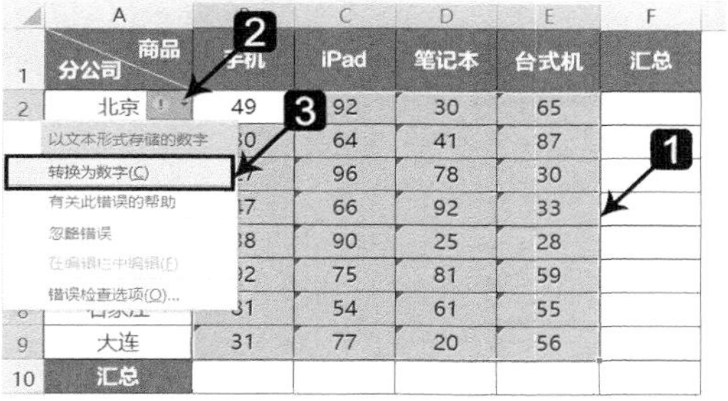

图4-22

02 将文本格式的数字转换为数值格式后，公式结果恢复正常，如图4-23所示。

这种方法虽然操作简单，但是Excel的转换方式是先行后列逐个转换，当需要转换的文本格式数字较多时，需要耗费的转换时间较长，所以当遇到较多文本格式数字需要转换时，建议使用下面的方法进行批量转换。

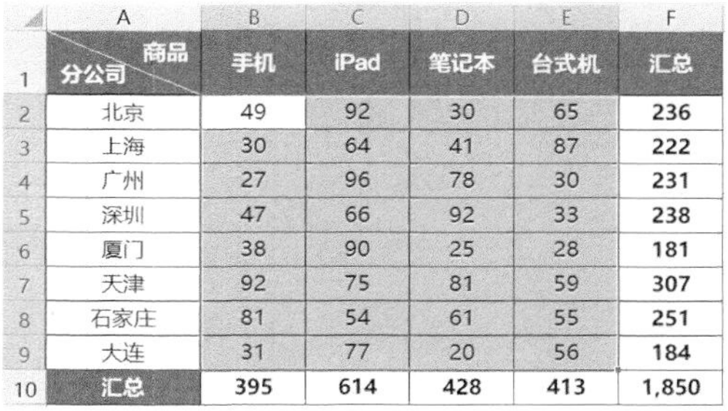

	A	B	C	D	E	F
1	商品 分公司	手机	iPad	笔记本	台式机	汇总
2	北京	49	92	30	65	236
3	上海	30	64	41	87	222
4	广州	27	96	78	30	231
5	深圳	47	66	92	33	238
6	厦门	38	90	25	28	181
7	天津	92	75	81	59	307
8	石家庄	81	54	61	55	251
9	大连	31	77	20	56	184
10	汇总	395	614	428	413	1,850

图4-23

■ 方法二：借助选择性粘贴功能

01 首先复制任意空白单元格（如H1单元格），然后选中文本格式数字所在单元格区域并单击鼠标右键，选择“选择性粘贴”，如图4-24所示。

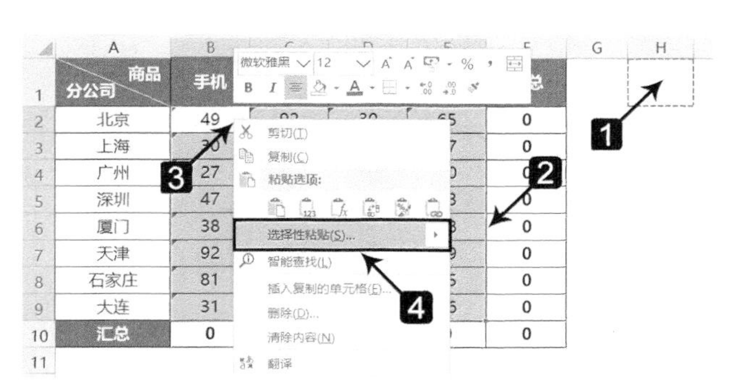

图4-24

02 弹出“选择性粘贴”对话框，选中“数值”和“加”单选项，然后单击“确定”按钮，如图4-25所示。

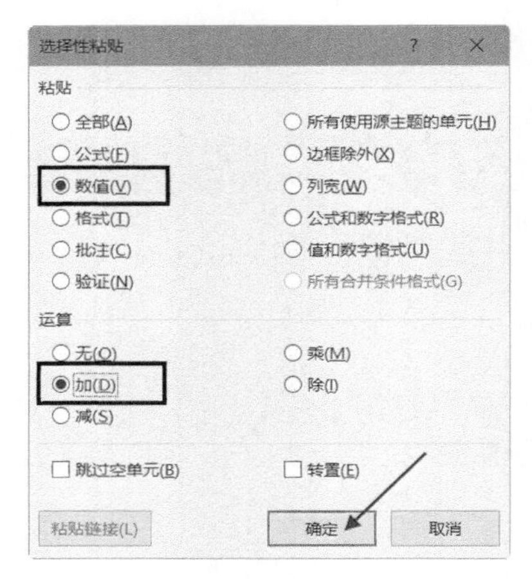

图 4-25

操作完成后的效果如图4-26所示。

	A	B	C	D	E	F	G	H
1	商品 分公司	手机	iPad	笔记本	台式机	汇总		
2	北京	49	92	30	65	236		
3	上海	30	64	41	87	222		
4	广州	27	96	78	30	231		
5	深圳	47	66	92	33	238		
6	厦门	38	90	25	28	181		
7	天津	92	75	81	59	307		
8	石家庄	81	54	61	55	251		
9	大连	31	77	20	56	184		
10	汇总	395	614	428	413	1,850		

图 4-26

采用方法二进行转换很快捷，即使遇到大量文本格式数字也可以瞬间完成转换，推荐大家优先使用这种方法。

4.3 整列的伪日期格式数据，如何批量转换格式

无论哪种工作岗位，都会经常使用日期格式的数据，但由于很多原始数据中的日期格式错乱，给后续的数据处理带来一系列麻烦，如造成无法使用Excel函数公式计算、无法使用数据透视表组合等，所以掌握正确的日期转换方法至关重要。

下面结合一个案例，介绍批量转换不规范的日期为规范日期格式的方法。

	A	B
1	伪日期	
2	20190616	
3	20190617	
4	2019.06.18	
5	2019.06.19	
6	2019 06 20	
7	2019 06 21	
8	20190622	
9	20190623	
10	2019.06.24	

图 4-27

在原始数据中A列中的日期部是不规范格式的日期，如图4-27所示。

在Excel中规范的日期格式是“2019/6/16”或者“2019-6-16”的形式。通过观察可以发现，数据中的日期情况各异，这时采用手动修改的方式逐一修改比较麻烦，建议按照下面介绍的方法批量修改。

01 选中日期所在列（如A列），然后按照图4-28所示步骤操作。

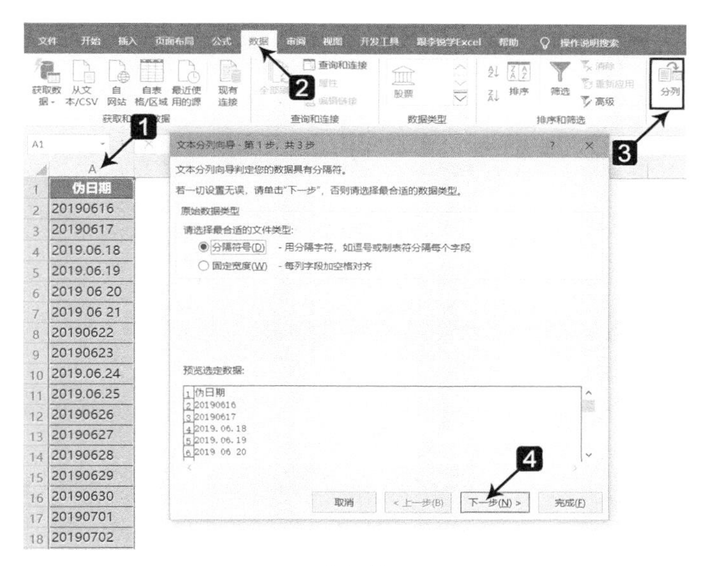

图4-28

02 在对话框中单击“下一步”按钮两次后，进入文本分列向导的第3步，然后按图4-29所示步骤操作。

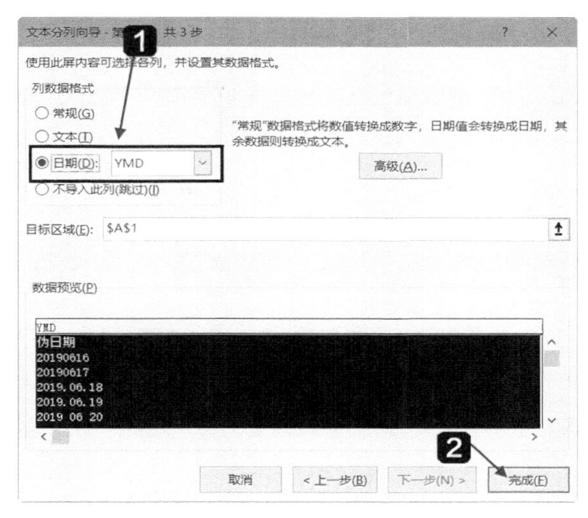

图4-29

完成后的效果如图4-30所示。

借助Excel的分列工具，可以快捷地对整列日期进行批量转换十分便利。

	A	B
1	伪日期	
2	2019/6/16	
3	2019/6/17	
4	2019/6/18	
5	2019/6/19	
6	2019/6/20	
7	2019/6/21	
8	2019/6/22	
9	2019/6/23	
10	2019/6/24	

图4-30

4.4 整张报表格式错乱，如何快速转换为规范格式

如果数据报表的格式错乱，手动修改格式不仅效率低，还可能产生误操作而引起数据偏差，所以这一节介绍快速规范报表格式的方法。

某企业的原始数据报表（左侧）和期望的规范格式（右侧）如图4-31所示。

	A	B	C	D	E	F
1	常规	千分符整数	时间	日期	货币	百分比
2	###	75816.23	0.568	43891	235.02	0.568
3	###	34608.3	0.68	43892	4567.87	0.68
4	###	42951.68	0.79	43893	123	0.79
5	###	3326123	0.828	43894	456.32	0.828
6	###	66519.34	0.65	43895	789	0.65
7	###	60863.345	0.6574	43896	6632	0.6574
8	###	175323.3	0.123	43897	234.2	0.123
9	###	69221.95	0.235	43898	2145.3	0.235
10	###	19825.03	0.875	43899	0.88	0.875
11	###	16584.56	1.515	43900	456.82	0.515
12	###	689542.59	2.155	43901	106.3	0.155
13	###	10253.48	2.795	43902	8540	0.795

G	H	I	J	K	L	M
	常规	千分符整数	时间	日期	货币	百分比
	1	75,816	13:37	2020/3/1	¥235.02	57%
	2	34,608	16:19	2020/3/2	¥4,567.87	68%
	3	42,952	18:57	2020/3/3	¥123.00	79%
	4	3,326,123	19:52	2020/3/4	¥456.32	83%
	5	66,519	15:36	2020/3/5	¥789.00	65%
	6	60,863	15:46	2020/3/6	¥6,632.00	66%
	7	175,323	2:57	2020/3/7	¥234.20	12%
	8	69,222	5:38	2020/3/8	¥2,145.30	24%
	9	19,825	21:00	2020/3/9	¥0.88	88%
	10	16,585	12:21	2020/3/10	¥456.82	52%
	11	689,543	3:43	2020/3/11	¥106.30	16%
	12	10,253	19:04	2020/3/12	¥8,540.00	80%

图4-31

下面借助Excel组合键来快速规范数据格式。

- 选中A列，按<Ctrl+Shift+`>组合键，将数据转换为常规格式。
- 选中B列，按<Ctrl+Shift+1>组合键，将数据转换为千位分隔符格式；如果数据含有小数，则会将小数四舍五入只保留整数位。
- 选中C列，按<Ctrl+Shift+2>组合键，将数据转换为自定义格式中的h:mm时间格式。
- 选中D列，按<Ctrl+Shift+3>组合键，将数据转换为规范的日期格式。
- 选中E列，按<Ctrl+Shift+4>组合键，将数据转换为货币格式。
- 选中F列，按<Ctrl+Shift+5>组合键，将数据转换为百分比格式。

这些都是Excel中常用的格式转换组合键，不必死记硬背，这是有规律的，都是<Ctrl>键和<Shift>键与<Esc>键下方的一排按键组合而成的。

再遇到报表格式错乱时，推荐使用以上Excel组合键完成转换，单手操作即可完成，既方便又快捷。

4.5 使合并单元格变“乖”，批量拆分并智能填充数据

Excel中的合并单元格不但会影响数据的正常排序、筛选，而且会给用Excel公式计算、制作数据透视表带来一系列麻烦。在实际工作中，我们不可避免地会遇到包含合并单元格的数据报表，这时需要先将合并单元格取消合并，填好数据再进行后续操作。

下面结合一个实际案例，介绍批量拆分合并单元格并智能填充数据的方法。

某企业的原始数据报表中包含很多合并单元格，如图4-32左侧所示。先要将合并的单元格拆分，并根据实际情况填充数据，得到图4-32右侧所示的表格，操作方法如下。

销售日期	区域	商品	渠道	金额
2020/3/1	和平路店	商品1	零售	847
				529
		商品2	批发	503
	槐安路店	商品1	零售	521
				376
		商品3		475
	中山路店	商品1	批发	970
				437
2020/3/2	和平路店	商品1	零售	914
				46
		商品2	批发	994
				168
	中山路店	商品1	零售	940
				507

销售日期	区域	商品	渠道	金额
2020/3/1	和平路店	商品1	零售	847
2020/3/1	和平路店	商品1	零售	529
2020/3/1	和平路店	商品2	批发	503
2020/3/1	槐安路店	商品1	零售	521
2020/3/1	槐安路店	商品1	零售	376
2020/3/1	槐安路店	商品3	零售	475
2020/3/1	中山路店	商品1	批发	970
2020/3/1	中山路店	商品1	批发	437
2020/3/2	和平路店	商品1	零售	914
2020/3/2	和平路店	商品1	零售	46
2020/3/2	和平路店	商品2	批发	994
2020/3/2	和平路店	商品2	批发	168
2020/3/2	中山路店	商品1	零售	940
2020/3/2	中山路店	商品1	零售	507

图4-32

01 选中包含合并单元格的区域（A2:D15单元格区域），按图4-33所示步骤操作。

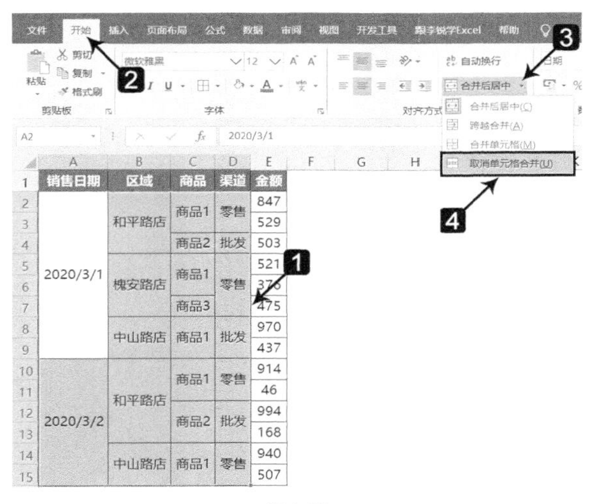

图4-33

02 取消合并后，按<F5>键（有的笔记本电脑需要同时按<Fn>键），弹出“定位”

对话框，然后单击“定位条件”按钮，如图4-34所示。

	A	B	C	D	E
1	销售日期	区域	商品	渠道	金额
2	2020/3/1	和平路店	商品1	零售	847
3					529
4			商品2	批发	503
5		槐安路店	商品1	零售	521
6					376
7			商品3		475
8		中山路店	商品1	批发	970
9					437
10	2020/3/2	和平路店	商品1	零售	914
11					46
12			商品2	批发	994
13					168
14		中山路店	商品1	零售	940
15					507

图4-34

03 弹出“定位条件”对话框，然后按图4-35所示步骤操作。

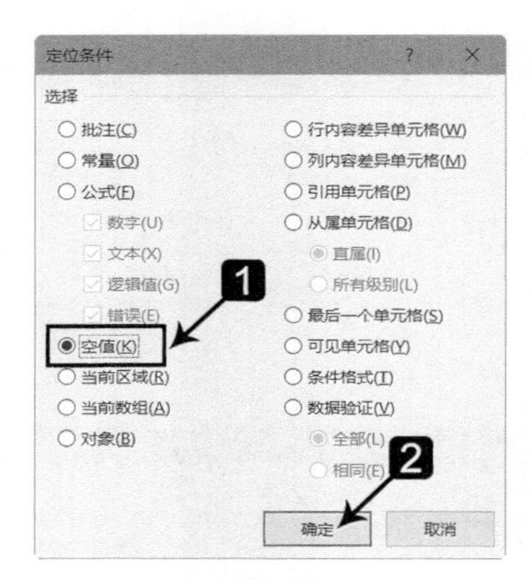

图4-35

04 定位空值后的效果如图4-36所示。

05 当前活动单元格为C3，在编辑栏中输入公式“=C2”（即引用活动单元格上方的单元格），这时不要按<Enter>键，如图4-37所示。

	A	B	C	D	E
1	销售日期	区域	商品	渠道	金额
2	2020/3/1	和平路店	商品1	零售	847
3					529
4			商品2	批发	503
5		槐安路店	商品1	零售	521
6					376
7			商品3		475
8		中山路店	商品1	批发	970
9					437
10	2020/3/2	和平路店	商品1	零售	914
11					46
12			商品2	批发	994
13					168
14		中山路店	商品1	零售	940
15					507

图4-36

SUM　=C2

	A	B	C	D	E
1	销售日期	区域	商品	渠道	金额
2	2020/3/1	和平路店	商品1	零售	847
3			=C2		529
4			商品2	批发	503
5		槐安路店	商品1	零售	521
6					376
7			商品3		475
8		中山路店	商品1	批发	970
9					437
10	2020/3/2	和平路店	商品1	零售	914
11					46
12			商品2	批发	994
13					168
14		中山路店	商品1	零售	940
15					507

图 4-37

06 按<Ctrl+Enter>组合键批量填充公式，效果如图4-38所示。

C3　=C2

	A	B	C	D	E
1	销售日期	区域	商品	渠道	金额
2	2020/3/1	和平路店	商品1	零售	847
3	2020/3/1	和平路店	商品1	零售	529
4	2020/3/1	和平路店	商品2	批发	503
5	2020/3/1	槐安路店	商品1	零售	521
6	2020/3/1	槐安路店	商品1	零售	376
7	2020/3/1	槐安路店	商品3	零售	475
8	2020/3/1	中山路店	商品1	批发	970
9	2020/3/1	中山路店	商品1	批发	437
10	2020/3/2	和平路店	商品1	零售	914
11	2020/3/2	和平路店	商品1	零售	46
12	2020/3/2	和平路店	商品2	批发	994
13	2020/3/2	和平路店	商品2	批发	168
14	2020/3/2	中山路店	商品1	零售	940
15	2020/3/2	中山路店	商品1	零售	507

图 4-38

此时虽然完成了合并单元格的拆分并批量填充好了数据，但是表格中有很多结果是公式生成的，为了避免后续操作过程中造成公式误引用，建议清除所有公式，将公式结果保存为实际值。

07 选中A2:D15单元格区域，按<Ctrl+C>组合键复制数据，然后单击鼠标右键，选择粘贴选项中的“值”，如图4-39所示。

这样就可以批量清除所有公式，同时将公式结果保存为实际值，效果如图4-40所示。

图 4-39

	A	B	C	D	E
1	销售日期	区域	商品	渠道	金额
2	2020/3/1	和平路店	商品1	零售	847
3	2020/3/1	和平路店	商品1	零售	529
4	2020/3/1	和平路店	商品2	批发	503
5	2020/3/1	槐安路店	商品1	零售	521
6	2020/3/1	槐安路店	商品1	零售	376
7	2020/3/1	槐安路店	商品3	零售	475
8	2020/3/1	中山路店	商品1	批发	970
9	2020/3/1	中山路店	商品1	批发	437
10	2020/3/2	和平路店	商品1	零售	914
11	2020/3/2	和平路店	商品1	零售	46
12	2020/3/2	和平路店	商品2	批发	994
13	2020/3/2	和平路店	商品2	批发	168
14	2020/3/2	中山路店	商品1	零售	940
15	2020/3/2	中山路店	商品1	零售	507

图 4-40

掌握这种方法，就可以快速处理包含合并单元格的表格了。不过还是建议在Excel中尽量少用合并单元格，特别是表格中的数据后继可能要进行数据统计、汇总等操作。

第 05 章

多表合并，处理散乱的数据

我们在工作中经常遇到的表格大多是记录某一属性的，要么是某个期间，要么是某个区域，当需要将所有期间或全部区域的数据合并在一起分析时，面对分散在各处的多个表格，很多人都会束手无策。

为了让大家能够顺利解决这类问题，根据表格字段结构和所处位置的不同，本章从以下几个方面介绍在Excel中进行多表合并的方法和相关工具。

- ◆ 多表行合并，按条件将多表数据合并计算
- ◆ 多表列合并，按字段将多表数据合并计算
- ◆ 将100家分公司的数据合并到一张工作表中

5.1 多表行合并，按条件将多表数据合并计算

当遇到需要将多个表格的行记录合并在一起的时候，采用手动复制粘贴的方法会带来很多重复、烦琐的操作，而且容易出错，这时候我们可以使用Excel中的合并计算工具快速完成操作。

某企业不同月份的销售记录分散在不同表格中，如图5-1中工作表A列、B列所示，为了后续统一进行数据分析，需要将所有表格合并在一起，如图5-1中工作表D列、E列所示。

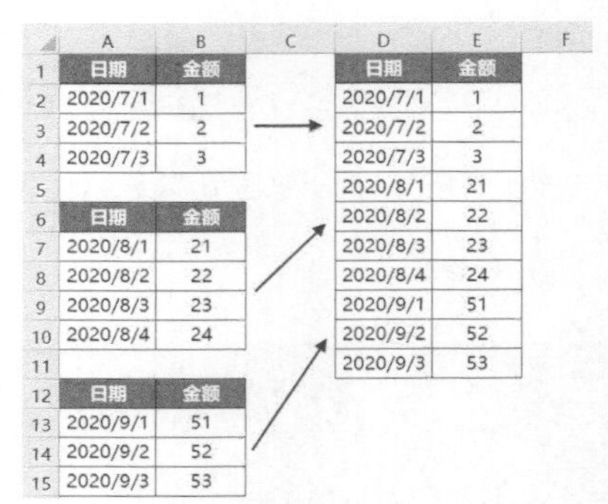

图5-1

01 在使用Excel的合并计算工具之前，首先选中要放置结果的单元格（如D1单元格），然后进行后续操作，如图5-2所示。

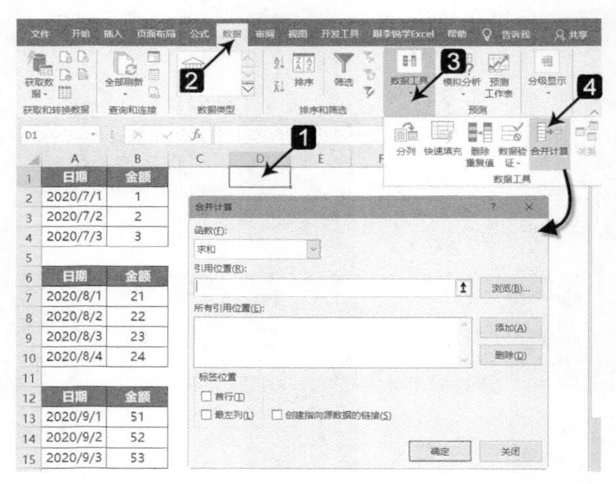

图5-2

02 在弹出的“合并计算”对话框中依次将A1:B4、A6:B10、A12:B15单元格区域中的数据添加到“所有引用位置”列表框中。首先将光标定位在“引用位置”文本框中，然后选中A1:B4单元格区域，单击“添加”按钮进行添加，如图5-3所示。

03 仿照上一步的操作，将A6:B10、A12:B15单元格区域的数据全部添加到“所有引用位置”列表框中，设置标签位置，如图5-4所示。

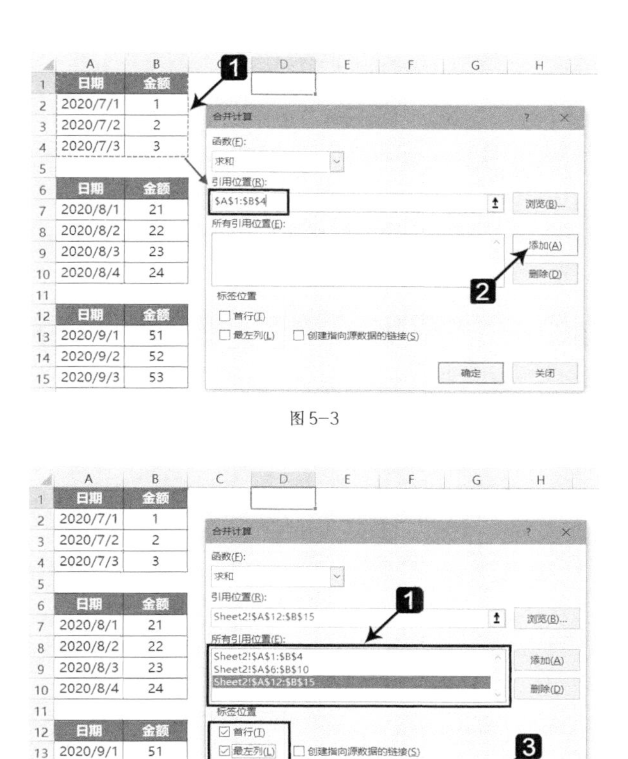

图 5-3

图 5-4

04 将所有表格合并以后的效果如图5-5所示，可以看到D列显示的是数值，而非日期。

05 在D1单元格输入字段名称“日期”，将D列的数字格式设置为“日期”，对D1、E1单元格进行对齐方式等的设置，效果如图5-6所示。

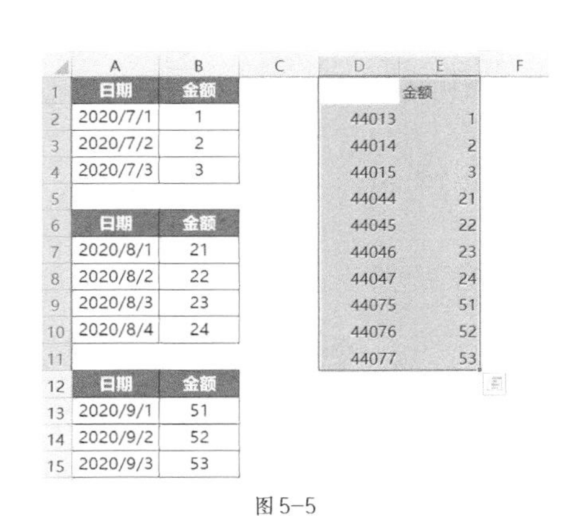

图 5-5

图 5-6

这样就完成了多个表格行记录数据的合并。

此案例中的3个表格中，第2列的字段都是“金额”，所以在合并计算时将多表数据放置在同一列下。当多个表格中第2列的字段名称不同时，合并计算工具会按字段进行多列数据合并，5.2节具体介绍相关内容。

5.2 多表列合并，按字段将多表数据合并计算

当需要将多个表格的列数据按行合并在一起的时候，我们依然可以借助Excel中的合并计算工具快速操作。

某企业不同商品的销售数据分散在不同表格中，如图5-7中工作表A列、B列所示，为了后续统一进行数据分析，需要将所有商品的销售数据合并在一起，如图5-7中工作表D列~G列所示。

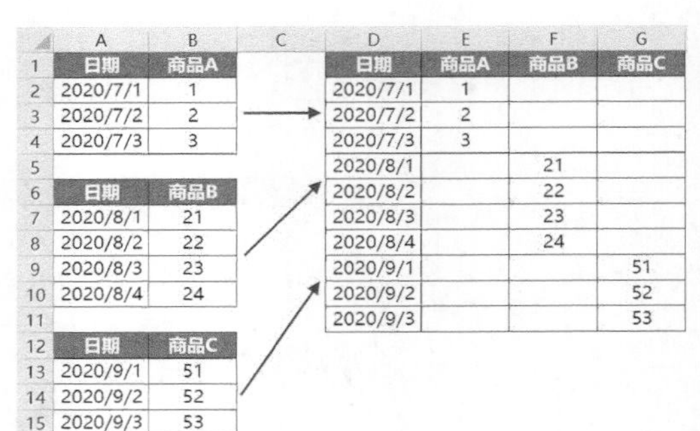

图5-7

01 在Excel中使用合并计算工具，将A列、B列的3个单元格区域中的数据合并，操作步骤如图5-8所示。图5-8中步骤5的操作可参照5.1节内容。

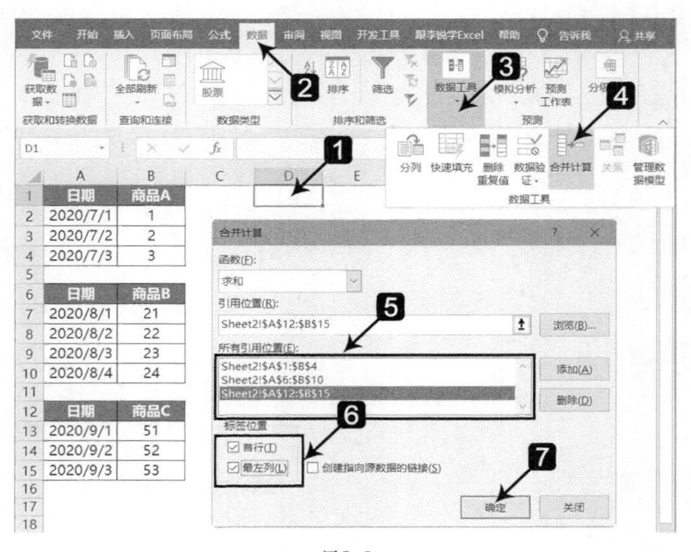

图5-8

02 操作完成以后，效果如图5-9所示。

	A	B	C	D	E	F	G	H
1	日期	商品A			商品A	商品B	商品C	
2	2020/7/1	1		44013	1			
3	2020/7/2	2		44014	2			
4	2020/7/3	3		44015	3			
5				44044		21		
6	日期	商品B		44045		22		
7	2020/8/1	21		44046		23		
8	2020/8/2	22		44047		24		
9	2020/8/3	23		44075			51	
10	2020/8/4	24		44076			52	
11				44077			53	
12	日期	商品C						
13	2020/9/1	51						
14	2020/9/2	52						
15	2020/9/3	53						

图5-9

03 在D1单元格输入字段名称“日期”，设置D列的数字格式为“日期”，对D1~G1单元格进行对齐方式等的设置，效果如图5-10所示。

这样就实现了同一张工作表中的多表不同字段的数据合并，即使需要合并的表格不在同一张工作表中，也可以利用合并计算进行合并，但仅适用于包含两个字段的表格。所以，采用合并计算合并多表的方法适用于字段数量较少的多表合并，当表格中字段较多时，我们可以换一种方法进行处理，下一节具体介绍。

D1　　fx　日期

	A	B	C	D	E	F	G
1	日期	商品A		日期	商品A	商品B	商品C
2	2020/7/1	1		2020/7/1	1		
3	2020/7/2	2		2020/7/2	2		
4	2020/7/3	3		2020/7/3	3		
5				2020/8/1		21	
6	日期	商品B		2020/8/2		22	
7	2020/8/1	21		2020/8/3		23	
8	2020/8/2	22		2020/8/4		24	
9	2020/8/3	23		2020/9/1			51
10	2020/8/4	24		2020/9/2			52
11				2020/9/3			53
12	日期	商品C					
13	2020/9/1	51					
14	2020/9/2	52					
15	2020/9/3	53					

图5-10

5.3 将100家分公司的数据合并到一张工作表中

当需要将包含较多字段的复杂表格合并时，我们可以借助Excel中的Power Query工具批量完成。Power Query在Excel 2019、Excel 2016和Office 365版本中都是内置功能，可以直接使用，Excel 2013和Excel 2010版本需要从微软公司官网下载并安装插件后才能使用。

下面结合一个实际案例，介绍使用Power Query进行多表合并的操作方法。

某集团按地区划分有100家分公司，各家分公司的销售数据分散放置在100张工作表中，每张工作表中存放1000条销售数据。集团为了进行销售数据分析，要求将所有分公司对应的100张工作表中的数据合并到一起，总共10万条。

每家分公司的表格结构一致，以北京分公司为例展示，北京市销售数据表如图5-11所示。

	A	B	C	D	E	F	G
1	城市	日期	商品	渠道	金额	业务员	
2	北京市	2019/1/1	商品4	批发	776	李锐10	
3	北京市	2019/1/1	商品4	代理	85	李锐15	
4	北京市	2019/1/1	商品4	零售	951	李锐7	
5	北京市	2019/1/1	商品1	代理	762	李锐4	
6	北京市	2019/1/1	商品2	批发	903	李锐11	
7	北京市	2019/1/1	商品2	代理	959	李锐3	
8	北京市	2019/1/2	商品5	批发	54	李锐11	
9	北京市	2019/1/3	商品1	批发	439	李锐5	
10	北京市	2019/1/3	商品5	代理	708	李锐16	
11	北京市	2019/1/4	商品5	批发	662	李锐8	
12	北京市	2019/1/5	商品1	代理	31	李锐8	

北京市 | 上海市 | 广州市 | 深圳市 | 天津市 | 重庆市 | 安徽省合肥市 | 安徽省淮北市 | 安徽省淮南市 | 福建省福州市 ...

图5-11

在此Excel工作簿文件中还包含另外99家分公司的数据，一共是100张工作表，如图5-12所示。

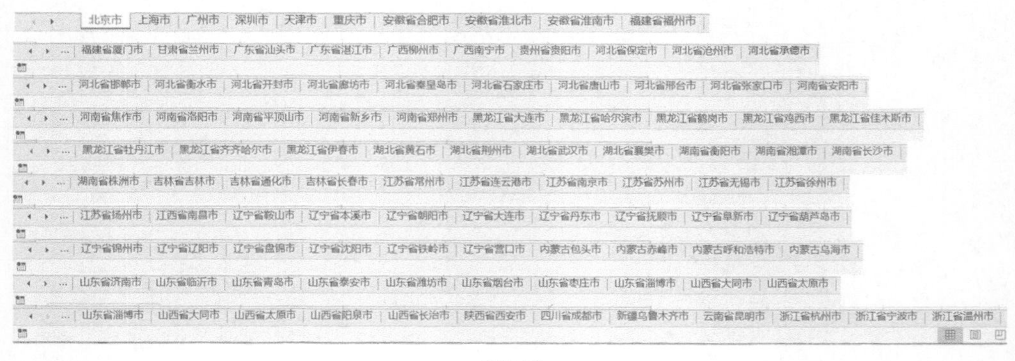

图5-12

01 打开包含集团100家分公司销售数据的工作簿，按照图5-13所示步骤操作。

02 弹出“导入数据”对话框，选中数据所在的工作簿，单击“导入”按钮，如图5-14所示。

03 弹出Power Query导航器，选中工作簿，单击“转换数据”按钮，如图5-15所示。

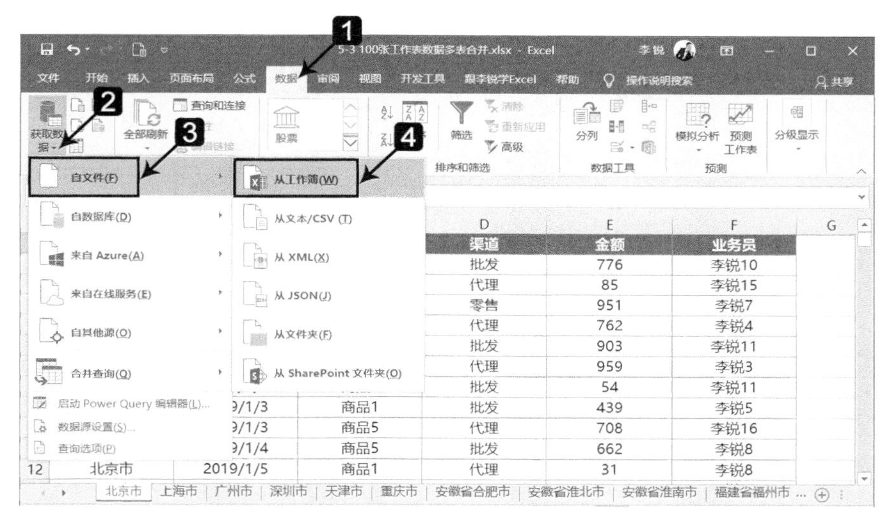

图5-13

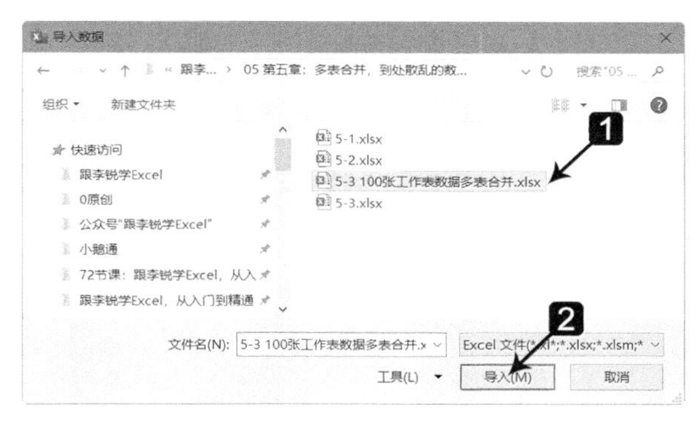

图5-14

图5-15

04 将数据导入Power Query编辑器后，效果如图5-16所示。

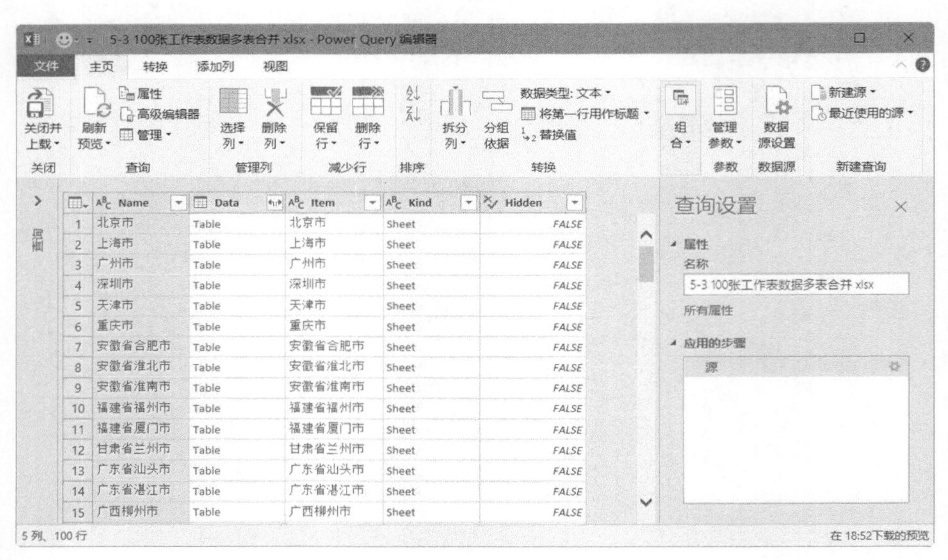

图5-16

05 由于需要合并的数据都在“Data”列中，所以应该删除其他列，操作步骤如图5-17所示。

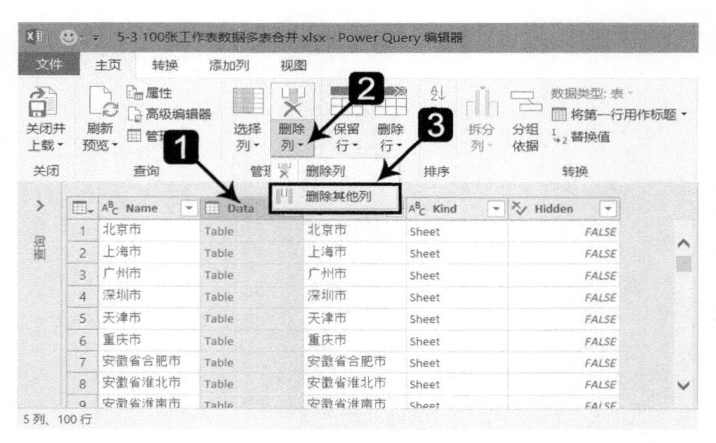

图5-17

06 单击字段“Data”右侧的扩展按钮，将数据表展开，操作步骤如图5-18所示。

07 这样即可将100张工作表中的数据全部放在Power Query编辑器中展示，效果如图5-19所示。下面需要将“城市”“日期”等字段所在的第一行设置为标题行。

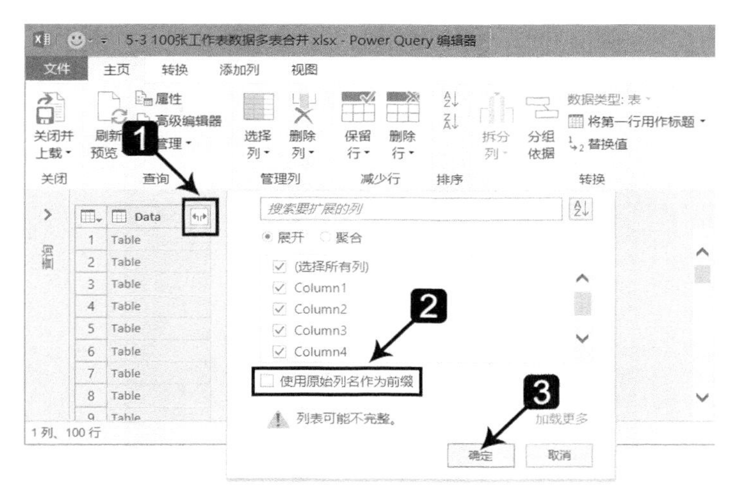

图5-18

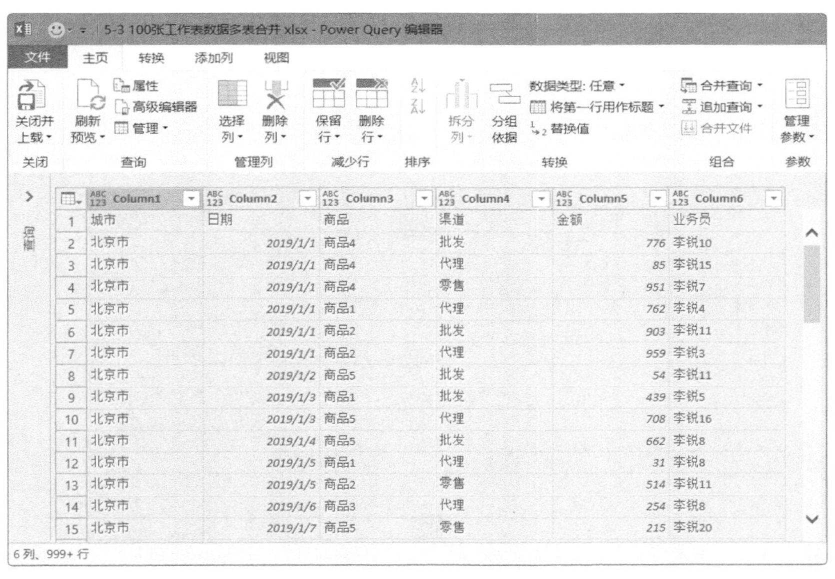

图5-19

08 单击“将第一行用作标题”按钮，如图5-20所示。

由于此界面中的数据是由100张工作表合并而来的，每张工作表中都有一行标题行，所以这里面包含99行多余的标题行，可以按以下方法将重复的标题行批量清除。

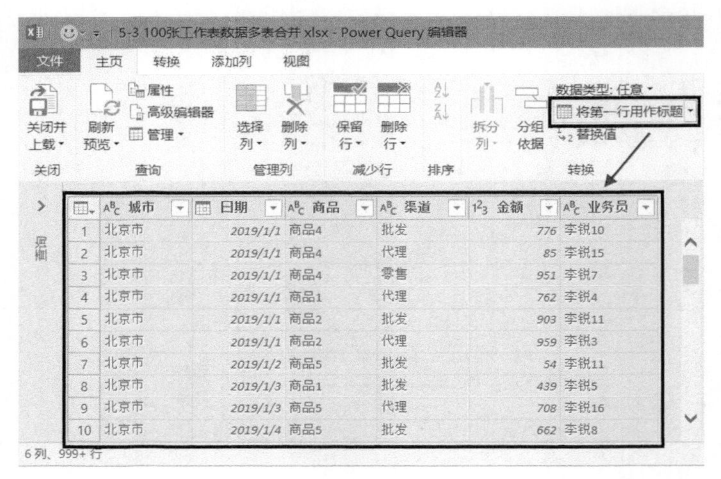

图5-20

09 为了方便操作，首先选择一个下方分类项目较少的字段（如“渠道”），使其处于筛选状态后单击“加载更多”按钮，如图5-21所示。

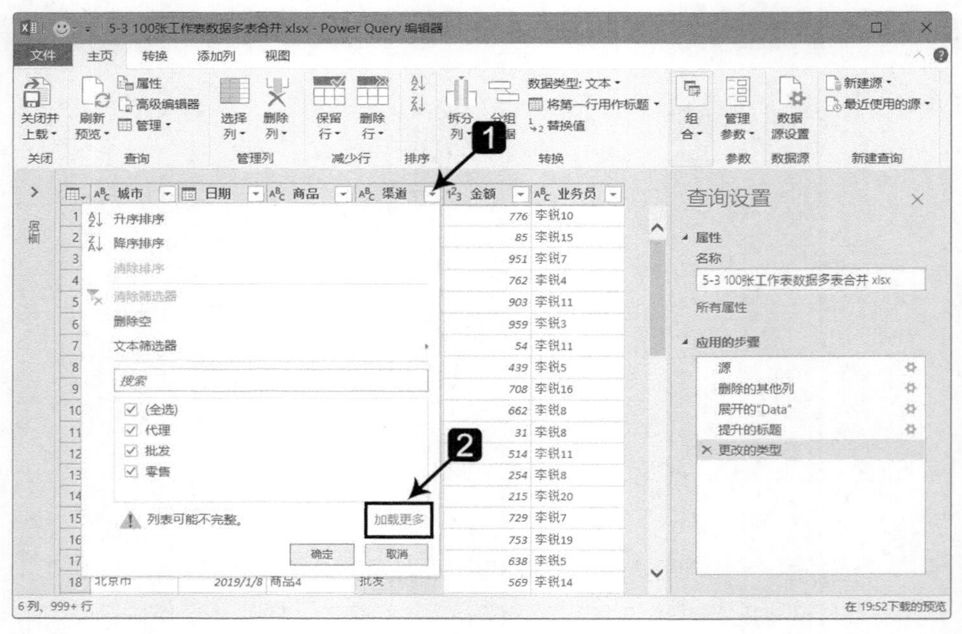

图5-21

10 取消选中“渠道”复选框，如图5-22所示。这样就批量清除了所有的多余的标题行，得到了从100张工作表中合并的10万条数据。

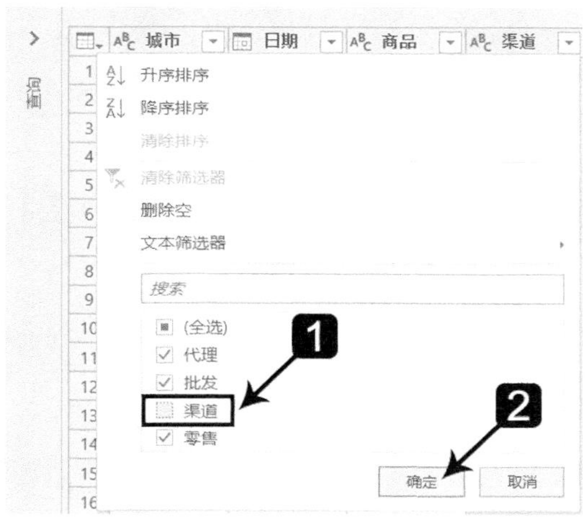

图5-22

11 将Power Query编辑器中的多表合并结果导入Excel，如图5-23所示。

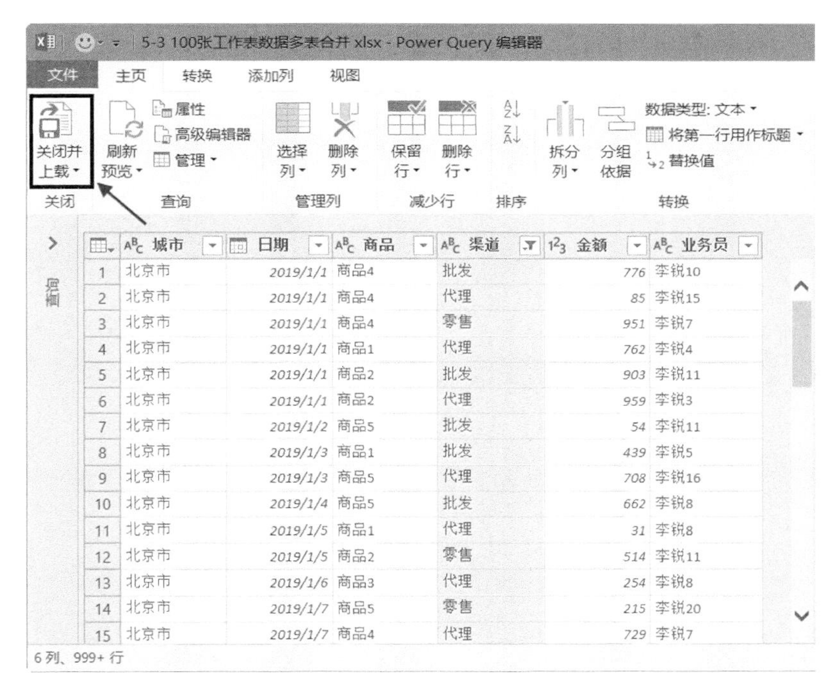

图5-23

10万条数据导入Excel仅需几秒，效果如图5-24所示。

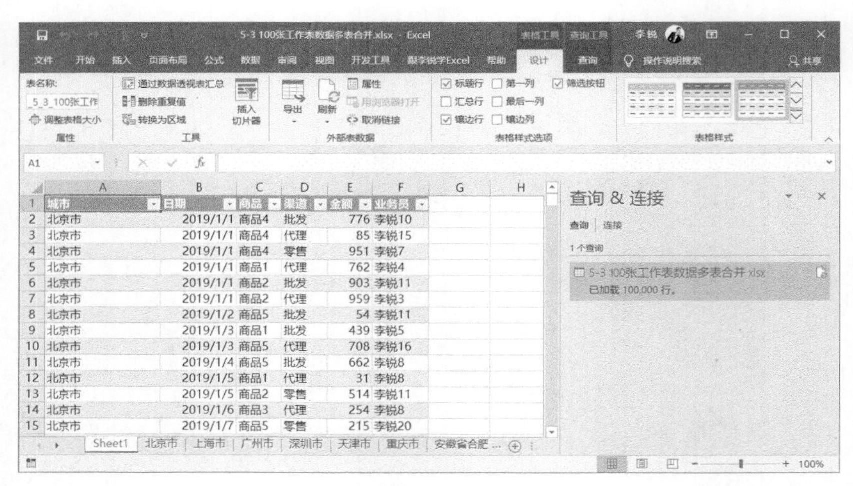

图 5-24

综上，借助Power Query工具即可轻松完成100张工作表中的10万条数据合并。

第 06 章

表格美化术，提升数据说服力

专业的表格不仅要数据准确，还要美观、易读，这样不但可以提升工作成果的品质，有效体现专业性，而且在一些正式的汇报、展示的场合，能极大提升数据的说服力。

本章从以下几方面讲解Excel中的表格美化技术，让表格秒变“高大上”。

- 别人做的表格为什么那么专业
- 双栏表头这样做，表格清晰、干净又漂亮
- 多栏表头这样做，轻松展示多维度数据
- 自动隐藏表格里的错误值，表格更清爽

6.1 别人做的表格为什么那么专业

同样一个表格，有的人做出来的平淡无奇，有的人做出来的就专业、美观，到底差别是什么呢？下面结合一个实际案例，解析表格美化的玄机所在。

某企业全年产品销售的原始报表如图6-1所示。

产品	1月	2月	3月	4月	5月	6月	7月	8月	9月	10月	11月	12月	合计
产品1	55	83	57	26	51	61	66	62	29	38	20	28	576
产品2	96	51	87	71	12	98	44	97	97	10	66	80	809
产品3	58	69	67	70	19	98	53	42	40	23	44	71	654
产品4	14	83	21	96	98	49	79	36	98	31	82	11	698
产品5	27	55	42	89	32	59	38	54	28	60	98	54	636
产品6	87	21	91	73	46	42	79	60	46	13	26	37	621
产品7	72	92	11	66	90	67	14	59	51	45	92	74	733
产品8	72	47	54	36	21	57	56	57	80	55	78	86	699
产品9	95	47	69	49	89	43	57	17	33	71	73	80	723
产品10	41	79	97	99	72	88	49	91	99	99	46	52	912
产品11	10	36	54	78	73	47	59	89	47	85	73	59	710
产品12	82	71	61	58	78	58	69	18	54	21	69	92	731
合计	709	734	711	811	681	767	663	682	702	551	767	724	8502

图6-1

这个表格在经过简单美化之后，效果如图6-2所示。

产品	1月	2月	3月	4月	5月	6月	7月	8月	9月	10月	11月	12月	合计
产品1	55	83	57	26	51	61	66	62	29	38	20	28	576
产品2	96	51	87	71	12	98	44	97	97	10	66	80	809
产品3	58	69	67	70	19	98	53	42	40	23	44	71	654
产品4	14	83	21	96	98	49	79	36	98	31	82	11	698
产品5	27	55	42	89	32	59	38	54	28	60	98	54	636
产品6	87	21	91	73	46	42	79	60	46	13	26	37	621
产品7	72	92	11	66	90	67	14	59	51	45	92	74	733
产品8	72	47	54	36	21	57	56	57	80	55	78	86	699
产品9	95	47	69	49	89	43	57	17	33	71	73	80	723
产品10	41	79	97	99	72	88	49	91	99	99	46	52	912
产品11	10	36	54	78	73	47	59	89	47	85	73	59	710
产品12	82	71	61	58	78	58	69	18	54	21	69	92	731
合计	709	734	711	811	681	767	663	682	702	551	767	724	8502

图6-2

可见同一个表格，美化前后的视觉效果差异是非常大的。虽然表格美化的过程很简单，但是要按照正确的方法进行能事半功倍，下面介绍具体的表格美化步骤。

6.1.1 行高、列宽调整

首先要调整表格中数据的间隙。原始的报表中数字密密麻麻一大片，容易给人带来窒息的感觉。合理的表格间隙，能够给人呼吸舒畅、舒服的感觉。这点可以通过表格行高、列宽的调整来实现。

在调整表格行高、列宽时，还要根据表格展示的实际场合而定，普遍来说，表格展示时的场地越大、人数越多，表格间隙要求随之增大，反之随之减小。

就当前案例来说，这个表格主要在使用计算机办公时查阅，所以将行高从15.6调整为20就可以了。

01 单击Excel工作表左上角的全选按钮，单击鼠标右键，弹出快捷菜单，选择“行高”，在弹出的对话框中输入行高，如图6-3所示。

02 选中C列至O列，设置列宽为5，操作步骤如图6-4所示。

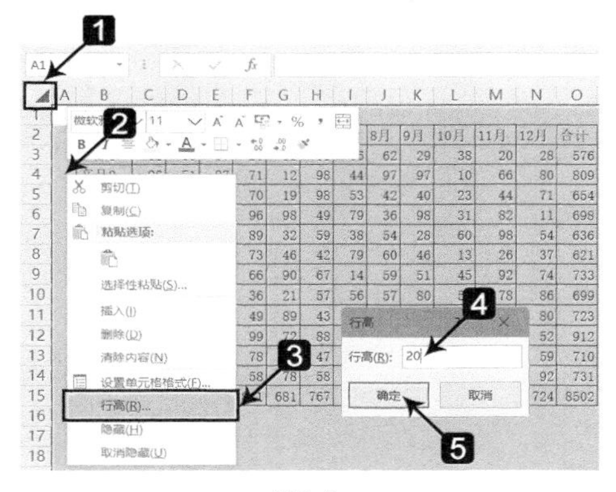

图6-3

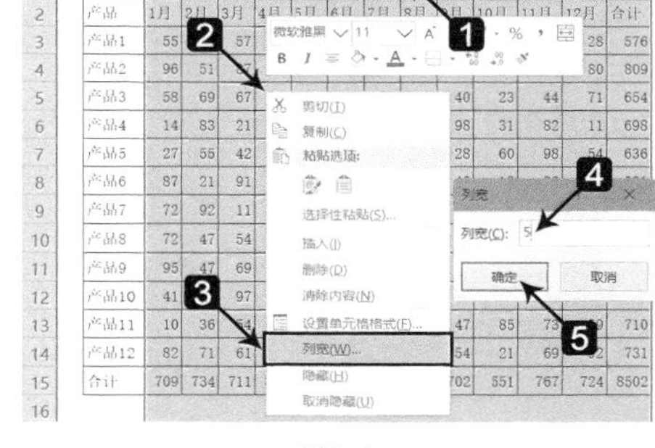

图6-4

设置好行高、列宽之后，表格中的数据间隙更加合理，效果如图6-5所示。

产品	1月	2月	3月	4月	5月	6月	7月	8月	9月	10月	11月	12月	合计
产品1	55	83	57	26	51	61	66	62	29	38	20	28	576
产品2	96	51	87	71	12	98	44	97	97	10	66	80	809
产品3	58	69	67	70	19	98	53	42	40	23	44	71	654
产品4	14	83	21	96	98	49	79	36	98	31	82	11	698
产品5	27	55	42	89	32	59	38	54	28	60	98	54	636
产品6	87	21	91	73	46	42	79	60	46	13	26	37	621
产品7	72	92	11	66	90	67	14	59	51	45	92	74	733
产品8	72	47	54	36	21	57	56	57	80	55	78	86	699
产品9	95	47	69	49	89	43	57	17	33	71	73	80	723
产品10	41	79	97	99	72	88	49	91	99	99	46	52	912
产品11	10	36	54	78	73	47	59	89	47	85	73	59	710
产品12	82	71	61	58	78	58	69	18	54	21	69	92	731
合计	709	734	711	811	681	767	663	682	702	551	767	724	8502

图6-5

调整好表格的行高、列宽之后，我们还要设置合适的字体。

6.1.2 字体设置

表格中的字体可以影响数据的清晰度，不合理的字体会使表格中的数据看起来模糊不清，尤其是在打印或投影后。选择合理的字体对体现表格的专业性至关重要。

字体按照在必要的结构性笔画之外是否有装饰，可分为衬线字体和无衬线字体，有装饰的叫衬线字体，无装饰的叫无衬线字体。为了使表格更加专业、内容更加清晰，建议使用无衬线字体。

常用的无衬线字体有微软雅黑、黑体、Arial等，建议将表格中的中文数据设置为微软雅黑字体，英文和数字数据设置为Arial Unicode MS字体。

本案例中的表格包含中文数据和数字数据，应该分别设置合适的字体，将中文数据设置为微软雅黑字体，数字数据设置为Arial Unicode MS字体，效果如图6-6所示。

产品	1月	2月	3月	4月	5月	6月	7月	8月	9月	10月	11月	12月	合计
产品1	55	83	57	26	51	61	66	62	29	38	20	28	576
产品2	96	51	87	71	12	98	44	97	97	10	66	80	809
产品3	58	69	67	70	19	98	53	42	40	23	44	71	654
产品4	14	83	21	96	98	49	79	36	98	31	82	11	698
产品5	27	55	42	89	32	59	38	54	28	60	98	54	636
产品6	87	21	91	73	46	42	79	60	46	13	26	37	621
产品7	72	92	11	66	90	67	14	59	51	45	92	74	733
产品8	72	47	54	36	21	57	56	57	80	55	78	86	699
产品9	95	47	69	49	89	43	57	17	33	71	73	80	723
产品10	41	79	97	99	72	88	49	91	99	99	46	52	912
产品11	10	36	54	78	73	47	59	89	47	85	73	59	710
产品12	82	71	61	58	78	58	69	18	54	21	69	92	731
合计	709	734	711	811	681	767	663	682	702	551	767	724	8502

图6-6

设置好字体之后，还要进行字号设置。

6.1.3 字号设置

设置合理的字号能够让表格中的数据看起来更加清晰、易读，字号是根据表格的展示需求而定的，在一般的办公中，建议将表格中的字号设置为9至12号。

为了使表格的重点突出，标题行和汇总行除了字号略大之外，还可以设置加粗显示，如图6-7所示。

产品	1月	2月	3月	4月	5月	6月	7月	8月	9月	10月	11月	12月	合计
产品1	55	83	57	26	51	61	66	62	29	38	20	28	576
产品2	96	51	87	71	12	98	44	97	97	10	66	80	809
产品3	58	69	67	70	19	98	53	42	40	23	44	71	654
产品4	14	83	21	96	98	49	79	36	98	31	82	11	698
产品5	27	55	42	89	32	59	38	54	28	60	98	54	636
产品6	87	21	91	73	46	42	79	60	46	13	26	37	621
产品7	72	92	11	66	90	67	14	59	51	45	92	74	733
产品8	72	47	54	36	21	57	56	57	80	55	78	86	699
产品9	95	47	69	49	89	43	57	17	33	71	73	80	723
产品10	41	79	97	99	72	88	49	91	99	99	46	52	912
产品11	10	36	54	78	73	47	59	89	47	85	73	59	710
产品12	82	71	61	58	78	58	69	18	54	21	69	92	731
合计	709	734	711	811	681	767	663	682	702	551	767	724	8502

图6-7

设置好字体、字号之后，还要对表格进行配色美化。

6.1.4　配色美化

适当的配色美化除了可以提升表格的易读性，还可以使表格看起来更加专业、美观。

本案例表格中的产品数量较多，为了避免读表人在查阅数字时看串行，可以用浅色隔行填充数据行。

为了突出表格的标题行及字段名称，可以用深色背景和白色字体配合显示。

01 选中表格标题行，设置背景颜色的RGB值为2、79、108，操作步骤如图6-8所示。

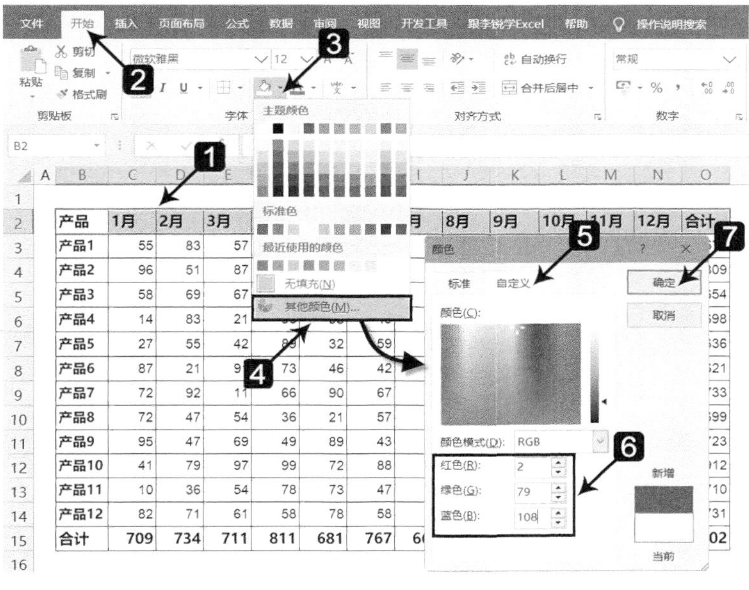

图6-8

02 将标题行字体的颜色设置为白色，效果如图6-9所示。

产品	1月	2月	3月	4月	5月	6月	7月	8月	9月	10月	11月	12月	合计
产品1	55	83	57	26	51	61	66	62	29	38	20	28	576
产品2	96	51	87	71	12	98	44	97	97	10	66	80	809
产品3	58	69	67	70	19	98	53	42	40	23	44	71	654
产品4	14	83	21	96	98	49	79	36	98	31	82	11	698

图6-9

03 将表格第3行的填充颜色设置为浅色，操作步骤如图6-10所示。

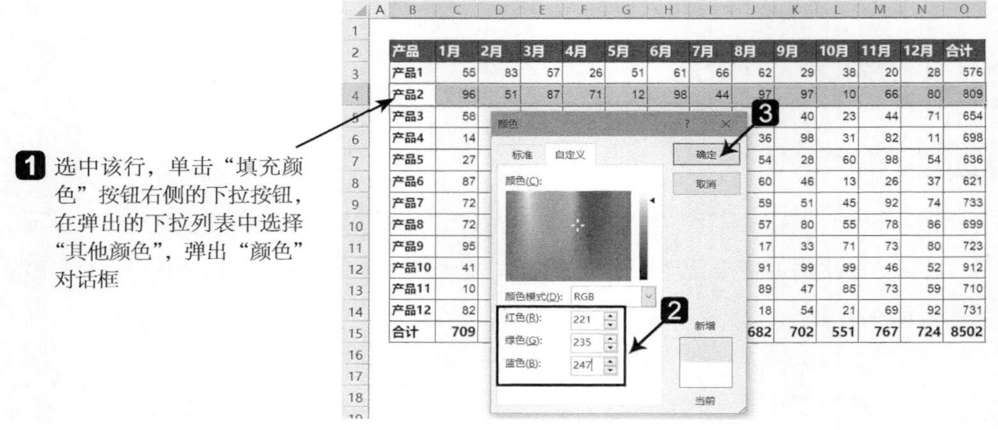

图6-10

04 要将整个表格隔行填充颜色，可以借助格式刷快速完成，方法：选中B3:O4单元格区域，单击“格式刷”按钮，如图6-11所示。

产品	1月	2月	3月	4月	5月	6月	7月	8月	9月	10月	11月	12月	合计
产品1	55	83	57	26	51	61	66	62	29	38	20	28	576
产品2	96	51	87	71	12	98	44	97	97	10	66	80	809
产品3	58	69	67	70	19	98	53	42	40	23	44	71	654
产品4	14	83	21	96	98	49	79	36	98	31	82	11	698
产品5	27	55	42	89	32	59	38	54	28	60	98	54	636

图6-11

05 按住鼠标左键不松开，拖曳鼠标指针选中B5:O14单元格区域，如图6-12所示。批量刷新格式后，得到的效果如图6-13所示。

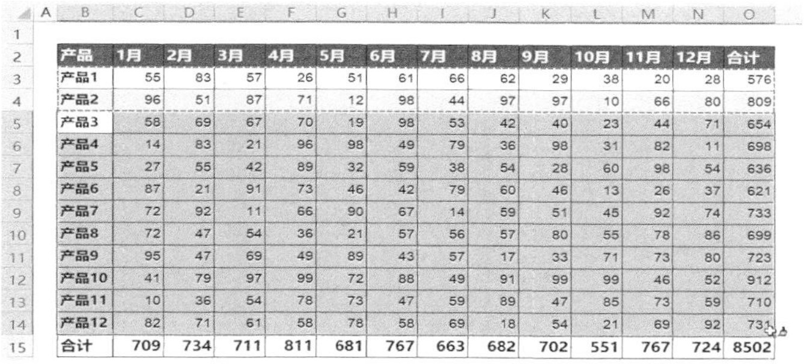

产品	1月	2月	3月	4月	5月	6月	7月	8月	9月	10月	11月	12月	合计
产品1	55	83	57	26	51	61	66	62	29	38	20	28	576
产品2	96	51	87	71	12	98	44	97	97	10	66	80	809
产品3	58	69	67	70	19	98	53	42	40	23	44	71	654
产品4	14	83	21	96	98	49	79	36	98	31	82	11	698
产品5	27	55	42	89	32	59	38	54	28	60	98	54	636
产品6	87	21	91	73	46	42	79	60	46	13	26	37	621
产品7	72	92	11	66	90	67	14	59	51	45	92	74	733
产品8	72	47	54	36	21	57	56	57	80	55	78	86	699
产品9	95	47	69	49	89	43	57	17	33	71	73	80	723
产品10	41	79	97	99	72	88	49	91	99	99	46	52	912
产品11	10	36	54	78	73	47	59	89	47	85	73	59	710
产品12	82	71	61	58	78	58	69	18	54	21	69	92	731
合计	709	734	711	811	681	767	663	682	702	551	767	724	8502

图6-12

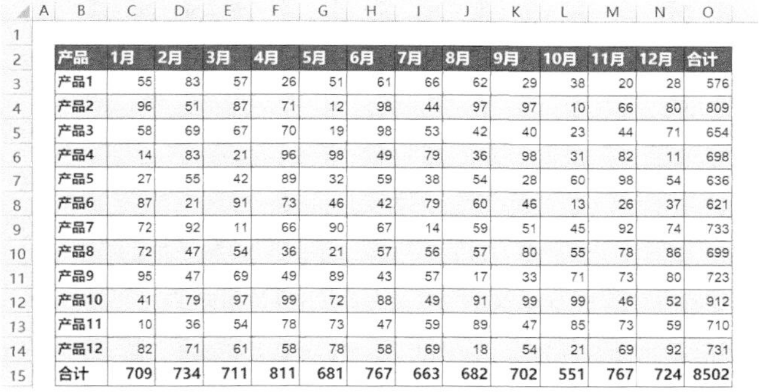

产品	1月	2月	3月	4月	5月	6月	7月	8月	9月	10月	11月	12月	合计
产品1	55	83	57	26	51	61	66	62	29	38	20	28	576
产品2	96	51	87	71	12	98	44	97	97	10	66	80	809
产品3	58	69	67	70	19	98	53	42	40	23	44	71	654
产品4	14	83	21	96	98	49	79	36	98	31	82	11	698
产品5	27	55	42	89	32	59	38	54	28	60	98	54	636
产品6	87	21	91	73	46	42	79	60	46	13	26	37	621
产品7	72	92	11	66	90	67	14	59	51	45	92	74	733
产品8	72	47	54	36	21	57	56	57	80	55	78	86	699
产品9	95	47	69	49	89	43	57	17	33	71	73	80	723
产品10	41	79	97	99	72	88	49	91	99	99	46	52	912
产品11	10	36	54	78	73	47	59	89	47	85	73	59	710
产品12	82	71	61	58	78	58	69	18	54	21	69	92	731
合计	709	734	711	811	681	767	663	682	702	551	767	724	8502

图6-13

完成对表格的配色美化之后，还需要继续完善边框设置。

6.1.5　边框设置

设置表格中的边框是为了区分数据区域，提升表格可读性。在表格经过行高和列宽的合理调整、字体与字号设置以及配色美化之后，不再需要设置全部边框线，仅使用必要的边框进行区域划分即可。

01 选中整个表格，清除所有边框线，操作步骤如图6-14所示。

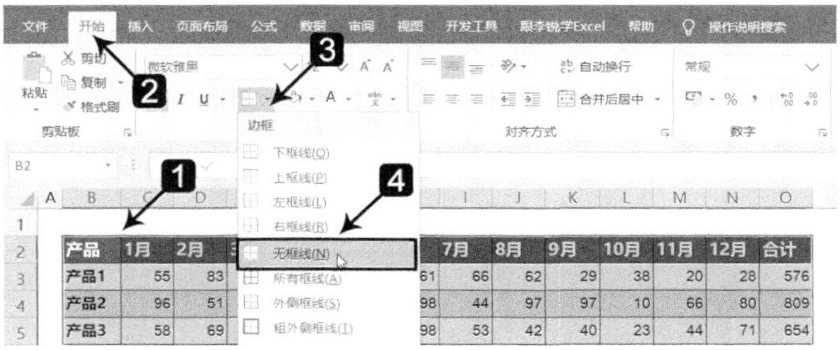

图6-14

02 仅对表格的标题行下方、汇总行上方、首列右侧设置边框线，效果如图6-15所示。

设置好表格边框之后，还可以借助数据可视化技术提升表格展示效果。

产品	1月	2月	3月	4月	5月	6月	7月	8月	9月	10月	11月	12月	合计
产品1	55	83	57	26	51	61	66	62	29	38	20	28	576
产品2	96	51	87	71	12	98	44	97	97	10	66	80	809
产品3	58	69	67	70	19	98	53	42	40	23	44	71	654
产品4	14	83	21	96	98	49	79	36	98	31	82	11	698
产品5	27	55	42	89	32	59	38	54	28	60	98	54	636
产品6	87	21	91	73	46	42	79	60	46	13	26	37	621
产品7	72	92	11	66	90	67	14	59	51	45	92	74	733
产品8	72	47	54	36	21	57	56	57	80	55	78	86	699
产品9	95	47	69	49	89	43	57	17	33	71	73	80	723
产品10	41	79	97	99	72	88	49	91	99	99	46	52	912
产品11	10	36	54	78	73	47	59	89	47	85	73	59	710
产品12	82	71	61	58	78	58	69	18	54	21	69	92	731
合计	709	734	711	811	681	767	663	682	702	551	767	724	8502

图6-15

6.1.6 数据可视化

一个专业的表格除了要干净、美观，还要能够传达制表人的展示目的，也就是为什么要做这个表格、表格中的数据重点在哪里、想突出表达什么观点。这些内容往往需要借助数据可视化技术来实现。

当前案例中的表格记录了企业全年12个月中产品1至产品12的销售数据，数据重点在于每种产品的全年合计数，即从O列合计可以明显看出各产品销售数量的差异，所以我们在O列增加数据可视化展示。

01 首先将O列的列宽增加到10，然后选中O3:O14单元格区域，为其设置条件格式，操作步骤如图6-16所示。

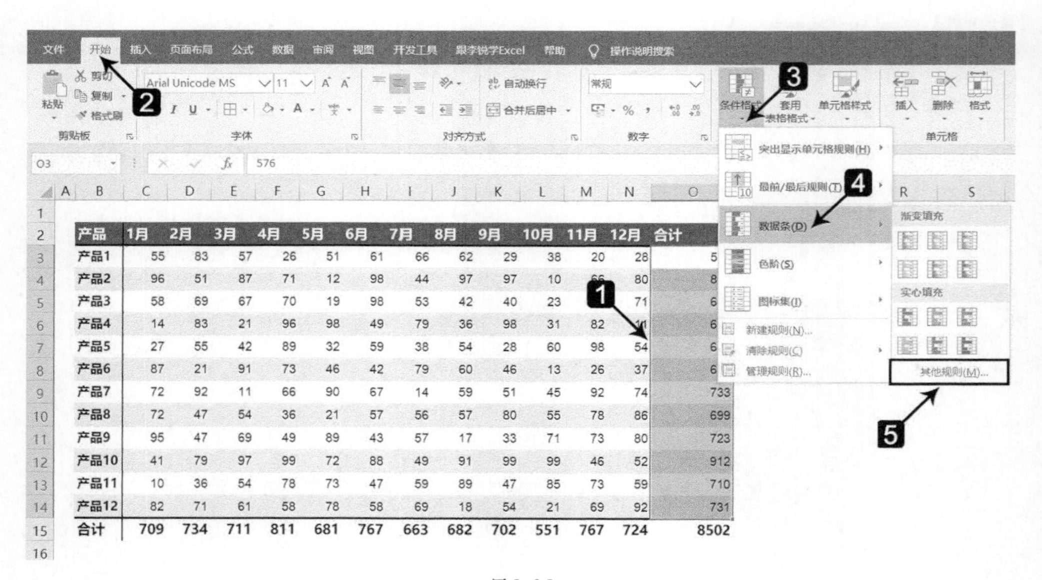

图6-16

02 在弹出的对话框中设置条形图的外观，如图6-17所示。

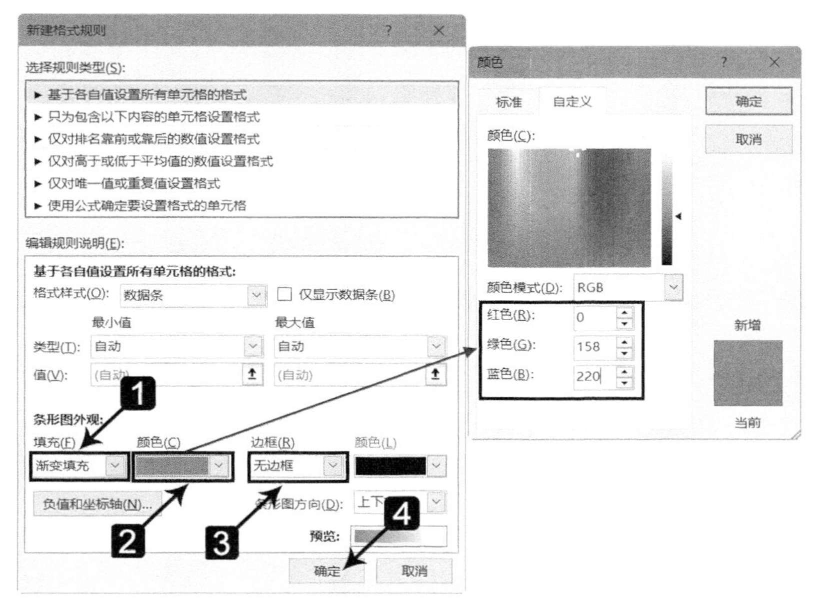

图6-17

设置完成之后，表格效果如图6-18所示。

	A	B	C	D	E	F	G	H	I	J	K	L	M	N	O
1															
2		产品	1月	2月	3月	4月	5月	6月	7月	8月	9月	10月	11月	12月	合计
3		产品1	55	83	57	26	51	61	66	62	29	38	20	28	576
4		产品2	96	51	87	71	12	98	44	97	97	10	66	80	809
5		产品3	58	69	67	70	19	98	53	42	40	23	44	71	654
6		产品4	14	83	21	96	98	49	79	36	98	31	82	11	698
7		产品5	27	55	42	89	32	59	38	54	28	60	98	54	636
8		产品6	87	21	91	73	46	42	79	60	46	13	26	37	621
9		产品7	72	92	11	66	90	67	14	59	51	45	92	74	733
10		产品8	72	47	54	36	21	57	56	57	80	55	78	86	699
11		产品9	95	47	69	49	89	43	57	17	33	71	73	80	723
12		产品10	41	79	97	99	72	88	49	91	99	99	46	52	912
13		产品11	10	36	54	78	73	47	59	89	47	85	73	59	710
14		产品12	82	71	61	58	78	58	69	18	54	21	69	92	731
15		合计	709	734	711	811	681	767	663	682	702	551	767	724	8502
16															

图6-18

增加条形图，可以帮助读表人更直观地查看数据对比情况，同时条形图色调与表格整体色调保持一致，提升表格美观性的同时彰显专业性。

6.2 双栏表头这样做，表格清晰、干净又漂亮

工作中经常需要使用二维表格展示数据，即包含行、列两个维度的数据，分别代表不同的含义，设置双栏表头可以清晰展示表格数据，如图6-19中所示工作表的A1单元格。

	A	B	C	D	E	F
1	商品 分公司	手机	iPad	笔记本	台式机	汇总
2	北京	49	92	30	65	
3	上海	30	64	41	87	
4	广州	27	96	78	30	
5	深圳	47	66	92	33	
6	厦门	38	90	25	28	
7	天津	92	75	81	59	
8	石家庄	81	54	61	55	
9	大连	31	77	20	56	
10	汇总					
11						

图6-19

下面具体介绍设置双栏表头的操作步骤。

01 首先为表格设置合理的行高、列宽，如标题行的行高为36、列宽为10，在A1单元格中输入“分公司 商品”，注意中间空半个中文字符，如图6-20所示。

A1 fx 分公司 商品

	A	B	C	D	E	F
1	分公司 商品	手机	iPad	笔记本	台式机	汇总
2	北京	49	92	30	65	
3	上海	30	64	41	87	
4	广州	27	96	78	30	
5	深圳	47	66	92	33	
6	厦门	38	90	25	28	
7	天津	92	75	81	59	
8	石家庄	81	54	61	55	
9	大连	31	77	20	56	
10	汇总					
11						

图6-20

02 将光标定位到A1单元格，在编辑栏中选中“分公司”，将其设置为下标，操作步骤如图6-21所示。

03 采用同样的方法，在编辑栏中选中“商品”，将其设置为上标，操作步骤如图6-22所示。

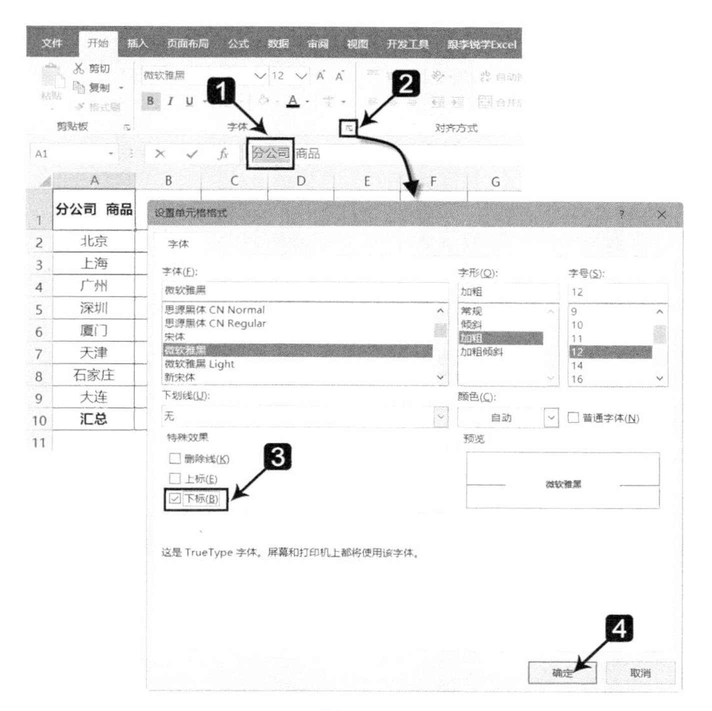

图 6-21

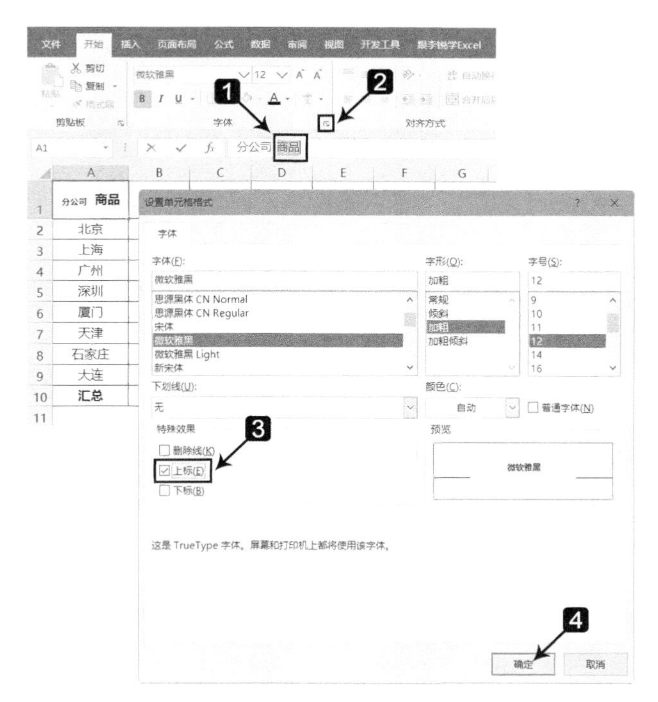

图 6-22

04 由于设置为上标、下标后字号会被缩小，所以为了与其他表头一致，将A1单元格的字号从12增大到18，效果如图6-23所示。

	A	B	C	D	E	F
1	商品 分公司	手机	iPad	笔记本	台式机	汇总
2	北京	49	92	30	65	
3	上海	30	64	41	87	
4	广州	27	96	78	30	

图6-23

05 选中A1单元格，按<Ctrl+1>组合键，在弹出的对话框中单击“边框”选项卡，设置斜线边框，操作步骤如图6-24所示。

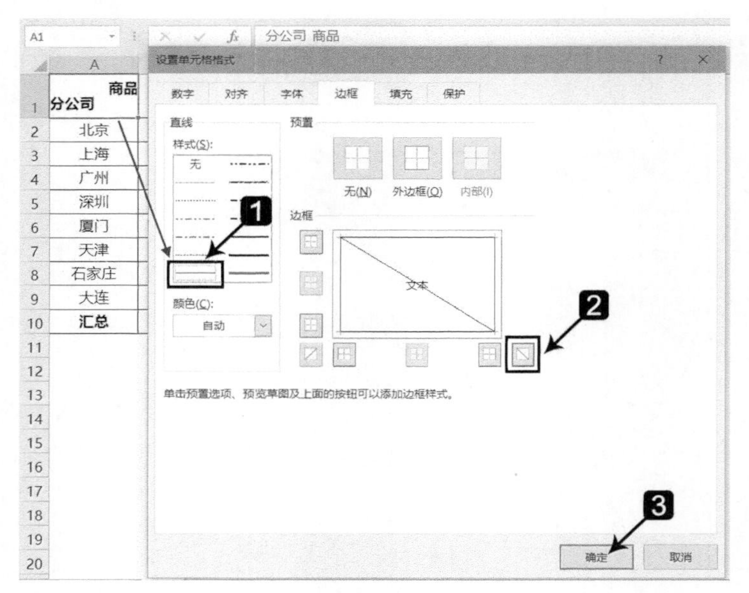

图6-24

设置完成后，效果如图6-19所示。

这样就完成了双栏表头的设置，当表头中需要展示的字段含义继续增加时，还可以设置多栏表头，6.3节具体介绍相关内容。

6.3 多栏表头这样做，轻松展示多维度数据

当表格中的表头展示维度超过两个时，6.2节介绍的设置上标、下标的方法不再适用，我们可以通过使用插入直线和文本框的方法创建多栏表头。下面以三栏表头为例（如图6-25的A1单元格所示）介绍多栏表头的制作。

01 首先为表格设置合理的行高、列宽，如将标题行的行高设置为50，A列的列宽设置为15，效果如图6-26所示。

	A	B	C	D	E	F
1	商品 销量 分公司	手机	iPad	笔记本	台式机	汇总
2	北京	49	92	30	65	
3	上海	30	64	41	87	
4	广州	27	96	78	30	
5	深圳	47	66	92	33	
6	天津	92	75	81	59	
7	石家庄	81	54	61	55	
8	汇总					

图6-25

	A	B	C	D	E	F
1		手机	iPad	笔记本	台式机	汇总
2	北京	49	92	30	65	
3	上海	30	64	41	87	
4	广州	27	96	78	30	
5	深圳	47	66	92	33	
6	天津	92	75	81	59	
7	石家庄	81	54	61	55	
8	汇总					

图6-26

02 接下来插入直线将A1单元格分隔为三部分，为后续要放置的多个表头名称准备好位置。选中A1单元格，插入直线，操作步骤如图6-27所示。

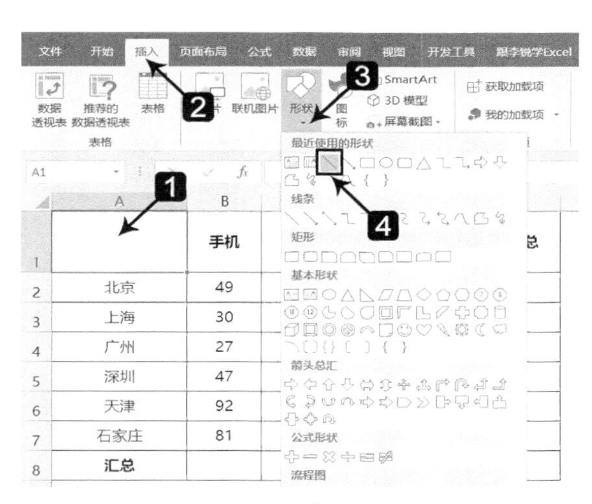

图6-27

03 将直线放置到合适的位置，并调整颜色，效果如图6-28所示。

04 采用同样的方法再插入一条直线，调整颜色，效果如图6-29所示。

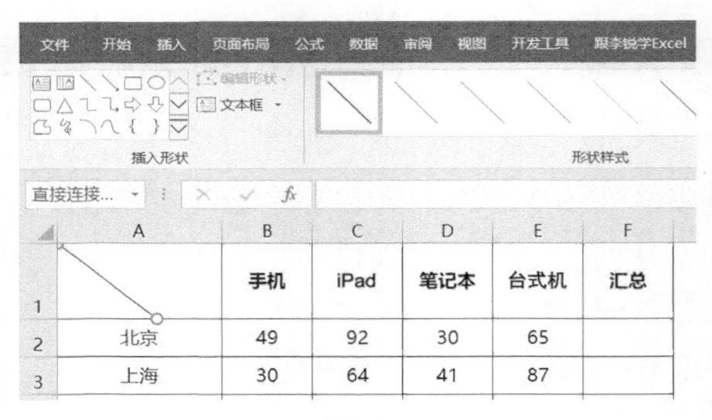

图 6-28

	A	B	C	D	E	F
1		手机	iPad	笔记本	台式机	汇总
2	北京	49	92	30	65	
3	上海	30	64	41	87	
4	广州	27	96	78	30	
5	深圳	47	66	92	33	
6	天津	92	75	81	59	
7	石家庄	81	54	61	55	
8	**汇总**					
9						

图 6-29

05 选中A1单元格，插入文本框，操作步骤如图6-30所示。

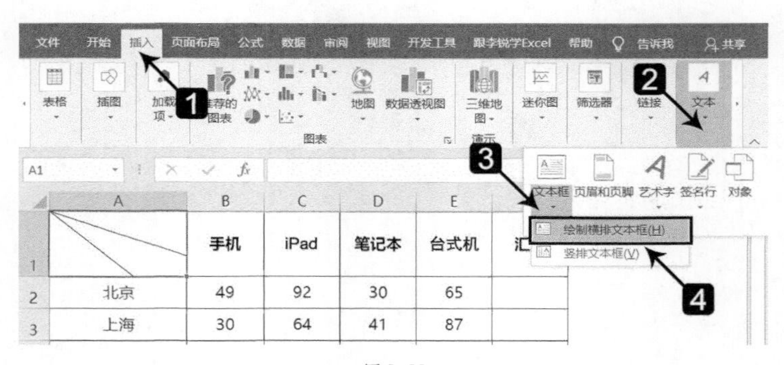

图 6-30

06 在文本框中输入“分公司”，调整字体、字号及文本框的位置，设置文本框为无填充、无线条，如图6-31所示。

07 选中设置好的“分公司”文本框，按<Ctrl+C>组合键复制，再按<Ctrl+V>组合键粘贴，修改文本框中的内容为“商品”，调整文本框位置至A1单元格右上方，如图6-32所示。

分公司	手机	iPad	笔记本
北京	49	92	30
上海	30	64	41
广州	27	96	78
深圳	47	66	92
天津	92	75	81
石家庄	81	54	61
汇总			

图6-31

商品 / 分公司	手机	iPad	笔记本	台式机	汇总
北京	49	92	30	65	
上海	30	64	41	87	

图6-32

08 采用同样的方法制作“销量”文本框，调整好位置，如图6-33所示。

商品 / 销量 / 分公司	手机	iPad	笔记本	台式机	汇总
北京	49	92	30	65	
上海	30	64	41	87	

图6-33

至此，完成了三栏表头的制作，效果如图6-25所示。

超过三栏的多栏表头的制作思路及方法与此同理，此处不赘述。

6.4 自动隐藏表格里的错误值，表格更清爽

在Excel中经常会使用公式进行计算，但有时公式产生的错误值会影响表格的正常展示，如果删除公式会使表格失去自动统计的功能，如果保留公式又会影响表格外观，这时就需要采用正确的方法自动隐藏表格里的错误值，让表格既能够自动统计数据，又能够保持清爽、干净。

下面结合一个实际案例介绍在Excel中隐藏错误值的方法。

某企业各产品的产量完成表中，计划产量和实际产量是手动填写的，完成率由公式自动计算，如图6-34所示。

	A	B	C	D
1	产品名称	计划产量	实际产量	完成率
2	产品1	8,000	7,264	90.80%
3	产品2	5,000	4,756	95.12%
4	产品3		6,589	#DIV/0!
5	产品4	4,000	3,842	96.05%
6	产品5	9,000	8,917	99.08%
7	产品6		9,459	#DIV/0!
8	产品7	10,000	9,568	95.68%
9	产品8		7,513	#DIV/0!
10	产品9	6,000	5,912	98.53%
11				

图6-34

当表格中出现错误值时，首先要找到出错原因，然后才能有针对性地找到合适的方案解决。

此案例中错误值出现在D列，要定位到D列查看公式，如图6-35所示。

D2　fx　=C2/B2

	A	B	C	D
1	产品名称	计划产量	实际产量	完成率
2	产品1	8,000	7,264	90.80%
3	产品2	5,000	4,756	95.12%
4	产品3		6,589	#DIV/0!
5	产品4	4,000	3,842	96.05%
6	产品5	9,000	8,917	99.08%
7	产品6		9,459	#DIV/0!
8	产品7	10,000	9,568	95.68%
9	产品8		7,513	#DIV/0!
10	产品9	6,000	5,912	98.53%
11				

图6-35

经过查看得知，因为设置的公式按照“完成率=实际产量/计划产量”计算，而有些产品的计划产量未能及时填写，所以分母为0，造成完成率的计算结果出现了“#DIV/0!”错误。

这时可以采用IFERROR函数进行公式中的错误隐藏处理，在D2单元格输入以下公式：

=IFERROR(C2/B2," ")

将公式向下填充，效果如图6-36所示。

D2　=IFERROR(C2/B2,"")

	A	B	C	D
1	产品名称	计划产量	实际产量	完成率
2	产品1	8,000	7,264	90.80%
3	产品2	5,000	4,756	95.12%
4	产品3		6,589	
5	产品4	4,000	3,842	96.05%
6	产品5	9,000	8,917	99.08%
7	产品6		9,459	
8	产品7	10,000	9,568	95.68%
9	产品8		7,513	
10	产品9	6,000	5,912	98.53%
11				

图6-36

可见此公式不但能够对原始数据填写完整的行进行正确计算，而且可以将公式产生的错误结果隐藏起来，可谓一举两得。

IFERROR函数是Excel中常用的逻辑函数，它的语法结构如下：

=IFERROR(公式计算表达式,计算错误时返回的值)

该函数的结构很简单，只有两个参数：第一参数为公式计算表达式，当计算结果不为错误值时返回第一参数，即直接返回计算结果；当公式计算结果为错误值时，则返回第二参数，即用户指定的值。

此案例中公式的第二参数使用了空文本，即当“实际产量/计划产量”的计算结果为错误值时，返回空，从而巧妙地隐藏了错误值。

如果企业要求将公式的错误值改为能够提醒用户的提示语，如“请填写计划产量”，那么仅需将D2单元格公式的第二参数按以下方式进行调整：

=IFERROR(C2/B2,"请填写计划产量")

将公式向下填充后，效果如图6-37所示。

D2　=IFERROR(C2/B2,"请填写计划产量")

	A	B	C	D
1	产品名称	计划产量	实际产量	完成率
2	产品1	8,000	7,264	90.80%
3	产品2	5,000	4,756	95.12%
4	产品3		6,589	请填写计划产量
5	产品4	4,000	3,842	96.05%
6	产品5	9,000	8,917	99.08%
7	产品6		9,459	请填写计划产量
8	产品7	10,000	9,568	95.68%
9	产品8		7,513	请填写计划产量
10	产品9	6,000	5,912	98.53%
11				

图6-37

在工作中根据实际情况，按不同需求设置IFERROR函数的第二参数，当公式计算出错时返回指定值作为结果，不但不影响公式的正常计算，而且还能自动隐藏表格中的错误值，让表格清爽、干净、美观、专业。

第07章

这些经典的函数用法，让你攻无不克

Excel函数公式不但能够帮助用户完成逻辑判断、数据查询、查找引用、条件汇总等各种数据处理及统计工作，而且在数据透视表、图表可视化等Excel应用中，承担着数据调用、处理、计算的重要角色，所以学好Excel函数公式能极大增强多领域应用能力，有效提升工作效率。

Excel 2019中的函数多达400多个，但并不需要全部掌握，本章着重介绍Excel中经典的函数，不但讲解了函数的语法和功能，而且介绍了学习函数时正确的思路和方法，从而使大家能够举一反三。

◆ 逻辑判断谁更强？让表格按条件返回结果
◆ VLOOKUP函数，职场必会的查找函数
◆ INDEX+MATCH函数组合，数据查询最佳搭档
◆ 5秒完成全年12张工作表的汇总
◆ 再难的条件汇总问题，都是小菜一碟
◆ 以一敌十的“万能”函数：SUBTOTAL函数

7.1 逻辑判断谁更强？让表格按条件返回结果

工作中经常需要进行各种逻辑判断，我们可以借助Excel中的逻辑函数实现根据用户指定的条件自动判断结果的功能。逻辑函数除了独立使用外，还经常与其他函数嵌套使用，以满足更加复杂的判断需求。

下面结合多个实际案例，分层次介绍Excel中常用的逻辑函数用法。

7.1.1 单条件逻辑判断：IF函数

某企业各部门人员的考核得分如图7-1所示。要求根据考核得分判断员工是否为优秀。判断规则：考核得分达到4.0者则为“优秀”。怎样才能让Excel实现自动判断呢？

	A	B	C	D
1	姓名	部门	考核得分	判断
2	李锐	总经办	3.6	
3	张桂英	总经办	4.1	
4	王玉兰	总经办	3.2	
5	李燕	财务部	4.5	
6	张鹏	财务部	4.8	
7	李秀兰	财务部	3.9	
8	张超	生产部	4.0	
9	王玲	生产部	3.3	
10	张玲	生产部	4.8	
11	李华	生产部	3.3	

图7-1

在D2单元格输入以下公式，然后将公式向下填充，效果如图7-2所示。

=IF(C2>=4,"优秀"," ")

D2 =IF(C2>=4,"优秀","")

	A	B	C	D	E
1	姓名	部门	考核得分	判断	
2	李锐	总经办	3.6		
3	张桂英	总经办	4.1	优秀	
4	王玉兰	总经办	3.2		
5	李燕	财务部	4.5	优秀	
6	张鹏	财务部	4.8	优秀	
7	李秀兰	财务部	3.9		
8	张超	生产部	4.0	优秀	
9	王玲	生产部	3.3		
10	张玲	生产部	4.8	优秀	
11	李华	生产部	3.3		
12					

图7-2

IF函数是Excel中常用的逻辑函数，它可以根据用户指定的条件判断，分别返回不同的结果，IF函数的语法结构如下：

IF(条件判断,条件成立时返回的结果,条件不成立时返回的结果)

可见IF函数包含3个参数，中间用逗号分隔。需要注意的是，Excel公式中的符号都要使用英文半角形式，这里的逗号也不例外。IF函数返回的结果取决于第一参数，如果条件判断成立则返回第二参数，反之则返回第三参数作为结果。

此案例中要求根据员工的考核得分是否达到4.0进行判断，所以第一参数是“C2>=4”，如果成立则返回第二参数，即“优秀”；不成立则返回第三参数，即空文本。

单独使用IF函数仅能处理较为简单的逻辑判断，当遇到复杂一点的双条件判断时，我们还可以借助其他函数嵌套解决，7.1.2小节具体介绍相关内容。

7.1.2　双条件逻辑判断：IF+AND函数

某企业仅对管理岗位人员进行考核评定，要求将岗位为“管理”且考核得分达到4.5分者评定为“优秀管理”，如图7-3所示。

	A	B	C	D	E
1	姓名	部门	岗位	考核得分	判断
2	李锐	总经办	管理	3.6	
3	张桂英	总经办	管理	4.1	
4	王玉兰	总经办	员工	3.2	
5	李燕	财务部	管理	4.5	
6	张鹏	财务部	员工	4.8	
7	李秀兰	财务部	员工	3.9	
8	张超	生产部	管理	4.0	
9	王玲	生产部	管理	3.3	
10	张玲	生产部	工人	4.8	
11	李华	生产部	工人	3.3	
12					

图7-3

这时要求是按照双条件同时判断，仅用IF函数单独判断无法满足要求，可以使用AND函数嵌套IF函数来满足双条件同时判断的需求，在E2单元格输入以下公式：

=IF(AND(C2="管理", D2>=4.5),"优秀管理","")

将公式向下填充，效果如图7-4所示。

AND函数也是Excel中很常用的逻辑函数，用于判断是否同时满足指定的多个条件，如果同时满足所有条件则返回逻辑值TRUE，只要其中有一个条件不满足则返回逻辑值FALSE。

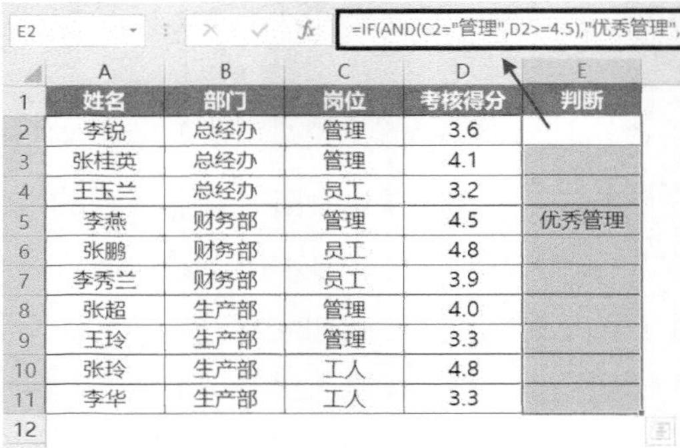

E2 =IF(AND(C2="管理",D2>=4.5),"优秀管理","")

	A	B	C	D	E	F
1	姓名	部门	岗位	考核得分	判断	
2	李锐	总经办	管理	3.6		
3	张桂英	总经办	管理	4.1		
4	王玉兰	总经办	员工	3.2		
5	李燕	财务部	管理	4.5	优秀管理	
6	张鹏	财务部	员工	4.8		
7	李秀兰	财务部	员工	3.9		
8	张超	生产部	管理	4.0		
9	王玲	生产部	管理	3.3		
10	张玲	生产部	工人	4.8		
11	李华	生产部	工人	3.3		
12						

图7-4

AND函数的语法结构如下：

AND(条件1,条件2,…,条件N)

可见AND函数可以根据实际情况指定不同的条件作为参数，各个条件参数的顺序不影响判断结果。当所有条件全部满足时说明条件成立，即返回逻辑值TRUE；当一个或多个条件不满足时则条件不成立，即返回逻辑值FALSE。

此案例中的要求是仅将岗位为“管理”且考核得分达到4.5的人员评定为“优秀管理”，将这个需求拆分为两个条件：一是岗位等于“管理”；二是考核得分大于或等于4.5。

用AND函数表达可以写为“AND(C2="管理", D2>=4.5)”或“AND(D2>=4.5, C2="管理")”，即第一参数和第二参数的顺序不影响判断结果，根据是否同时满足条件返回对应的逻辑值TRUE或FALSE，然后将这个逻辑值传递给IF函数。

在公式“=IF(AND(C2="管理", D2>=4.5),"优秀管理"," ")”中，AND函数返回的逻辑值传递给IF函数作为其第一参数；公式表示当多条件同时满足时，IF函数返回第二参数“优秀管理”，否则返回空文本。

这样就利用AND函数和IF函数的嵌套使用，实现了需要同时满足的双条件逻辑判断的需求。当遇到可任意满足其一的多条件逻辑判断需求时，还可以借助OR函数配合IF函数解决问题，7.1.3小节具体介绍相关内容。

7.1.3 多条件复杂逻辑判断：IF+OR+AND函数

某企业按岗位分两种不同标准对所有人员进行考核评定，判断规则如下：

①对岗位是“管理”的，考核得分达到4.5分则为优秀；

②对岗位非“管理”的，考核得分达到4.0分则为优秀。

要求按照以上规则根据考核得分判断是否为“优秀”，如图7-5所示。

	A	B	C	D	E	F
1	姓名	部门	岗位	考核得分	判断	
2	李锐	总经办	管理	3.6		
3	张桂英	总经办	管理	4.1		
4	王玉兰	总经办	员工	3.2		
5	李燕	财务部	管理	4.5		
6	张鹏	财务部	员工	4.8		
7	李秀兰	财务部	员工	3.9		
8	张超	生产部	管理	4.0		
9	王玲	生产部	管理	3.3		
10	张玲	生产部	工人	4.8		
11	李华	生产部	工人	3.3		

图7-5

遇到这类问题要首先理清思路，确定合适的方法再写公式。

判断规则里面的每一项都同时包含两个“且”关系条件，如表7-1所示。

表7-1

规则	描述	对应公式
规则一	岗位是“管理”并且考核得分大于或等于4.5，才算优秀	AND(C2="管理", D2>=4.5)
规则二	岗位不是“管理”并且考核得分大于或等于4.0，才算优秀	AND(C2<>"管理", D2>=4)

规则一和规则二之间是“或”关系，即要么满足规则一，要么满足规则二，只要满足其中一条规则都算优秀。

需要同时满足的多条件判断可以使用AND函数实现，7.1.2小节具体介绍过，此处不赘述，只要满足其中之一的多条件判断可以使用OR函数实现。

OR函数也是Excel中经常使用的逻辑函数，它的语法结构如下：

OR(条件1, 条件2, …, 条件*N*)

可见OR函数可以根据实际情况指定不同的条件作为参数，各个条件参数的顺序不影响判断结果。只要其中一个条件满足则说明条件成立，即返回逻辑值TRUE；当所有条件都不满足时则条件不成立，即返回逻辑值FALSE。

理清思路以后，可以使用AND函数实现需要同时满足的“且”关系多条件逻辑判断，使用OR函数实现需要任意满足其一的“或”关系多条件逻辑判断，确定方法之后，最后写出如下公式：

=IF(OR(AND(C2="管理", D2>=4.5), AND(C2<>"管理",D2>=4)),"优秀","")

将公式向下填充，结果如图7-6所示。

E2 =IF(OR(AND(C2="管理",D2>=4.5),AND(C2<>"管理",D2>=4)),"优秀","")

姓名	部门	岗位	考核得分	判断
李锐	总经办	管理	3.6	
张桂英	总经办	管理	4.1	
王玉兰	总经办	员工	3.2	
李燕	财务部	管理	4.5	优秀
张鹏	财务部	员工	4.8	优秀
李秀兰	财务部	员工	3.9	
张超	生产部	管理	4.0	
王玲	生产部	管理	3.3	
张玲	生产部	工人	4.8	优秀
李华	生产部	工人	3.3	

图7-6

规则一的双条件判断用“AND(C2="管理", D2>=4.5)”表达，将其作为OR函数的第一参数；规则二的双条件判断用“AND(C2<>"管理", D2>=4)”表达，将其作为OR函数的第二参数。利用OR函数对规则一和规则二的“或”关系进行判断，只要其中任意一条规则成立，则返回逻辑值TRUE，两条都不成立则返回逻辑值FALSE，然后将返回的逻辑值传递给IF函数作为第一参数，判断是否优秀。

这样就可以借助AND函数、OR函数与IF函数嵌套，处理多条件的复杂逻辑判断问题。首先要捋顺思路，将多个条件拆分为不同层级；其次要确定方法，分清每个层级的多个条件之间是“且”关系还是“或”关系，确定用AND函数还是OR函数；再次才是写公式计算结果；最后还要记得核查公式结果是否正确。以上是处理这类问题的完整思路和流程。

当遇到的多条件判断是数值区间的多层级关系时，我们也可以使用IF函数多层级嵌套来解决问题，7.1.4小节具体介绍相关内容。

7.1.4 多层级按区间条件逻辑判断：IF函数嵌套

某企业按照统一标准对所有人员进行考核，根据考核得分评定不同的等级，具体评定规则如下：

①考核得分达到4.8分，评定等级为“标兵”；

②考核得分达到4.5分，评定等级为“优秀”；

③考核得分达到4.0分，评定等级为“良好”；

④考核得分达到3.5分，评定等级为“一般”；

⑤考核得分低于3.5分，评定等级为“差”。

该企业的员工考核得分及等级表如图7-7所示。

	A	B	C	D
1	姓名	部门	考核得分	所属等级
2	李锐	总经办	3.6	
3	张桂英	总经办	4.1	
4	王玉兰	总经办	3.2	
5	李燕	财务部	4.5	
6	张鹏	财务部	4.8	
7	李秀兰	财务部	3.9	
8	张超	生产部	4.0	
9	王玲	生产部	3.3	
10	张玲	生产部	4.8	
11	李华	生产部	3.3	

图7-7

遇到这种多层级条件按数值区间依次判断的问题，我们可以使用多层级IF函数嵌套，按顺序进行逐个层级的判断，确定方法后可写出如下公式：

=IF(C2>=4.8, "标兵", IF(C2>=4.5, "优秀", IF(C2>=4, "良好", IF(C2>=3.5, "一般", "差"))))

将公式向下填充，效果如图7-8所示。

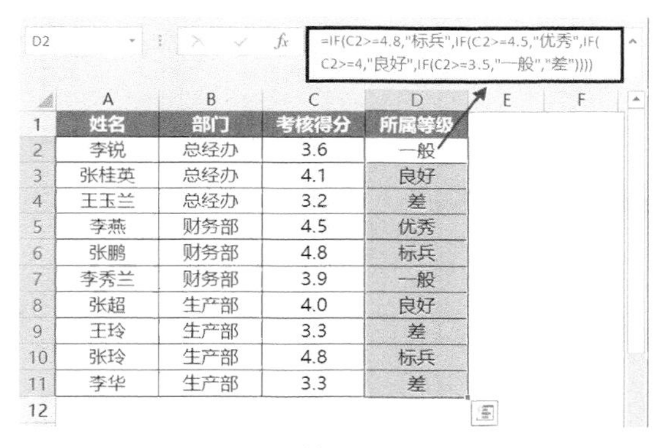

D2　=IF(C2>=4.8,"标兵",IF(C2>=4.5,"优秀",IF(C2>=4,"良好",IF(C2>=3.5,"一般","差"))))

	A	B	C	D
1	姓名	部门	考核得分	所属等级
2	李锐	总经办	3.6	一般
3	张桂英	总经办	4.1	良好
4	王玉兰	总经办	3.2	差
5	李燕	财务部	4.5	优秀
6	张鹏	财务部	4.8	标兵
7	李秀兰	财务部	3.9	一般
8	张超	生产部	4.0	良好
9	王玲	生产部	3.3	差
10	张玲	生产部	4.8	标兵
11	李华	生产部	3.3	差

图7-8

这个公式是按照考核得分所处区间从大到小依次判断的，在使用这种方法时需要注意的是，一定要按照数值区间的大小顺序对多个层级进行判断，要么从大到小，要么从小到大，不要从中间某个区间开始判断，否则容易出错。

如果换个思路，按照考核得分所处区间从小到大依次判断，就可以得到第二种方法的公式，如下：

=IF(C2<3.5, "差", IF(C2<4, "一般", IF(C2<4.5, "良好", IF(C2<4.8, "优秀", "标兵"))))

此公式同样可以得出正确结果，效果如图7-9所示。

可见，只要按照数值区间的顺序依次判断，使用两种方法都可以得到正确结果，大家可以按照习惯选择任一方法。

D2 =IF(C2<3.5,"差",IF(C2<4,"一般",IF(C2<4.5,"良好",IF(C2<4.8,"优秀","标兵"))))

	A	B	C	D	E	F
1	姓名	部门	考核得分	所属等级		
2	李锐	总经办	3.6	一般		
3	张桂英	总经办	4.1	良好		
4	王玉兰	总经办	3.2	差		
5	李燕	财务部	4.5	优秀		
6	张鹏	财务部	4.8	标兵		
7	李秀兰	财务部	3.9	一般		
8	张超	生产部	4.0	良好		
9	王玲	生产部	3.3	差		
10	张玲	生产部	4.8	标兵		
11	李华	生产部	3.3	差		
12						

图 7-9

当然，采用这种方法也会有弊端，当需要判断的区间层级条件较多时，IF函数嵌套层数也随之增加，公式的长度也会越来越长，不但输入操作烦琐，而且增加了误输入的可能性。所以当遇到过多层级的多条件判断时，我们可以选择更合适的方法进行优化，7.1.5小节具体介绍相关内容。

7.1.5 多层级判断公式的优化：VLOOKUP函数+辅助列

为了优化多层级判断公式的写法，首先根据考核规则制作一个辅助区域，如图7-10中所示的工作表F2:G6单元格区域。

	A	B	C	D	E	F	G
1	姓名	部门	考核得分	所属等级			
2	李锐	总经办	3.6			0	差
3	张桂英	总经办	4.1			3.5	一般
4	王玉兰	总经办	3.2			4	良好
5	李燕	财务部	4.5			4.5	优秀
6	张鹏	财务部	4.8			4.8	标兵
7	李秀兰	财务部	3.9				
8	张超	生产部	4.0				
9	王玲	生产部	3.3				
10	张玲	生产部	4.8				
11	李华	生产部	3.3				

图 7-10

在D2单元格输入以下公式，将公式向下填充，效果如图7-11所示。

=VLOOKUP(C2,$F$2:$G$6,2)

VLOOKUP函数是Excel中常用的查找与引用函数，用于根据用户指定的条件完成各种数据查询。它不但可以按条件精准查询，而且可以实现按区间条件归类的模糊查询，这里用到的就是按数值区间分层级归类的模糊查询。

图7-11

VLOOKUP函数的这种模糊查询公式的语法结构如下：

VLOOKUP(查找值,查找区间,返回值在查找区域所处的列数)

注意第二参数（查找区间）要同时满足以下3项要求：

①查找区间的最左列中数据要从小到大升序排列，如此案例中的F列数据；

②查找区间的最左列的最小值要小于或等于查找值，如此案例中F列最小值要小于C列的考核得分；

③查找区间中需要包含想要返回的数据，如此案例中的要返回的结果是各种等级，在查找区间中的G列。

如果不满足这3项要求，结果就可能会出错。

明白了这种函数的语法结构和注意事项，我们再来解析一下公式的运算原理。

公式“VLOOKUP(C2,$F$2:$G$6,2)”的第二参数使用了“$F$2:$G$6”，这是公式中的绝对引用形式，目的是公式向下填充过程中引用的区域不会改变。此公式的运算原理是在F2:G6单元格区域中最左列查找C2单元格的数值（即3.6），如果找到，则返回它右侧对应的查找区间中第2列的值，即G列中的等级结果；如果没找到此数值，继续查找比它小的最大值，即3.5，然后返回3.5右侧对应的查找区间中第2列的值，即“一般”。

这样就利用VLOOKUP函数的模糊查找功能，大幅简化了IF函数多层级条件判断的公式写法。

在使用这种方法时，VLOOKUP函数中第二参数引用的是辅助区域F2:G6单元格区域，当该区域被删除时，公式结果会出错。为了让公式能够不依靠辅助区域而独立运算，可以将公式中的第二参数转换为常量数组写法，下面介绍转换方法。

将光标定位到编辑栏，选中公式中的“$F$2:$G$6”，效果如图7-12所示。

SUM | =VLOOKUP(C2,$F$2:$G$6,2)

VLOOKUP(lookup_value, table_array, col_index_num,

	A	B	C	D
1	姓名	部门	考核得分	所属等级
2	李锐	总经办	3.6	$G$6,2)
3	张桂英	总经办	4.1	良好
4	王玉兰	总经办	3.2	差
5	李燕	财务部	4.5	优秀
6	张鹏	财务部	4.8	标兵
7	李秀兰	财务部	3.9	一般
8	张超	生产部	4.0	良好
9	王玲	生产部	3.3	差
10	张玲	生产部	4.8	标兵
11	李华	生产部	3.3	差

0	差
3.5	一般
4	良好
4.5	优秀
4.8	标兵

图 7-12

选中公式中的“$F$2:$G$6”后，按<F9>键（某些笔记本电脑需同时按<Fn>键），查看该区域转换生成的数组，效果如图7-13所示。

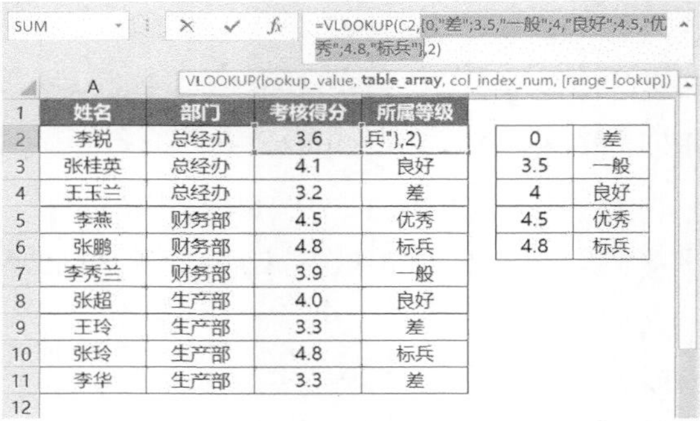

SUM | =VLOOKUP(C2,{0,"差";3.5,"一般";4,"良好";4.5,"优秀";4.8,"标兵"},2)

VLOOKUP(lookup_value, table_array, col_index_num, [range_lookup])

	A			
1	姓名	部门	考核得分	所属等级
2	李锐	总经办	3.6	兵"},2)
3	张桂英	总经办	4.1	良好
4	王玉兰	总经办	3.2	差
5	李燕	财务部	4.5	优秀
6	张鹏	财务部	4.8	标兵
7	李秀兰	财务部	3.9	一般
8	张超	生产部	4.0	良好
9	王玲	生产部	3.3	差
10	张玲	生产部	4.8	标兵
11	李华	生产部	3.3	差
12				

0	差
3.5	一般
4	良好
4.5	优秀
4.8	标兵

图 7-13

单击编辑栏左侧的“√”按钮或者按<Enter>键输入公式，将D2单元格的公式向下填充，删除作为辅助区域的F2:G6单元格区域，效果如图7-14所示。

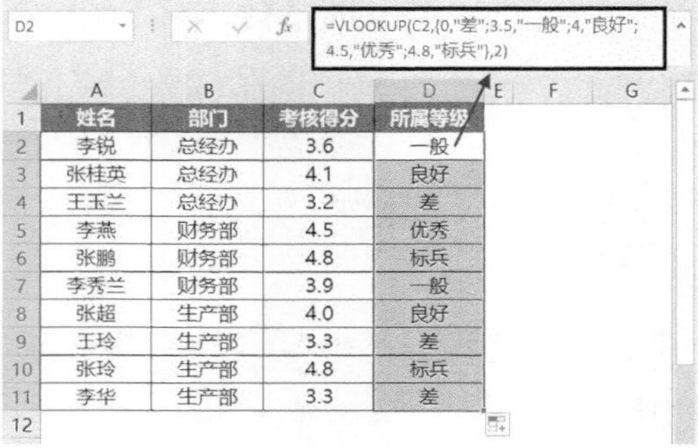

D2 | =VLOOKUP(C2,{0,"差";3.5,"一般";4,"良好";4.5,"优秀";4.8,"标兵"},2)

	A	B	C	D	E	F	G
1	姓名	部门	考核得分	所属等级			
2	李锐	总经办	3.6	一般			
3	张桂英	总经办	4.1	良好			
4	王玉兰	总经办	3.2	差			
5	李燕	财务部	4.5	优秀			
6	张鹏	财务部	4.8	标兵			
7	李秀兰	财务部	3.9	一般			
8	张超	生产部	4.0	良好			
9	王玲	生产部	3.3	差			
10	张玲	生产部	4.8	标兵			
11	李华	生产部	3.3	差			
12							

图 7-14

可见，即使删除了辅助区域，公式也可以独立运算。

VLOOKUP函数不但可以进行模糊查询，大幅简化IF函数多条件判断，而且可以按指定的条件进行精准查询，7.2节具体介绍相关内容。

7.2 VLOOKUP，职场必会的查找函数

VLOOKUP函数是经典的查找与引用函数，由于它的语法结构简单易学，同时功能强大，所以被众多白领由衷喜爱，在数据查询领域有多种广泛应用，本节结合几个实际案例具体介绍。

7.2.1 按条件查询单字段数据

某企业的工资表中共有49条记录，包含员工编号以及对应的其他各项信息，其中部分数据如图7-15所示。

	A	B	C	D	E	F	G	H	I	J	K	L
1	员工编号	姓名	性别	部门	岗位	基本工资	奖金	补贴合计	加班费合计	病假扣款	事假扣款	应发工资
2	LR0001	李锐	男	总经办	管理	4000	1700	1700	428.52	0	0	7828.52
3	LR0002	王玉珍	女	总经办	管理	5000	2000	1500	297.6	71.43	0	8726.17
4	LR0003	张凤英	女	总经办	管理	4500	2200	1500	160.74	0	142.86	8217.88
5	LR0004	王红	女	财务部	管理	4000	1800	800	476.2	0	0	7076.2
6	LR0005	李凤芹	女	财务部	管理	3500	1600	600	416.6	0	0	6116.6
7	LR0006	杨洋	男	财务部	管理	3000	1300	500	416.6	27.78	0	5188.82
8	LR0007	李婷	女	生产部	工人	2800	1500	300	83.35	0	0	4683.35
9	LR0008	张俊	男	生产部	工人	2600	1200	876.55	133.27	0	0	4809.82
10	LR0009	王林	男	生产部	工人	2700	1000	764.83	711.94	0	0	5176.77
11	LR0010	陈英	女	生产部	工人	2500	800	218.21	282.9	0	0	3801.11
12	LR0011	陈军	男	生产部	工人	2900	1300	658.62	776.89	33	0	5602.51
13	LR0012	李建华	男	生产部	工人	2500	1100	438.42	963.89	0	0	5002.31

案例1 | 案例2 | 案例3

图7-15

企业要求按照指定的员工编号查询员工的应发工资，由于工作中需要查询的员工编号经常变动，所以需要使用Excel公式按条件实现自动查询。

将要查询的员工编号放置在N2单元格，在O2单元格输入如下公式：

=VLOOKUP(N2,$A$2:$L$50,12,0)

O2单元格的结果即可跟随查询条件自动更新，效果如图7-16所示。

这里使用的是VLOOKUP函数精准查询的功能，首先介绍一下VLOOKUP函数在此种用法下的语法结构：

VLOOKUP(查找值,查找区域,返回值在查找区域所处的列数,0)

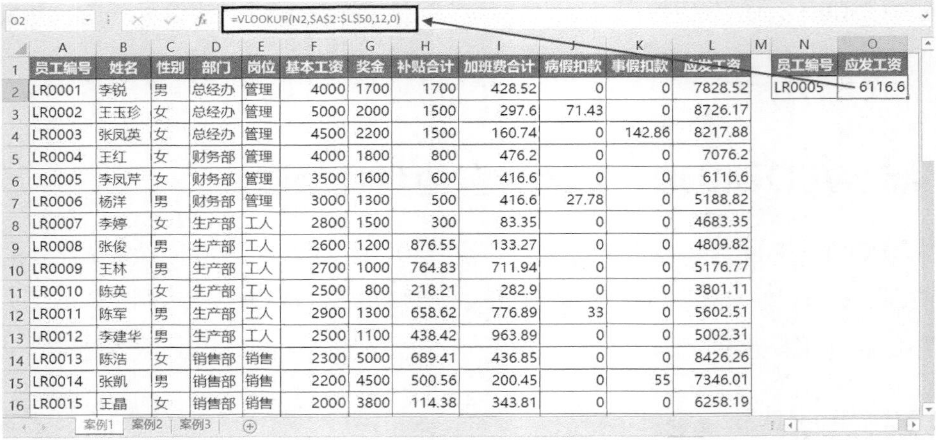

O2 =VLOOKUP(N2,$A$2:$L$50,12,0)

	A	B	C	D	E	F	G	H	I	J	K	L	M	N	O
1	员工编号	姓名	性别	部门	岗位	基本工资	奖金	补贴合计	加班费合计	病假扣款	事假扣款	应发工资		员工编号	应发工资
2	LR0001	李锐	男	总经办	管理	4000	1700	1700	428.52	0	0	7828.52		LR0005	6116.6
3	LR0002	王玉珍	女	总经办	管理	5000	2000	1500	297.6	71.43	0	8726.17			
4	LR0003	张凤英	女	总经办	管理	4500	2200	1500	160.74	0	142.86	8217.88			
5	LR0004	王红	女	财务部	管理	4000	1800	800	476.2	0	0	7076.2			
6	LR0005	李凤芹	女	财务部	管理	3500	1600	600	416.6	0	0	6116.6			
7	LR0006	杨洋	男	财务部	管理	3000	1300	500	416.6	27.78	0	5188.82			
8	LR0007	李婷	女	生产部	工人	2800	1500	300	83.35	0	0	4683.35			
9	LR0008	张俊	男	生产部	工人	2600	1200	876.55	133.27	0	0	4809.82			
10	LR0009	王林	男	生产部	工人	2700	1000	764.83	711.94	0	0	5176.77			
11	LR0010	陈英	女	生产部	工人	2500	800	218.21	282.9	0	0	3801.11			
12	LR0011	陈军	男	生产部	工人	2900	1300	658.62	776.89	33	0	5602.51			
13	LR0012	李建华	男	生产部	工人	2500	1100	438.42	963.89	0	0	5002.31			
14	LR0013	陈浩	女	销售部	销售	2300	5000	689.41	436.85	0	0	8426.26			
15	LR0014	张凯	男	销售部	销售	2200	4500	500.56	200.45	0	55	7346.01			
16	LR0015	王晶	女	销售部	销售	2000	3800	114.38	343.81	0	0	6258.19			

案例1 案例2 案例3

图7-16

第一参数：查找值，即按什么条件查找。此案例要求按员工编号查询，所以第一参数为“N2”。

第二参数：查找区域，即在哪个区域中进行查询。要求查找区域中的最左列要包含第一参数的查找值，右侧列中要包含需要返回的数据。

第三参数：返回值在查找区域所处的列数，即公式要返回的结果在第二参数的查找区域中的第几列。

第四参数：精准查询用0或逻辑值FALSE，模糊查询用非0或逻辑值TRUE，如果第四参数省略不写也是模糊查询（如图7-11所示）。

按照以上语法结构，我们对本案例中的公式分参数进行解析。

=VLOOKUP(N2,$A$2:$L$50,12,0)

第一参数：N2，此案例要求按员工编号查询，放置员工编号条件的单元格是N2，所以为“N2”。

第二参数：$A$2:$L$50，此案例中的工资数据放置于A2:L50单元格区域，行号、列标前加“$”符号的作用是绝对引用该区域。该区域中最左列A列中包含要查找的查找值，区域中的L列包含要返回的应发工资数据。

第三参数：由于要返回的应发工资数据位于L列，L列在第二参数的查找区域$A$2:$L$50中是第12列，所以第三参数为“12”。

第四参数：这里要求按照员工编号精准查询应发工资，所以为“0”。

这样就实现了在同一工作表中，按照条件进行精准数据查询。VLOOKUP函数不但可以在当前工作表查询，还可以支持跨工作表查询，下一小节具体介绍。

7.2.2 按条件跨表查询多字段数据

某企业要求按照员工编号查询姓名、部门、应发工资。数据放置在工作表“案例1”中，如图7-15所示。查询条件和结果放置在工作表“案例2”中，如图7-17所示。

	A	B	C	D
1	员工编号	姓名	部门	应发工资
2	LR0011			
3	LR0001			
4	LR0005			
5	LR0015			
6	LR0030			
7	LR0040			
8	LR0002			
9	LR0045			
10	LR0036			

案例1　案例2　案例3

图7-17

由于数据和结果不在同一张工作表中，所以公式中需要使用跨表引用技术，首先用公式实现跨表调用姓名，在工作表“案例2”的B2单元格输入以下公式：

=VLOOKUP(A2,案例1!$A$2:$B$50,2,0)

将公式向下填充，效果如图7-18所示。

B2　=VLOOKUP(A2,案例1!$A$2:$B$50,2,0)

	A	B	C	D
1	员工编号	姓名	部门	应发工资
2	LR0011	陈军	生产部	5602.51
3	LR0001	李锐	总经办	7828.52
4	LR0005	李凤芹	财务部	6116.6
5	LR0015	王晶	销售部	6258.19
6	LR0030	王凤英	客服部	4435.3
7	LR0040	张秀珍	仓储部	5952.32
8	LR0002	王玉珍	总经办	8726.17
9	LR0045	刘平	质检部	5834.16
10	LR0036	刘鹏	仓储部	6041.36

案例1　案例2　案例3

图7-18

公式中使用“案例1!$A$2:$B$50”作为VLOOKUP函数的第二参数，其中“案例1”是工作表名称，“!”是连接符，用于连接工作表名称和单元格区域，“$A$2:$B$50”是单元格区域，所以在Excel公式中跨表引用的语法结构如下：

工作表名称!单元格区域

明白了这种跨表引用的公式写法，再来按条件调用部门，在C2单元格输入以下公式：

=VLOOKUP(A2,案例1!$A$2:$D$50,4,0)

将公式向下填充，效果如图7-19所示。

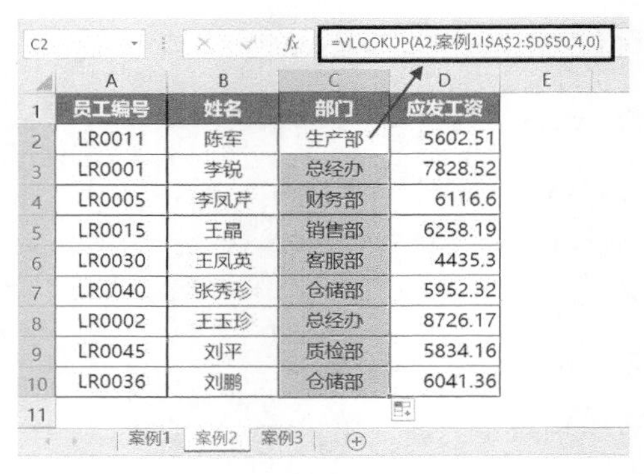

C2 =VLOOKUP(A2,案例1!$A$2:$D$50,4,0)

	A	B	C	D	E
1	员工编号	姓名	部门	应发工资	
2	LR0011	陈军	生产部	5602.51	
3	LR0001	李锐	总经办	7828.52	
4	LR0005	李凤芹	财务部	6116.6	
5	LR0015	王晶	销售部	6258.19	
6	LR0030	王凤英	客服部	4435.3	
7	LR0040	张秀珍	仓储部	5952.32	
8	LR0002	王玉珍	总经办	8726.17	
9	LR0045	刘平	质检部	5834.16	
10	LR0036	刘鹏	仓储部	6041.36	
11					

案例1 案例2 案例3

图 7-19

由于要查询的“部门”信息在第二参数中是第4列，所以第三参数为“4”，同理，要查询“应发工资”信息，就要看它在VLOOKUP函数的查询区域中的第几列，得到应发工资的查询公式如下：

=VLOOKUP(A2,案例1!$A$2:$L$50,12,0)

将公式向下填充，效果如图7-20所示。

D2 =VLOOKUP(A2,案例1!$A$2:$L$50,12,0)

	A	B	C	D	E
1	员工编号	姓名	部门	应发工资	
2	LR0011	陈军	生产部	5602.51	
3	LR0001	李锐	总经办	7828.52	
4	LR0005	李凤芹	财务部	6116.6	
5	LR0015	王晶	销售部	6258.19	
6	LR0030	王凤英	客服部	4435.3	
7	LR0040	张秀珍	仓储部	5952.32	
8	LR0002	王玉珍	总经办	8726.17	
9	LR0045	刘平	质检部	5834.16	
10	LR0036	刘鹏	仓储部	6041.36	
11					

案例1 案例2 案例3

图 7-20

可见，无论想查询哪个字段的数据，就将公式中的第三参数调整为该字段在第二参数中所处的列数即可。

如果需要查询的字段很多且有规律，如要求按照员工编号查询工作表“案例1”中11种字段数据时，我们不必逐列写公式，调整第三参数，可以进一步优化公式写法，7.2.3小节具体介绍相关内容。

7.2.3 一个公式实现按条件跨表查询11种字段数据

当需要按照员工编号跨表查询工作表“案例1”中11种字段的数据时，可以借助COLUMN函数嵌套VLOOKUP函数，实现仅使用一个公式查询多字段数据。

在B2单元格输入以下公式：

=VLOOKUP($A2,案例1!$A$1:$L$50,COLUMN(B1),0)

将公式分别向下、向右填充，效果如图7-21所示。

B2　=VLOOKUP($A2,案例1!$A$1:$L$50,COLUMN(B1),0)

	A	B	C	D	E	F	G	H	I	J	K	L
1	员工编号	姓名	性别	部门	岗位	基本工资	奖金	补贴合计	加班费合计	病假扣款	事假扣款	应发工资
2	LR0001	李锐	男	总经办	管理	4000	1700	1700	428.52	0	0	7828.52
3	LR0003	张凤英	女	总经办	管理	4500	2200	1500	160.74	0	142.86	8217.88
4	LR0009	王林	男	生产部	工人	2700	1000	764.83	711.94	0	0	5176.77
5	LR0030	王凤英	女	客服部	员工	2500	1200	567	168.3	0	0	4435.3
6	LR0040	张秀珍	女	仓储部	管理	3900	500	853.76	698.56	0	0	5952.32
7	LR0011	陈军	男	生产部	工人	2900	1300	658.62	776.89	33	0	5602.51
8	LR0014	张凯	男	销售部	销售	2200	4500	500.56	200.45	0	55	7346.01
9	LR0006	杨洋	男	财务部	管理	3000	1300	500	416.6	27.78	0	5188.82
10	LR0037	王旭	男	仓储部	管理	3500	1900	448.56	240.46	0	69	6020.02
11	LR0038	张雪	女	仓储部	管理	2500	1400	504.45	245.62	0	0	4650.07
12	LR0042	王建华	女	仓储部	员工	2700	2000	636.59	753.64	53	0	6037.23
13	LR0037	王旭	男	仓储部	管理	3500	1900	448.56	240.46	0	69	6020.02
14												

案例1　案例2　案例3

图7-21

这个公式的关键点在于第三参数使用了“COLUMN(B1)”，能跟随公式向右填充并分别返回需要的列数作为第三参数，实现了一个公式查询多字段数据的需求。

COLUMN函数是Excel中常用的查找与引用函数之一，用于返回引用区域的列号所对应的数字，其语法结构如下：

COLUMN(单元格引用)

当省略单元格引用时，则“COLUMN()”返回公式所在单元格的列号。

本案例公式中的“COLUMN(B1)”返回的是B1单元格所对应的列号，由于B列是第2列，所以返回数字2。这里使用的B1是相对引用形式，会随着公式向右填充而依次改变为C1、D1、…、L1，如当公式填充到C列时，则变为如下形式：

=VLOOKUP($A2,案例1!$A$1:$L$50,COLUMN(C1),0)

注意看公式中的第三参数，效果如图7-22所示。

“COLUMN(C1)”返回的是C列对应的列号，即数字3，而“性别”数据位于工作表“案例1”中的第3列，所以VLOOKUP函数能够按员工编号查询到对应的性别信息。依此类推，随着公式向右填充，依次返回需要查询的字段在第二参数的查询区域中的列号。

C2 =VLOOKUP($A2,案例1!$A$1:$L$50,COLUMN(C1),0)

	A	B	C	D	E	F	G	H	I	J	K	L
1	员工编号	姓名	性别	部门	岗位	基本工资	奖金	补贴合计	加班费合计	病假扣款	事假扣款	应发工资
2	LR0001	李锐	男	总经办	管理	4000	1700	1700	428.52	0	0	7828.52
3	LR0003	张凤英	女	总经办	管理	4500	2200	1500	160.74	0	142.86	8217.88
4	LR0009	王林	男	生产部	工人	2700	1000	764.83	711.94	0	0	5176.77
5	LR0030	王凤英	女	客服部	员工	2500	1200	567	168.3	0	0	4435.3
6	LR0040	张秀珍	女	仓储部	管理	3900	500	853.76	698.56	0	0	5952.32
7	LR0011	陈军	男	生产部	工人	2900	1300	658.62	776.89	33	0	5602.51
8	LR0014	张凯	男	销售部	销售	2200	4500	500.56	200.45	0	55	7346.01
9	LR0006	杨洋	男	财务部	管理	3000	1300	500	416.6	27.78	0	5188.82
10	LR0037	王旭	男	仓储部	管理	3500	1900	448.56	240.46	0	69	6020.02
11	LR0038	张雪	女	仓储部	管理	2500	1400	504.45	245.62	0	0	4650.07
12	LR0042	王建华	女	仓储部	员工	2700	2000	636.59	753.64	53	0	6037.23
13	LR0037	王旭	男	仓储部	管理	3500	1900	448.56	240.46	0	69	6020.02
14												

案例1 | 案例2 | 案例3

图 7-22

当公式填充到L列时，效果如图7-23所示。

L2 =VLOOKUP($A2,案例1!$A$1:$L$50,COLUMN(L1),0)

	A	B	C	D	E	F	G	H	I	J	K	L
1	员工编号	姓名	性别	部门	岗位	基本工资	奖金	补贴合计	加班费合计	病假扣款	事假扣款	应发工资
2	LR0001	李锐	男	总经办	管理	4000	1700	1700	428.52	0	0	7828.52
3	LR0003	张凤英	女	总经办	管理	4500	2200	1500	160.74	0	142.86	8217.88
4	LR0009	王林	男	生产部	工人	2700	1000	764.83	711.94	0	0	5176.77
5	LR0030	王凤英	女	客服部	员工	2500	1200	567	168.3	0	0	4435.3
6	LR0040	张秀珍	女	仓储部	管理	3900	500	853.76	698.56	0	0	5952.32
7	LR0011	陈军	男	生产部	工人	2900	1300	658.62	776.89	33	0	5602.51
8	LR0014	张凯	男	销售部	销售	2200	4500	500.56	200.45	0	55	7346.01
9	LR0006	杨洋	男	财务部	管理	3000	1300	500	416.6	27.78	0	5188.82
10	LR0037	王旭	男	仓储部	管理	3500	1900	448.56	240.46	0	69	6020.02
11	LR0038	张雪	女	仓储部	管理	2500	1400	504.45	245.62	0	0	4650.07
12	LR0042	王建华	女	仓储部	员工	2700	2000	636.59	753.64	53	0	6037.23
13	LR0037	王旭	男	仓储部	管理	3500	1900	448.56	240.46	0	69	6020.02
14												

案例1 | 案例2 | 案例3

图 7-23

“应发工资”数据位于工作表“案例1”中的第12列，而公式的第三参数“COLUMN(L1)”正好返回L列对应的列号12，所以实现了用一个公式查询11个字段信息。

本案例中查询字段的顺序与数据中的字段顺序一致，所以可以使用COLUMN函数嵌套VLOOKUP函数实现用一个公式查询。当查询字段乱序时，还可以借助MATCH函数先定位返回该字段所在的列号再嵌套VLOOKUP函数实现用一个公式查询，7.3节中会讲到MATCH函数的用法。

7.3 INDEX+MATCH函数组合，数据查询最佳搭档

由于VLOOKUP函数更适合按放置在左侧的条件查询右侧的数据，所以当遇到原始数据中条件列放置在查询数据右侧时多有不便，这时可以使用另一对Excel中的经典函数组合轻松解决这类问题，并且这对组合的查询效率比VLOOKUP函数更高，它们就是INDEX+MATCH函数组合。

为了让大家能够全面掌握这对函数组合的使用方法，我们结合几个实际案例，分别介绍INDEX函数和MATCH函数的基础用法，最后介绍INDEX+MATCH函数组合嵌套用法。

7.3.1 INDEX函数基础用法

■ 从列中提取单元格数据

某企业要求按照月份查询销量，数据及查询条件如图7-24所示。

其中D2单元格放置查询条件，要求在E2单元格用公式从左侧的数据中提取对应的销量数据。

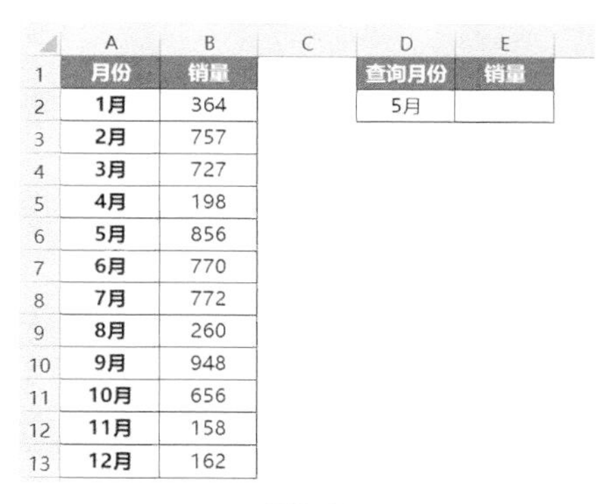

	A	B	C	D	E
1	月份	销量		查询月份	销量
2	1月	364		5月	
3	2月	757			
4	3月	727			
5	4月	198			
6	5月	856			
7	6月	770			
8	7月	772			
9	8月	260			
10	9月	948			
11	10月	656			
12	11月	158			
13	12月	162			

图7-24

在E2单元格输入以下公式，如图7-25所示。

=INDEX(B2:B13,5)

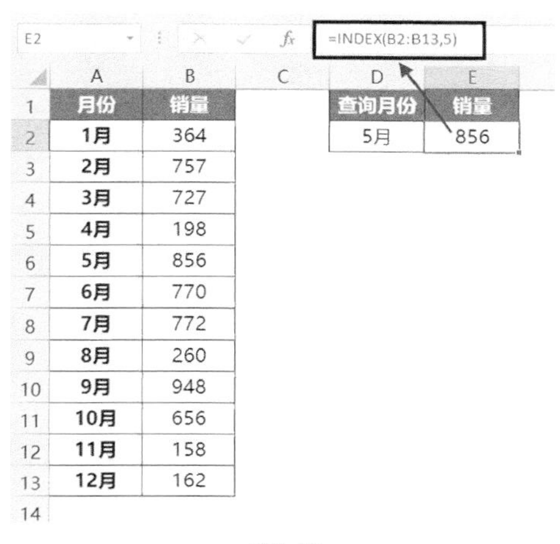

E2 =INDEX(B2:B13,5)

	A	B	C	D	E
1	月份	销量		查询月份	销量
2	1月	364		5月	856
3	2月	757			
4	3月	727			
5	4月	198			
6	5月	856			
7	6月	770			
8	7月	772			
9	8月	260			
10	9月	948			
11	10月	656			
12	11月	158			
13	12月	162			
14					

图7-25

INDEX函数可以提取单列数据中指定行位置的数据，这种用法下的语法结构为：

INDEX(单列区域，第几行)

由于销量数据位于B2:B13单元格区域，查询条件是“5月”，所以用“INDEX(B2:B13, 5)”表示从B2:B13单元格区域中提取第5行的数据，即856。

■ 从行中提取单元格数据

某企业要求按照地区查询对应的销量，数据及查询条件如图7-26所示。

	A	B	C	D	E	F	G
1	地区	北京	上海	广州	深圳	天津	石家庄
2	销量	364	917	84	655	945	748
3							
4	查询地区	销量					
5	天津						
6							
7							

图7-26

其中A5单元格放置查询条件，要求在B5单元格用公式从上方的数据中提取对应的销量数据。

在B5单元格输入以下公式，如图7-27所示。

=INDEX(B2:G2,5)

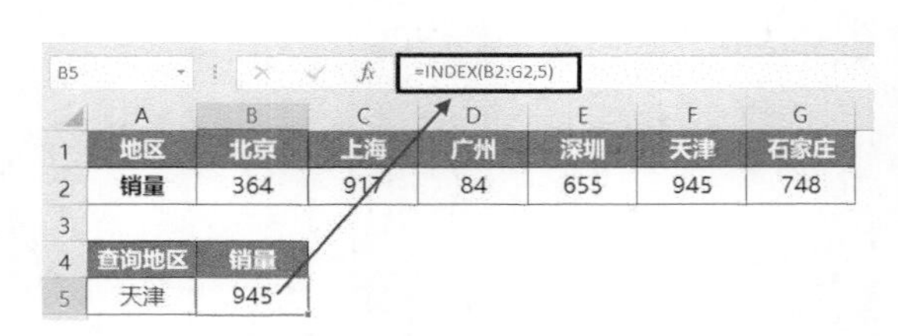
B5　=INDEX(B2:G2,5)

	A	B	C	D	E	F	G
1	地区	北京	上海	广州	深圳	天津	石家庄
2	销量	364	917	84	655	945	748
3							
4	查询地区	销量					
5	天津	945					

图7-27

INDEX函数可以提取单行数据中指定列位置的数据，这种用法下的语法结构为：

INDEX(单行区域，第几列)

由于销量数据位于B2:G2单元格区域，查询条件是“天津”，所以用“INDEX(B2:G2, 5)”表示从B2:G2单元格区域中提取第5列的数据，即945。

■ 按两个条件从指定区域提取单元格数据

某企业要求按照月份和地区双条件查询对应的销量，数据及查询条件如图7-28所示。

	A	B	C	D	E	F	G
1	月份	北京	上海	广州	深圳	天津	石家庄
2	1月	364	917	84	655	945	748
3	2月	757	797	760	132	636	217
4	3月	727	216	255	811	397	841
5	4月	198	737	812	793	290	33
6	5月	856	934	646	463	292	871
7	6月	770	936	23	813	624	470
8	7月	772	696	156	694	77	615
9	8月	260	785	156	323	936	586
10	9月	948	992	456	871	568	692
11	10月	656	152	891	315	775	507
12	11月	158	404	633	250	360	37
13	12月	162	670	671	779	600	935
14							
15	查询月份	查询地区	销量				
16	5月	广州					

图7-28

其中A16单元格放置查询月份条件，B16单元格放置查询地区条件，要求在C16单元格用公式从上方的数据中根据双条件提取对应的销量数据。

在C16单元格输入以下公式，如图7-29所示。

=INDEX(B2:G13,5,3)

INDEX函数可以提取多行多列数据中指定行列位置的数据，这种用法下的语法结构为：

INDEX(多行多列区域,第几行,第几列)

C16　=INDEX(B2:G13,5,3)

	A	B	C	D	E	F	G
1	月份	北京	上海	广州	深圳	天津	石家庄
2	1月	364	917	84	655	945	748
3	2月	757	797	760	132	636	217
4	3月	727	216	255	811	397	841
5	4月	198	737	812	793	290	33
6	5月	856	934	646	463	292	871
7	6月	770	936	23	813	624	470
8	7月	772	696	156	694	77	615
9	8月	260	785	156	323	936	586
10	9月	948	992	456	871	568	692
11	10月	656	152	891	315	775	507
12	11月	158	404	633	250	360	37
13	12月	162	670	671	779	600	935
14							
15	查询月份	查询地区	销量				
16	5月	广州	646				

图7-29

由于销量数据位于B2:G13单元格区域，“5月”数据在第5行，“广州”数据在第3列，所以用“INDEX(B2:G13,5,3)”表示从B2:G13单元格区域中提取第5行与第3列交叉点单元格的数据，即646。

综上，INDEX函数常用的语法结构有以下3种：

①INDEX(单列区域,第几行)；

②INDEX(单行区域,第几列)；

③INDEX(多行多列区域,第几行,第几列)。

在以上案例中，INDEX函数中的行、列参数的数字都是手动输入的，为了实现让公式跟随查询条件自动更新，可以用MATCH函数自动计算得到需要的行、列位置，下面具体介绍MATCH函数的用法。

7.3.2 MATCH函数基础用法

MATCH函数可以查询指定数据在一列数据中的相对位置，如图7-30所示。

=MATCH(D2,A2:A13,0)

E2 =MATCH(D2,A2:A13,0)

	A	B	C	D	E
1	月份	销量		查询月份	相对位置
2	1月	364		3月	3
3	2月	757			
4	3月	727			
5	4月	198			
6	5月	856			
7	6月	770			
8	7月	772			
9	8月	260			
10	9月	948			
11	10月	656			
12	11月	158			
13	12月	162			

图7-30

MATCH函数的常用语法结构如下：

MATCH(指定数据,单行或单列区域,0)

MATCH函数的第三参数经常用0，代表精准查询，运算原理为在单行或单列单元格区域中查询指定数据，找到指定数据后返回其在行区域或列区域中的相对位置，返回结果是数字。

由于“3月”在A2:A13列区域中的相对位置是第3位，所以“MATCH(D2,A2:A13,0)”返回的结果为3。

MATCH函数还可以查询指定数据在行区域中的相对位置，如图7-31所示。

=MATCH(A5,B1:G1,0)

B5　=MATCH(A5,B1:G1,0)

	A	B	C	D	E	F	G
1	地区	北京	上海	广州	深圳	天津	石家庄
2	销量	364	917	84	655	945	748
3							
4	查询地区	相对位置					
5	上海	2					

图7-31

由于“上海”在B1:G1行区域中的相对位置是第2位，所以公式返回结果为2。

在实际工作中，MATCH函数经常用来与INDEX函数嵌套使用，7.3.3小节具体介绍相关内容。

7.3.3 INDEX+MATCH函数组合基础用法

INDEX+MATCH函数组合是Excel中非常经典的一对数据查询组合，可以用于从各种区域中按条件提取目标数据。

下面结合一个实际案例介绍从多行多列单元格区域中按双条件提取数据的方法。

某企业要求按照月份和地区双条件查询对应的销量数据，如图7-32所示。

=INDEX(B2:G13,MATCH(A16,A2:A13,0),MATCH(B16,B1:G1,0))

C16　=INDEX(B2:G13,MATCH(A16,A2:A13,0),MATCH(B16,B1:G1,0))

	A	B	C	D	E	F	G	H
1	月份	北京	上海	广州	深圳	天津	石家庄	
2	1月	364	917	84	655	945	748	
3	2月	757	797	760	132	636	217	
4	3月	727	216	255	811	397	841	
5	4月	198	737	812	793	290	33	
6	5月	856	934	646	463	292	871	
7	6月	770	936	23	813	624	470	
8	7月	772	696	156	694	77	615	
9	8月	260	785	156	323	936	586	
10	9月	948	992	456	871	568	692	
11	10月	656	152	891	315	775	507	
12	11月	158	404	633	250	360	37	
13	12月	162	670	671	779	600	935	
14								
15	查询月份	查询地区	销量					
16	3月	上海	216					

图7-32

此公式计算原理的解析可分为以下3步：

①使用“MATCH(A16,A2:A13,0)”根据月份条件定位目标数据所在的行位置；

②使用“MATCH(B16,B1:G1,0)”根据地区条件定位目标数据所在的列位置；

③将MATCH函数返回的行、列位置传递给INDEX函数，用于从多行多列单元格区域中的指定行、列交叉点位置提取数据。

这样，即可借助INDEX+MATCH函数组合实现从各种区域（单行、单列、多行多列）中按条件提取数据。

7.3.4 INDEX+MATCH函数组合的灵活使用

虽然Excel中的查找与引用函数有很多种，但是它们的运算效率并不相同，在同样能够完成查询需求时，我们应该选择运算效率最高的方法。

相对于VLOOKUP函数，INDEX+MATCH函数组合拥有更高的运算效率，在引用整列数据时依然可以快速运算。

■ 用INDEX+MATCH函数更高效地查询数据

本案例说明INDEX+MATCH函数组合的优势，如图7-33所示。

=INDEX(F:F,MATCH(H2,C:C,0))

I2 =INDEX(F:F,MATCH(H2,C:C,0))

	A	B	C	D	E	F	G	H	I
1	姓名	部门	员工编号	基本工资	奖金	应发工资		员工编号	应发工资
2	李锐	总经办	LR0001	4000	1700	7828.52		LR0003	8217.88
3	王玉珍	总经办	LR0002	5000	2000	8726.17			8217.88
4	张凤英	总经办	LR0003	4500	2200	8217.88			
5	王红	财务部	LR0004	4000	1800	7076.2			
6	李凤芹	财务部	LR0005	3500	1600	6116.6			
7	杨洋	财务部	LR0006	3000	1300	5188.82			

图7-33

公式中的“C:C”代表整个C列，“F:F”代表整个F列，首先用MATCH函数在C列中定位员工编号所在的行号位置，然后传递给INDEX函数返回对应的F列的应发工资。

此案例也可以使用VLOOKUP函数查询，如图7-34所示。

=VLOOKUP(H2,C2:F50,4,0)

公式中之所以第二参数用的是“C2:F50”而不是“C:F”，是因为当数据较多时，VLOOKUP函数引用整列数据进行运算的效率较低。

虽然两种方法都可以按照查询条件得到正确的结果，但是INDEX+MATCH函数组合即使在引用整列数据时依然能够快速运算并返回结果，而VLOOKUP函数在引用整列数据时容易引起卡顿，所以INDEX+MATCH函数组合在运算效率上具有优势。

除此之外，INDEX+MATCH函数组合还在查询灵活性上具有极大优势。

I3　=VLOOKUP(H2,C2:F50,4,0)

	A	B	C	D	E	F	G	H	I
1	姓名	部门	员工编号	基本工资	奖金	应发工资		员工编号	应发工资
2	李锐	总经办	LR0001	4000	1700	7828.52		LR0003	8217.88
3	王玉珍	总经办	LR0002	5000	2000	8726.17			8217.88
4	张凤英	总经办	LR0003	4500	2200	8217.88			
5	王红	财务部	LR0004	4000	1800	7076.2			
6	李凤芹	财务部	LR0005	3500	1600	6116.6			
7	杨洋	财务部	LR0006	3000	1300	5188.82			
8	李婷	生产部	LR0007	2800	1500	4683.35			

图 7-34

■ 自如指定区域，查询更灵活

本案例说明INDEX+MATCH函数组合的灵活性，如图7-35所示。

=INDEX(A:A,MATCH(H2,C:C,0))

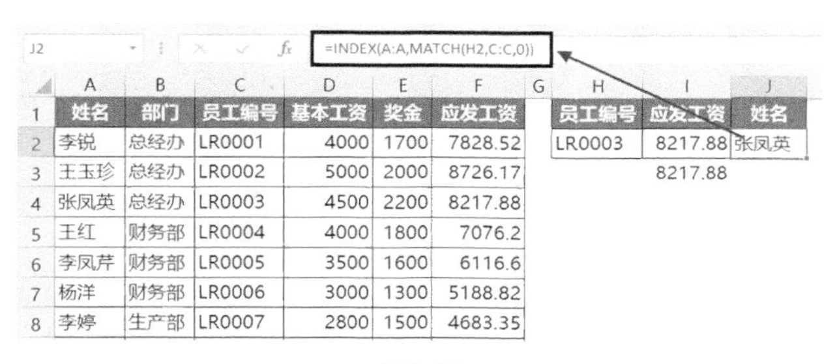

J2　=INDEX(A:A,MATCH(H2,C:C,0))

	A	B	C	D	E	F	G	H	I	J
1	姓名	部门	员工编号	基本工资	奖金	应发工资		员工编号	应发工资	姓名
2	李锐	总经办	LR0001	4000	1700	7828.52		LR0003	8217.88	张凤英
3	王玉珍	总经办	LR0002	5000	2000	8726.17			8217.88	
4	张凤英	总经办	LR0003	4500	2200	8217.88				
5	王红	财务部	LR0004	4000	1800	7076.2				
6	李凤芹	财务部	LR0005	3500	1600	6116.6				
7	杨洋	财务部	LR0006	3000	1300	5188.82				
8	李婷	生产部	LR0007	2800	1500	4683.35				

图 7-35

当要查询的条件（如“员工编号”）在表格中的位置（如C列）处在要返回的数据（如“姓名”）在表格中的位置（如A列）的右侧时，使用VLOOKUP函数无法按照C列的“员工编号”查询左侧A列的“姓名”，但INDEX+MATCH函数组合对数据位置没有要求，依然可以轻松得到查询结果。

可见，INDEX+MATCH函数组合不但运算效率高，而且应用范围更加广泛，推荐大家优先使用。

7.4 5秒完成全年12张工作表的汇总

我们在工作中接触的数据很多都是记录在Excel不同工作表中的，当需要把分散在各张工作表中的数据汇总时，很多人还在使用手动计算的方式，这样导致工作效率低下，还无法保证准确率。其实在Excel中可以借助SUM函数实现多表汇总，下面结合一个实际案例介绍具体方法。

■ 巧用SUM函数汇总多张工作表

某企业要求对全年12个月的销售数据进行汇总，每个月的报表结构相同、字段顺序一致，如图7-36所示（以1月和12月为例展示）。

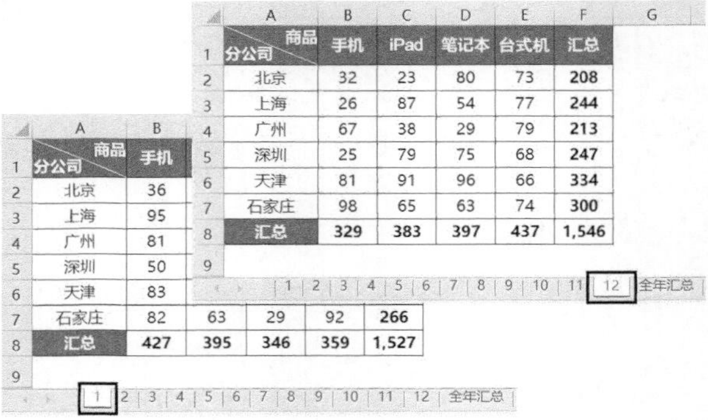

分公司\商品	手机	iPad	笔记本	台式机	汇总
北京	32	23	80	73	208
上海	26	87	54	77	244
广州	67	38	29	79	213
深圳	25	79	75	68	247
天津	81	91	96	66	334
石家庄	98	65	63	74	300
汇总	329	383	397	437	1,546

1 | 2 | 3 | 4 | 5 | 6 | 7 | 8 | 9 | 10 | 11 | 12 | 全年汇总

分公司\商品	手机				
北京	36				
上海	95				
广州	81				
深圳	50				
天津	83				
石家庄	82	63	29	92	266
汇总	427	395	346	359	1,527

1 | 2 | 3 | 4 | 5 | 6 | 7 | 8 | 9 | 10 | 11 | 12 | 全年汇总

图7-36

要求将以上12张工作表的数据进行汇总，制作全年汇总表，如图7-37所示。

分公司\商品	手机	iPad	笔记本	台式机	汇总
北京					
上海					
广州					
深圳					
天津					
石家庄					
汇总					

1 | 2 | 3 | 4 | 5 | 6 | 7 | 8 | 9 | 10 | 11 | 12 | 全年汇总

图7-37

我们可以使用SUM函数汇总全年12张工作表的数据，操作步骤如下。

01 在“全年汇总”工作表中选中B2:F8单元格区域，在编辑栏输入以下公式：

=SUM('*'! B2)

注意公式中的符号都要求在英文半角状态下输入，编辑栏中的公式如图7-38所示。

02 同时按<Ctrl+Enter>组合键，将公式批量填充到选中的区域中，公式会自动转换为以下形式：

=SUM('1:12' !B2)

商品 / 分公司	手机	iPad	笔记本	台式机	汇总
北京	*'!B2)				
上海					
广州					
深圳					
天津					
石家庄					
汇总					

图7-38

公式中“'1:12'”的作用是引用1月至12月的连续多张工作表，填充公式后的效果如图7-39所示。

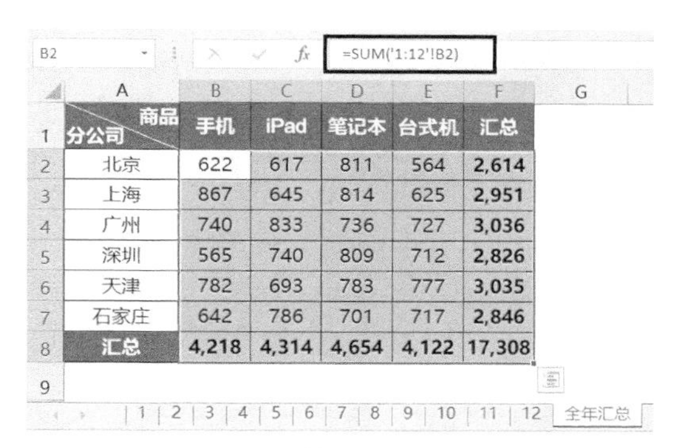

商品 / 分公司	手机	iPad	笔记本	台式机	汇总
北京	622	617	811	564	2,614
上海	867	645	814	625	2,951
广州	740	833	736	727	3,036
深圳	565	740	809	712	2,826
天津	782	693	783	777	3,035
石家庄	642	786	701	717	2,846
汇总	4,218	4,314	4,654	4,122	17,308

图7-39

由于公式中的“B2”使用的是相对引用形式，所以随着公式向下、向右填充会自动引用对应位置的单元格（见图7-40），如F8单元格的公式如下：

=SUM('1:12' !F8)

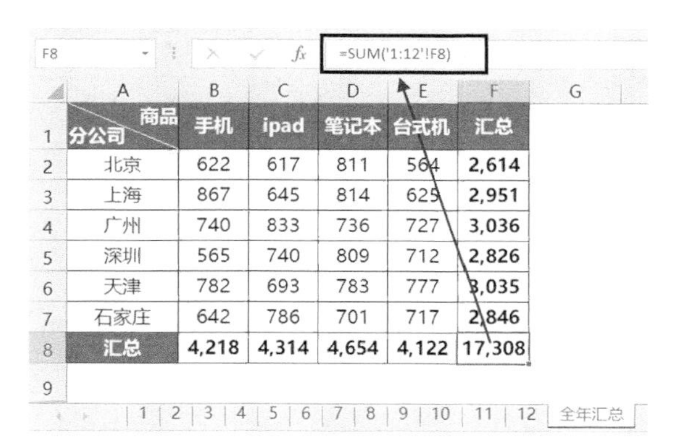

商品 / 分公司	手机	ipad	笔记本	台式机	汇总
北京	622	617	811	564	2,614
上海	867	645	814	625	2,951
广州	740	833	736	727	3,036
深圳	565	740	809	712	2,826
天津	782	693	783	777	3,035
石家庄	642	786	701	717	2,846
汇总	4,218	4,314	4,654	4,122	17,308

图7-40

下面对公式“=SUM('*' !B2)”进行解析：

①SUM函数支持跨工作表进行多表汇总；

②SUM函数支持使用通配符，如公式中的“*”代表任意字符长度的工作表名称；

③公式中的“'*'”代表除当前工作表以外的所有其他工作表，两边的单引号“'”的作用是引用工作表名称；

④公式中的“!”是连接符，用于连接工作表名称和单元格引用；

⑤按<Ctrl+Enter>组合键输入，作用是将公式批量填充到选中区域的每一个单元格。

综上，该公式对除了当前工作表以外的其他所有工作表的引用位置的数据进行汇总，由于当前工作表是“全年汇总”，所以公式对另外12张工作表数据进行SUM汇总，一次性批量得到了多表汇总结果。

7.5 再难的条件汇总问题，都是小菜一碟

在实际工作中，条件汇总类的问题是大家遇到较多的问题。当遇到数据量较大或条件较为复杂的条件汇总问题时，无论是借助筛选或排序功能，还是利用Excel普通算法，都无法满足快速、准确统计的需求，所以我们需要掌握必备的Excel条件求和函数的用法，以便快速、轻松地处理各种条件汇总问题。

下面结合实际案例介绍Excel条件求和函数的具体用法。

7.5.1 SUMIF函数基础用法

某班级学生成绩统计表包含各个科目的成绩，如图7-41所示。

	A	B	C	D	E	F	G
1	姓名	数学	语文	英语	物理	化学	生物
2	李锐	98	76	58	84	63	69
3	李冬梅	64	64	58	77	52	52
4	张龙	75	77	76	71	54	82
5	陈波	52	71	75	96	90	58
6	陈磊	55	85	82	58	100	63
7	王云	76	88	75	69	75	54
8	王峰	99	79	96	52	95	56
9	王秀荣	63	90	90	91	99	94
10	王瑞	90	74	55	71	53	64
11	李琴	90	63	61	85	73	87
12	李桂珍	91	81	87	65	78	71
13							

图7-41

要求统计数学成绩达到90分的学生的成绩之和。

在Excel中输入以下公式，即可实现快速统计：

=SUMIF(B:B, ">=90", B:B)

SUMIF函数是Excel非常经典的条件求和函数之一，用于根据指定的条件对指定区域的数据进行条件求和。它的语法结构如下：

SUMIF(条件所在区域,条件表达式,求和数据所在区域)

当第一参数和第三参数相同时，第三参数可以省略。

明白了SUMIF函数的语法结构再来解析公式：

①本案例是对数学成绩进行条件约束，所以第一参数的条件所在区域是B列，即B:B；

②本案例条件是数学成绩大于或等于90，所以第二参数的条件表达式为“">=90"”，注意表达式中的运算符和常量数据要使用英文半角形式的双引号引起来；

③本案例要求对符合条件的数学成绩求和，所以第三参数的求和数据所在区域也是B列，即B:B。

由于此案例中第一参数与第三参数相同，都是B:B，所以第三参数可以省略，公式可以简化为如下形式：

=SUMIF(B:B,">=90")

如果要求统计语文成绩达到90分的学生的成绩之和，则可以使用以下两个公式中的任意一个：

=SUMIF(C:C,">=90",C:C)

=SUMIF(C:C,">=90")

如果要求统计物理成绩在60分以下的学生的成绩之和，则可以使用以下两个公式中的任意一个：

=SUMIF(E:E,"<60",E:E)

=SUMIF(E:E,"<60")

以上几个案例都是条件区域等同于求和区域，所以第三参数可以省略。遇到条件区域和求和区域不相同的情况，也可以使用SUMIF函数实现条件汇总，7.5.2小节具体介绍相关内容。

7.5.2 单条件精确匹配汇总

某企业要求按精确条件统计销售额，订单表如图7-42所示。

	A	B	C	D	E	F
1	订单号	店铺	商品	渠道	金额	
2	LR001	和平路店	商品A	批发	619	
3	LR002	南京路店	商品A	批发	739	
4	LR003	中山路店	商品C	批发	369	
5	LR004	中山路店	商品A	零售	565	
6	LR005	南京路店	商品B	零售	844	
7	LR006	中山路店	商品A	代理	965	
8	LR007	和平路店	商品B	零售	786	
9	LR008	南京路店	商品B	代理	154	
10	LR009	和平路店	商品A	零售	263	
11	LR010	中山路店	商品A	批发	310	
12	LR011	和平路店	商品C	代理	743	
13	LR012	中山路店	商品C	零售	415	

图7-42

要求统计南京路店的销售总和，可以使用以下公式：

=SUMIF(B:B,"南京路店",E:E)

由于是要按照店铺名称进行条件约束，店铺数据位置在B列，所以第一参数使用B:B；要对销售额进行统计，销售数据位置在E列，所以第三参数使用E:E，第二参数是统计条件“"南京路店"”。注意这里的条件是文本格式，所以需要在条件两侧加上双引号进行引用。

如果要求统计商品C的销售总和，可以使用以下公式：

=SUMIF(C:C,"商品C",E:E)

如果要求统计批发渠道的销售总和，可以使用以下公式：

=SUMIF(D:D,"批发",E:E)

以上案例讲的都是按照精确匹配进行汇总，如果想按照关键字进行模糊匹配汇总，还可以借助Excel中的通配符配合SUMIF函数实现，7.5.3小节具体介绍相关内容。

7.5.3 单条件模糊匹配汇总

某企业要求按照关键字的模糊匹配统计销售额，订单表如图7-43所示。

	A	B	C	D	E
1	订单号	店铺	商品	金额	
2	LR001	和平路店	小米8手机	2700	
3	LR002	南京路店	小米笔记本	4900	
4	LR003	中山路店	华为手机	4900	
5	LR004	中山路店	华为笔记本	4100	
6	LR005	南京路店	联想手机	2400	
7	LR006	中山路店	联想笔记本	4300	
8	LR007	和平路店	Vivo手机	2600	
9	LR008	南京路店	苹果手机	4700	
10	LR009	和平路店	Oppo手机	3900	
11	LR010	中山路店	华硕笔记本	6000	
12	LR011	和平路店	小米9手机	2500	
13	LR012	中山路店	小米8手机	5400	

图7-43

要求统计小米品牌的销售总和，可以使用以下公式：

=SUMIF(C:C,"小米*",D:D)

这个公式中的关键在于第二参数的写法，“*”是Excel中的通配符，可以代表任意长度的文本字符串，“"小米*"”则代表以“小米”开头的所有商品名称。该公式的计算原理是对C列中所有以“小米”开头的商品名称对应的D列金额进行汇总。

如果要求统计手机的销售总和，可以使用以下公式：

=SUMIF(C:C,"*手机",D:D)

由于表格中手机类的商品名称中，品牌型号在前，“手机”在后，所以SUMIF函数的第二参数使用“"*手机"”，代表以“手机”结尾的所有商品名称。

如果要求统计笔记本电脑的销售总和，可以使用以下公式：

=SUMIF(C:C,"*笔记本",D:D)

以上案例中的汇总区域都在一列中，当遇到对多列数据进行条件汇总的问题时，SUMIF函数依然可以顺利返回结果，7.5.4小节具体介绍相关内容。

7.5.4 跨列条件精确匹配汇总

某企业要求对业务员的业绩完成情况按计划和实际分别统计，数据如图7-44所示。

	A	B	C	D	E	F	G	H	I
1		1月		2月		3月		合计	
2	业务员	计划	实际	计划	实际	计划	实际	计划	实际
3	李锐	57	68	54	97	79	55		
4	李冬梅	65	58	75	26	37	62		
5	张龙	79	55	31	31	86	54		
6	陈波	48	94	56	29	87	85		
7	陈磊	93	39	94	97	53	14		
8	王云	55	65	29	71	57	34		
9	王峰	44	53	34	32	45	45		
10	王秀荣	27	21	14	30	97	79		
11	王瑞	27	71	23	73	43	35		
12	李琴	37	96	44	10	63	33		
13	李桂珍	12	45	96	31	11	74		
14	陈飞	47	26	91	95	94	52		
15									

图7-44

要求在H列中统计所有月份的计划合计数，在I列中统计所有月份的实际合计数。

很多人遇到这类问题，都是逐列相加进行计算，这样不但录入公式速度慢，公式还不易扩展。其实借助SUMIF函数配合绝对引用和混合引用技术，仅用一个公式即可实现全部需求。

首先选中H3:I14单元格区域，输入以下公式：

=SUMIF($B$2:$G$2,H$2,$B3:$G3)

按<Ctrl+Enter>组合键将公式填充至选中区域的每一个单元格，效果如图7-45所示。

H3　=SUMIF($B$2:$G$2,H$2,$B3:$G3)

	A	B	C	D	E	F	G	H	I
1		1月		2月		3月		合计	
2	业务员	计划	实际	计划	实际	计划	实际	计划	实际
3	李锐	57	68	54	97	79	55	190	220
4	李冬梅	65	58	75	26	37	62	177	146
5	张龙	79	55	31	31	86	54	196	140
6	陈波	48	94	56	29	87	85	191	208
7	陈磊	93	39	94	97	53	14	240	150
8	王云	55	65	29	71	57	34	141	170
9	王峰	44	53	34	32	45	45	123	130
10	王秀荣	27	21	14	30	97	79	138	130
11	王瑞	27	71	23	73	43	35	93	179
12	李琴	37	96	44	10	63	33	144	139
13	李桂珍	12	45	96	31	11	74	119	150
14	陈飞	47	26	91	95	94	52	232	173

图7-45

H3单元格公式中的第一参数使用“$B$2:$G$2”，绝对引用该区域的作用是当公式向下或向右填充时，始终引用该区域作为条件区域；第二参数使用“H$2”，这种混合引用（绝对引用行，相对引用列）的作用是当公式向下填充时始终引用第二行作为条件，当公式向右填充时偏移引用右侧的I列第二行作为条件；第三参数使用“$B3:$G3”，这种混合应用（绝对引用列，相对引用行）的作用是当公式向下填充时偏移引用第三行下方的行作为求和区域，当公式向右填充时始终引用B:G列作为求和区域。

为了更好地理解以上公式原理，我们定位到H4单元格，如图7-46所示。

=SUMIF($B$2:$G$2,H$2,$B4:$G4)

H4 =SUMIF($B$2:$G$2,H$2,$B4:$G4)

	A	B	C	D	E	F	G	H	I
1		1月		2月		3月		合计	
2	业务员	计划	实际	计划	实际	计划	实际	计划	实际
3	李锐	57	68	54	97	79	55	190	220
4	李冬梅	65	58	75	26	37	62	177	146
5	张龙	79	55	31	31	86	54	196	140
6	陈波	48	94	56	29	87	85	191	208
7	陈磊	93	39	94	97	53	14	240	150
8	王云	55	65	29	71	57	34	141	170
9	王峰	44	53	34	32	45	45	123	130
10	王秀荣	27	21	14	30	97	79	138	130
11	王瑞	27	71	23	73	43	35	93	179
12	李琴	37	96	44	10	63	33	144	139
13	李桂珍	12	45	96	31	11	74	119	150
14	陈飞	47	26	91	95	94	52	232	173

图7-46

定位到I4单元格，如图7-47所示。

=SUMIF($B$2:$G$2,I$2, $B4:$G4)

I4 =SUMIF($B$2:$G$2,I$2,$B4:$G4)

	A	B	C	D	E	F	G	H	I
1		1月		2月		3月		合计	
2	业务员	计划	实际	计划	实际	计划	实际	计划	实际
3	李锐	57	68	54	97	79	55	190	220
4	李冬梅	65	58	75	26	37	62	177	146
5	张龙	79	55	31	31	86	54	196	140
6	陈波	48	94	56	29	87	85	191	208
7	陈磊	93	39	94	97	53	14	240	150
8	王云	55	65	29	71	57	34	141	170
9	王峰	44	53	34	32	45	45	123	130
10	王秀荣	27	21	14	30	97	79	138	130
11	王瑞	27	71	23	73	43	35	93	179
12	李琴	37	96	44	10	63	33	144	139
13	李桂珍	12	45	96	31	11	74	119	150
14	陈飞	47	26	91	95	94	52	232	173

图7-47

灵活运用Excel公式中的绝对引用、相对引用和混合引用技术，可以让公式在填充过程中按需求自动变换引用位置，实现用一个公式解决多种需求的目的。

以上是按照精确匹配跨多列进行条件汇总，即使遇到要求按照关键字模糊匹配跨多列条件汇总的问题，也可以借助Excel中的通配符解决，7.5.5小节具体介绍相关内容。

7.5.5 跨列条件模糊匹配汇总

某企业要求分别按照关键字“手机”和“笔记本”，对所有商品的销量进行条件汇总，数据如图7-48所示。

	A	B	C	D	E	F	G	H	I	J	K	L	M	N	O
1	月份	小米8手机	小米笔记本	华为手机	华为笔记本	联想手机	联想笔记本	Vivo手机	苹果手机	Oppo手机	华硕笔记本	小米9手机	苹果笔记本	手机	笔记本
2	1月	17	40	76	59	12	91	46	52	59	17	63	87		
3	2月	72	39	44	46	22	52	92	94	68	50	80	30		
4	3月	32	21	70	96	73	52	74	19	97	10	95	32		
5	4月	12	44	74	71	73	78	79	20	69	81	76	10		
6	5月	49	20	56	13	79	40	97	53	15	81	88	86		
7	6月	46	44	84	31	57	57	81	44	56	18	22	29		
8	7月	66	42	93	56	26	97	27	20	18	31	11	85		
9	8月	51	66	31	31	20	62	33	71	80	21	53	50		
10	9月	37	13	24	69	70	28	47	82	80	40	64	10		
11	10月	33	37	38	24	58	13	82	56	27	30	93	71		
12	11月	95	41	82	51	65	17	48	55	23	60	51	57		
13	12月	99	47	55	92	32	51	13	10	73	74	41	21		
14															

图7-48

首先观察数据的特点和规则，然后理清思路、确定合适的方法，最后写公式。

经观察发现，企业要求的统计关键字“手机”和“笔记本”在商品名称中都位于结尾位置，继而想到可以借助Excel中的通配符“*”实现条件参数的构建，再用SUMIF函数配合绝对引用和混合引用实现用一个公式统计多列数据。

选中N2:O13单元格区域，输入以下公式：

=SUMIF($B$1:$M$1, "*" &N$1,$B2:$M2)

按<Ctrl+Enter>组合键将公式填充完毕，效果如图7-49所示。

N2 =SUMIF($B$1:$M$1,"*"&N$1,$B2:$M2)

	A	B	C	D	E	F	G	H	I	J	K	L	M	N	O
1	月份	小米8手机	小米笔记本	华为手机	华为笔记本	联想手机	联想笔记本	Vivo手机	苹果手机	Oppo手机	华硕笔记本	小米9手机	苹果笔记本	手机	笔记本
2	1月	17	40	76	59	12	91	46	52	59	17	63	87	325	294
3	2月	72	39	44	46	22	52	92	94	68	50	80	30	472	217
4	3月	32	21	70	96	73	52	74	19	97	10	95	32	460	211
5	4月	12	44	74	71	73	78	79	20	69	81	76	10	403	284
6	5月	49	20	56	13	79	40	97	53	15	81	88	86	437	240
7	6月	46	44	84	31	57	57	81	44	56	18	22	29	390	179
8	7月	66	42	93	56	26	97	27	20	18	31	11	85	261	311
9	8月	51	66	31	31	20	62	33	71	80	21	53	50	339	230
10	9月	37	13	24	69	70	28	47	82	80	40	64	10	404	160
11	10月	33	37	38	24	58	13	82	56	27	30	93	71	387	175
12	11月	95	41	82	51	65	17	48	55	23	60	51	57	419	226
13	12月	99	47	55	92	32	51	13	10	73	74	41	21	323	285

图7-49

该公式的关键点在于第二参数的“"*" &N$1”的写法，通配符两侧要带上英文半角形式的双引号再连接单元格引用，其他运算原理同上一个案例，此处不赘述。

以上案例介绍的都是单个条件下的数据汇总问题，当遇到多个条件数据汇总问题时，我们可以借助SUMIFS函数解决，7.5.6小节具体介绍相关内容。

7.5.6 SUMIFS函数基础用法

SUMIFS函数也是Excel中非常经典的条件求和函数，虽然它与SUMIF函数仅差一个字母“S”，但其语法结构与SUMIF函数是不同的，希望大家引起注意。

SUMIFS函数用于按照多个条件对数据进行条件汇总，其语法结构如下：

SUMIFS(求和区域,条件区域1,条件1,条件区域2,条件2,…)

SUMIFS可以根据实际需求不断增加条件区域和对应的条件，实现对同时满足多个条件下的数据汇总，其中每一对条件区域和条件要彼此匹配，多对条件区域和条件之间的顺序可以互换，不影响计算结果。

这里需要重点提醒大家，SUMIFS函数与SUMIF函数的语法结构区别，以单个条件为例分别展示这两个函数的语法结构以便对比：

SUMIF(条件区域,条件,求和区域)

SUMIFS(求和区域,条件区域,条件)

从语法结构能看出两者之间的明显差别，SUMIFS函数由于要对多个条件进行判断，所以第一参数就是求和区域，其他成对的条件区域和条件放置在后面，而SUMIF函数的求和区域则放置在第三参数。

本案例可加深对SUMIFS函数的理解，数据如图7-50所示。

	A	B	C	D	E	F	G	H
1	姓名	数学	语文	英语	物理	化学	生物	
2	李锐	98	76	58	84	63	69	
3	李冬梅	64	64	58	77	52	52	
4	张龙	75	77	76	71	54	82	
5	陈波	52	71	75	96	90	58	
6	陈磊	55	85	82	58	100	63	
7	王云	76	88	75	69	75	54	
8	王峰	99	79	96	52	95	56	
9	王秀荣	63	90	90	91	99	94	
10	王瑞	90	74	55	71	53	64	
11	李琴	90	63	61	85	73	87	
12	李桂珍	91	81	87	65	78	71	

图7-50

要求统计数学成绩90分以上的学生的成绩之和，可以使用以下两个公式。

=SUMIF(B2:B12,">90")

=SUMIFS(B2:B12,B2:B12,">90")

用这两个公式都可以得到正确结果，只是使用的函数不同而已。

当要求的条件继续增加时，则只能使用SUMIFS函数进行计算。如要求统计语文成绩大于80且小于90分的学生的成绩之和，可以使用以下公式：

=SUMIFS(C2:C12,C2:C12,">80",C2:C12,"<90")

其中的两对条件的顺序可以互换，不影响计算结果，如还可以使用以下公式：

=SUMIFS(C2:C12,C2:C12,"<90",C2:C12,">80")

两种写法都可以得到正确结果。

如果要求改为统计物理成绩大于70且小于80分的学生成绩之和，则可以在以下两个公式中任选其一：

=SUMIFS(E2:E12,E2:E12,"<80",E2:E12,">70")

=SUMIFS(E2:E12,E2:E12,">70",E2:E12,"<80")

以上讲的都是对同一个字段进行多条件约束，当遇到要求对多种字段多条件约束时，也可以借助SUMIFS函数实现自动计算，7.5.7小节具体介绍相关内容。

7.5.7 多条件精确匹配汇总

某企业要求按照多个条件统计商品销售额，数据如图7-51所示。

	A	B	C	D	E	F
1	订单号	店铺	商品	渠道	金额	
2	LR001	和平路店	商品A	批发	619	
3	LR002	南京路店	商品A	批发	739	
4	LR003	中山路店	商品C	批发	369	
5	LR004	中山路店	商品A	零售	565	
6	LR005	南京路店	商品B	零售	844	
7	LR006	中山路店	商品A	代理	965	
8	LR007	和平路店	商品B	零售	786	
9	LR008	南京路店	商品B	代理	154	
10	LR009	和平路店	商品A	零售	263	
11	LR010	中山路店	商品A	批发	310	
12	LR011	和平路店	商品C	代理	743	
13	LR012	中山路店	商品C	零售	415	

图7-51

要求统计南京路店的销售商品B的总和，可以使用以下公式：

=SUMIFS(E:E,B:B,"南京路店",C:C,"商品B")

要求统计订单金额大于400元的商品C的销售总和，可以使用以下公式：

=SUMIFS(E:E,C:C,"商品C",E:E,">400")

要求统计批发渠道的商品A的订单金额大于500元的销售总和，可以使用以下公式：

=SUMIFS(E:E,D:D,"批发",C:C,"商品A",E:E,">500")

当然这些公式还可以调整多对条件之间的顺序，此处不赘述，有兴趣的读者可以自行测试。

以上讲的都是针对多条件精确匹配汇总，即使遇到按照关键字查询的多条件模糊匹配汇总，也可以使用Excel中的通配符配合SUMIFS函数实现自动计算，7.5.8小节具体介绍相关内容。

7.5.8 多条件模糊匹配汇总

某企业要求按照关键字进行多条件模糊匹配汇总，数据如图7-52所示。

	A	B	C	D	E
1	订单号	店铺	商品	金额	
2	LR001	和平路店	小米8手机	2700	
3	LR002	南京路店	小米笔记本	4900	
4	LR003	中山路店	华为手机	4900	
5	LR004	中山路店	华为笔记本	4100	
6	LR005	南京路店	联想手机	2400	
7	LR006	中山路店	联想笔记本	4300	
8	LR007	和平路店	Vivo手机	2600	
9	LR008	南京路店	苹果手机	4700	
10	LR009	和平路店	Oppo手机	3900	
11	LR010	中山路店	华硕笔记本	6000	
12	LR011	和平路店	小米9手机	2500	
13	LR012	中山路店	小米8手机	5400	

图7-52

要求统计和平路店小米品牌的销售总和，可以使用以下公式：

=SUMIFS(D:D,B:B,"和平路店",C:C,"小米*")

要求统计中山路店订单金额低于5 000元的笔记本电脑的销售总和，可以使用以下公式：

=SUMIFS(D:D,B:B,"中山路店",D:D,"<5000",C:C,"*笔记本")

公式中的关键点在于条件参数中使用了通配符，注意写法即可，其他运算原理同前文，此处不赘述。

以上案例介绍的都是对数据进行各种汇总的问题，如果遇到其他统计要求应该怎么办呢？7.6节具体介绍相关内容。

7.6 以一敌十的“万能”函数：SUBTOTAL函数

工作中不仅会有对普通数据处理、统计的需求，还会有对动态数据处理、统计的需求，如在报表筛选状态下仅对筛选出来的目标数据进行统计。

由于当筛选条件每次变动后筛选出来的数据行是不同的，所以大部分的Excel函数无法排除隐藏行，仅对筛选结果进行统计，下面结合一个案例具体说明。

在某企业的订单销售表中，使用SUM函数对目标数据求和，如图7-53所示。

=SUM(E2:E11)

H1　=SUM(E2:E11)

	A	B	C	D	E	F	G	H
1	订单号	店铺	商品	渠道	金额		目标数据之和	55
2	LR001	和平路店	商品1	批发	1			
3	LR002	南京路店	商品1	批发	2			
4	LR003	中山路店	商品3	批发	3			
5	LR004	中山路店	商品1	零售	4			
6	LR005	南京路店	商品2	零售	5			
7	LR006	中山路店	商品1	代理	6			
8	LR007	和平路店	商品2	零售	7			
9	LR008	南京路店	商品2	代理	8			
10	LR009	和平路店	商品1	零售	9			
11	LR010	中山路店	商品1	批发	10			

图 7−53

当仅对渠道为“批发”的订单进行筛选时，筛选结果金额分别为1、2、3、10，目标数据之和应为1+2+3+10=16，但SUM函数求和结果依然为55，如图7−54所示。

H1　=SUM(E2:E11)

	A	B	C	D	E	F	G	H
1	订单号	店铺	商品	渠道	金额		目标数据之和	55
2	LR001	和平路店	商品1	批发	1			
3	LR002	南京路店	商品1	批发	2			
4	LR003	中山路店	商品3	批发	3			
11	LR010	中山路店	商品1	批发	10			
12								

图 7−54

既然SUM函数无法实现仅对筛选结果进行统计，那么我们就换一个合适的方法进行计算。正确的计算公式如图7−55所示。

=SUBTOTAL(9,E2:E11)

H1　=SUBTOTAL(9,E2:E11)

	A	B	C	D	E	F	G	H
1	订单号	店铺	商品	渠道	金额		目标数据之和	16
2	LR001	和平路店	商品1	批发	1			
3	LR002	南京路店	商品1	批发	2			
4	LR003	中山路店	商品3	批发	3			
11	LR010	中山路店	商品1	批发	10			
12								

图 7−55

可见此公式排除了隐藏行，仅对按条件筛选出来的目标数据求和。

SUBTOTAL函数是Excel中非常经典的分类汇总函数，用于按照指定的功能参数对数据进行统计，能够自动无视被筛选或隐藏掉的行，不考虑隐藏列的影响。

SUBTOTAL函数的语法结构如下：

SUBTOTAL(功能参数,统计区域)

当用户根据统计需求指定功能参数后，该函数则按照第一参数指定的类型对第二参数的统计区域的数据进行统计。

SUBTOTAL函数第一参数的功能参数分为1至11和101至111两类，不同的功能参数对应不同的函数功能，如图7-56所示。

功能参数1~11	功能参数101~111	函数
1	101	AVERAGE
2	102	COUNT
3	103	COUNTA
4	104	MAX
5	105	MIN
6	106	PRODUCT
7	107	STDEV.S
8	108	STDEV.P
9	109	SUM
10	110	VAR.S
11	111	VAR.P

图7-56

两类功能参数的区别和联系如下：

①功能参数为1至11时，统计时包含手动隐藏行，排除筛选隐藏行；

②功能参数为101至111时，统计时排除手动隐藏行，排除筛选隐藏行。

可见，在Excel中隐藏行的方式不同，可以通过字段筛选隐藏行，也可以通过手动隐藏行。无论使用哪一类功能参数，SUBTOTAL函数始终排除筛选隐藏行进行统计，两类功能参数的区别在于是否排除手动隐藏行进行统计。

对于图7-55中的需求，由于要求对目标数据求和，所以使用功能参数9或109，又因为数据中采用筛选隐藏行的方式，所以使用功能参数9或者109都可以得到正确结果，如图7-57所示。

图7-57

当我们对数据中的行采用手动隐藏的方式隐藏行时，两种公式的结果就有差异了，下面具体操作对比一下。

首先选中6:10行，然后单击鼠标右键，选择“隐藏”，如图7-58所示。

图 7-58

手动隐藏6:10行以后，在SUBTOTAL函数第一参数中使用功能参数9，统计时依然包含手动隐藏行数据，结果如图7-59所示。

=SUBTOTAL(9,E2:E11)

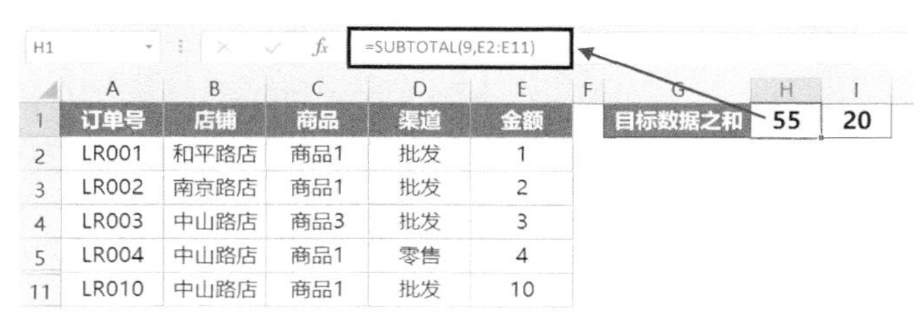

=SUBTOTAL(9,E2:E11)

	A	B	C	D	E	F	G	H	I
1	订单号	店铺	商品	渠道	金额		目标数据之和	55	20
2	LR001	和平路店	商品1	批发	1				
3	LR002	南京路店	商品1	批发	2				
4	LR003	中山路店	商品3	批发	3				
5	LR004	中山路店	商品1	零售	4				
11	LR010	中山路店	商品1	批发	10				

图 7-59

若在SUBTOTAL函数第一参数中使用功能参数109，统计时会排除手动隐藏行数据，仅对可视状态下的数据求和，结果如图7-60所示。

=SUBTOTAL(109,E2:E11)

=SUBTOTAL(109,E2:E11)

	A	B	C	D	E	F	G	H	I
1	订单号	店铺	商品	渠道	金额		目标数据之和	55	20
2	LR001	和平路店	商品1	批发	1				
3	LR002	南京路店	商品1	批发	2				
4	LR003	中山路店	商品3	批发	3				
5	LR004	中山路店	商品1	零售	4				
11	LR010	中山路店	商品1	批发	10				

图 7-60

SUBTOTAL函数除了可以进行求和，还可以进行图7-56中所示另外10种分类汇总计算，其中最常用的是计算平均值、最大值、最小值。

如果要求排除隐藏行计算数据平均值，可以使用以下公式：

=SUBTOTAL(101,E2:E11)

如果要求排除隐藏行计算数据最大值，可以使用以下公式：

=SUBTOTAL(104,E2:E11)

如果要求排除隐藏行计算数据最小值，可以使用以下公式：

=SUBTOTAL(105,E2:E11)

综上，只要根据实际需求调整SUBTOTAL函数的第一参数，就可以用这个函数实现11种不同的统计功能，还可以排除隐藏行仅对显示出来的数据进行统计，希望大家能在工作中灵活应用。

第08章

数据可视化，让你的报表“会说话”

人们在实际工作中使用Excel报表，并不仅是为了实现对数据的处理及统计，很多时候还需要实现对数据统计结果的分析和展示，从而更好地满足对目标数据进行差异对比、等级归类、趋势分析等需求，以便更好地辅助用户完成数据分析和决策，这就需要用到Excel中的数据可视化技术。

本章将从以下几个方面，介绍5种经典的Excel数据可视化技术，让你的报表“会说话”。

- ◆ 带选择器的表头，改表头即自动更新整张报表
- ◆ 条形图，让数据和图表浑然天成
- ◆ 图标集，让报表既清晰又美观
- ◆ 迷你图，轻松展示数据趋势、对比、盈亏情况
- ◆ 智能可视化，按指令动态突出显示目标记录

8.1 带选择器的表头，改表头即自动更新整张报表

Excel报表中的表头，除了用于标识字段含义，还可以帮助用户根据指定条件展示数据。下面结合一个实际案例介绍具体用法。

某企业需要根据销售明细记录统计每天的销售情况，这张表是从系统导出的，其中包含每天各个分店、各产品在所有渠道的销售金额，如图8-1所示。

	A	B	C	D	E	F	G
1	序号	日期	分店	产品	渠道分类	金额	
2	1	2020/8/1	南京路店	染发膏	零售	103	
3	2	2020/8/1	新华路店	护发素	零售	119	
4	3	2020/8/1	南京路店	鱼油	批发	686	
5	4	2020/8/1	和平路店	染发膏	批发	767	
6	5	2020/8/1	和平路店	唇膏	代理	982	
7	6	2020/8/1	和平路店	唇膏	代理	938	
8	7	2020/8/1	南京路店	唇膏	代理	106	
9	8	2020/8/1	和平路店	眼霜	零售	765	
10	9	2020/8/1	新华路店	眼霜	批发	553	
11	10	2020/8/1	新华路店	眼霜	批发	882	
12	11	2020/8/1	和平路店	染发膏	批发	699	

图8-1

要求同时满足以下需求对销售数据进行统计：

①按照用户指定的渠道分类条件，对每天各产品的销售额之和进行统计；

②当数据源中添加更多日期的数据时，结果报表可以扩展日期进行展示；

③当数据源中添加更多产品数据时，结果报表可以扩展产品进行展示。

按以上需求制作带选择器的表头，得到的Excel报表如图8-2所示。

	A	B	C	D	E	F	G
1	零售	染发膏	眼霜	唇膏	鱼油	护发素	维C
2	2020/8/1	2676	2802	4561	5295	5787	7476
3	2020/8/2	6737	6482	5249	3588	6288	4769
4	2020/8/3	4811	3533	7971	4553	7154	5532
5	2020/8/4	5772	6639	1722	3444	3583	6006
6	2020/8/5	3593	2670	6965	2952	8320	1845

图8-2

此Excel报表的A1单元格中设置了下拉菜单作为选择器，用户可以根据需求指定不同的渠道分类条件；A列的日期可以根据需求向下扩展；第一行的产品可以根据需求向右扩展；B2:G6单元格区域的数据是使用公式根据表头字段和A列日期进行多条件求和的结果，可以跟随表头和日期的变动自动更新。下面具体介绍操作步骤。

01 根据企业需求制作Excel报表的表头，如图8-3所示。

	A	B	C	D	E	F	G
1		染发膏	眼霜	唇膏	鱼油	护发素	维C
2	2020/8/1						
3	2020/8/2						
4	2020/8/3						
5	2020/8/4						
6	2020/8/5						
7							

数据源 | 案例1 | 拆解1 | 拆解2 | 拆解3 | 案例2

图8-3

02 在A1单元格中设置下拉菜单，用于根据用户需求调整指定的渠道分类条件，下拉菜单的设置步骤如图8-4所示。

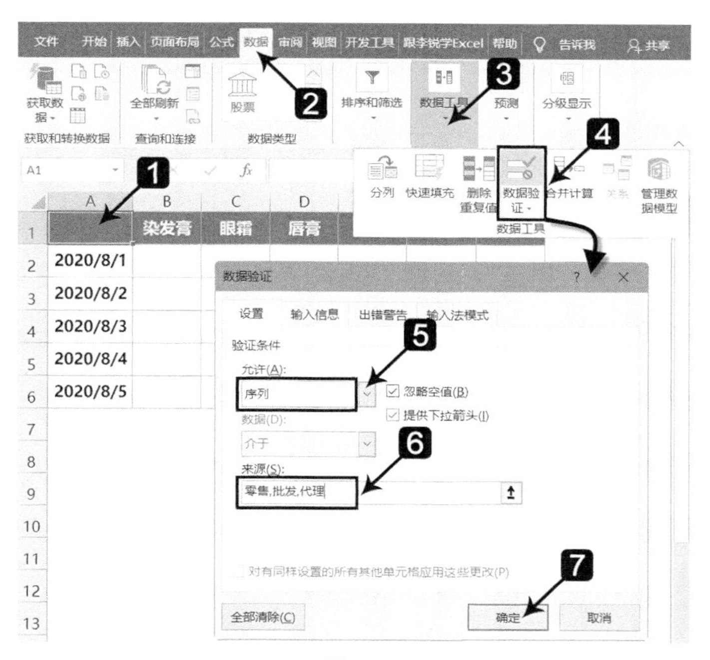

图8-4

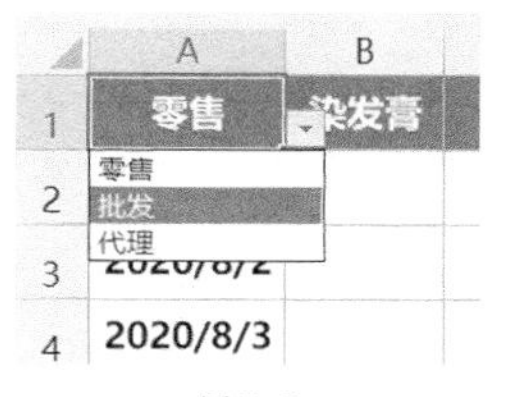

图8-5

由于本案例中的渠道分类有“零售”“批发”“代理”，所以在图8-4中步骤6的“来源”文本框中输入“零售,批发,代理”，注意使用英文半角形式的逗号对各分类进行分隔，下拉菜单设置完成后的效果如图8-5所示。

如果后期该企业添加更多的渠道分类，可以按以上步骤调整下拉菜单的来源，然后在A1单元格右下方单击下拉按钮，在下拉菜单中就会出现更多渠道。

设置好报表的表头和下拉菜单以后，在报表中输入公式，同时根据A列的日期、第一行中的产品、A1单元格下拉菜单中选择的渠道分类这3个条件，对销售数据进行多条件求和。

03 选中B2:G6单元格区域，输入以下公式，按<Ctrl+Enter>组合键批量填充公式，效果如图8-6所示。

=SUMIFS(数据源!$F:$F,数据源!$B:$B,$A2,
数据源!$D:$D,B$1,数据源!$E:$E,$A$1)

B2 =SUMIFS(数据源!$F:$F,数据源!$B:$B,$A2,数据源!$D:D,B1,数据源!$E:$E,$A$1)

零售	染发膏	眼霜	唇膏	鱼油	护发素	维C
2020/8/1	2676	2802	4561	5295	5787	7476
2020/8/2	6737	6482	5249	3588	6288	4769
2020/8/3	4811	3533	7971	4553	7154	5532
2020/8/4	5772	6639	1722	3444	3583	6006
2020/8/5	3593	2670	6965	2952	8320	1845

数据源 | 案例1 | 拆解1 | 拆解2 | 拆解3 | 案例2

图8-6

此处使用SUMIFS函数配合绝对引用、混合引用，用一个公式实现多条件求和，前面专门介绍过这种用法，此处不赘述。

这样得到的Excel报表，不但可以根据表头中的下拉菜单选择器与用户交互展示不同渠道分类的数据，而且可以根据表头字段和A列日期的添加自动更新数据。

例如，当数据源中新增了日期为“2020/8/6”的销售数据以后，我们可以直接在Excel报表中选中A6:G6单元格区域并向下填充，A7:G7单元格区域会自动展示正确的各项结果，无须任何手动统计，即可实现Excel报表的全自动统计及展示，如图8-7所示。

零售	染发膏	眼霜	唇膏	鱼油	护发素	维C
2020/8/1	2676	2802	4561	5295	5787	7476
2020/8/2	6737	6482	5249	3588	6288	4769
2020/8/3	4811	3533	7971	4553	7154	5532
2020/8/4	5772	6639	1722	3444	3583	6006
2020/8/5	3593	2670	6965	2952	8320	1845
2020/8/6	2178	6501	7521	6632	3716	3501

数据源 | 案例1 | 拆解1 | 拆解2 | 拆解3 | 案例2

图8-7

当数据源中添加更多产品的销售记录，也可以将Excel结果报表中的G列向右填充，自动得到对应的统计结果。

小结

这种表头带选择器的报表，不但可以从横向、纵向两个维度实现整张报表的自动更新，还可以根据需求调整表格的字段或统计维度，实现更多维度的数据统计及展示。

例如，当企业需要按照指定的渠道分类，统计各个分店及产品的销售额之和时，可以将A列的日期换成分店名称，同时调整公式如下：

=SUMIFS(数据源!$F:$F,数据源!$C:$C,$A2,
数据源!$D:$D,B$1,数据源!$E: $E,$A$1)

按<Ctrl+Enter>组合键批量填充公式后，得到的效果如图8-8所示。

这样即可根据实际需求，灵活变换Excel报表的表头及选择器，从而满足各种自动统计及展示。

Excel报表中除了可以插入选择器与用户交互自动更新数据，还可以在报表中植入条形图提升数据展示效果，8.2节具体介绍相关内容。

B2　=SUMIFS(数据源!$F:$F,数据源!$C:$C,$A2,数据源!$D:D,B1,数据源!$E:$E,$A$1)

批发	染发膏	眼霜	唇膏	鱼油	护发素	维C
南京路店	7496	6260	6360	13273	7653	7484
新华路店	8994	13062	9025	12338	7604	8949
和平路店	7465	10536	10739	6783	7209	15184

数据源　案例1　拆解1　拆解2　拆解3　案例2

图 8-8

8.2 条形图，让数据和图表浑然天成

在Excel中要想实现更好的数据可视化效果，除了创建图表，还可以借助条件格式在单元格中创建条形图，让数据和图表浑然天成，效果如图8-9所示。

商品	销售额
商品1	558
商品2	336
商品3	625
商品4	146
商品5	322
商品6	676
商品7	740
商品8	250
商品9	878

商品	销售额
商品1	558
商品2	336
商品3	625
商品4	146
商品5	322
商品6	676
商品7	740
商品8	250
商品9	878

图 8-9

下面分步骤介绍一下具体设置方法。

01 为了让条形图有更好的展示效果，首先设置E列的列宽为20，然后创建条形图，操作如图8-10所示。

图8-10

这样创建的条形图的样式是带边框的，为了美化条形图，我们需要清除条形图的边框，这可以通过设置条件格式管理规则实现。

02 选中条形图区域进行管理规则设置，操作步骤如图8-11所示。

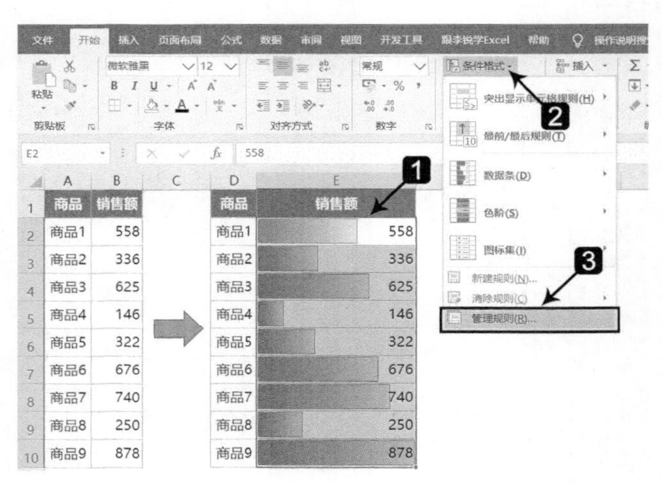

图8-11

03 弹出“条件格式规则管理器”对话框，选中数据条，然后编辑规则，操作步骤如图8-12所示。

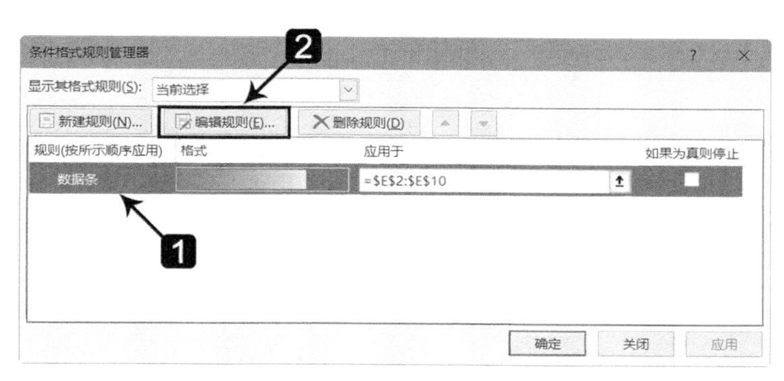

图8-12

04 在弹出的“编辑格式规则”对话框中，将“边框”设置为“无边框”，操作如图8-13所示。

设置完成以后的效果如图8-14所示。这样即可在E列同时显示销售额的数值和条形图。

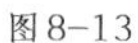

图8-13

商品	销售额
商品1	558
商品2	336
商品3	625
商品4	146
商品5	322
商品6	676
商品7	740
商品8	250
商品9	878

图8-14

如果想要销售额的数值和条形图在不同列上进行展示，可以先添加一个辅助列，字段名称命名为“条形图”，设置列宽为20。然后在F列创建并设置条形图，步骤与之前的步骤相同，唯一的区别在于编辑格式规则时要选中“仅显示数据条”复选框，如图8-15所示。设置完成后效果如图8-16所示。

图8-15

	D	E	F
	商品	销售额	条形图
	商品1	558	
	商品2	336	
	商品3	625	
	商品4	146	
	商品5	322	
	商品6	676	
	商品7	740	
	商品8	250	
	商品9	878	

图8-16

我们不仅可以在Excel报表的单列中设置条形图，还可以进行多列设置，效果如图8-17所示。

	A	B	C	D	E	F	G	H	I	J
1	月份	商品1	商品2	商品3	商品4	商品5	商品6	商品7	商品8	商品9
2	1月	527	318	251	592	1523	112	835	605	598
3	2月	221	584	540	968	2276	249	753	874	696
4	3月	930	754	475	200	2311	374	210	788	215
5	4月	556	287	153	104	2204	543	580	748	904
6	5月	620	898	526	654	2011	486	877	963	329
7	6月	423	369	313	305	1093	400	664	557	703
8	7月	896	369	880	708	1608	550	935	407	179
9	8月	985	848	107	555	1817	251	810	993	887
10	9月	553	721	838	790	2580	421	656	485	992
11	10月	721	582	488	645	2542	894	350	362	107
12	11月	1943	1897	901	849	2748	1130	1572	1461	1017
13	12月	931	409	177	784	2938	615	869	402	694

图8-17

这时候不必多列逐一进行设置，可以设置好其中一列的条形图之后，利用格式刷进行批量设置，具体操作步骤如下。

首先在B列创建并设置条形图，然后选中设置好条形图的B2:B13单元格区域，双击“格式刷”按钮，再分别单击C2、D2、…、J2单元格，将条形图样式批量复制到其他列，操作如图8-18所示。

	A	B	C	D	E	F	G	H	I	J
1	月份	商品1	商品2	商品3	商品4	商品5	商品6	商品7	商品8	商品9
2	1月	527	318	251	592	1523	112	835	605	598
3	2月	221	584	540	968	2276	249	753	874	696
4	3月	930	754	475	200	2311	374	210	788	215
5	4月	556	87	153	104	2204	543	580	748	904
6	5月	620	898	526	654	2011	486	877	963	329
7	6月	423	369	313	305	1093	400	664	557	703
8	7月	896	369	880	708	1608	550	935	407	179
9	8月	985	848	107	555	1817	251	810	993	887
10	9月	553	721	838	790	2580	421	656	485	992
11	10月	721	582	488	645	2542	894	350	362	107
12	11月	1943	1897	901	849	2748	1130	1572	1461	1017
13	12月	931	409	177	784	2938	615	869	402	694
14										

图8-18

双击“格式刷”按钮的作用是连续使用格式刷，使用完毕以后按<Esc>键，或单击“格式刷”按钮，即可退出格式刷选中状态。

此案例中的各列数据的极值不同，所以要想分别展示每种商品在各月份的数据差异，一定要逐列设置条形图，不能选中B2:J13单元格区域整体设置，否则会在单元格区域中按照统一的长度比例展示条形图，效果如图8-19所示。

	A	B	C	D	E	F	G	H	I	J
1	月份	商品1	商品2	商品3	商品4	商品5	商品6	商品7	商品8	商品9
2	1月	527	318	251	592	1523	112	835	605	598
3	2月	221	584	540	968	2276	249	753	874	696
4	3月	930	754	475	200	2311	374	210	788	215
5	4月	556	287	153	104	2204	543	580	748	904
6	5月	620	898	526	654	2011	486	877	963	329
7	6月	423	369	313	305	1093	400	664	557	703
8	7月	896	369	880	708	1608	550	935	407	179
9	8月	985	848	107	555	1817	251	810	993	887
10	9月	553	721	838	790	2580	421	656	485	992
11	10月	721	582	488	645	2542	894	350	362	107
12	11月	1943	1897	901	849	2748	1130	1572	1461	1017
13	12月	931	409	177	784	2938	615	869	402	694
14										

图8-19

Excel报表中的数据条功能，不但可以用来实现普通的条形图展示，还可以根据需求实现旋风图的对比展示效果，如图8-20所示。

	A	B	C	D	E	F	G	H	I
1	商品	成本	收入		商品	成本	收入	对比图	
2	商品1	558	1258		商品1	558	1258		
3	商品2	336	1320		商品2	336	1320		
4	商品3	625	1025		商品3	625	1025		
5	商品4	560	1160		商品4	560	1160		
6	商品5	322	890		商品5	322	890		
7	商品6	676	1265		商品6	676	1265		
8	商品7	860	1852		商品7	860	1852		
9	商品8	250	687		商品8	250	687		
10	商品9	980	2351		商品9	980	2351		
11									

图8-20

这种对比展示的效果更加直观，旋风图的条形图的创建与设置步骤大部分与之前介绍的步骤相同，唯一区别在于要将H列的条形图方向设置为“从右到左”，如图8-21所示。

图8-21

其他设置步骤相同，此处不赘述。

综上，我们可以借助条件格式中的数据条功能，根据实际工作需求进行灵活设置，满足各种数据可视化需求，让数据和图表浑然天成。

除了条形图，我们还可以在报表中植入图标集，让报表既清晰又美观，8.3节具体介绍相关内容。

8.3 图标集，让报表既清晰又美观

在Excel报表中，如果想让数据展示起来更加清晰、直观，还可以使用条件格式中的图标集功能。

图标集功能与数据条功能的相关设置同样在“开始”选项卡下的“条件格式”按钮中，Excel中的图标集分为方向、形状、标记、等级4类，如图8-22所示。

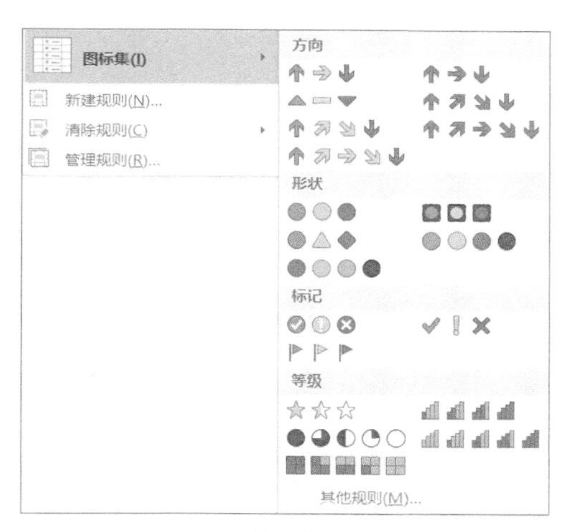

图8-22

我们在实际工作中可以根据不同需求选择合适的图标集类型，如要对商品按销售额大小增加图标展示，可以使用方向类的图标集，效果如图8-23所示。

	A	B	C	D	E
1	商品	销售额		商品	销售额
2	商品1	558		商品1	558
3	商品2	336		商品2	336
4	商品3	625		商品3	625
5	商品4	146		商品4	146
6	商品5	322		商品5	322
7	商品6	676		商品6	676
8	商品7	740		商品7	740
9	商品8	250		商品8	250
10	商品9	878		商品9	878

图8-23

如果想在图标标识的基础上加上条形图展示，还可以叠加设置条形图，效果如图8-24所示。

商品	销售额		商品	销售额
商品1	558		商品1	558
商品2	336		商品2	336
商品3	625		商品3	625
商品4	146		商品4	146
商品5	322		商品5	322
商品6	676		商品6	676
商品7	740		商品7	740
商品8	250		商品8	250
商品9	878		商品9	878

图8-24

如果想对数据按照大小划分为不同等级进行展示，可以从图标集中的等级类别中选择图标进行添加，效果如图8-25所示。

月份	商品1	商品2	商品3	商品4	商品5	商品6	商品7	商品8	商品9
1月	527	318	251	592	1523	112	835	605	598
2月	221	584	540	968	2276	249	753	874	696
3月	930	754	475	200	2311	374	210	788	215
4月	556	287	153	104	2204	543	580	748	904
5月	620	898	526	654	2011	486	877	963	329
6月	423	369	313	305	1093	400	664	557	703
7月	896	369	880	708	1608	550	935	407	179
8月	985	848	107	555	1817	251	810	993	887
9月	553	721	838	790	2580	421	656	485	992
10月	721	582	488	645	2542	894	350	362	107
11月	1943	1897	901	849	2748	1130	1572	1461	1017
12月	931	409	177	784	2938	615	869	402	694

图8-25

这种效果依然是先设置好其中任意一列的图标集效果，然后借助格式刷将其批量复制到其他列，8.2节中有具体步骤，此处不赘述。

图标集不但可以按照设置添加，还可以根据具体条件进行精准标记，如要求根据学生成绩对数据标识不同颜色小旗子，具体规则如下：

①低于60分为红旗；

②60至79分为黄旗；

③达到80分为绿旗。

按条件设置好的图标集报表效果如图8-26所示。

	A	B	C	D	E	F	G	H	I
1	姓名	数学	语文	英语	物理	化学	生物	地理	历史
2	李锐	80	59	60	80	90	93	79	77
3	张秀梅	65	93	51	94	56	54	54	43
4	李雪梅	87	86	47	79	70	79	77	97
5	黄伟	82	88	46	84	42	82	42	86
6	张海燕	69	58	48	63	77	43	48	49
7	王淑兰	61	100	67	50	96	85	45	62
8	李志强	92	67	41	78	84	58	98	98
9	杨磊	85	79	91	97	53	59	80	98
10	李晶	79	53	63	52	62	74	48	86
11	李婷婷	63	44	63	52	46	84	90	75
12	张秀荣	80	96	55	40	68	49	84	95
13	刘建华	92	70	84	65	73	87	62	41
14									

图8-26

图标集的具体设置如图8-27所示。

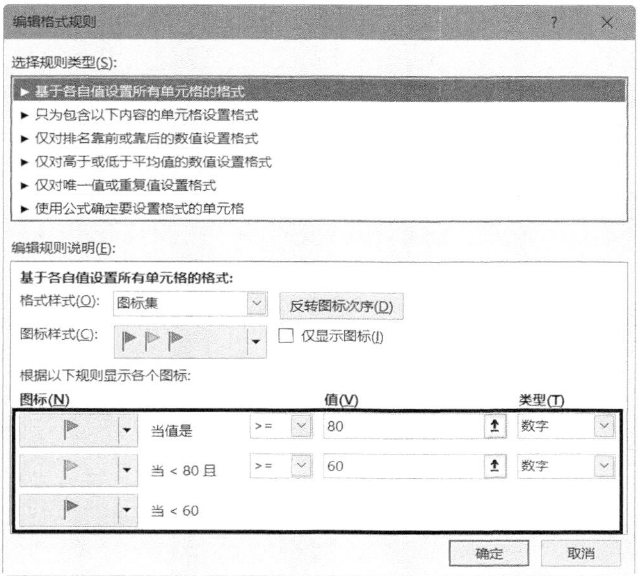

编辑格式规则　?　×

选择规则类型(S):

- ► 基于各自值设置所有单元格的格式
- ► 只为包含以下内容的单元格设置格式
- ► 仅对排名靠前或靠后的数值设置格式
- ► 仅对高于或低于平均值的数值设置格式
- ► 仅对唯一值或重复值设置格式
- ► 使用公式确定要设置格式的单元格

编辑规则说明(E):

基于各自值设置所有单元格的格式:

格式样式(O): 图标集　反转图标次序(D)

图标样式(C):　□ 仅显示图标(I)

根据以下规则显示各个图标:

图标(N)			值(V)	类型(T)
	当值是	>=	80	数字
	当 < 80 且	>=	60	数字
	当 < 60			

确定　取消

图8-27

这样即可在Excel报表中根据精准条件对数据设置图标集。

无论是数据条还是图标集，都属于条件格式中的功能，当需要清除已设置好的条件格式展示效果时，可以在条件格式下拉菜单中选择“清除规则”，操作如图8-28所示。

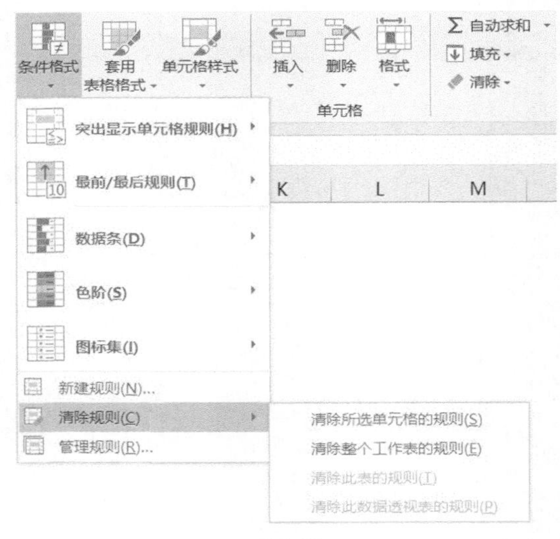

图 8-28

在子菜单中，根据需要选择清除所有区域的规则还是清除整个工作表的规则即可。

以上讲的都是使用条件格式功能进行数据可视化展示，除此之外，我们还可以插入迷你图，利用微图表进行数据可视化展示，8.4节具体介绍相关内容。

8.4 迷你图，轻松展示数据趋势、对比、盈亏情况

我们要想在Excel报表的单元格中创建图表展示数据变化，除了条件格式，还可以插入迷你图。迷你图仅占用一个单元格就可以展示数据趋势变化或差异对比，相对图表而言，不但节省空间、小巧美观，而且操作简单、快捷、好用、易上手。

下面结合一个实际案例介绍创建迷你图的方法。

某企业要求根据各商品全年12个月的销售趋势变化制作趋势图，数据如图8-29所示。

迷你图在Excel 2019中是内置功能（Excel 2010之前版本无此功能），可以直接使用，操作步骤如图8-30所示。

商品	趋势图	1月	2月	3月	4月	5月	6月	7月	8月	9月	10月	11月	12月
商品A		553	167	565	699	418	352	547	849	419	537	391	727
商品B		797	147	395	265	125	160	597	684	590	985	278	588
商品C		914	773	785	232	745	246	484	259	681	549	192	403
商品D		159	655	896	749	219	684	489	552	102	767	241	337
商品E		748	883	929	790	108	507	635	597	633	842	780	966
商品F		403	464	586	305	487	947	983	657	862	589	235	777
商品G		203	123	974	801	686	323	167	567	955	324	123	113
商品H		853	951	721	165	243	968	623	608	384	386	952	870
商品I		880	773	328	706	583	148	472	828	755	465	790	884
商品J		386	234	669	898	708	143	441	433	734	223	119	861
商品K		752	259	693	369	392	317	423	813	478	754	791	252
商品L		755	183	342	454	362	525	723	491	495	300	350	464

图8-29

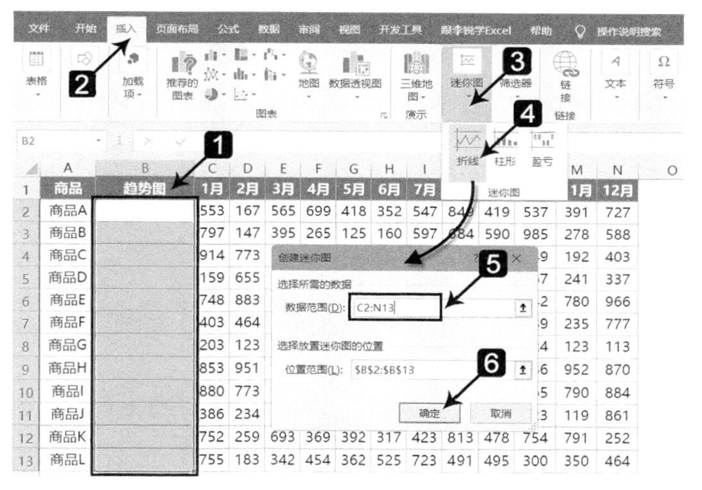

图8-30

在B列插入折线迷你图后，效果如图8-31所示。

商品	趋势图	1月	2月	3月	4月	5月	6月	7月	8月	9月	10月	11月	12月
商品A		553	167	565	699	418	352	547	849	419	537	391	727
商品B		797	147	395	265	125	160	597	684	590	985	278	588
商品C		914	773	785	232	745	246	484	259	681	549	192	403
商品D		159	655	896	749	219	684	489	552	102	767	241	337
商品E		748	883	929	790	108	507	635	597	633	842	780	966
商品F		403	464	586	305	487	947	983	657	862	589	235	777
商品G		203	123	974	801	686	323	167	567	955	324	123	113
商品H		853	951	721	165	243	968	623	608	384	386	952	870
商品I		880	773	328	706	583	148	472	828	755	465	790	884
商品J		386	234	669	898	708	143	441	433	734	223	119	861
商品K		752	259	693	369	392	317	423	813	478	754	791	252
商品L		755	183	342	454	362	525	723	491	495	300	350	464

图8-31

对于创建好的迷你图，还可以根据用户需求，利用迷你图工具设置明细效果。“迷你图工具”是Excel中的上下文选项卡，即仅当选中迷你图时才会在功能区显示，当活动单元格定位到空白单元格时，则会自动隐藏，不再在功能区显示。

为了在展示数据趋势的同时，突出显示最高点和最低点，我们可以在迷你图中设置高点、低点的突出显示，并美化迷你图样式，操作步骤如图8-32所示。

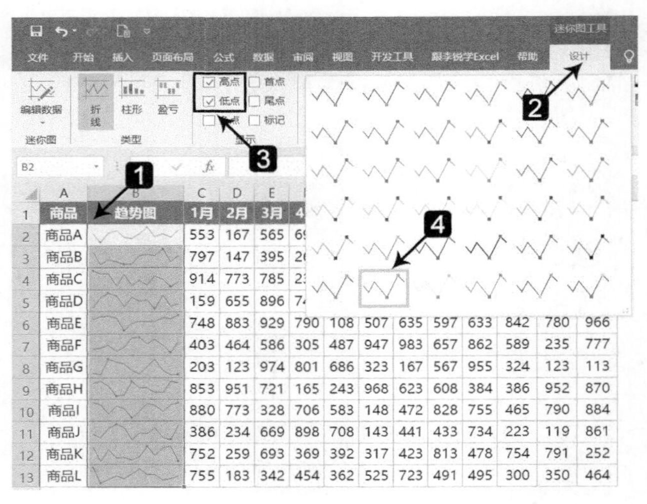

图 8-32

迷你图线条的粗细也可以自定义设置，同样是选中迷你图后在“迷你图工具”中设置，具体操作步骤如图8-33所示。

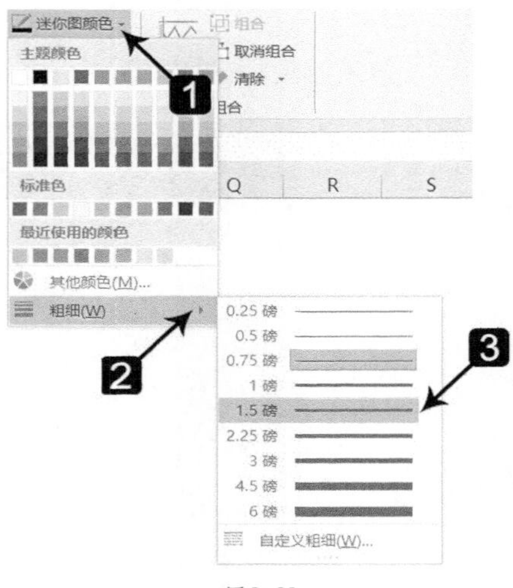

图 8-33

在折线迷你图中突出展示高点、低点并简单美化后，效果如图8-34所示。

商品	趋势图	1月	2月	3月	4月	5月	6月	7月	8月	9月	10月	11月	12月
商品A		553	167	565	699	418	352	547	849	419	537	391	727
商品B		797	147	395	265	125	160	597	684	590	985	278	588
商品C		914	773	785	232	745	246	484	259	681	549	192	403
商品D		159	655	896	749	219	684	489	552	102	767	241	337
商品E		748	883	929	790	108	507	635	597	633	842	780	966
商品F		403	464	586	305	487	947	983	657	862	589	235	777
商品G		203	123	974	801	686	323	167	567	955	324	123	113
商品H		853	951	721	165	243	968	623	608	384	386	952	870
商品I		880	773	328	706	583	148	472	828	755	465	790	884
商品J		386	234	669	898	708	143	441	433	734	223	119	861
商品K		752	259	693	369	392	317	423	813	478	754	791	252
商品L		755	183	342	454	362	525	723	491	495	300	350	464

图 8-34

以上案例的需求是展现数据趋势变化，所以使用折线迷你图。当需要展示数据对比变化时，可以使用柱形迷你图，效果如图8-35所示。

商品	分公司对比图	北京	上海	广州	深圳	天津	石家庄	厦门	成都	杭州	南京
商品A		241	642	476	279	575	419	370	638	657	360
商品B		384	299	310	352	402	238	426	840	340	810
商品C		824	707	672	700	768	391	336	457	711	870
商品D		651	841	400	443	769	421	575	896	576	744
商品E		689	697	636	689	525	854	201	266	635	735
商品F		534	280	201	202	452	856	641	705	373	789
商品G		836	654	890	410	766	510	422	257	750	438
商品H		736	787	342	255	735	275	779	894	418	668
商品I		648	364	345	829	679	799	769	780	761	475
商品J		884	870	244	275	812	577	402	636	325	700
商品K		849	523	206	827	611	483	854	780	811	242
商品L		898	572	268	564	387	553	395	867	415	803

图 8-35

当数据中同时存在正负值时，还可以使用盈亏迷你图，亏损的负值用红色柱形展示，盈利的正值用蓝色柱形展示，效果如图8-36所示。

柱形迷你图和盈亏迷你图的创建及设置方法与折线迷你图相同，此处不赘述。

	A	B	C	D	E	F	G	H	I	J	K	L
1	月份	项目盈亏图	项目1	项目2	项目3	项目4	项目5	项目6	项目7	项目8	项目9	项目10
2	商品A		-53	-9	70	122	38	266	280	222	-81	142
3	商品B		197	98	-68	0	220	85	112	231	215	262
4	商品C		180	-64	128	-60	119	83	151	215	287	297
5	商品D		226	241	19	-34	187	288	-94	-56	2	87
6	商品E		163	231	199	-16	191	-67	122	-70	300	229
7	商品F		41	41	93	-64	94	65	299	248	257	108
8	商品G		230	89	82	81	147	173	28	51	283	285
9	商品H		31	-28	-50	-40	259	116	25	-69	210	238
10	商品I		183	-77	290	48	288	-48	200	-6	154	-59
11	商品J		-33	76	82	-83	274	3	216	279	271	-70
12	商品K		131	216	196	-92	18	113	278	-80	146	198
13	商品L		239	98	119	-61	266	18	-28	256	92	-23

图 8-36

注意

虽然创建迷你图的操作简单，但是清除时需要注意方法，选中迷你图，按<Delete>键是无法将其清除的，需要从“迷你图工具”的“设计”选项卡中单击“清除”按钮，操作步骤如图8-37所示。

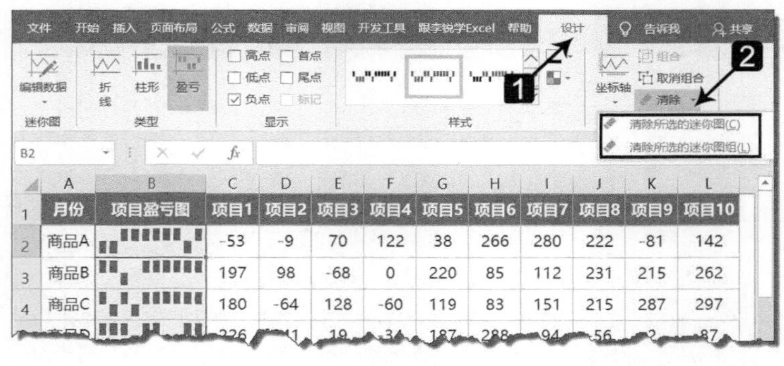

图 8-37

在展开的下拉菜单中，选择清除当前所选迷你图或迷你图组即可。

灵活使用迷你图，可以在Excel报表中轻松展示数据趋势、对比、盈亏情况，既美观又方便，推荐大家优先使用。

8.5 智能可视化，按指令动态突出显示目标记录

在进行工作汇报或数据展示时，经常会遇到这样的场景：领导突然给出一个条件，要求将Excel报表中满足条件的数据突出显示出来。这时如果使用筛选功能，会

隐藏其他数据，从而无法对比数据，而如果手动标识目标数据，无论是速度还是精准度又都无法保证，这就需要用到Excel中的智能可视化功能，让报表中的数据按照用户指定的条件突出显示。

下面结合实际案例，具体介绍让Excel按用户交互指令动态突出显示目标记录的方法。

某企业要求在全年各区域及月份销售报表中，按照指定的月份，动态突出显示该月份所匹配的数据行，效果如图8-38所示。

	A	B	C	D	E	F	G	H	I	J
1		月份		月份	北京	上海	广州	深圳	天津	石家庄
2		3月		1月	364	917	84	655	945	748
3		1月 2月 3月 4月 5月 6月 7月 8月		2月	757	797	760	132	636	217
4				3月	**727**	**216**	**255**	**811**	**397**	**841**
5				4月	198	737	812	793	290	33
6				5月	856	934	646	463	292	871
7				6月	770	936	23	813	624	470
8				7月	772	696	156	694	77	615
9				8月	260	785	156	323	936	586
10				9月	948	992	456	871	568	692
11				10月	656	152	891	315	775	507
12				11月	158	404	633	250	360	37
13				12月	162	670	671	779	600	935

图8-38

当用户将查询条件从3月改为5月时，Excel则动态更新突出显示的数据行，效果如图8-39所示。

	A	B	C	D	E	F	G	H	I	J
1		月份		月份	北京	上海	广州	深圳	天津	石家庄
2		5月		1月	364	917	84	655	945	748
3				2月	757	797	760	132	636	217
4				3月	727	216	255	811	397	841
5				4月	198	737	812	793	290	33
6				5月	**856**	**934**	**646**	**463**	**292**	**871**
7				6月	770	936	23	813	624	470
8				7月	772	696	156	694	77	615
9				8月	260	785	156	323	936	586
10				9月	948	992	456	871	568	692
11				10月	656	152	891	315	775	507
12				11月	158	404	633	250	360	37
13				12月	162	670	671	779	600	935

图8-39

下面介绍实现这种效果的具体操作步骤。

01 在B2单元格中设置下拉菜单，在“数据验证”对话框中的序列来源中设置1月至12月，便于用户从下拉菜单中选择月份作为查询条件。

02 在Excel中设置条件格式。选中E2:J13单元格区域设置条件格式规则，操作步骤如图8-40所示。

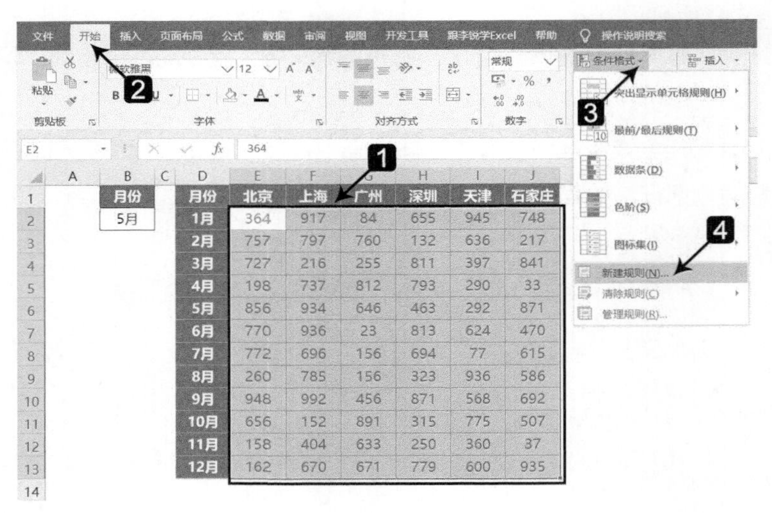

图 8-40

03 在弹出的“新建格式规则”对话框中选择规则类型并设置以下公式：

=$D2=$B$2

04 输入公式以后继续设置用于突出显示的格式，操作步骤如图8-41所示。

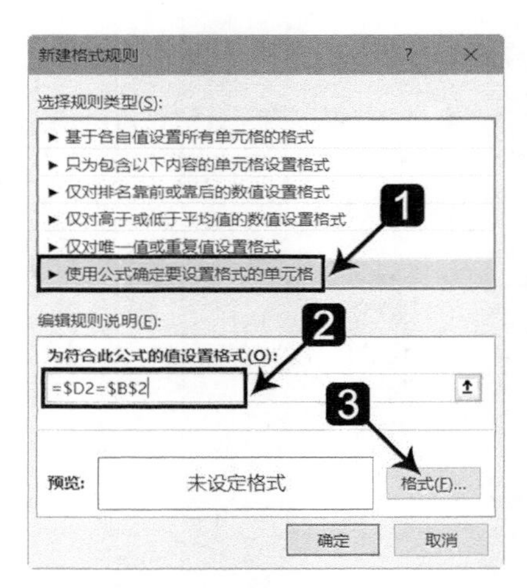

图 8-41

05 在弹出的“设置单元格格式”对话框中，设置字形加粗显示，如图8-42所示。

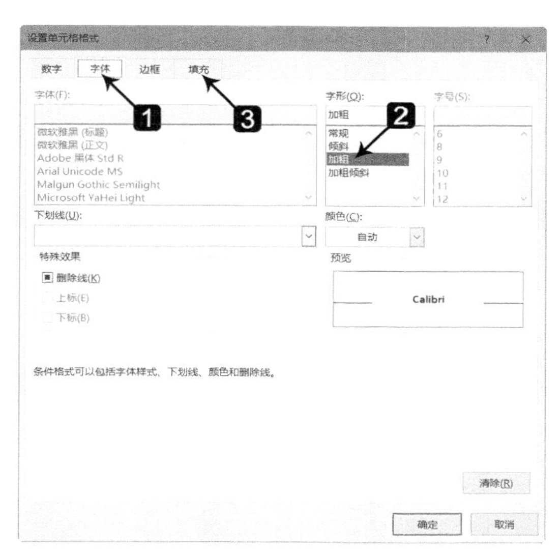

图 8-42

06 为了让目标数据的突出显示效果更加明显，设置格式时除了加粗字形外，还要设置填充背景颜色，如图8-43所示。

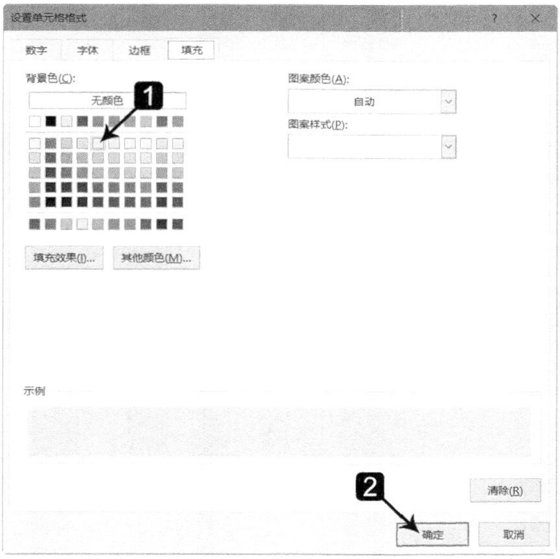

图 8-43

设置完毕后，即可使Excel跟随用户指定的月份条件（B2单元格处）突出显示该月份下所有数据。

在实际工作中，我们可以根据需求调整查询条件，同样可以使Excel动态交互突出显示目标数据，如将查询条件从月份改为区域，动态显示效果如图8-44所示。

	A	B	C	D	E	F	G	H	I	J
1	区域			月份	北京	上海	广州	深圳	天津	石家庄
2	广州			1月	364	917	84	655	945	748
3	北京			2月	757	797	760	132	636	217
4	上海 广州			3月	727	216	255	811	397	841
5	深圳 天津			4月	198	737	812	793	290	33
6	石家庄			5月	856	934	646	463	292	871
7				6月	770	936	23	813	624	470
8				7月	772	696	156	694	77	615
9				8月	260	785	156	323	936	586
10				9月	948	992	456	871	568	692
11				10月	656	152	891	315	775	507
12				11月	158	404	633	250	360	37
13				12月	162	670	671	779	600	935
14										

图8-44

这张Excel动态报表的设置原理与前例相同，唯一区别在于“编辑格式规则”对话框中的公式改为：

=E$1=$A$2

设置如图8-45所示。

编辑格式规则 ? ×

选择规则类型(S):

► 基于各自值设置所有单元格的格式
► 只为包含以下内容的单元格设置格式
► 仅对排名靠前或靠后的数值设置格式
► 仅对高于或低于平均值的数值设置格式
► 仅对唯一值或重复值设置格式
► 使用公式确定要设置格式的单元格

编辑规则说明(E):

为符合此公式的值设置格式(O):

=E$1=$A$2

预览: 微软卓越 AaBbCc 格式(F)...

确定 取消

图8-45

以上两个案例都是根据单个条件突出显示目标数据，我们还可以根据多个条件突出显示同时满足条件的目标数据，如按照用户指定的查询区域和查询月份，突出显示目标数据的月份所在行及区域所在列，效果如图8-46所示。

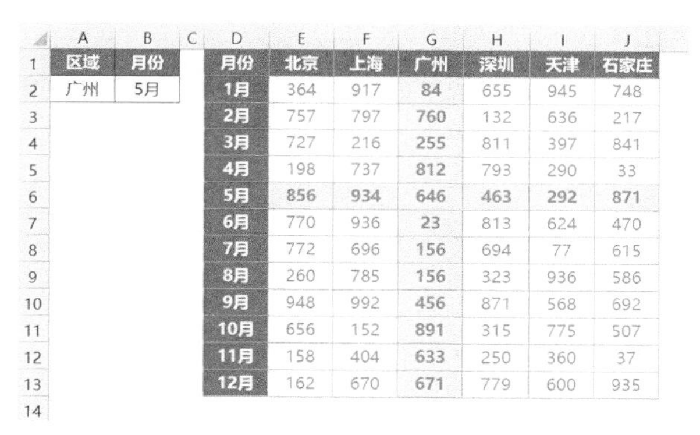

	A	B	C	D	E	F	G	H	I	J
1	区域	月份		月份	北京	上海	广州	深圳	天津	石家庄
2	广州	5月		1月	364	917	84	655	945	748
3				2月	757	797	760	132	636	217
4				3月	727	216	255	811	397	841
5				4月	198	737	812	793	290	33
6				5月	856	934	646	463	292	871
7				6月	770	936	23	813	624	470
8				7月	772	696	156	694	77	615
9				8月	260	785	156	323	936	586
10				9月	948	992	456	871	568	692
11				10月	656	152	891	315	775	507
12				11月	158	404	633	250	360	37
13				12月	162	670	671	779	600	935
14										

图 8-46

这张Excel动态报表其实就是前两个案例中条件格式的叠加版，分别设置两种规则即可，如图8-47所示。

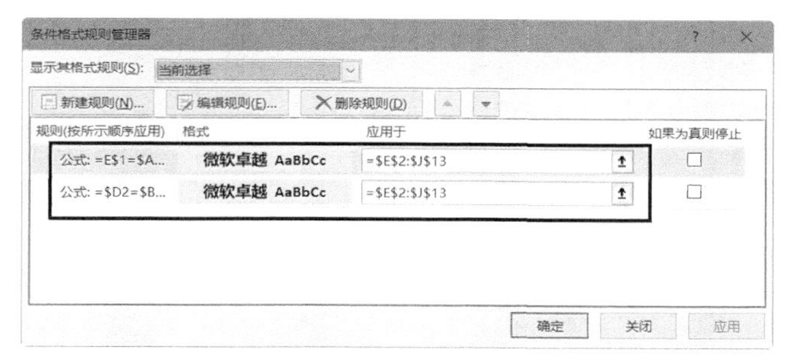

图 8-47

具体设置步骤同前，此处不赘述。

举一反三

如果领导还想在此基础上，继续突出显示满足条件的行列交叉位置的目标数据，也是可以实现的，效果如图8-48所示。

	A	B	C	D	E	F	G	H	I	J
1	区域	月份		月份	北京	上海	广州	深圳	天津	石家庄
2	广州	5月		1月	364	917	84	655	945	748
3				2月	757	797	760	132	636	217
4				3月	727	216	255	811	397	841
5				4月	198	737	812	793	290	33
6				5月	856	934	646	463	292	871
7				6月	770	936	23	813	624	470
8				7月	772	696	156	694	77	615
9				8月	260	785	156	323	936	586
10				9月	948	992	456	871	568	692
11				10月	656	152	891	315	775	507
12				11月	158	404	633	250	360	37
13				12月	162	670	671	779	600	935
14										

图 8-48

要想实现这种效果，设置方法很简单，仅需在之前报表的基础上继续添加编辑格式规则，使用公式如下，如图8-49所示。

=AND(E$1=$A$2,$D2=$B$2)

由于行列交叉位置的目标数据需要同时满足两种条件，所以这里使用AND函数实现多条件同时满足情况的判断。

输入编辑格式规则公式后，继续设置要突出显示的格式（如红色加粗字形+黄色背景颜色）。

设置完毕后，即可同时实现以下3项动态突出显示的需求：

①按查询月份突出显示目标行；

②按查询区域突出显示目标列；

③按月份和区域突出显示行列交叉处的目标数据。

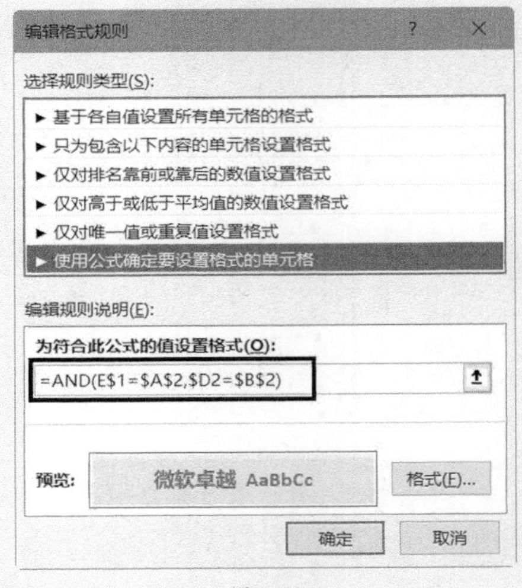

图8-49

此时可以在“条件格式规则管理器”对话框中查看对应的3条规则，如图8-50所示。

条件格式规则管理器

显示其格式规则(S): 当前选择

新建规则(N)... 编辑规则(E)... 删除规则(D)

规则(按所示顺序应用)	格式	应用于	如果为真则停止
公式: =AND(E$...	微软卓越 AaBbCc	=$E$2:$J$13	☐
公式: =E$1=$A...	微软卓越 AaBbCc	=$E$2:$J$13	☐
公式: =$D2=$B...	微软卓越 AaBbCc	=$E$2:$J$13	☐

确定 关闭 应用

图8-50

综上，我们利用Excel中的下拉菜单、条件格式、函数公式的组合，实现了Excel智能报表，根据用户交互指令动态突出显示目标数据，极大地增强了Excel报表的数据可视化效果，既实用又美观、专业。

第09章

数据透视表，海量数据汇总不用愁

当今社会已经步入信息时代，人们在职场中接触的数据量越来越大，Excel报表中容纳的数据经常会有成千上万条，甚至几十万条，与此同时，面对日益激烈的市场竞争和不断精细化的业务需求，人们对数据统计分析的要求也不断提高。

数据透视表是Excel中一个强大的数据处理和统计分析工具，可以实现海量数据的快速分类汇总和统计分析。其不但功能强大，而且操作简单，仅需用鼠标进行相关操作即可满足大部分需求。本章将从以下几个方面介绍经典的Excel数据透视表技术，让你面对海量数据不用愁。

- 上万条数据，轻松实现分类汇总
- 仅需1分钟将全年数据按季度、月份分类汇总
- 动态数据透视表，让报表结果自动更新
- 这才是数据透视的真正奥秘，让你指哪儿打哪儿
- 一键将总表拆分为多张分表，还能同步更新
- 一键植入选择器，让报表能够交互动态更新

9.1 上万条数据，轻松实现分类汇总

在实际工作中经常会接触到包含成千上万条数据的工作表，这时如果仅使用Excel函数公式进行处理，无论是处理的速度还是更新结果的速度都会遭遇瓶颈，严重时还可能引起Excel卡顿，甚至导致Excel软件崩溃。数据透视表可以突破这些瓶颈，轻松满足对海量数据进行各种处理和统计的需求。下面结合一个实际案例介绍数据透视表的使用方法。

某企业2020年所有分店、产品、渠道分类的销售明细记录表共包含10 000条记录，放置在“数据源”工作表中，如图9-1所示。企业要求根据数据源中的销售明细记录，按照分店和渠道分类两个维度对销售金额进行分类汇总，如图9-2所示。

	A	B	C	D	E	F	G
1	序号	日期	分店	产品	分类	金额	店员
2	1	2020/1/1	和平路店	鱼油	代理	54	王大壮
3	2	2020/1/1	和平路店	眼霜	批发	38	周玉芝
4	3	2020/1/1	南京路店	护发素	批发	83	张萍萍
5	4	2020/1/1	新华路店	唇膏	代理	53	宋薇
6	5	2020/1/1	南京路店	眼霜	批发	42	李小萌
7	6	2020/1/1	新华路店	鱼油	代理	35	高平

共包含10 000条记录，此示意图省略中间若干

9997	9996	2020/12/31	新华路店	眼霜	批发	12	宋薇
9998	9997	2020/12/31	新华路店	唇膏	批发	41	郑建国
9999	9998	2020/12/31	新华路店	护发素	代理	27	高平
10000	9999	2020/12/31	南京路店	护发素	批发	23	张萍萍
10001	10000	2020/12/31	和平路店	染发膏	代理	49	周玉芝
10002							

数据源 | 案例1 | 案例2 | 案例3

图9-1

分店	代理	零售	批发	总计
和平路店	55271	53650	54931	163852
南京路店	55650	55160	57939	168749
新华路店	56453	54664	56233	167350
总计	167374	163474	169103	499951

图9-2

此需求可以利用数据透视表快速实现，具体操作步骤如下。

01 选中数据源中的任意单元格（如B2单元格），创建数据透视表，操作步骤如图9-3所示。

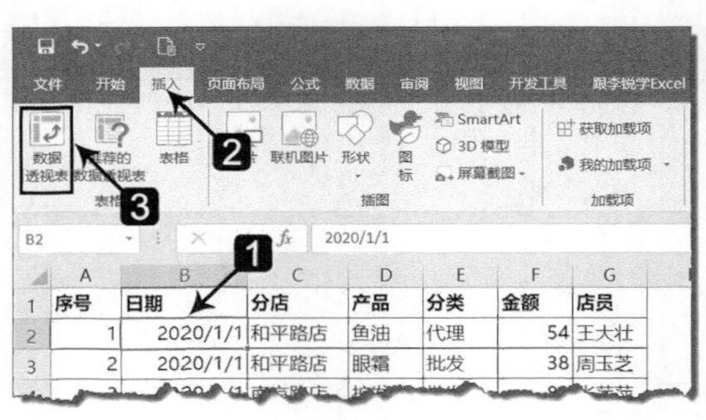

图9-3

02 弹出“创建数据透视表”对话框，选择数据源区域以及数据透视表的放置位置，操作步骤如图9-4所示。

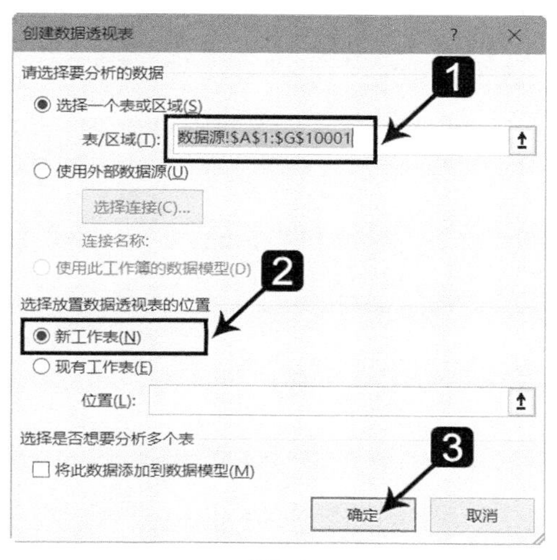

图9-4

03 弹出“数据透视表字段”窗格，选中字段并将其拖曳到指定的透视表区域内，即可得到分类汇总结果，如图9-5所示。

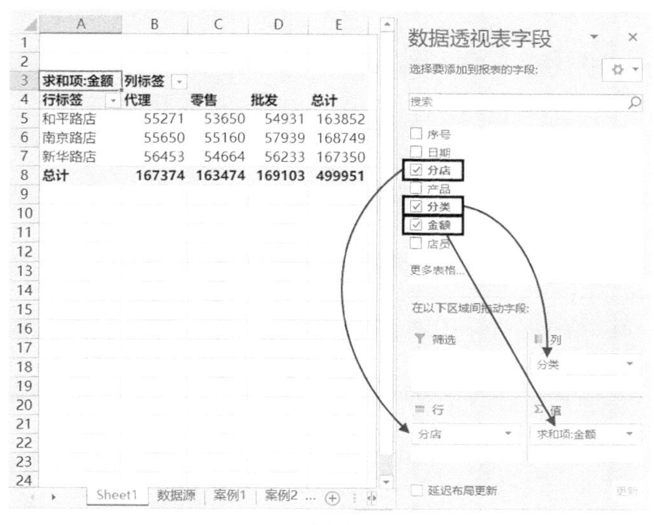

求和项:金额	列标签			
行标签	代理	零售	批发	总计
和平路店	55271	53650	54931	163852
南京路店	55650	55160	57939	168749
新华路店	56453	54664	56233	167350
总计	167374	163474	169103	499951

图9-5

04 为了将A4单元格的“行标签”显示为具有实际含义的字段名称，设置数据透视表的报表布局为“表格形式”，操作步骤如图9-6所示。

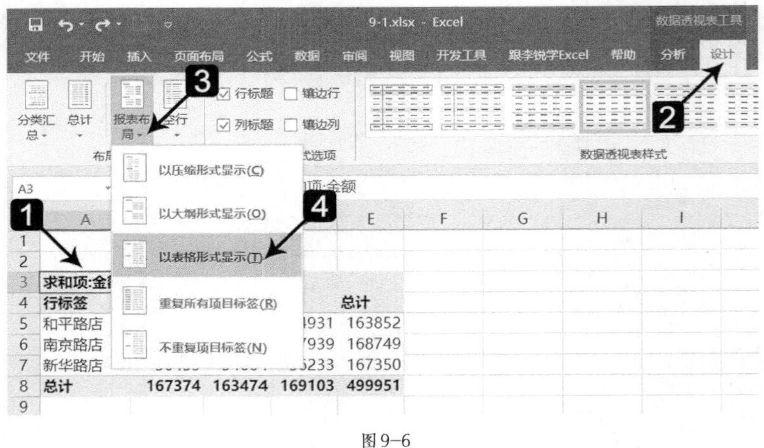

图 9-6

注意

“数据透视表工具”选项卡是Excel中的上下文选项卡，需要选中数据透视表的任意位置才会出现，如果选中的是空白单元格则该选项卡会在功能区中自动隐藏。

经过简单的鼠标拖曳操作，即可从一万条数据中轻松得到想要的分类汇总结果，效果如图9-7所示。

	A	B	C	D	E	F
1						
2						
3	求和项:金额	分类				
4	分店	代理	零售	批发	总计	
5	和平路店	55271	53650	54931	163852	
6	南京路店	55650	55160	57939	168749	
7	新华路店	56453	54664	56233	167350	
8	总计	167374	163474	169103	499951	
9						

图 9-7

数据透视表不但可以按照条件对海量数据进行快速分类汇总，而且可以根据用户需求快速调整报表布局和统计分析维度。

如领导要求按照产品和渠道分类两个维度对销售金额进行分类汇总，仅需调整数据透视表的字段布局，将数据透视表行区域中的“分店”换成“产品”，即可将工作表中的数据透视表结果同步更新，如图9-8所示。

求和项:金额	分类			
产品	代理	零售	批发	总计
唇膏	26371	27995	29447	83813
护发素	28274	28799	27743	84816
染发膏	28668	25832	27667	82167
维C	26914	27112	25848	79874
眼霜	27502	28000	29549	85051
鱼油	29645	25736	28849	84230
总计	167374	163474	169103	499951

图 9-8

如领导再次添加新的要求，要对全年销售记录按照渠道分类、分店、产品3个维度进行分类汇总，仅需调整数据透视表的字段布局，在数据透视表行区域中放置“分类”和“分店”字段，在数据透视表列区域中放置“产品”字段，即可将工作表中的数据透视表结果同步更新，如图9-9所示。

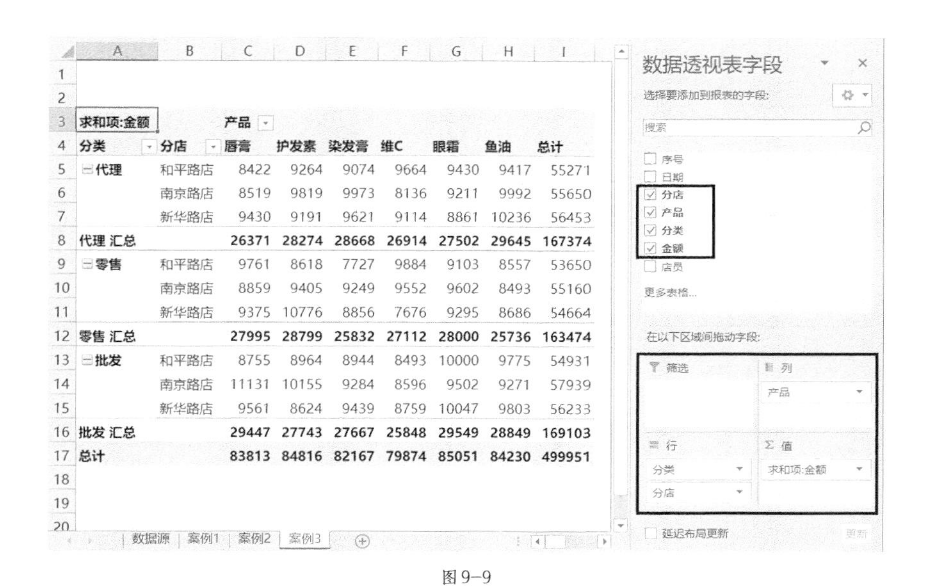

求和项:金额		产品						
分类	分店	唇膏	护发素	染发膏	维C	眼霜	鱼油	总计
代理	和平路店	8422	9264	9074	9664	9430	9417	55271
	南京路店	8519	9819	9973	8136	9211	9992	55650
	新华路店	9430	9191	9621	9114	8861	10236	56453
代理 汇总		26371	28274	28668	26914	27502	29645	167374
零售	和平路店	9761	8618	7727	9884	9103	8557	53650
	南京路店	8859	9405	9249	9552	9602	8493	55160
	新华路店	9375	10776	8856	7676	9295	8686	54664
零售 汇总		27995	28799	25832	27112	28000	25736	163474
批发	和平路店	8755	8964	8944	8493	10000	9775	54931
	南京路店	11131	10155	9284	8596	9502	9271	57939
	新华路店	9561	8624	9439	8759	10047	9803	56233
批发 汇总		29447	27743	27667	25848	29549	28849	169103
总计		83813	84816	82167	79874	85051	84230	499951

图 9-9

可见，对于复杂的多维度分类汇总需求，用数据透视表可以在短短几秒内轻松满足。

数据透视表不仅能够轻松实现按照条件对海量数据进行分类汇总，还可以自定义分组将数据归类分组汇总，如将全年数据按季度、月份分类汇总，9.2节具体介绍相关内容。

9.2 仅需1分钟将全年数据按季度、月份分类汇总

工作中经常需要按照时间周期对数据进行分组和统计分析，但是数据源中仅有日期字段，没有月份、季度等字段，这时怎样处理最快捷呢？

如果使用Excel函数公式根据日期生成月份、季度辅助列，当数据量较大时（如10 000条记录），辅助列中的大量公式在计算时容易引起Excel卡顿，这时我们可以借助数据透视表中的分组功能，将日期按月份、季度自动分类汇总，下面结合一个实际案例具体介绍。

某企业的2020年全年销售记录如图9-10左图所示，领导要求将其按照季度和月份分类汇总，效果如图9-10右图所示。

	A	B	C	D	E	F	G
1	序号	日期	分店	产品	分类	金额	店员
2	1	2020/1/1	和平路店	鱼油	代理	54	王大壮
3	2	2020/1/1	和平路店	眼霜	批发	38	周玉芝
4	3	2020/1/1	南京路店	护发素	批发	83	张萍萍
5	4	2020/1/1	新华路店	唇膏	代理	53	宋薇
6	5	2020/1/1	南京路店	眼霜	批发	42	李小萌
7	6	2020/1/1	新华路店	鱼油	代理	35	高平

数据源共包含10 000条记录，此示意图省略中间若干

9997	9996	2020/12/31	新华路店	眼霜	批发	12	宋薇
9998	9997	2020/12/31	新华路店	唇膏	批发	41	郑建国
9999	9998	2020/12/31	新华路店	护发素	代理	27	高平
10000	9999	2020/12/31	南京路店	护发素	批发	23	张萍萍
10001	10000	2020/12/31	和平路店	染发膏	代理	49	周玉芝
10002							

数据源　案例1　案例2　案例3

季度	日期	求和项:金额
⊟第一季	1月	42427
	2月	37039
	3月	42447
第一季 汇总		121913
⊟第二季	4月	42599
	5月	41794
	6月	40069
第二季 汇总		124462
⊟第三季	7月	43514
	8月	43131
	9月	38997
第三季 汇总		125642
⊟第四季	10月	43057
	11月	42232
	12月	42645
第四季 汇总		127934
总计		499951

图9-10

此需求可以使用数据透视表轻松实现，具体操作步骤如下。

01 首先根据数据源创建数据透视表，在“数据透视表字段”窗格中选中“日期”字段并将“日期”字段拖曳至数据透视表行区域，在数据透视表的日期所在位置单击鼠标右键，选择“组合”，操作步骤如图9-11所示。

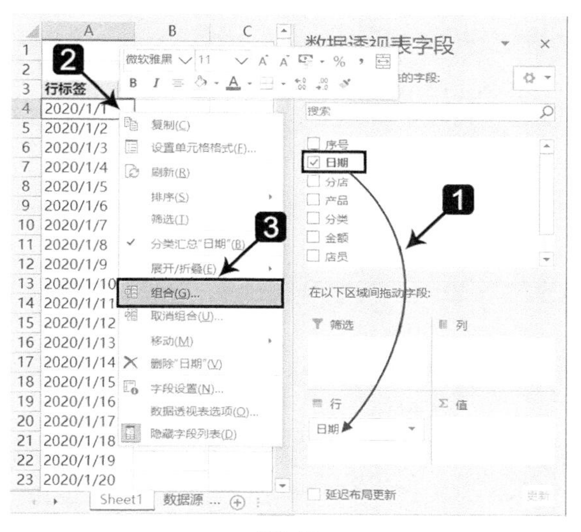

图9-11

02 弹出“组合”对话框，同时选中“月”和“季度”，单击“确定”按钮，如图9-12所示。

03 这样即可让数据透视表自动将日期按照季度和月份分组显示，如图9-13所示。

图9-12　　　　图9-13

04 由于领导要求的是对销售金额进行分类汇总，所以将“金额”字段拖曳至数据透视表的值区域，即可轻松实现同时按照季度和月份对金额进行分类汇总，如图9-14所示。

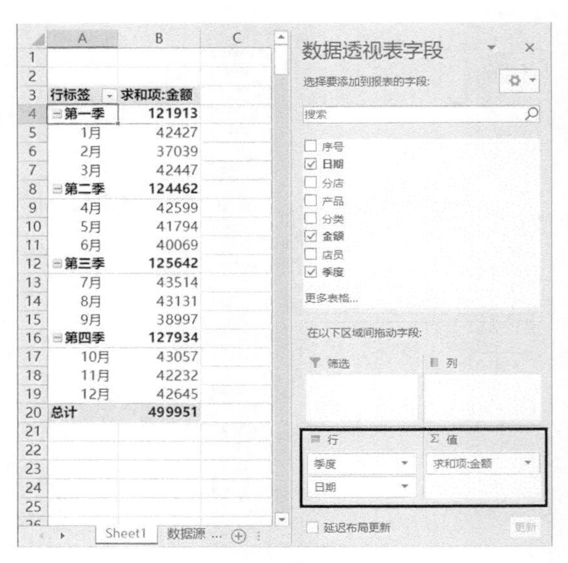

图9-14

05 由于默认生成的数据透视表采用的报表布局是压缩形式，季度和月份两个字段都被压缩在A列显示，要想让季度和月份两个字段分别在不同列上展示，可以调整数据透视表的报表布局为“表格形式”，操作步骤如图9-15所示。

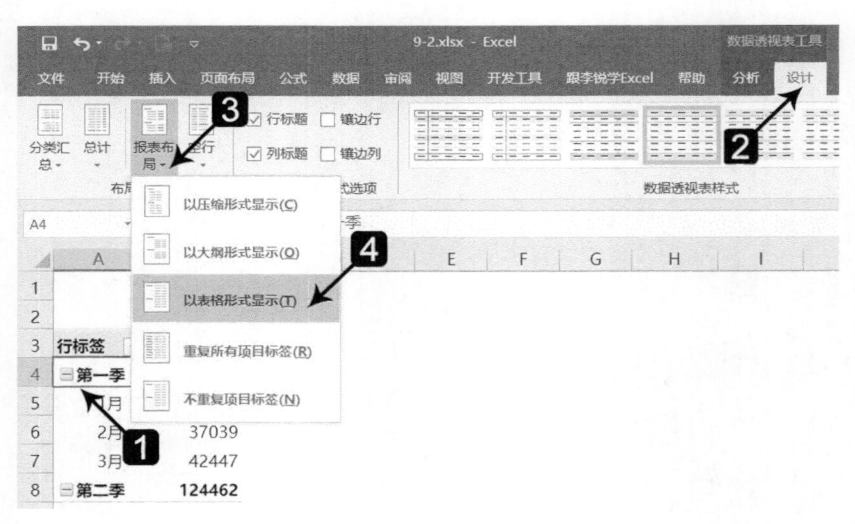

图9-15

06 这样得到的数据透视表中，季度字段放置在A列显示，月份字段放置在B列显示，效果如图9-16所示。

07 此时数据透视表中B列的月份数据的字段名称是“日期”（如图9-17所示），选中B3单元格，在编辑栏中将其改为“月”。

08 修改完毕后，字段名称即可被命名为“月”，如图9-18所示。

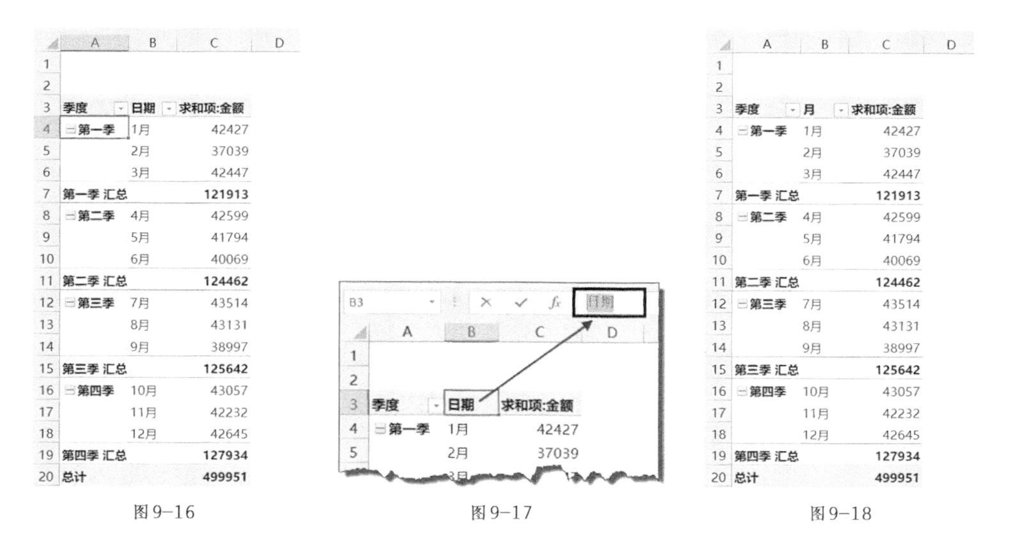

季度	日期	求和项:金额
第一季	1月	42427
	2月	37039
	3月	42447
第一季 汇总		121913
第二季	4月	42599
	5月	41794
	6月	40069
第二季 汇总		124462
第三季	7月	43514
	8月	43131
	9月	38997
第三季 汇总		125642
第四季	10月	43057
	11月	42232
	12月	42645
第四季 汇总		127934
总计		499951

季度	月	求和项:金额
第一季	1月	42427
	2月	37039
	3月	42447
第一季 汇总		121913
第二季	4月	42599
	5月	41794
	6月	40069
第二季 汇总		124462
第三季	7月	43514
	8月	43131
	9月	38997
第三季 汇总		125642
第四季	10月	43057
	11月	42232
	12月	42645
第四季 汇总		127934
总计		499951

图9-16　　图9-17　　图9-18

这样就完成了将全年数据按季度、月份分类汇总的要求。

在使用了分组功能的数据透视表中，同样可以根据需要调整或添加数据透视表字段，数据透视表的结果会自动更新。

如领导再有新的要求，想在按照季度和月份两个维度的基础上，再添加分店维度对数据分类汇总，这时仅需将“分店”字段拖曳至数据透视表列区域即可，如图9-19所示。

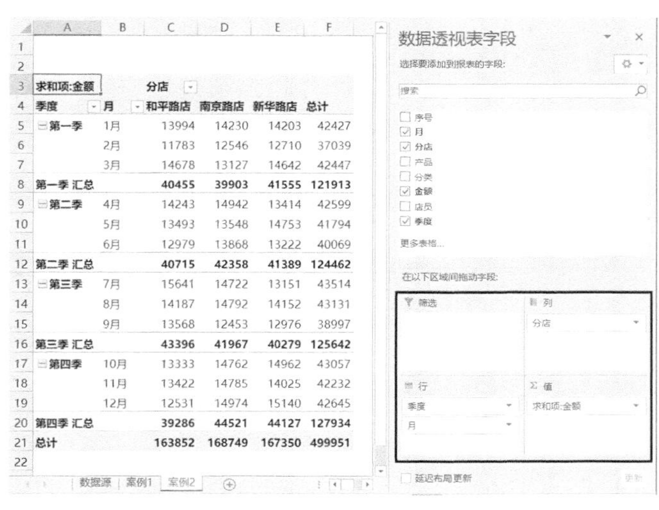

求和项:金额		分店			
季度	月	和平路店	南京路店	新华路店	总计
第一季	1月	13994	14230	14203	42427
	2月	11783	12546	12710	37039
	3月	14678	13127	14642	42447
第一季 汇总		40455	39903	41555	121913
第二季	4月	14243	14942	13414	42599
	5月	13493	13548	14753	41794
	6月	12979	13868	13222	40069
第二季 汇总		40715	42358	41389	124462
第三季	7月	15641	14722	13151	43514
	8月	14187	14792	14152	43131
	9月	13568	12453	12976	38997
第三季 汇总		43396	41967	40279	125642
第四季	10月	13333	14762	14962	43057
	11月	13422	14785	14025	42232
	12月	12531	14974	15140	42645
第四季 汇总		39286	44521	44127	127934
总计		163852	168749	167350	499951

图9-19

综上，只要灵活运用数据透视表的分组功能、合理调整字段布局，即可完成多个维度的数据统计分析，大幅提升工作效率。

以上案例中的数据源是固定不变的，而在实际工作中经常遇到数据源的数据会发生增减变动的情况，这就需要设置数据透视表跟随数据源的变动自动更新，9.3节具体介绍相关内容。

9.3 动态数据透视表，让报表结果自动更新

当在工作中遇到对经常变动的数据源进行处理及统计时，普通数据透视表仅能对最初引用的数据源区域内的数据更新结果，当新增数据超出原有数据源范围时，数据透视表的结果将不准确，这时我们可以使用以下两种方法让数据透视表返回正确结果。

①手动调整数据透视表的数据源范围。

②设置动态引用数据源，创建动态数据透视表。

下面结合实际案例分别介绍具体方法。

■ 手动调整数据透视表的数据源范围

某企业的2020年全年销售记录如图9-20左图所示，得到的数据透视表如图9-20右图所示。

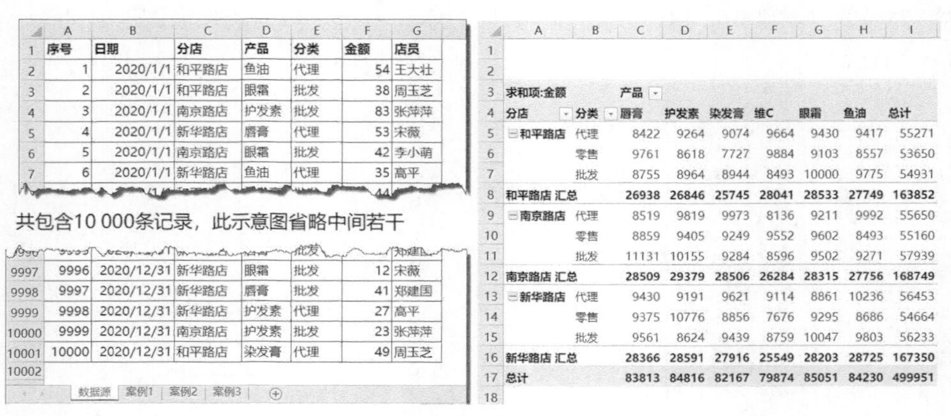

序号	日期	分店	产品	分类	金额	店员
1	2020/1/1	和平路店	鱼油	代理	54	王大壮
2	2020/1/1	和平路店	眼霜	批发	38	周玉芝
3	2020/1/1	南京路店	护发素	批发	83	张萍萍
4	2020/1/1	新华路店	唇膏	代理	53	宋薇
5	2020/1/1	南京路店	眼霜	批发	42	李小萌
6	2020/1/1	新华路店	鱼油	代理	35	高平
9996	2020/12/31	新华路店	眼霜	批发	12	宋薇
9997	2020/12/31	新华路店	唇膏	批发	41	郑建国
9998	2020/12/31	新华路店	护发素	代理	27	高平
9999	2020/12/31	南京路店	护发素	批发	23	张萍萍
10000	2020/12/31	和平路店	染发膏	代理	49	周玉芝

求和项:金额		产品						
分店	分类	唇膏	护发素	染发膏	维C	眼霜	鱼油	总计
和平路店	代理	8422	9264	9074	9664	9430	9417	55271
	零售	9761	8618	7727	9884	9103	8557	53650
	批发	8755	8964	8944	8493	10000	9775	54931
和平路店 汇总		26938	26846	25745	28041	28533	27749	163852
南京路店	代理	8519	9819	9973	8136	9211	9992	55650
	零售	8859	9405	9249	9552	9602	8493	55160
	批发	11131	10155	9284	8596	9502	9271	57939
南京路店 汇总		28509	29379	28506	26284	28315	27756	168749
新华路店	代理	9430	9191	9621	9114	8861	10236	56453
	零售	9375	10776	8856	7676	9295	8686	54664
	批发	9561	8624	9439	8759	10047	9803	56233
新华路店 汇总		28366	28591	27916	25549	28203	28725	167350
总计		83813	84816	82167	79874	85051	84230	499951

图9-20

01 当销售记录不断增加时，我们可以手动调整数据透视表的数据源，操作步骤如图9-21所示。

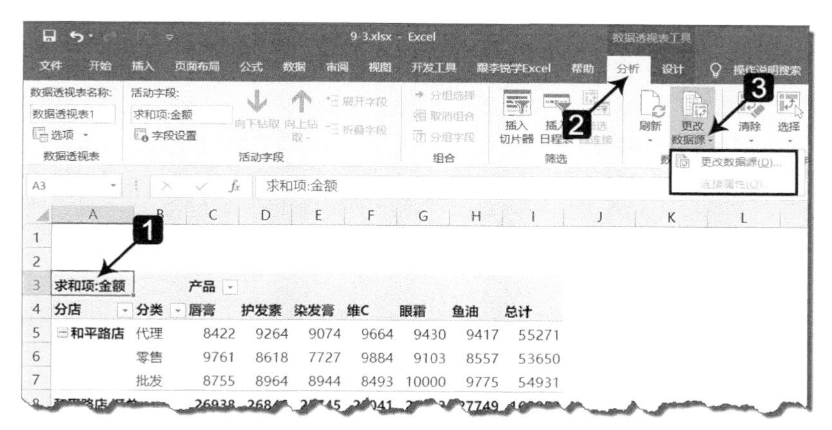

图 9-21

02 对于当前案例，由于数据源放置在当前工作簿中，所以直接选择“更改数据源”即可；当数据源是其他Excel文件或其他渠道等外部数据来源时，可以选择“连接属性”对外部数据源进行具体设置。

03 选择“更改数据源”后，Excel会弹出“更改数据透视表数据源”对话框，根据改动后的数据源范围修改引用区域即可，如图9-22所示。

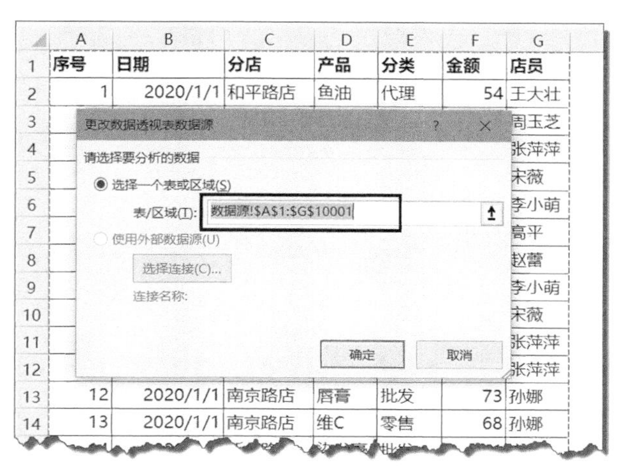

图 9-22

04 在修改数据透视表的数据源后，为了保证数据透视表结果能够同步更新，可以刷新数据透视表，操作步骤如图9-23所示。

当前案例中仅有一个数据透视表，可以直接选择“刷新”；当工作簿中包含多个数据透视表时，可以选择“全部刷新”，将当前工作簿中的所有数据透视表批量刷新。

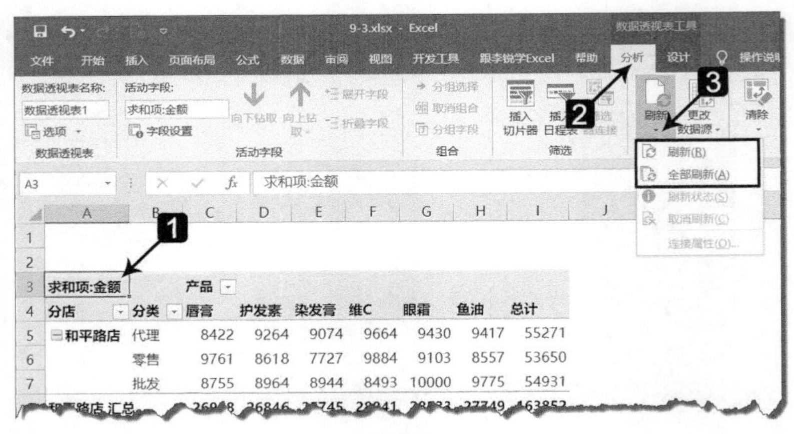

图 9-23

■ 设置动态引用数据源，创建动态数据透视表

手动调整数据透视表数据源的方法适用于数据源范围偶尔变动时，当数据源范围经常变动时，可以采用设置动态引用区域创建动态数据透视表的方法，让数据透视表结果跟随数据源自动更新，下面介绍具体操作方法。

01 将光标定位到数据源中任意单元格（如A1单元格），按<Ctrl+T>组合键或使用菜单操作创建Excel超级表，操作步骤如图9-24所示。

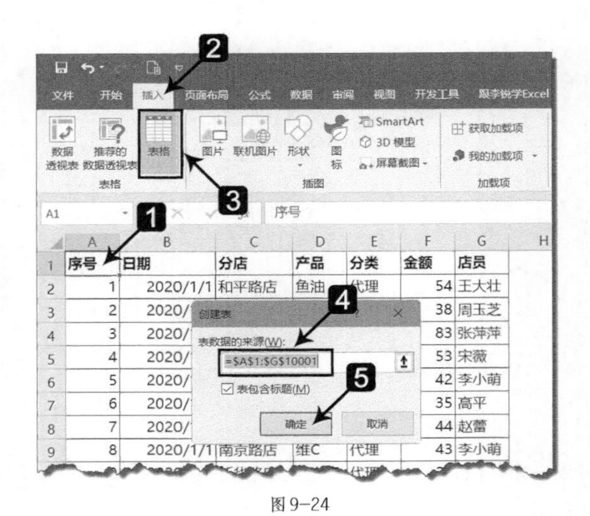

图 9-24

02 创建完毕后，Excel会对超级表自动命名（如“表1”），同时将数据区域隔行填充颜色并进入筛选状态，如图9-25所示。

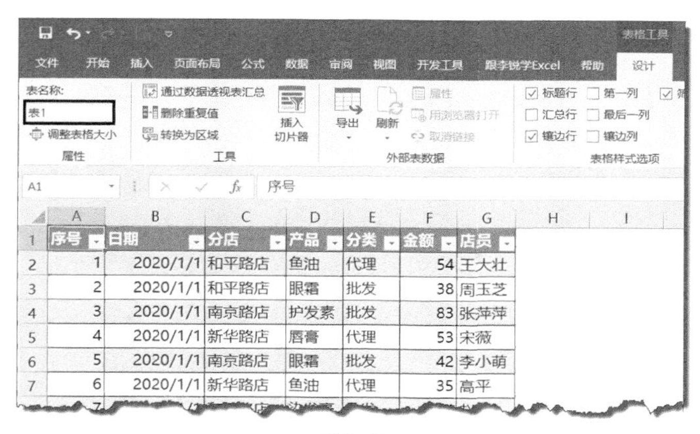

图 9-25

注意

超级表的“表格工具”选项卡也是上下文选项卡，当选中超级表区域时才会显示“表格工具”选项卡；当选中空白单元格时，此选项卡将隐藏。

由于超级表具有随着数据源的变动自动调整表格范围的特性，所以将普通区域创建为超级表就可以利用超级表的行列自动扩展功能，为数据透视表创建动态数据源。

03 创建好超级表“表1”后，更改数据透视表的数据源为“表1”即可，如图9-26所示。

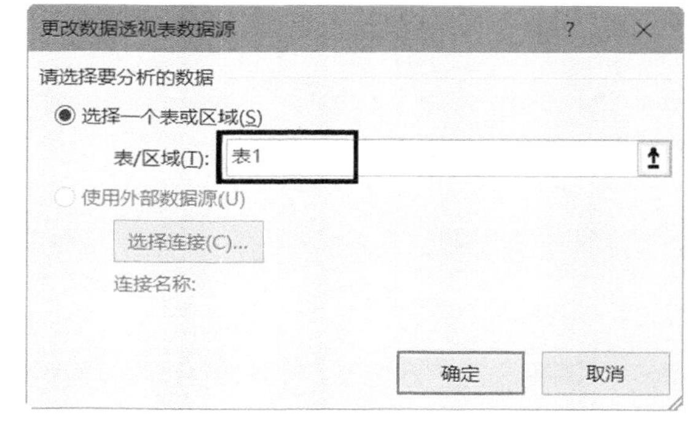

图 9-26

这样得到的数据透视表即可跟随数据源的范围变动而自动更新，免去了手动调整数据透视表数据源的麻烦。

提示

如果要将超级表转换为普通区域，可以单击“表格工具”下的“设计”选项卡中的“转换为区域”按钮，如图9-27所示。

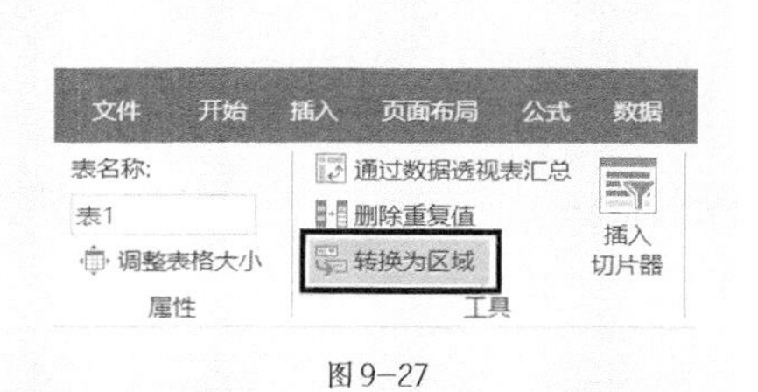

图 9-27

当数据透视表的数据源从超级表转换为普通区域后，也就同时失去了自动更新数据透视表结果的功能。

使用这种方法时需要注意的是，在Excel 2010以及更早期版本中，超级表的功能尚不完善，仅能支持纵向的行记录增加时自动扩展数据透视表的数据源范围，而横向的列字段数量增加，经常会导致数据透视表的数据源无法自动更新。

当遇到这种情况时，可以借助Excel函数公式定义名称动态引用数据源区域，将该名称作为数据透视表的数据源，从而实现在Excel早期版本中也能全面解锁动态数据透视表。由于此种方法涉及较多Excel函数嵌套用法，此处不再展开描述，有兴趣的读者可以进入作者的微信服务号“跟李锐学Excel”自行搜索对应教程。

数据透视表不但具备将分散的明细数据分类汇总的功能，而且也具备将数据透视结果向下钻取得到明细数据的功能，9.4节具体介绍相关内容。

9.4 这才是数据透视的真正奥秘，让你指哪儿打哪儿

在进行工作总结或商务汇报时，我们不但要展示数据汇总结果报表，而且在必要时要对这些结果给予数据支持，使报告更具专业性和说服力。数据透视表之所以如此命名，就是因为其具备真正的数据透视功能，可以根据用户需求将汇总结果向下钻取，得到支持和构成这个结果的明细数据，下面结合一个实际案例介绍具体方法。

某企业在全年工作总结会议上，当展示到和平路店在零售渠道的护发素产品销售额为8 618元时，领导要求查看构成这个数字的具体销售明细记录，如图9-28所示。

	A	B	C	D	E	F	G	H	I
1									
2									
3	求和项:金额		产品						
4	分店	分类	唇膏	护发素	染发膏	维C	眼霜	鱼油	总计
5	和平路店	代理	8422	9264	9074	9664	9430	9417	55271
6		零售	9761	8618	7727	9884	9103	8557	53650
7		批发	8755	8964	8944	8493	10000	9775	54931
8	和平路店 汇总		26938	26846	25745	28041	28533	27749	163852
9	南京路店	代理	8519	9819	9973	8136	9211	9992	55650
10		零售	8859	9405	9249	9552	9602	8493	55160
11		批发	11131	10155	9284	8596	9502	9271	57939
12	南京路店 汇总		28509	29379	28506	26284	28315	27756	168749
13	新华路店	代理	9430	9191	9621	9114	8861	10236	56453
14		零售	9375	10776	8856	7676	9295	8686	54664
15		批发	9561	8624	9439	8759	10047	9803	56233
16	新华路店 汇总		28366	28591	27916	25549	28203	28725	167350
17	总计		83813	84816	82167	79874	85051	84230	499951

图9-28

这时如果从数据透视表的数据源中依次按照多个条件逐次筛选，不但麻烦而且显得极不专业，正确的做法是利用数据透视表的数据透视功能快速完成，下面介绍操作方法。

01 双击数据8 618所在的单元格（D6单元格），数据透视表将从此数据自动向下钻取，新建工作表展示构成这个汇总数据的明细数据，如图9-29所示。

	A	B	C	D	E	F	G
1	序号	日期	分店	产品	分类	金额	店员
2	9958	2020/12/30	和平路店	护发素	零售	40	周玉芝
3	9785	2020/12/24	和平路店	护发素	零售	78	周玉芝
4	9711	2020/12/21	和平路店	护发素	零售	66	周玉芝
5	9659	2020/12/20	和平路店	护发素	零售	98	赵蕾
6	9300	2020/12/6	和平路店	护发素	零售	51	赵蕾
7	9269	2020/12/5	和平路店	护发素	零售	61	王大壮
8	9163	2020/11/30	和平路店	护发素	零售	72	赵蕾
9	9131	2020/11/29	和平路店	护发素	零售	80	王大壮
10	9121	2020/11/29	和平路店	护发素	零售	61	王大壮
11	9096	2020/11/28	和平路店	护发素	零售	89	周玉芝
12	8710	2020/11/14	和平路店	护发素	零售	62	王大壮
13	8605	2020/11/11	和平路店	护发素	零售	30	王大壮
14	8454	2020/11/6	和平路店	护发素	零售	22	赵蕾
15	8372	2020/11/2	和平路店	护发素	零售	1	周玉芝

数据源　Sheet1　案例1

图 9-29

这个新生成的工作表“Sheet1”中的所有记录，都是同时满足数据透视表各种行字段、列字段条件约束的，如当前案例的钻取明细同时满足以下3个条件：

①分店=和平路店；

②分类=零售；

③产品=护发素。

02 查看完明细后即可将该工作表删除，删除该工作表不会对数据透视表产生任何影响。

当领导要求查看的明细变动时，可以采用同样的方法按指定条件瞬间展示数据明细来源，如领导想查看南京路店的所有销售明细，我们可以定位到数据透视表中的南京路店行汇总和列总计的交叉点位置（I12单元格），如图9-30所示。双击此单元格钻取数据，即可瞬间得到想要的结果，效果如图9-31所示。

	A	B	C	D	E	F	G	H	I
1									
2									
3	求和项:金额		产品						
4	分店	分类	唇膏	护发素	染发膏	维C	眼霜	鱼油	总计
5	⊟和平路店	代理	8422	9264	9074	9664	9430	9417	55271
6		零售	9761	8618	7727	9884	9103	8557	53650
7		批发	8755	8964	8944	8493	10000	9775	54931
8	和平路店 汇总		26938	26846	25745	28041	28533	27749	163852
9	⊟南京路店	代理	8519	9819	9973	8136	9211	9992	55650
10		零售	8859	9405	9249	9552	9602	8493	55160
11		批发	11131	10155	9284	8596	9502	9271	57939
12	南京路店 汇总		28509	29379	28506	26284	28315	27756	168749
13	⊟新华路店	代理	9430	9191	9621	9114	8861	10236	56453
14		零售	9375	10776	8856	7676	9295	8686	54664
15		批发	9561	8624	9439	8759	10047	9803	56233
16	新华路店 汇总		28366	28591	27916	25549	28203	28725	167350
17	总计		83813	84816	82167	79874	85051	84230	499951

图 9-30

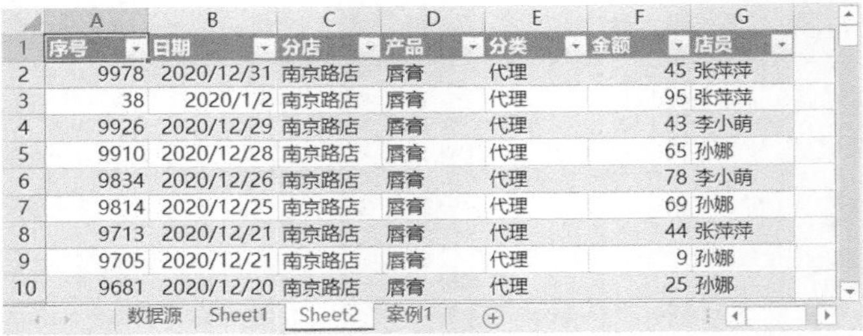

	A	B	C	D	E	F	G
1	序号	日期	分店	产品	分类	金额	店员
2	9978	2020/12/31	南京路店	唇膏	代理	45	张萍萍
3	38	2020/1/2	南京路店	唇膏	代理	95	张萍萍
4	9926	2020/12/29	南京路店	唇膏	代理	43	李小萌
5	9910	2020/12/28	南京路店	唇膏	代理	65	孙娜
6	9834	2020/12/26	南京路店	唇膏	代理	78	李小萌
7	9814	2020/12/25	南京路店	唇膏	代理	69	孙娜
8	9713	2020/12/21	南京路店	唇膏	代理	44	张萍萍
9	9705	2020/12/21	南京路店	唇膏	代理	9	孙娜
10	9681	2020/12/20	南京路店	唇膏	代理	25	孙娜

数据源 | Sheet1 | Sheet2 | 案例1

图 9-31

提示

数据透视表的这种向下钻取的功能是默认打开的，但也可以通过设置关闭此功能，关闭后在数据透视表中双击数据则会弹出错误提示，如图9-32所示。

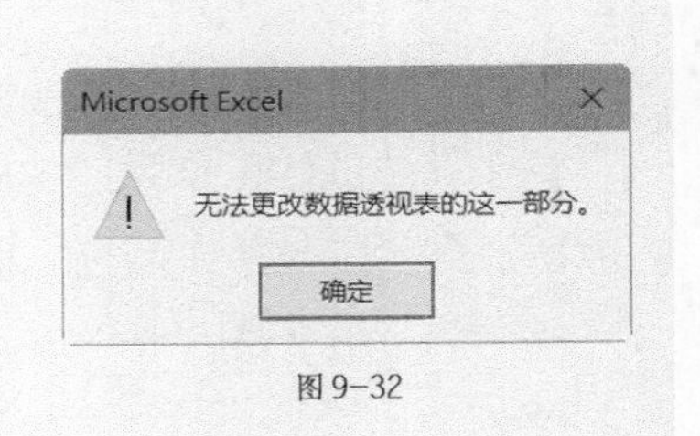

图 9-32

要想打开数据透视表的钻取数据功能，可以进入数据透视表选项进行设置，操作方法如下。

01 在数据透视表中选中任意单元格（如C5单元格），单击鼠标右键，选择“数据透视表选项”，如图9-33所示。

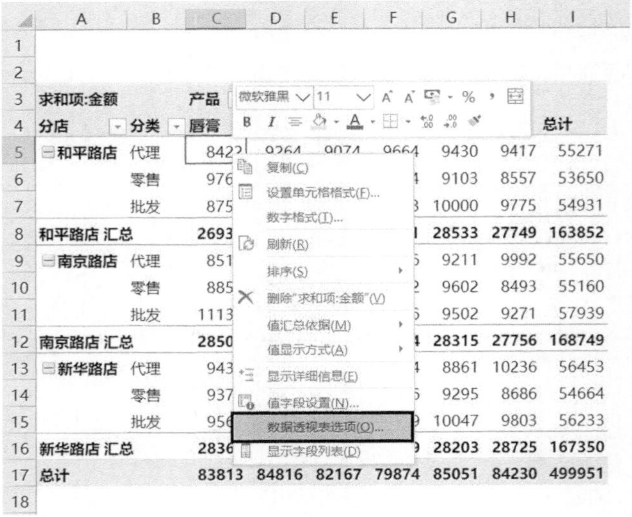

	A	B	C	D	E	F	G	H	I
1									
2									
3	求和项:金额		产品						
4	分店	分类	唇膏						总计
5	和平路店	代理	8422	9264	9074	9664	9430	9417	55271
6		零售	976			4	9103	8557	53650
7		批发	875			3	10000	9775	54931
8	和平路店 汇总		2693			1	28533	27749	163852
9	南京路店	代理	851			5	9211	9992	55650
10		零售	885			2	9602	8493	55160
11		批发	1113			6	9502	9271	57939
12	南京路店 汇总		2850			4	28315	27756	168749
13	新华路店	代理	943			4	8861	10236	56453
14		零售	937			5	9295	8686	54664
15		批发	956			9	10047	9803	56233
16	新华路店 汇总		2836			9	28203	28725	167350
17	总计		83813	84816	82167	79874	85051	84230	499951
18									

微软雅黑 11
复制(C)
设置单元格格式(F)...
数字格式(T)...
刷新(R)
排序(S)
删除"求和项:金额"(V)
值汇总依据(M)
值显示方式(A)
显示详细信息(E)
值字段设置(N)...
数据透视表选项(O)...
显示字段列表(D)

图 9-33

02 弹出“数据透视表选项”对话框，在“数据”选项卡下选中“启用显示明细数据”复选框，如图9-34所示。

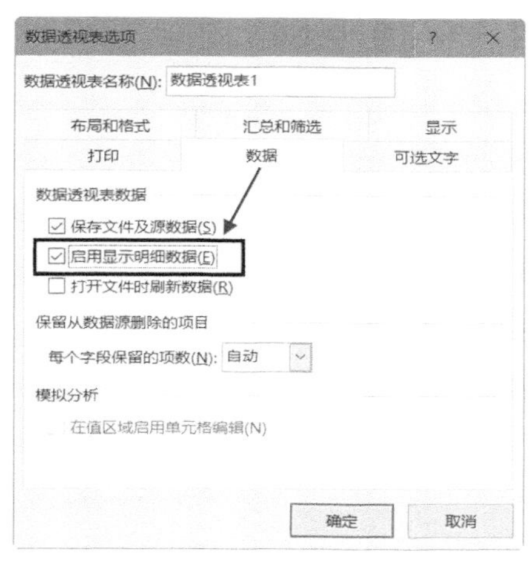

图9-34

这样即可在数据透视表中开启双击数据钻取明细数据的功能。当然，如果你想保护数据透视表，也可以取消选中“启用显示明细数据”复选框，不让别人随意查看明细数据。

数据透视表除了快速汇总和钻取数据功能，还可以实现将总表按条件快速进行多表拆分并同步更新，9.5节具体介绍相关内容。

9.5 一键将总表拆分为多张分表，还能同步更新

工作中有时会遇到将报表按条件拆分为多张分表并分别放置到不同工作表中，当总表更新时，所有分表同步更新的需求。

这时如果采用手动操作的方法，不但费时费力，而且操作烦琐、极易出错。我们可以借助数据透视表的报表筛选功能批量实现多表拆分，下面结合一个具体案例介绍总表拆分为多表的操作步骤。

某企业按季度和分店分类汇总得到的数据透视表如图9-35所示。现在企业要求将此总表按季度拆分为4张分表，并且与总表保持同步更新。操作步骤如下。

01 将要求的拆分条件所在字段（如“季度”字段）放置在数据透视表的筛选区域，如图9-36所示。

季度	分店	求和项:金额
第一季	和平路店	40455
	南京路店	39903
	新华路店	41555
第一季 汇总		121913
第二季	和平路店	40715
	南京路店	42358
	新华路店	41389
第二季 汇总		124462
第三季	和平路店	43396
	南京路店	41967
	新华路店	40279
第三季 汇总		125642
第四季	和平路店	39286
	南京路店	44521
	新华路店	44127
第四季 汇总		127934
总计		499951

图9-35　　　　图9-36

02 选中数据透视表任意单元格（如A3单元格），在“数据透视表工具”下的“分析”选项卡中选择“显示报表筛选页”，操作步骤如图9-37所示。

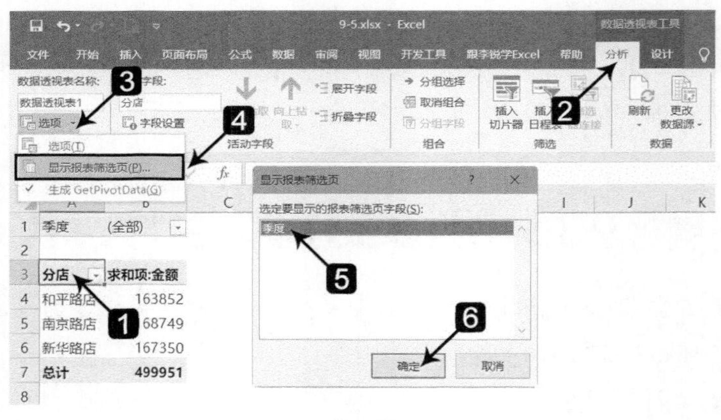

图9-37

03 数据透视表则会执行自动拆分多表的操作，生成4张工作表，分别放置第一季、第二季、第三季、第四季的分表数据，效果如图9-38所示。

这些自动生成的分表与数据透视表总表共用同一个数据缓存，当数据源变动时，所有分表会跟随总表同步更新，一劳永逸地帮我们解决多表拆分及同步更新问题。

注意

由于所有分表的报表布局和字段结构都与总表相同，所以如需调整报表结构，要先删除所有分表，然后按新的需求调整好总表的报表结构，最后利用数据透视表的报表筛选功能重新批量生成多张分表。下面举例说明。

如领导要求按渠道分类和产品分类汇总销售额，并以分店为条件将总表拆分为每个分店一张工作表，先按照此要求对应调整数据透视表字段布局，再将“分店”字段放置到数据透视表筛选区域内，如图9-39所示。

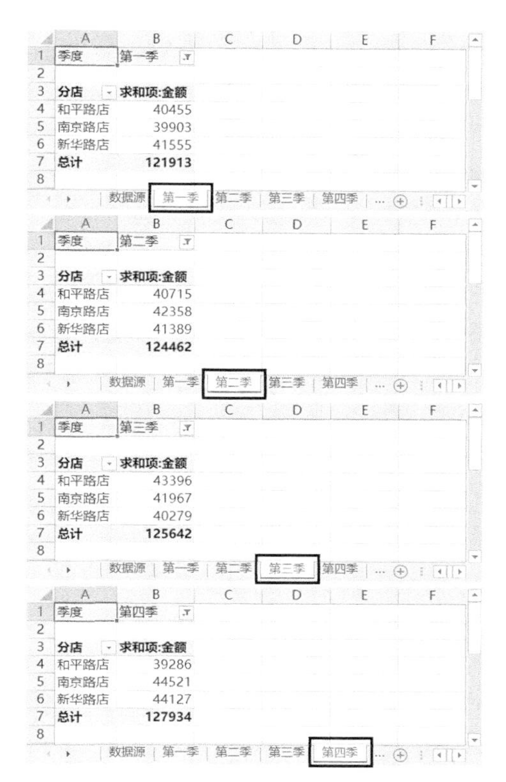

季度	第一季
分店	求和项:金额
和平路店	40455
南京路店	39903
新华路店	41555
总计	121913

季度	第二季
分店	求和项:金额
和平路店	40715
南京路店	42358
新华路店	41389
总计	124462

季度	第三季
分店	求和项:金额
和平路店	43396
南京路店	41967
新华路店	40279
总计	125642

季度	第四季
分店	求和项:金额
和平路店	39286
南京路店	44521
新华路店	44127
总计	127934

图9-38

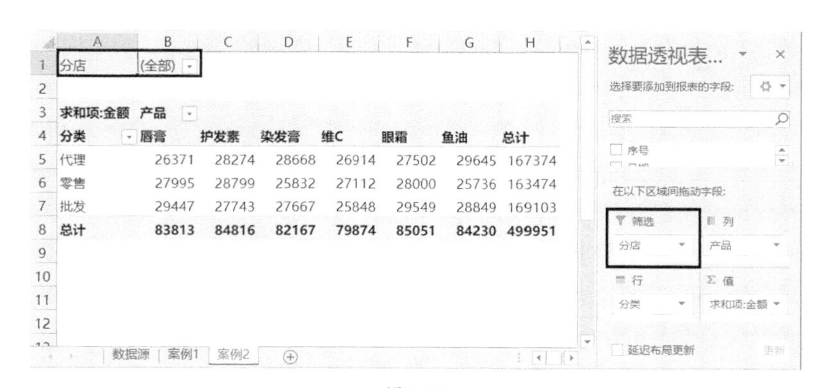

分店	(全部)						
求和项:金额	产品						
分类	唇膏	护发素	染发膏	维C	眼霜	鱼油	总计
代理	26371	28274	28668	26914	27502	29645	167374
零售	27995	28799	25832	27112	28000	25736	163474
批发	29447	27743	27667	25848	29549	28849	169103
总计	83813	84816	82167	79874	85051	84230	499951

图9-39

最后在“数据透视表工具”中执行报表筛选功能，得到的结果如图9-40所示。

由总表拆分生成的分表在不需要时可以随意删除，删除分表不会对数据透视表总表产生任何影响，即使删除所有分表，也可以在有需要时再次从总表重新拆分生成分表，十分方便。

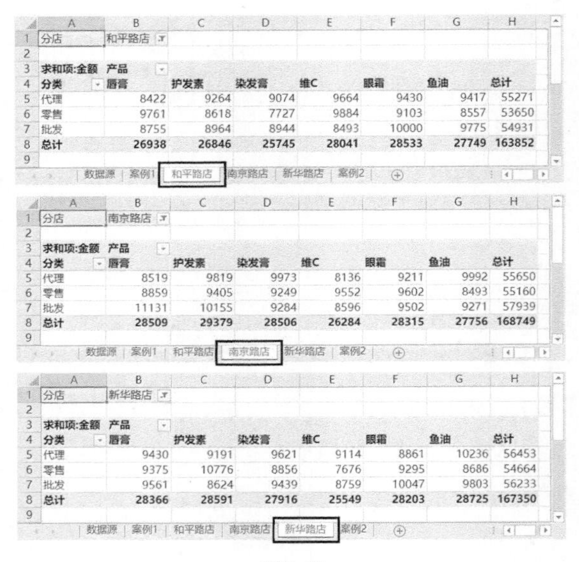

分店	和平路店						
求和项:金额	产品						
分类	唇膏	护发素	染发膏	维C	眼霜	鱼油	总计
代理	8422	9264	9074	9664	9430	9417	55271
零售	9761	8618	7727	9884	9103	8557	53650
批发	8755	8964	8944	8493	10000	9775	54931
总计	26938	26846	25745	28041	28533	27749	163852

分店	南京路店						
求和项:金额	产品						
分类	唇膏	护发素	染发膏	维C	眼霜	鱼油	总计
代理	8519	9819	9973	8136	9211	9992	55650
零售	8859	9405	9249	9552	9602	8493	55160
批发	11131	10155	9284	8596	9502	9271	57939
总计	28509	29379	28506	26284	28315	27756	168749

分店	新华路店						
求和项:金额	产品						
分类	唇膏	护发素	染发膏	维C	眼霜	鱼油	总计
代理	9430	9191	9621	9114	8861	10236	56453
零售	9375	10776	8856	7676	9295	8686	54664
批发	9561	8624	9439	8759	10047	9803	56233
总计	28366	28591	27916	25549	28203	28725	167350

图 9-40

当数据透视表中的字段较多、数据报表较庞大时，我们还可以给数据透视表植入选择器，让数据透视表的展示结果可以与用户需求交互更新，9.6节具体介绍相关内容。

9.6 一键植入选择器，让报表能够交互动态更新

当数据透视表中的字段较多、用户的查询条件经常变动时，与其每次都重新调整一遍数据透视表的字段布局，不如给数据透视表植入选择器，让报表能够与用户交互动态更新。

在Excel 2019中，我们可以使用数据透视表中的切片器作为选择器，实现各种条件下的数据透视表快速筛选。切片器功能从Excel 2010开始出现，随着后续版本更新不断优化，该功能在Excel 2007以及更早版本中无法使用。下面结合一个实际案例具体介绍切片器的使用方法。

求和项:金额		产品						
分店	分类	唇膏	护发素	染发膏	维C	眼霜	鱼油	总计
和平路店	代理	8422	9264	9074	9664	9430	9417	55271
	零售	9761	8618	7727	9884	9103	8557	53650
	批发	8755	8964	8944	8493	10000	9775	54931
和平路店 汇总		26938	26846	25745	28041	28533	27749	163852
南京路店	代理	8519	9819	9973	8136	9211	9992	55650
	零售	8859	9405	9249	9552	9602	8493	55160
	批发	11131	10155	9284	8596	9502	9271	57939
南京路店 汇总		28509	29379	28506	26284	28315	27756	168749
新华路店	代理	9430	9191	9621	9114	8861	10236	56453
	零售	9375	10776	8856	7676	9295	8686	54664
	批发	9561	8624	9439	8759	10047	9803	56233
新华路店 汇总		28366	28591	27916	25549	28203	28725	167350
总计		83813	84816	82167	79874	85051	84230	499951

图 9-41

如对图9-1所示的数据源进行分类汇总，得到的数据透视表如图9-41所示，领导想根据指定的店员快速查询其所在分店的报表结果，可以进行如下操作。

01 选中数据透视表中任意单元格（如A3单元格），插入切片器，操作步骤如图9-42所示。

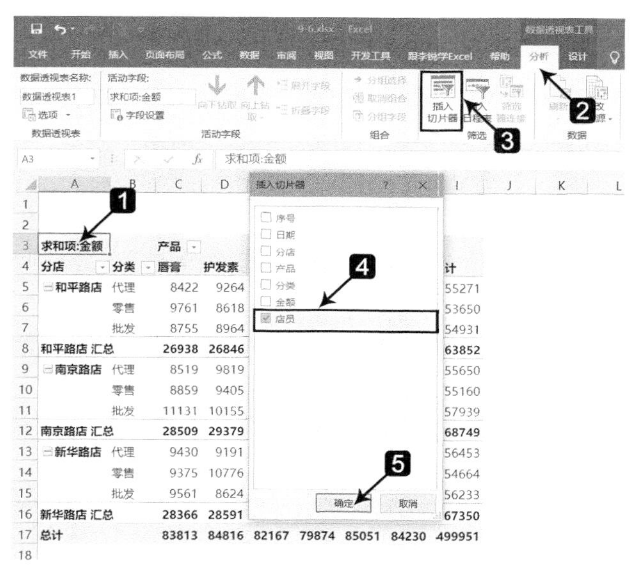

图9-42

02 插入切片器后，切片器的位置及大小可以自定义设置，如图9-43所示。

求和项:金额		产品						
分店	分类	唇膏	护发素	染发膏	维C	眼霜	鱼油	总计
和平路店	代理	8422	9264	9074	9664	9430	9417	55271
	零售	9761	8618	7727	9884	9103	8557	53650
	批发	8755	8964	8944	8493	10000	9775	54931
和平路店 汇总		26938	26846	25745	28041	28533	27749	163852
南京路店	代理	8519	9819	9973	8136	9211	9992	55650
	零售	8859	9405	9249	9552	9602	8493	55160
	批发	11131	10155	9284	8596	9502	9271	57939
南京路店 汇总		28509	29379	28506	26284	28315	27756	168749
新华路店	代理	9430	9191	9621	9114	8861	10236	56453
	零售	9375	10776	8856	7676	9295	8686	54664
	批发	9561	8624	9439	8759	10047	9803	56233
新华路店 汇总		28366	28591	27916	25549	28203	28725	167350
总计		83813	84816	82167	79874	85051	84230	499951

店员
高平
李小萌
宋薇
孙娜
王大壮
张萍萍
赵蕾
郑建国
周玉芝

图9-43

03 此时如果领导需要查看店员“高平”的销售数据，只要在切片器中单击“高平”即可，数据透视表中的数据会同步更新，如图9-44所示。

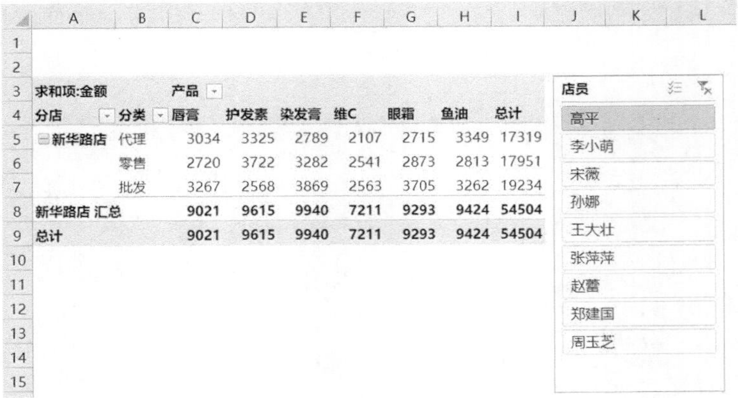

求和项:金额		产品						
分店	分类	唇膏	护发素	染发膏	维C	眼霜	鱼油	总计
新华路店	代理	3034	3325	2789	2107	2715	3349	17319
	零售	2720	3722	3282	2541	2873	2813	17951
	批发	3267	2568	3869	2563	3705	3262	19234
新华路店 汇总		9021	9615	9940	7211	9293	9424	54504
总计		9021	9615	9940	7211	9293	9424	54504

店员：高平、李小萌、宋薇、孙娜、王大壮、张萍萍、赵蕾、郑建国、周玉芝

图 9-44

数据透视表切片器中的选项，可以采用按住鼠标左键不松开连续选择，或按<Ctrl>键并单击不连续选项这两种方法进行选择，如图9-45所示。

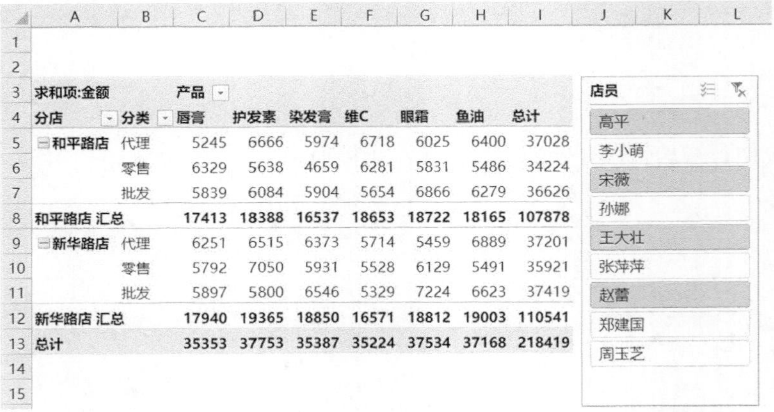

求和项:金额		产品						
分店	分类	唇膏	护发素	染发膏	维C	眼霜	鱼油	总计
和平路店	代理	5245	6666	5974	6718	6025	6400	37028
	零售	6329	5638	4659	6281	5831	5486	34224
	批发	5839	6084	5904	5654	6866	6279	36626
和平路店 汇总		17413	18388	16537	18653	18722	18165	107878
新华路店	代理	6251	6515	6373	5714	5459	6889	37201
	零售	5792	7050	5931	5528	6129	5491	35921
	批发	5897	5800	6546	5329	7224	6623	37419
新华路店 汇总		17940	19365	18850	16571	18812	19003	110541
总计		35353	37753	35387	35224	37534	37168	218419

店员：高平、李小萌、宋薇、孙娜、王大壮、张萍萍、赵蕾、郑建国、周玉芝

图 9-45

当需要清除所有筛选条件时，单击切片器右上角的“清除筛选器”按钮即可，如图9-46所示。

图 9-46

数据透视表中可以根据需求插入多个切片器，当使用多个切片器同时筛选时，数据透视表会展示同时满足所有切片器中条件的数据结果。当不再需要某些切片器时，选中切片器并按<Delete>键即可删除。

综上，灵活运用数据透视表切片器，可以让你的报表按用户需求快速实现交互动态更新。

第10章

数据透视图，数据汇总和图表一举两得

我们在工作中可以利用数据透视表高效地进行数据处理，但是当需要将数据结果以图表的形式更好地可视化呈现时，单纯使用数据透视表就无法满足需求了，这时可以利用Excel中的数据透视图功能轻松完成。

数据透视图是Excel中一个用起来十分便利的动态图表工具，我们可以根据数据透视表直接创建数据透视图，这样生成的透视表和透视图共用一个数据缓存，能够自动实现联动更新。

数据透视图还可以根据需求设置为不同的图表类型，弥补了数据透视表在数据可视化方面的不足，轻松实现各种数据分析的可视化需求。本章将从以下几个方面，介绍经典的Excel数据透视图技术。

- 让你的数据分析能够表格、图表兼备
- 一键美化数据透视图
- 切片器，让数据透视图和数据透视表联动更新

10.1 让你的数据分析能够表格、图表兼备

当我们需要根据数据量较大的数据源进行数据统计和分析时，可以将数据透视表结合数据透视图一同使用，借助数据透视图满足各种可视化展示及数据分析的需求，下面结合一个实际案例具体介绍。

某企业2020年销售数据放置在“数据源”工作表中，如图10-1所示。领导要求根据此数据源查看全年各月的销售变动趋势情况。

	A	B	C	D	E	F	G
1	序号	日期	分店	产品	分类	金额	店员
2	1	2020/1/1	和平路店	维C	批发	69	周玉芝
3	2	2020/1/1	新华路店	护发素	代理	70	宋薇
4	3	2020/1/1	和平路店	眼霜	代理	3	赵蕾
5	4	2020/1/1	南京路店	鱼油	零售	45	孙娜

中间省略数据若干条

9998	9997	2020/12/31	新华路店	维C	代理	75	郑建国
9999	9998	2020/12/31	新华路店	维C	零售	62	郑建国
10000	9999	2020/12/31	和平路店	眼霜	代理	4	赵蕾
10001	10000	2020/12/31	和平路店	护发素	零售	30	周玉芝
10002							

数据源　案例1

图10-1

我们先理清思路再动手制表和作图，当前案例的业务目的是查看全年1月至12月的销售趋势，可以使用折线图满足销售趋势的展示需求，此图表要求图表数据源按照月份汇总销售金额，继而利用数据透视表对数据源进行快速处理。

思路和方法确定后，开始操作。

01 根据数据源创建数据透视表（具体操作步骤可以参照9.2节），结果如图10-2所示。

02 有了数据透视表，在此基础上就可以轻松创建数据透视图，操作步骤如图10-3所示。

	A	B	C
1			
2			
3	季度	日期	金额
4	⊟第一季	1月	39679
5		2月	39084
6		3月	45947
7	第一季 汇总		124710
8	⊟第二季	4月	45353
9		5月	42423
10		6月	41504
11	第二季 汇总		129280
12	⊟第三季	7月	39720
13		8月	42864
14		9月	39119
15	第三季 汇总		121703
16	⊟第四季	10月	43045
17		11月	39699
18		12月	43937
19	第四季 汇总		126681
20	总计		502374
21			

数据源　案例1

图10-2

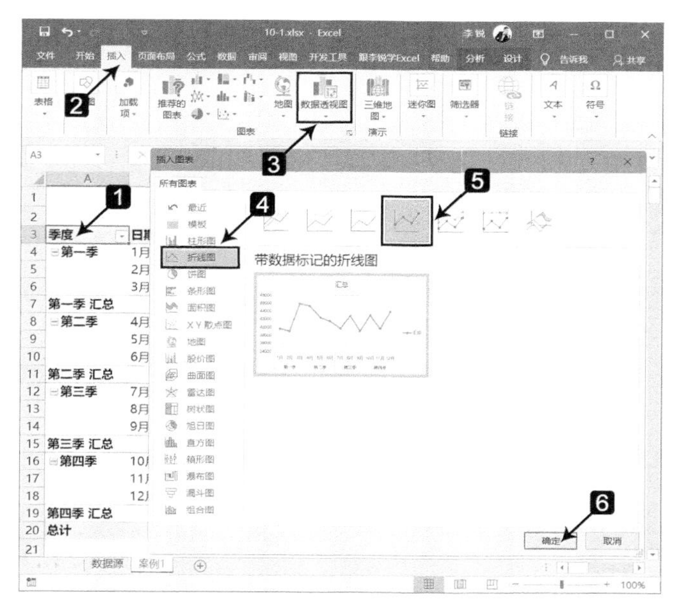

图 10-3

03 创建的数据透视图如图10-4所示。图表的位置、大小以及各种图表元素都支持自定义设置，图表类型也可以根据需要进行变更。

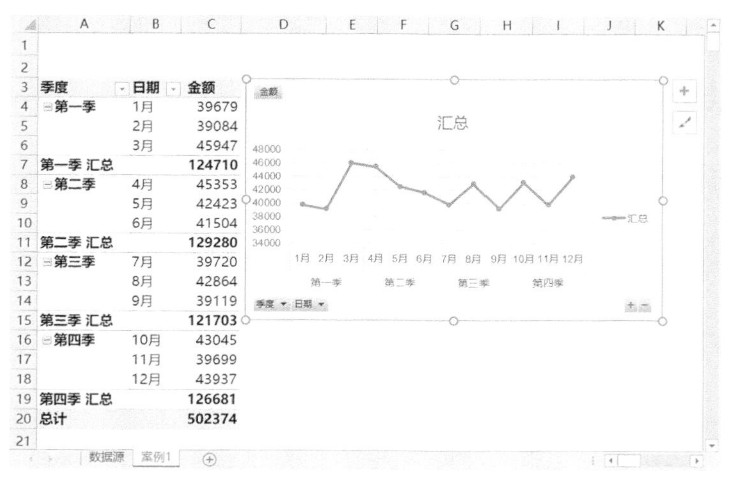

图 10-4

04 如果领导要重点查看的不是各月的销售趋势变动情况，而是各月之间的销售对比情况，那么可以将已经做好的折线图变更为柱形图，操作步骤如图10-5所示。

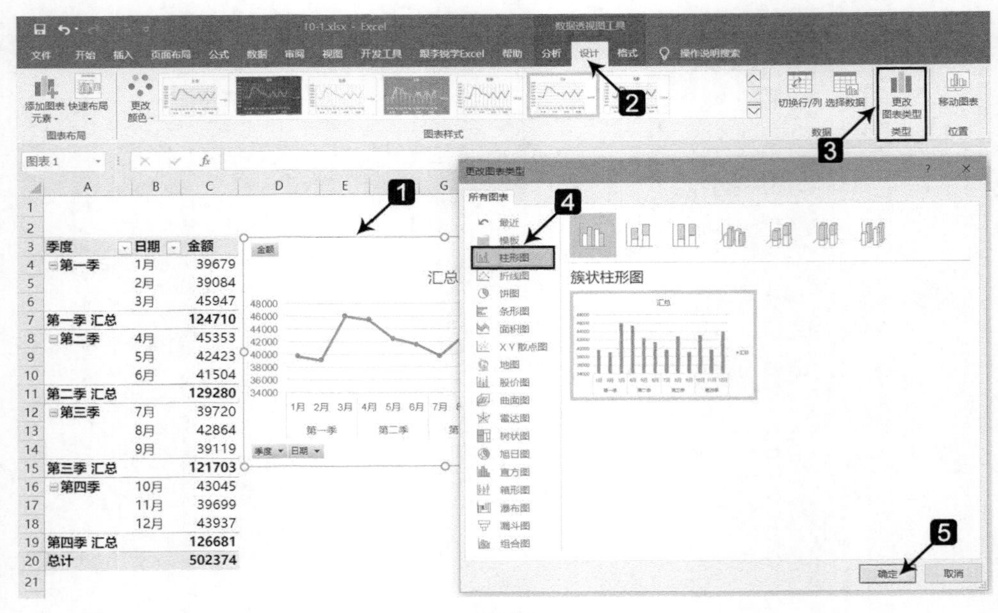

图 10-5

注意

这里用到的“数据透视图工具”选项卡是上下文选项卡，仅当选中数据透视图时才会在功能区显示，当定位到空白单元格时，该选项卡会自动隐藏。

变更图表类型后的数据透视图如图 10-6 所示。

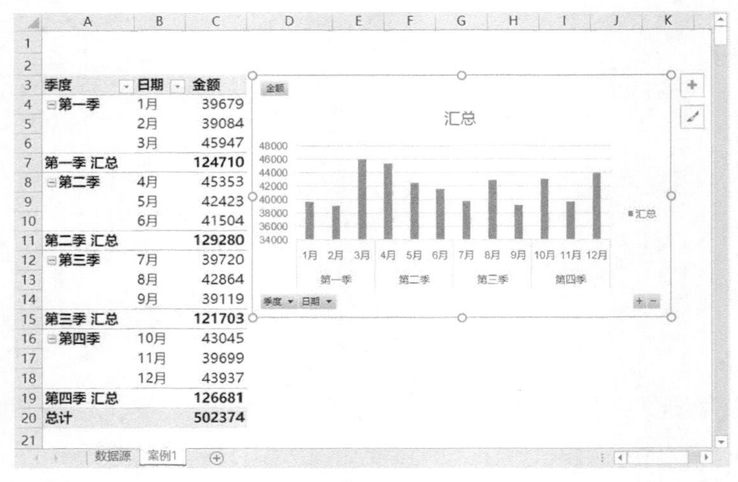

图 10-6

这样即可根据实际需求，灵活更改数据透视图的图表类型，满足用户的各种数据分析需求。

如果你对默认的数据透视图的外观不满意，还可以对其进行美化，10.2节具体介绍相关内容。

10.2 一键美化数据透视图

我们要对数据透视图进行美化，不必手动对图表元素逐个进行，可以直接利用Excel内置的数据透视图样式进行快速美化，下面介绍具体操作步骤。

01 选中数据透视图，单击“设计”选项卡，在“图表样式”中进行选择，当鼠标指针在图表样式上方悬停时，会自动展示该样式的图表预览，单击图表样式即可对数据透视图进行自动美化，如图10-7所示。

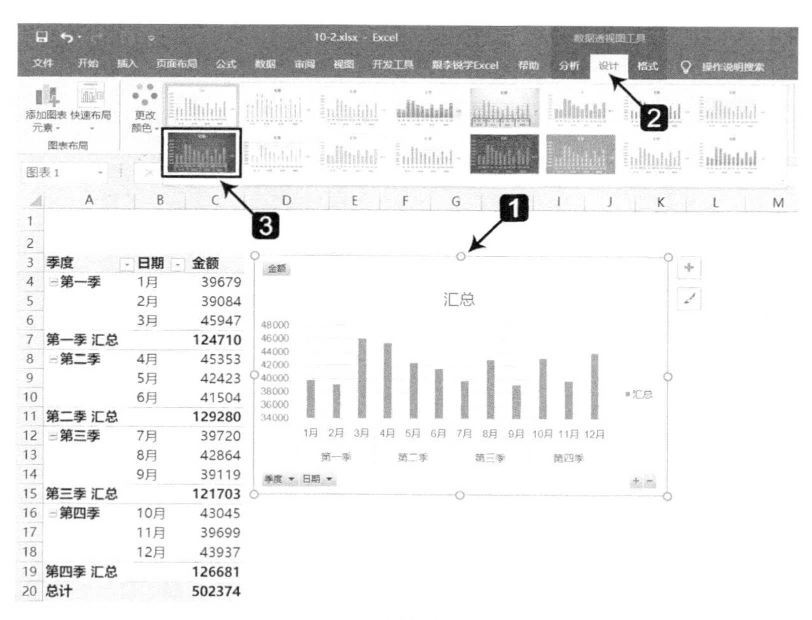

图10-7

02 利用图表样式自动美化后的数据透视图如图10-8所示。

03 数据透视图在外观上比普通图表多了很多筛选按钮，图表中过多的筛选按钮会影响商务图表的专业性和整洁度，可以将这些筛选按钮隐藏起来，操作步骤如图10-9所示。

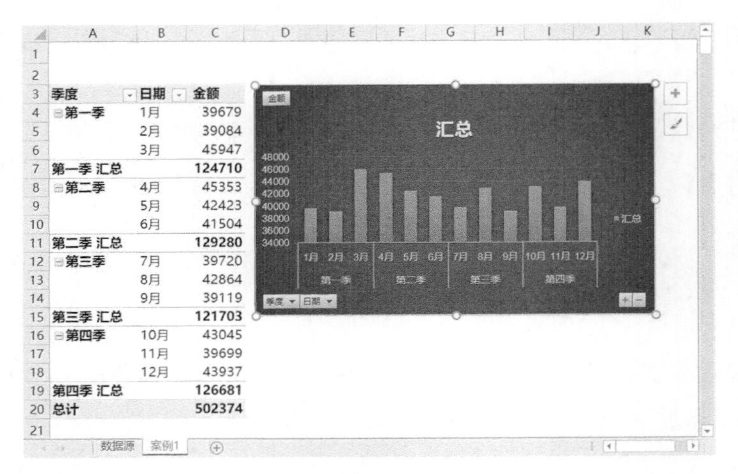

季度	日期	金额
⊟第一季	1月	39679
	2月	39084
	3月	45947
第一季 汇总		124710
⊟第二季	4月	45353
	5月	42423
	6月	41504
第二季 汇总		129280
⊟第三季	7月	39720
	8月	42864
	9月	39119
第三季 汇总		121703
⊟第四季	10月	43045
	11月	39699
	12月	43937
第四季 汇总		126681
总计		502374

图 10-8

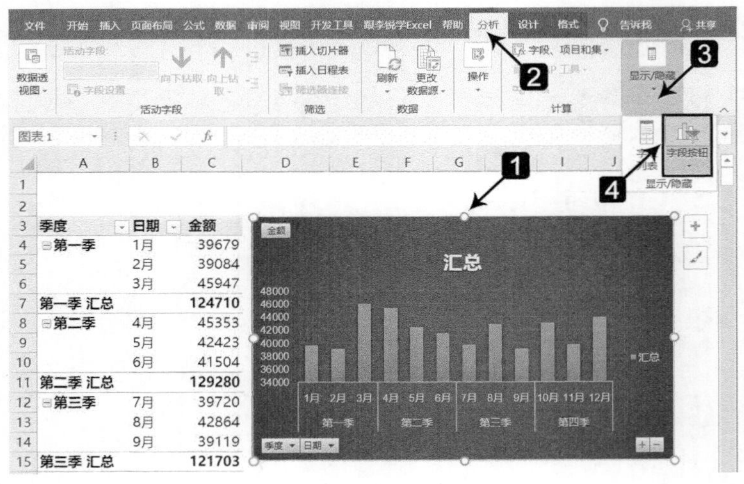

季度	日期	金额
⊟第一季	1月	39679
	2月	39084
	3月	45947
第一季 汇总		124710
⊟第二季	4月	45353
	5月	42423
	6月	41504
第二季 汇总		129280
⊟第三季	7月	39720
	8月	42864
	9月	39119
第三季 汇总		121703

图 10-9

04 隐藏筛选按钮后的数据透视图如图10-10所示。

05 在此基础上还可以修改图表标题、调整图表大小，效果如图10-11所示。

这样即可借助Excel内置功能，对数据透视图进行美化。使用该方法既简单、快捷，做出来的图表又专业、美观。

以上案例是数据透视图在固定条件下的静态数据可视化展示。当在工作中遇到按照条件对图表进行动态更新时，我们可以利用插入切片器让透视表和透视图联动更新，10.3节具体介绍相关内容。

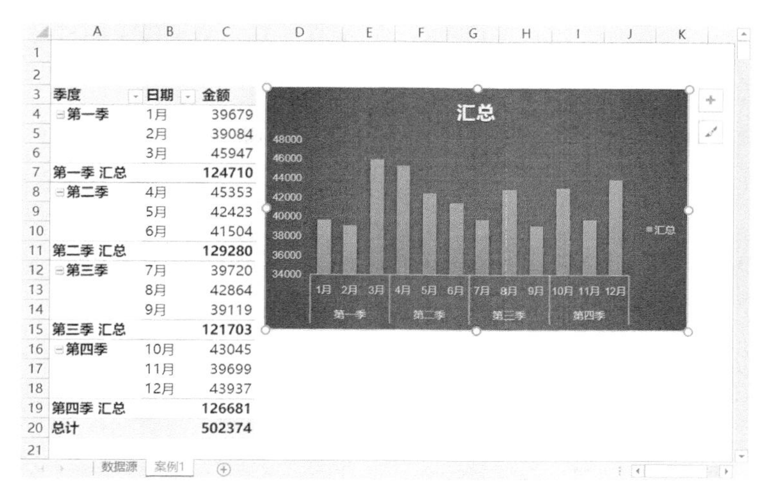

季度	日期	金额
第一季	1月	39679
	2月	39084
	3月	45947
第一季 汇总		124710
第二季	4月	45353
	5月	42423
	6月	41504
第二季 汇总		129280
第三季	7月	39720
	8月	42864
	9月	39119
第三季 汇总		121703
第四季	10月	43045
	11月	39699
	12月	43937
第四季 汇总		126681
总计		502374

图 10-10

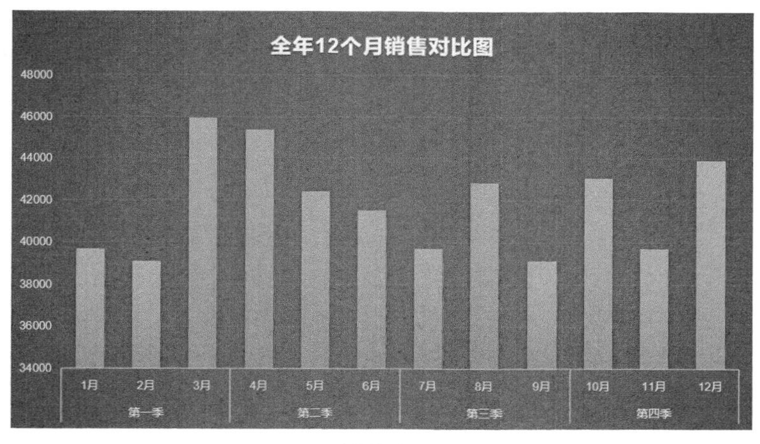

图 10-11

10.3 切片器，让数据透视图和数据透视表联动更新

由于数据透视图是在数据透视表基础上创建出来的，即数据透视图的数据源就是数据透视表，所以无论是在数据透视表中还是在数据透视图中进行字段筛选，都会引起两者同时对应变化。

明白了这个原理，我们就可以借助切片器，实现数据透视图和数据透视表联动更新。下面结合一个实际案例具体介绍。

领导要求在图10-11基础上，按照指定的分店和产品为条件进行数据透视表和数据透视图的更新、查看。具体操作步骤如下。

01 选中数据透视表任意单元格（如A3单元格），插入切片器，操作步骤如图10-12所示。

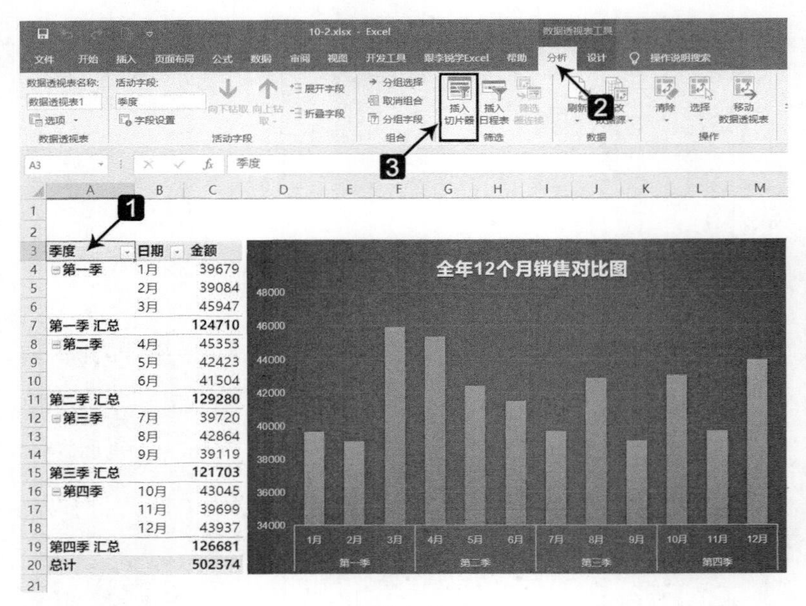

图10-12

02 在切片器中根据实际需求选中对应项目（如“分店”和“产品”）的复选框，如图10-13所示。

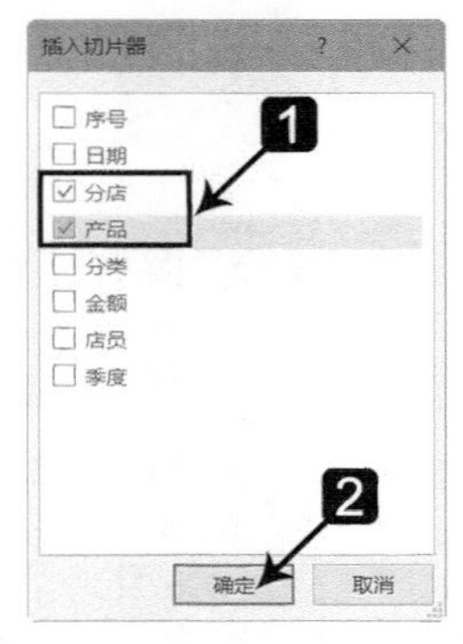

图10-13

03 调整切片器的位置及大小，使整个报表布局整洁，如图10-14所示。

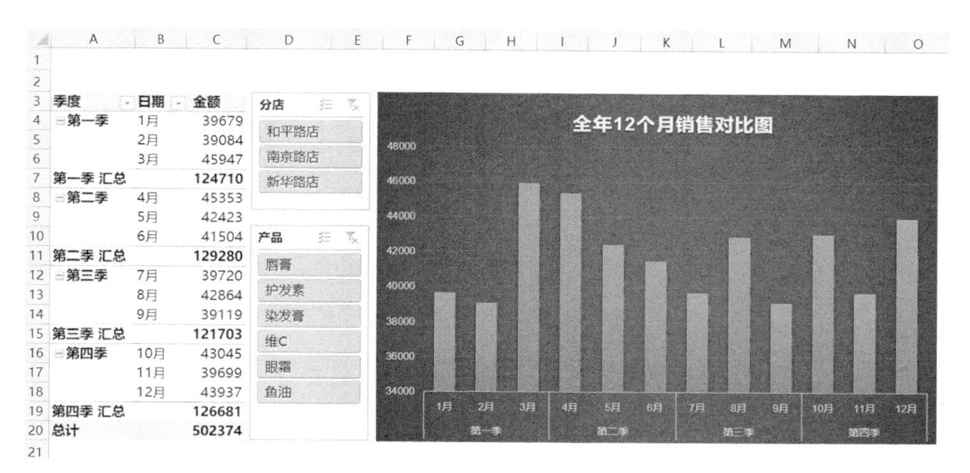

季度	日期	金额
第一季	1月	39679
	2月	39084
	3月	45947
第一季 汇总		124710
第二季	4月	45353
	5月	42423
	6月	41504
第二季 汇总		129280
第三季	7月	39720
	8月	42864
	9月	39119
第三季 汇总		121703
第四季	10月	43045
	11月	39699
	12月	43937
第四季 汇总		126681
总计		502374

图10-14

04 这时即可根据用户需求利用切片器动态筛选，使数据透视表及数据透视图联动更新。如领导要查看南京路店的鱼油在全年12个月的销售对比情况，则筛选后的效果如图10-15所示。

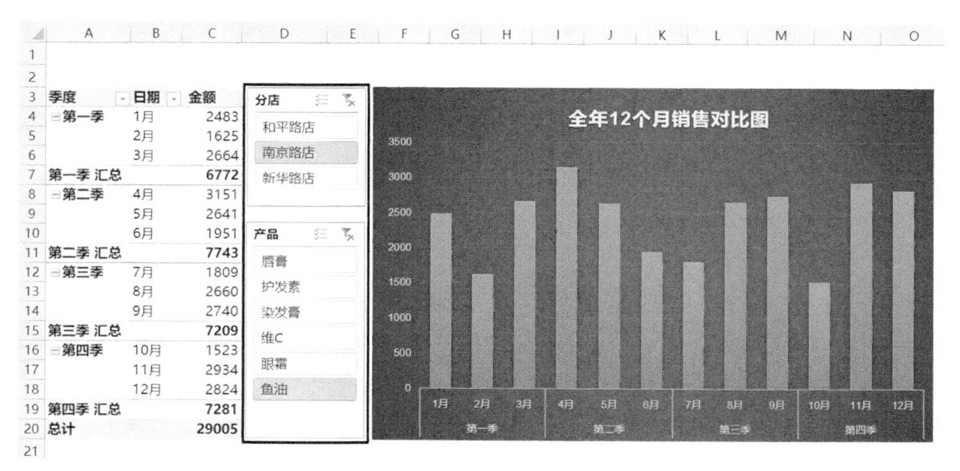

季度	日期	金额
第一季	1月	2483
	2月	1625
	3月	2664
第一季 汇总		6772
第二季	4月	3151
	5月	2641
	6月	1951
第二季 汇总		7743
第三季	7月	1809
	8月	2660
	9月	2740
第三季 汇总		7209
第四季	10月	1523
	11月	2934
	12月	2824
第四季 汇总		7281
总计		29005

图10-15

05 插入的切片器不但可以调整位置及大小，而且可以根据需要调整切片器中各项目的纵向或横向排放样式。如要想将“分店”切片器中的项目横向分布排放，可以将其列数从1更改为3，操作步骤如图10-16所示。

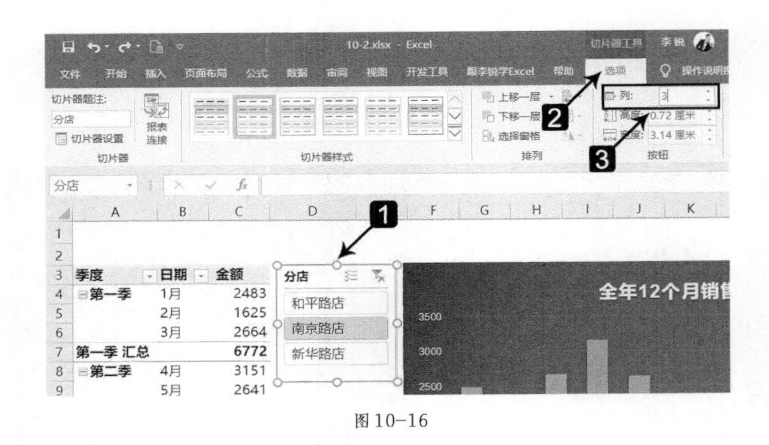

图 10-16

06 调整切片器中列数后，重新调整切片器大小及位置，效果如图10-17所示。

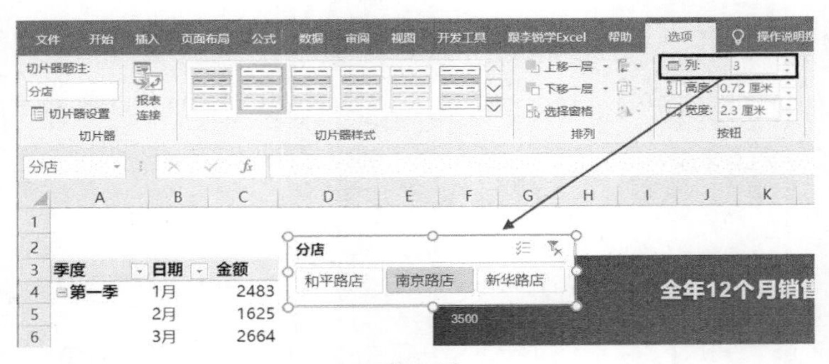

图 10-17

07 为了使整个界面更加简洁、专业，还可以隐藏不必要的信息，如切片器的标题名称“分店”。其方法是选中切片器，然后单击“切片器设置”按钮，如图10-18所示。

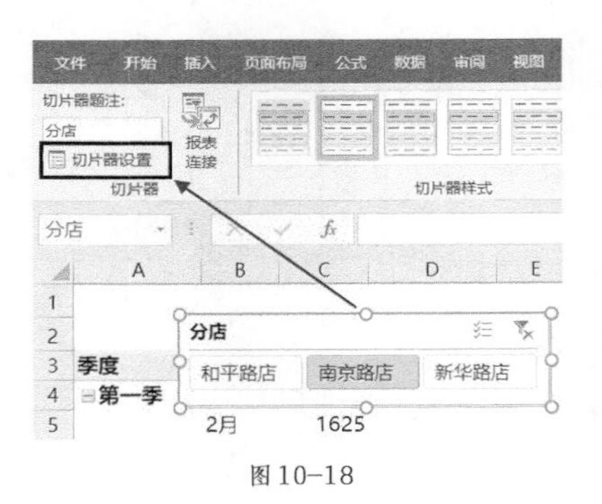

图 10-18

08 弹出“切片器设置”对话框，按照图10-19所示步骤操作。

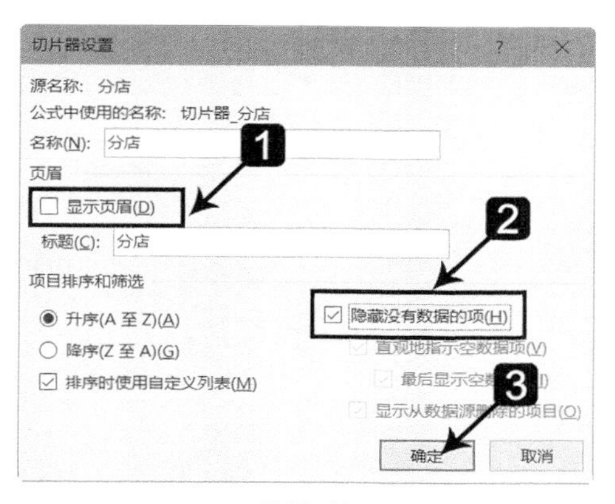

图 10-19

09 设置好“分店”切片器后，利用同样的方法设置“产品”切片器，然后重新调整图表布局及切片器位置，将切片器嵌入数据透视图区域，便于用户直接根据需求筛选，效果如图10-20所示。

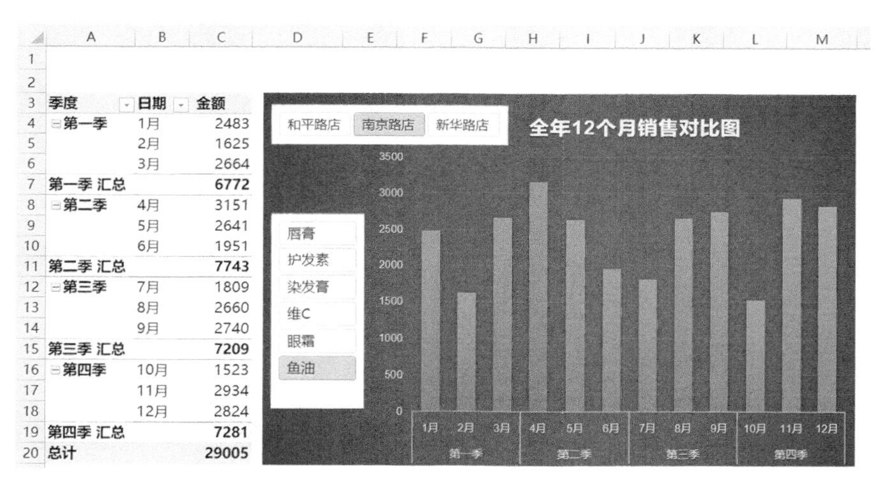

季度	日期	金额
第一季	1月	2483
	2月	1625
	3月	2664
第一季 汇总		6772
第二季	4月	3151
	5月	2641
	6月	1951
第二季 汇总		7743
第三季	7月	1809
	8月	2660
	9月	2740
第三季 汇总		7209
第四季	10月	1523
	11月	2934
	12月	2824
第四季 汇总		7281
总计		29005

图 10-20

10 进一步调整配色，美化整个数据透视表、数据透视图及切片器，更详细的切片器美化可以通过在“切片器工具”下的切片器样式中选择内置样式或新建自定义样式进行，此处不赘述。

经过整体美化之后，效果如图10-21所示。

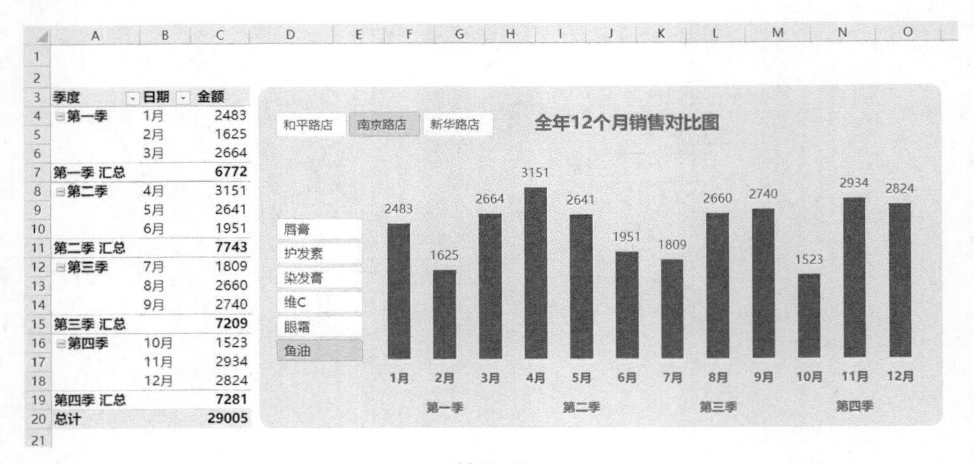

图 10-21

综上所述，灵活使用数据透视表、数据透视图及切片器，不但可以快速处理数据、进行多维度分类汇总，让数据透视表与数据透视图根据多条件实现联动更新，而且可以一键美化数据透视图。

第11章 专业、大气的商务图表

我们在生活和工作中会经常看到各式各样的图表，大多数的行业和岗位也都需要使用图表更好地展示数据和表达观点，可见图表对我们很重要。图表的制作并不需要额外的工具和高深的技术，从最初的原始数据到精美的商务图表，仅用Excel就足够了。

本章讲解使用Excel制作商务图表的方法，商务图表相对于普通图表不仅对数据统计要求更加严谨、观点表达更加明确，还要求图表布局规范、配色美观，所以商务图表比普通图表更加实用、专业、大气。本章将从以下几个方面介绍经典的Excel商务图表制作技术，让你在工作中也能做出专业大气的商务图。

- ◆ 查看数据趋势，这张经典的趋势展现图职场必备
- ◆ 查看数据对比，这两种经典图表适用于各种场景
- ◆ 查看数据占比，这两种图表轻松满足各种要求
- ◆ 高出镜率的经典组合图，你也能轻松驾驭
- ◆ 错误汇报方式与正确汇报方式

11.1 查看数据趋势，这张经典的趋势展现图职场必备

在实际工作中，我们进行数据处理和统计的目的是更好地进行数据分析，找出隐藏在数据背后的规律，从而更有效地指导经营、决策。数据分析中最常用的3种经典方法是数据趋势分析、数据对比分析和数据占比分析，下面结合一个实际案例，先介绍进行数据趋势分析必备的Excel经典图表。

希望科技有限公司在2020年3月开始对全天各时段投放广告，为了实现更好的广告推广效果，公司拟对广告在各时段的投放力度进行调整，需要查看全天24小时各时段的下单趋势变化情况，数据源如图11-1左图所示。要想展现数据随时间推移产生的趋势变动情况，使用折线图是最适合的，如图11-1右图所示。

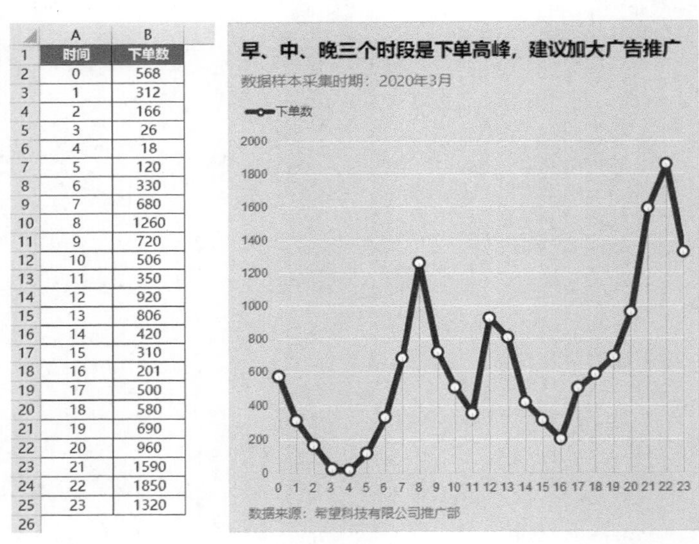

	A	B
1	时间	下单数
2	0	568
3	1	312
4	2	166
5	3	26
6	4	18
7	5	120
8	6	330
9	7	680
10	8	1260
11	9	720
12	10	506
13	11	350
14	12	920
15	13	806
16	14	420
17	15	310
18	16	201
19	17	500
20	18	580
21	19	690
22	20	960
23	21	1590
24	22	1850
25	23	1320
26		

图11-1

下面介绍创建Excel折线图并将其完善成为Excel商务图表的具体操作步骤。

01 选中图表数据源中的任意位置（如A1单元格），插入折线图，操作步骤如图11-2所示。

02 由于此案例中图表数据源是不包含空行空列的规范表格，所以Excel将自动按照连续的数据区域（即A1:B25单元格区域）创建折线图，效果如图11-3所示。

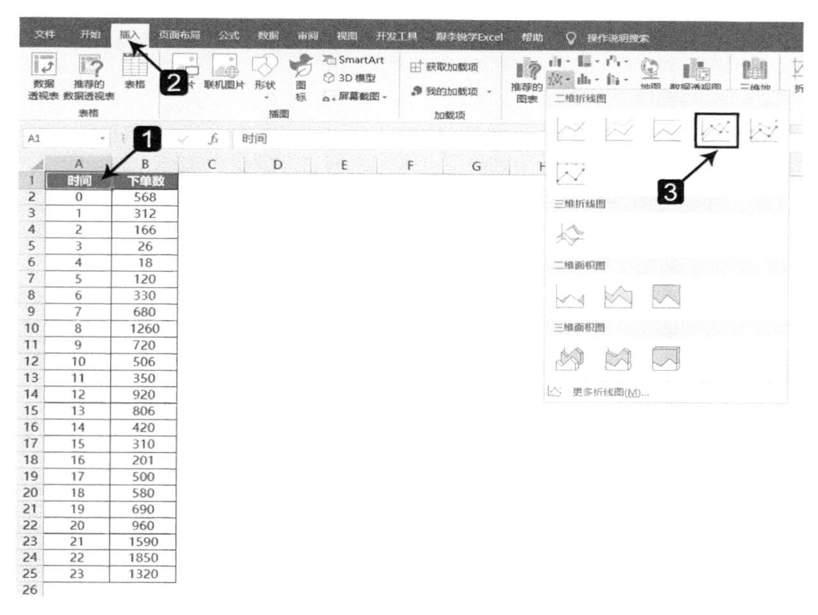

图 11-2

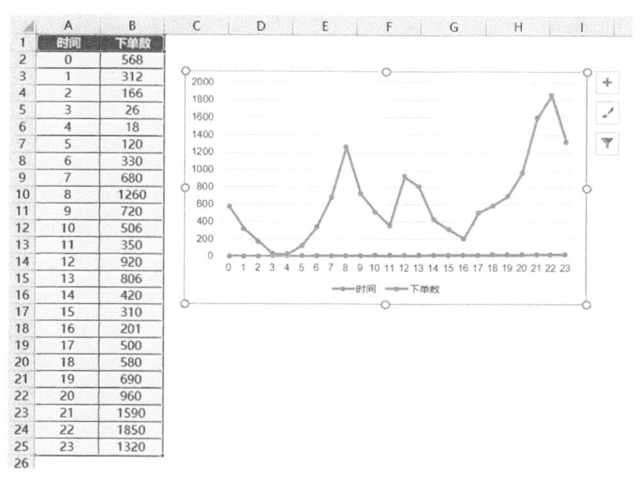

图 11-3

03 图表中出现的两条折线分别代表时间和下单数，我们仅需要展示各时段的下单数变动趋势即可，所以可以删除代表时间的数据系列。删除方法很简单，单击对应的折线（如图11-4所示），然后按<Delete>键将其删除，效果如图11-5所示。

这样通过Excel创建出来的默认折线图仅算是一张普通的图表，毫无商务图表的专业气息，下面通过一系列操作步骤对其进行规范和美化。

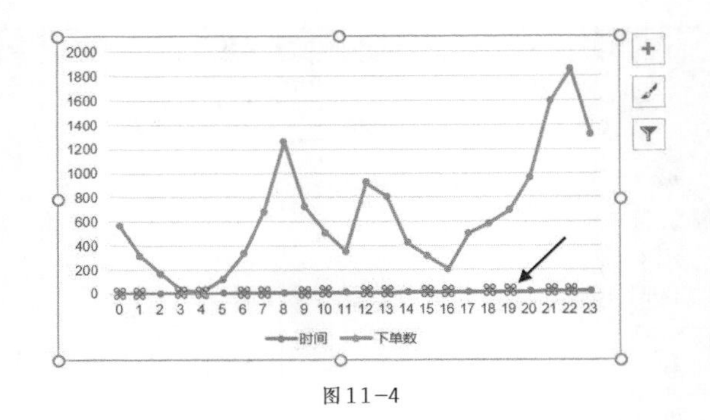

图11-4

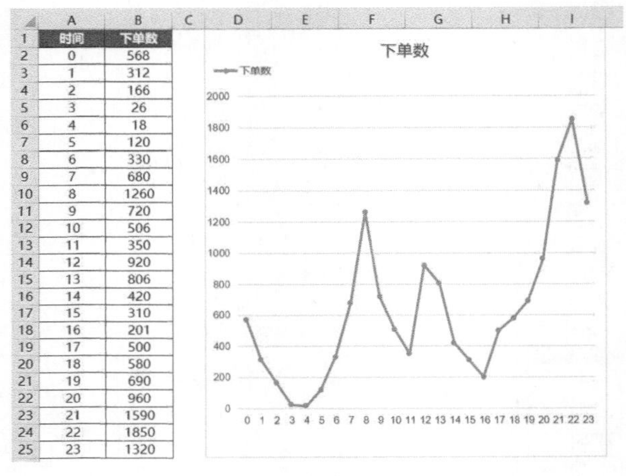

	A	B
1	时间	下单数
2	0	568
3	1	312
4	2	166
5	3	26
6	4	18
7	5	120
8	6	330
9	7	680
10	8	1260
11	9	720
12	10	506
13	11	350
14	12	920
15	13	806
16	14	420
17	15	310
18	16	201
19	17	500
20	18	580
21	19	690
22	20	960
23	21	1590
24	22	1850
25	23	1320

图11-5

04 首先设置折线图的颜色。双击折线图的线条或选中折线图后按<Ctrl+1>组合键，弹出“设置数据系列格式”窗格，操作步骤如图11-6所示。

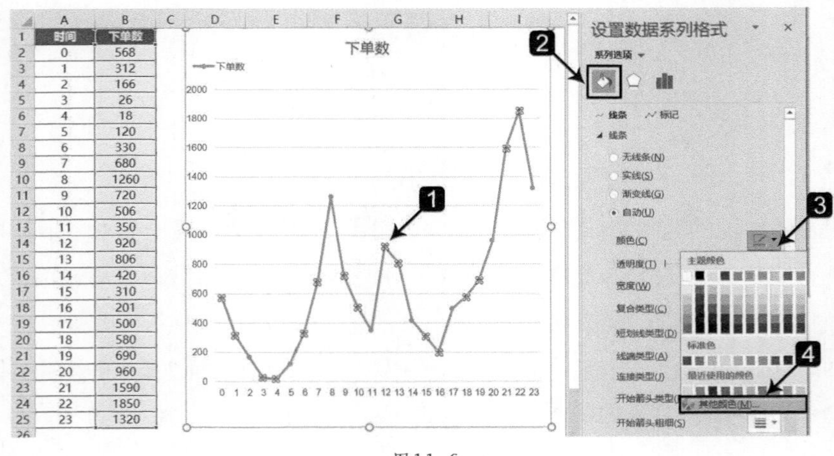

图11-6

05 弹出“颜色”对话框，设置自定义颜色的RGB数值，如图11-7所示。

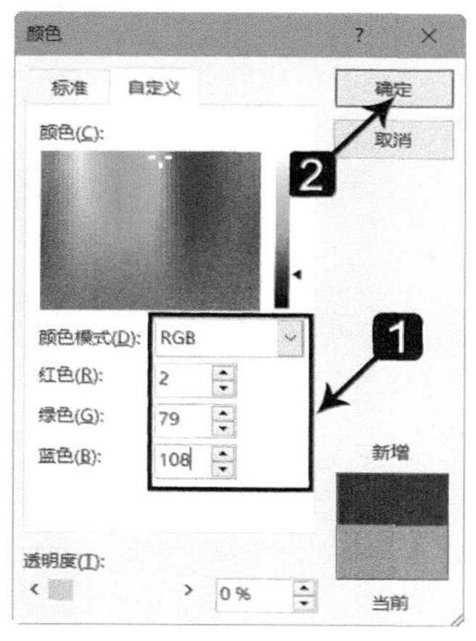

图11-7

06 设置好折线图颜色后，为了让用户更清晰地查看变动趋势，继续调整折线图的线条粗细，操作步骤如图11-8所示。

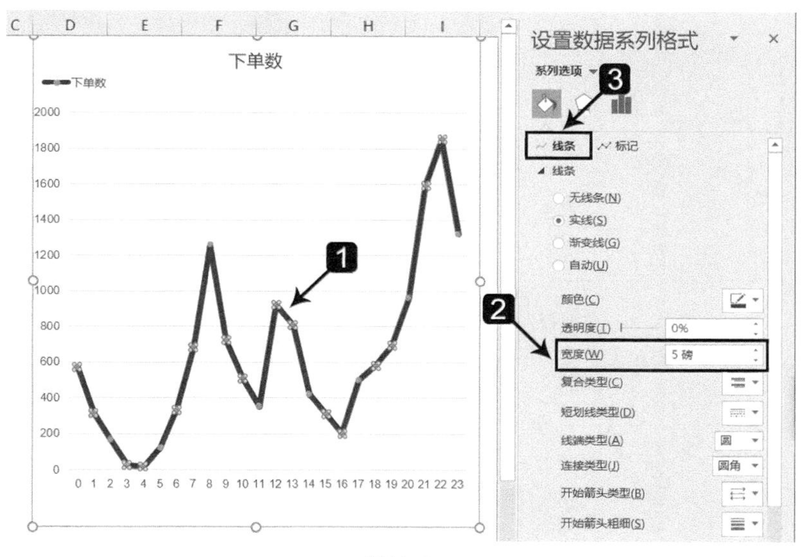

图11-8

07 设置好折线图的颜色和线条粗细后，为了更好地突出展示折线图中的每个时间拐点的数据变动，我们要对标记选项进行设置，先设置标记类型和填充效果，如图11-9所示。

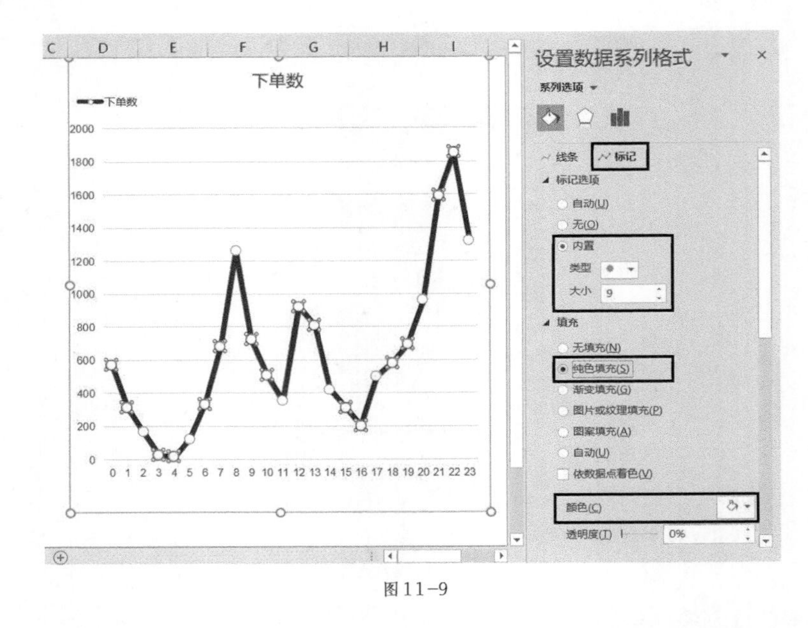

图11-9

08 设置边框颜色和边框粗细，如图11-10所示。其中边框颜色要与折线的颜色一致，自定义颜色的RGB值为2、79、108。

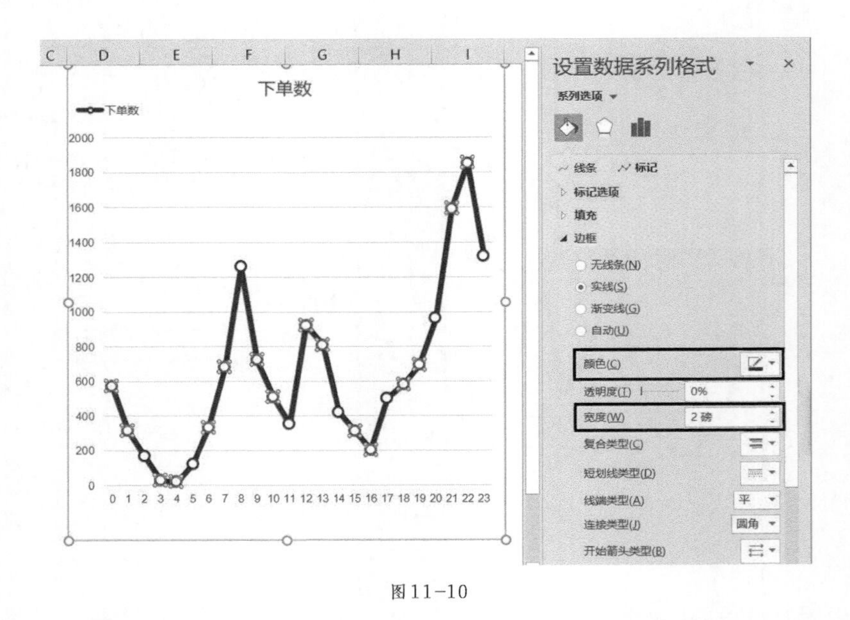

图11-10

09 接下来设置图表的背景色。双击图表外边框，或选中整个图表后按<Ctrl+1>组合键，即可弹出“设置图表区格式”窗格，设置图表背景填充颜色的RGB值为219、230、235，操作步骤如图11-11所示。

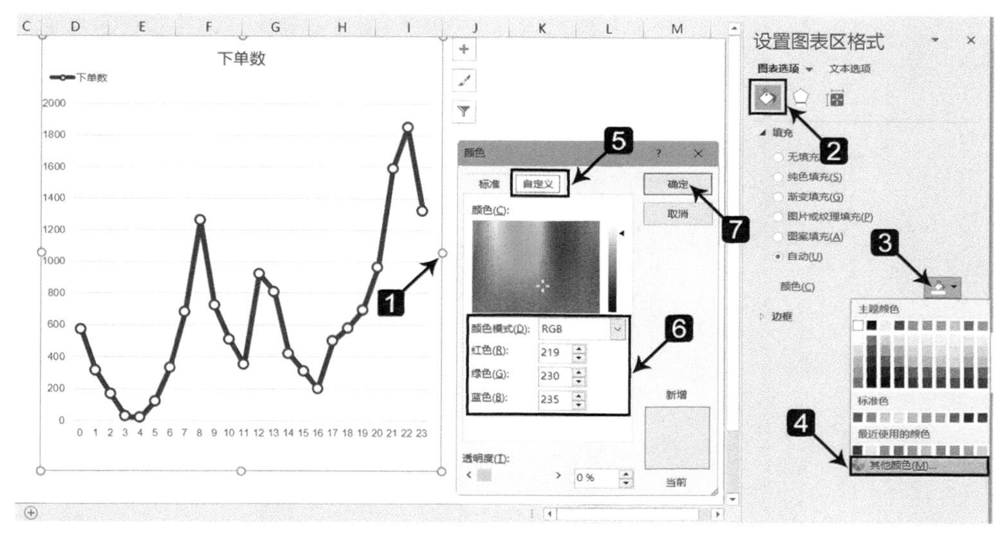

图 11-11

10 接下来美化图表的网格线。双击网格线或选中网格线后按<Ctrl+1>组合键，弹出“设置主要网格线格式”窗格，然后按照图 11-12 所示步骤操作。

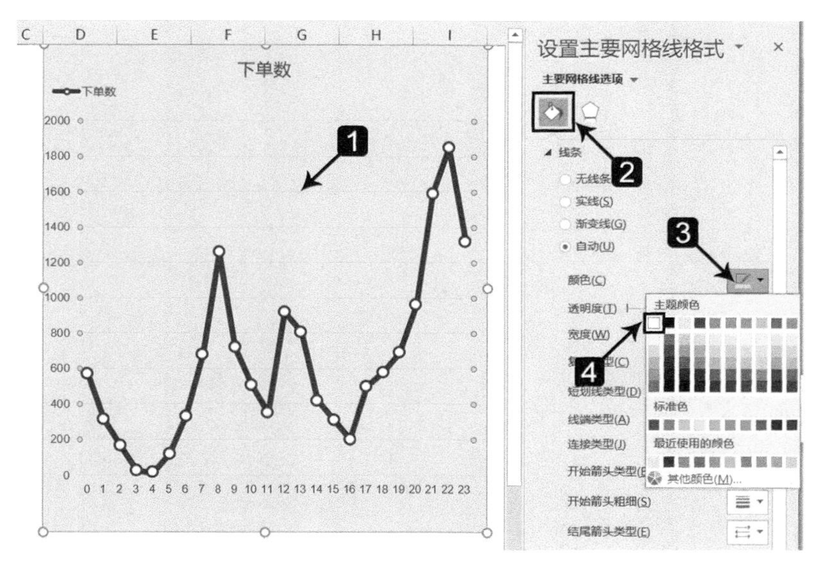

图 11-12

这样就设置好了图表的主体区域和必要图表元素，要想让图表显得更加专业，具备商务气息，还需要进一步对图表进行细节的修饰和美化，下面继续介绍。

11 由于当前案例中的折线图中某些数据点距离坐标轴较远，导致用户在读图时需要向下移动视线到坐标轴以确定所属时段，为了避免这种麻烦，给用户更好的视觉感受，我们可以为图表添加垂直线，操作步骤如图11-13所示。

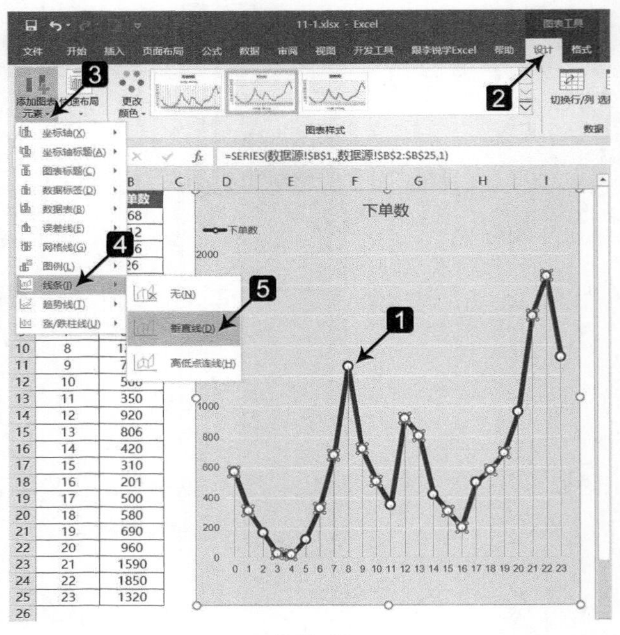

图11-13

12 添加垂直线后，再对其进行美化设置。双击垂直线，或选中垂直线并按<Ctrl+1>组合键，弹出“设置垂直线格式”窗格，然后按照图11-14所示步骤操作。

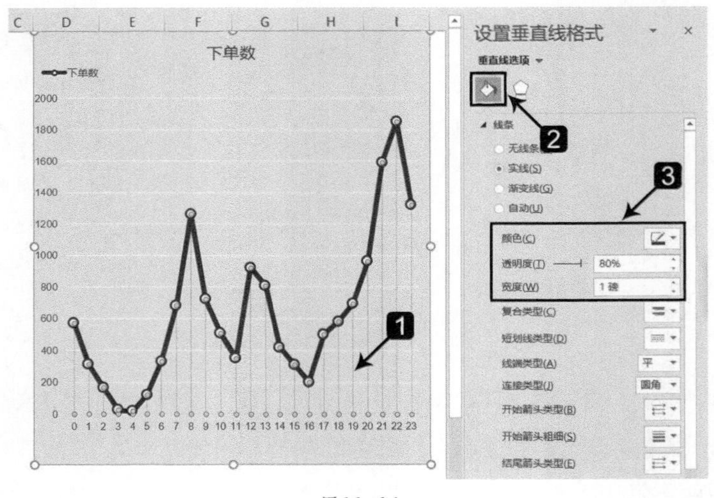

图11-14

13 修改图表标题。可以直接修改默认的图表标题，也可以将其删除，使用自定义添加图表标题的方法。由于后者设置起来更加灵活、方便，所以我们选中图表标题，如图11-15所示，并将其删除。

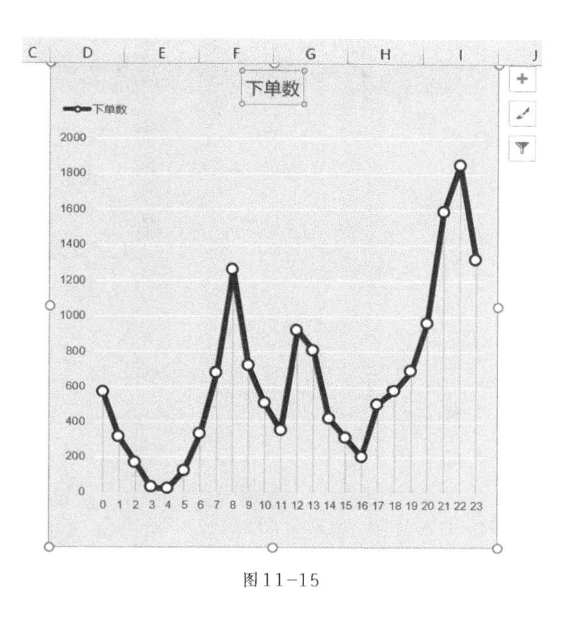

图11-15

14 为了让折线图上的数据标记与坐标轴的刻度对齐，双击图表坐标轴进行设置，操作步骤如图11-16所示。

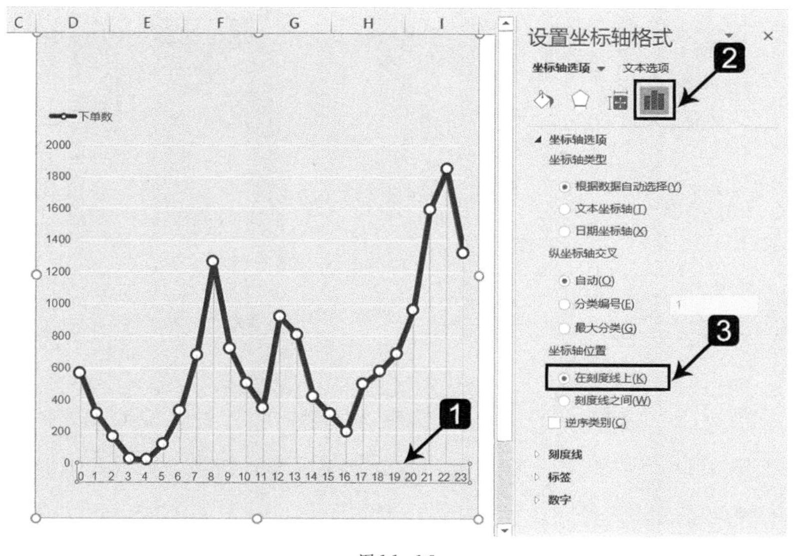

图11-16

15 为了让图表清晰、直观地表达主题，我们要把主要的制图目的和表达观点浓缩为图表标题，明确图表的展示作用和商务目的，让人一目了然。由于我们已经删除了图表的默认标题，所以插入文本框自定义图表标题，操作步骤如图11-17所示。

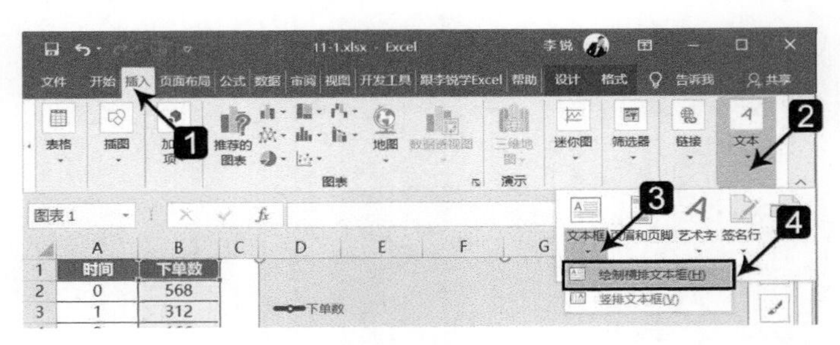

图11-17

16 在文本框中输入标题后，为了让其更好地与图表融为一体，将其设置为无填充、无线条，操作步骤如图11-18所示。

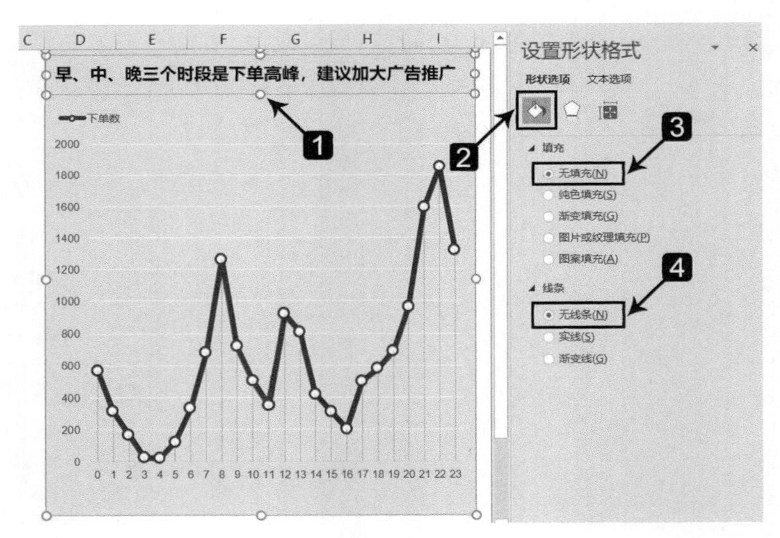

图11-18

使用同样的方法添加图表的副标题、必要说明和数据来源，最终效果如图11-19所示。

至此，这张展示数据变动趋势的商务图表就做好了，它不但能够清晰展示数据变动趋势，而且对业务目的给出明确建议，数据分析直击主题，非常实用。

此案例需要数据趋势分析，用的是折线图类型。如果遇到数据对比需求，应该使用什么类型的图表展示呢？ 11.2节具体介绍相关内容。

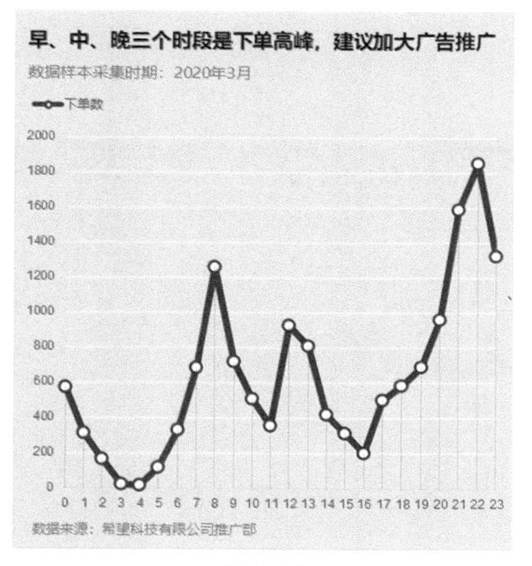

图 11-19

11.2 查看数据对比，这两种经典图表适用于各种场景

数据对比是工作中经常要用到的数据分析方法，在Excel中可以使用柱形图或条形图用于数据对比展示，下面结合实际案例分别展开介绍。

11.2.1 用柱形图展示数据对比

某集团需要对两种支柱产品在2020年度各地区的产量进行对比分析，数据源如图11-20左图所示，制作完成的柱形图如图11-20右图所示。

地区	产品A（万吨）	产品B（万吨）
北京	7.8	11
上海	5.9	11.5
广州	2.6	8.2
深圳	1.6	3.7
天津	2.1	2.2
重庆	1.9	1

2020年各区域产量对比图

产品A（万吨）　产品B（万吨）

图 11-20

01 选中数据源中任意位置（如C2单元格），插入柱形图，操作步骤如图11-21所示。

图11-21

02 创建柱形图后调整图表的大小及高宽比例，将图例从图表底部拖曳至图表标题下方，如图11-22所示。

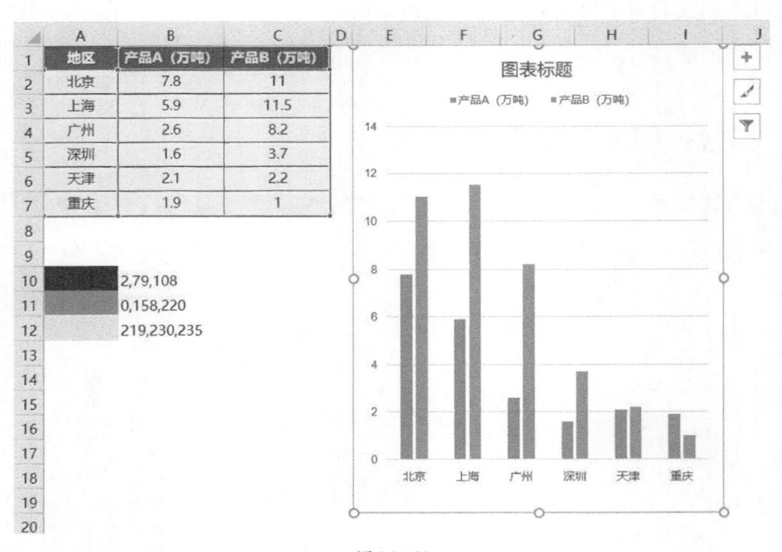

图11-22

03 默认情况下，柱形图的两个数据系列（也就是两个柱子）之间存在间隙，影响数据对比效果，可以将“系列重叠”设置为0%，“间隙宽度”设置为50%，操作步骤如图11-23所示。

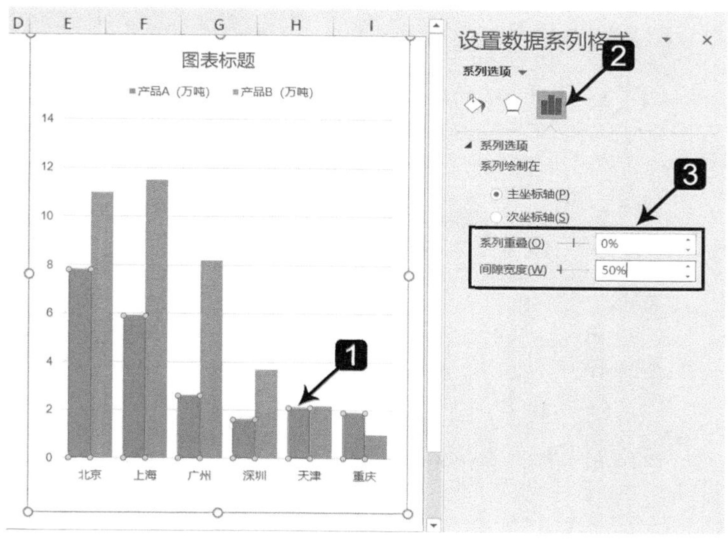

图11-23

04 对图表进行配色美化。首先选中产品A对应的数据系列，将其填充颜色的RGB值设置为2、79、108，操作步骤如图11-24所示。

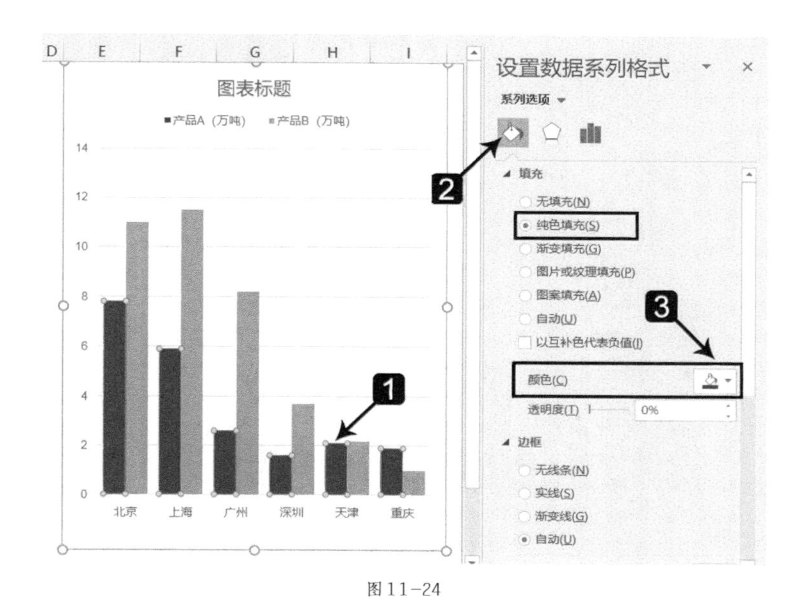

图11-24

05 选中产品B对应的数据系列，将其填充颜色的RGB值设置为0、158、220，操作步骤如图11-25所示。

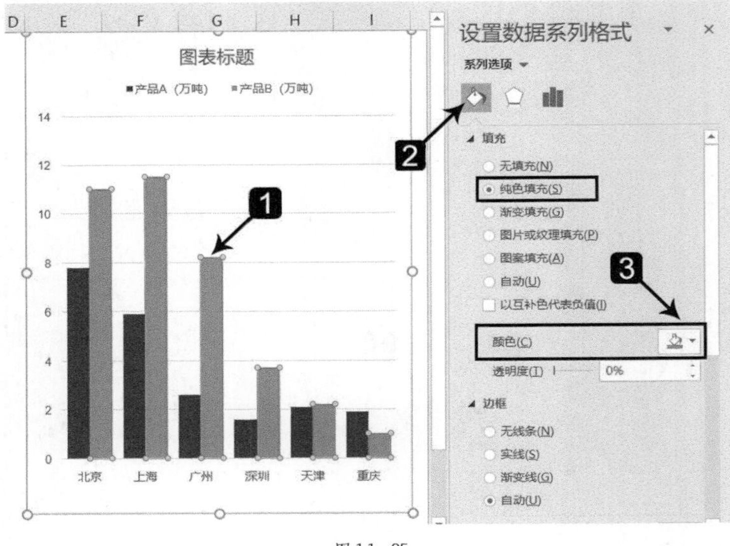

图 11-25

06 设置图表背景色。双击图表外边框，弹出“设置图表区格式”窗格，将其颜色的RGB值设置为219、230、235，操作步骤如图11-26所示。

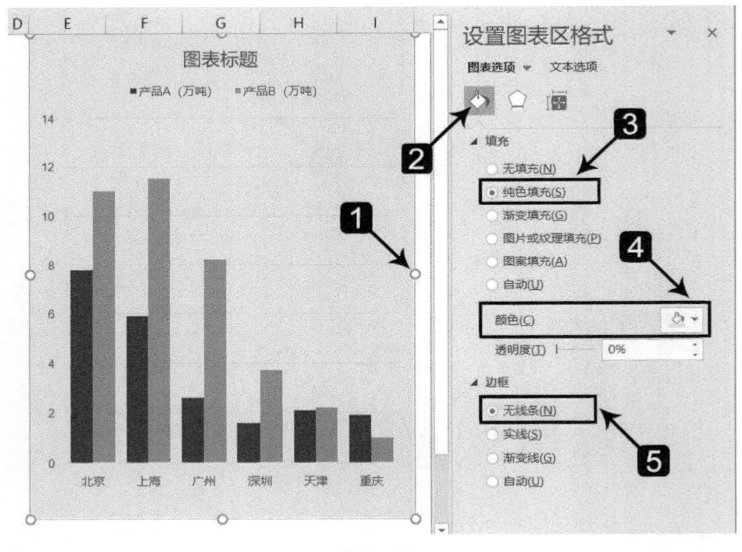

图 11-26

07 接下来美化网格线。双击网格线，弹出“设置主要网格线格式”窗格，将其颜色设置为白色，操作步骤如图11-27所示。

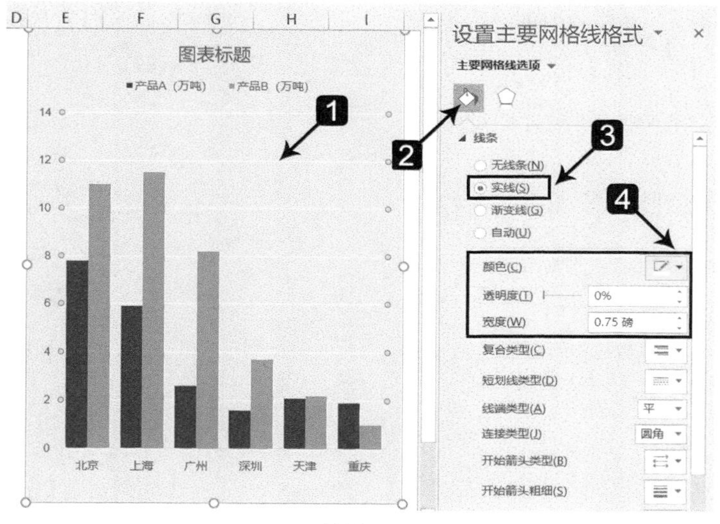

图 11-27

08 由于当前图表中的文字字号较小，为了便于用户阅读，将文字设置为微软雅黑字体并增大字号，操作步骤如图11-28所示。这样即可批量设置图表内所有元素的字体、字号，避免一一手动选中再逐个进行设置的重复操作。

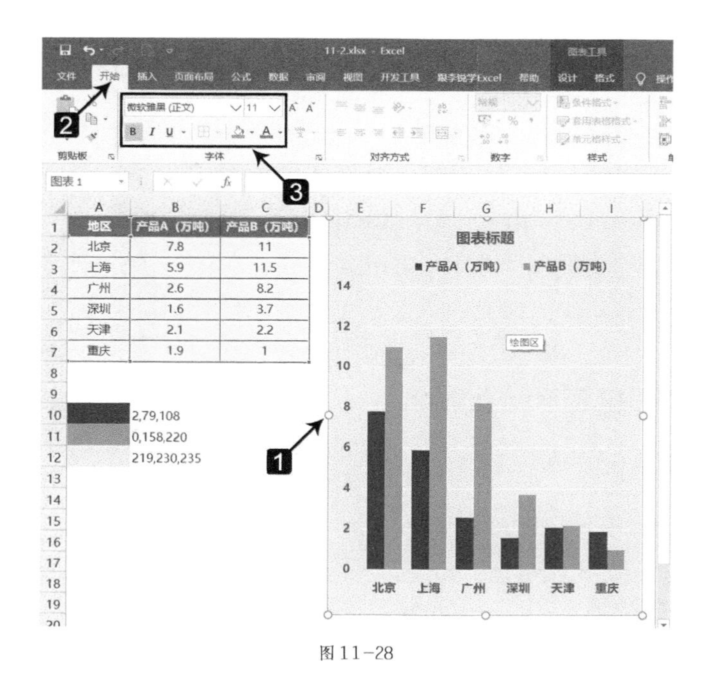

图 11-28

09 由于图表数据源中的最大值为11.5，但是默认的纵坐标轴最大值是14，造成图表的柱形图较低，无法合理利用绘图区上方的空间，所以还需要对坐标轴最大值进行设置，操作步骤如图11-29所示。自定义设置坐标轴最大值后，柱形图的高度会随之升高，这样可以更加合理地利用绘图区空间。

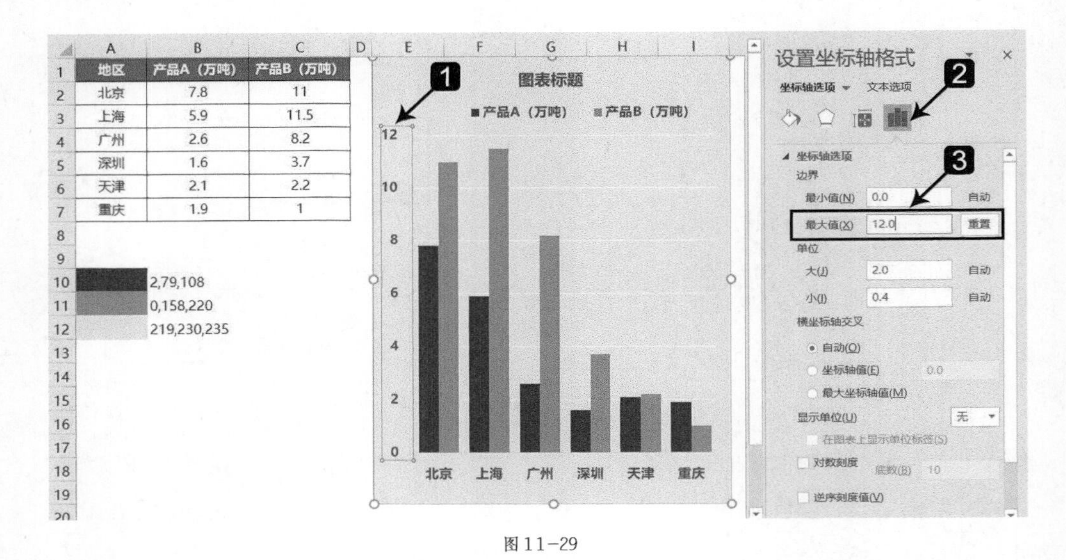

图 11-29

10 把制作此图表的作用及目的用一句话清晰表达出来，作为图表标题。先删除默认生成的图表标题，再插入文本框自定义设置标题，效果如图11-30所示。

这样即完成了柱形商务图表的制作，该图表清晰、直观地说明了该集团2020年各区域产量对比情况。

除了柱形图，条形图也可以用于展示数据对比，11.2.2小节具体介绍相关内容。

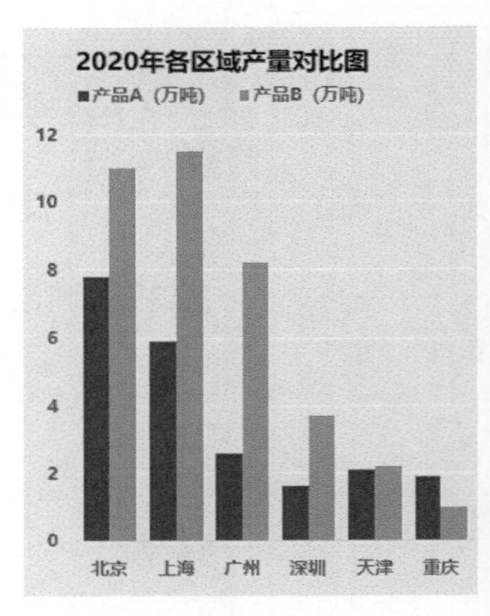

图 11-30

11.2.2 用条形图展示数据对比

某企业需要对不同商品分类的各系列产品的收入和成本进行对比分析，数据源如图11-31左图所示，制作完成的条形图如图11-31右图所示。

在Excel中创建图表之前，首先要对图表数据源进行规范整理。当数据源规范时我们可以直接使用，否则要先按照作图需求整理好数据源，添加必要条件后再进行图表的制作。

	A	B	C	D
1	序号	商品分类	收入（万元）	成本（万元）
2	1	迅达系列	118	28
3	2	联创系列	50	12
4	3	信诚系列	66	16
5	4	博野系列	586	89
6	5	金丰系列	86	20
7	6	永祥系列	60	14
8	7	蓝泰系列	369	72
9				

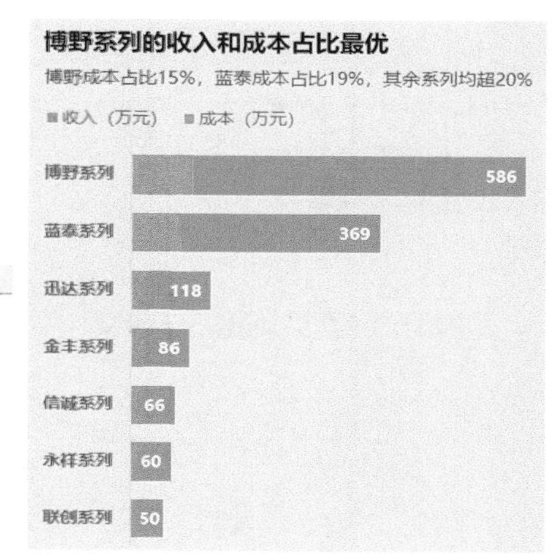

图 11-31

提示

当前的数据源中的数据是按照上市顺序对各系列的商品进行排序的，并没有按照收入或成本进行排序，而当前案例的目的是对各系列商品的收入和成本进行对比分析，所以要先按照收入数据将其降序排列，从高到低展示各系列产品。

01 选中B1:D8单元格区域，将其复制粘贴到B11:D18单元格区域，然后按照收入字段降序排列，操作步骤如图11-32所示。

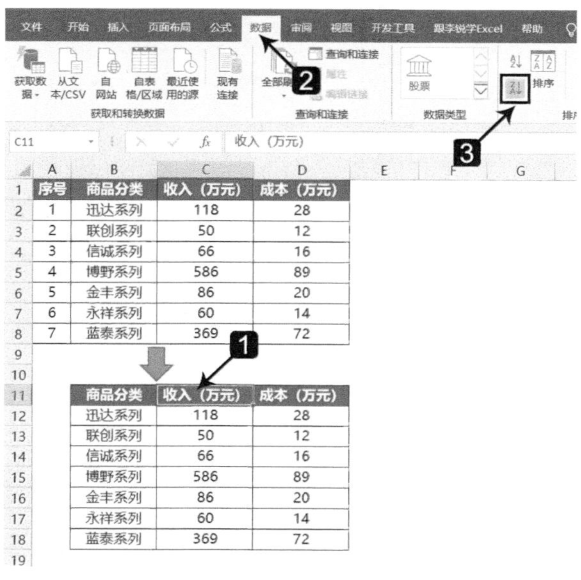

	A	B	C	D
1	序号	商品分类	收入（万元）	成本（万元）
2	1	迅达系列	118	28
3	2	联创系列	50	12
4	3	信诚系列	66	16
5	4	博野系列	586	89
6	5	金丰系列	86	20
7	6	永祥系列	60	14
8	7	蓝泰系列	369	72

	B	C	D
11	商品分类	收入（万元）	成本（万元）
12	迅达系列	118	28
13	联创系列	50	12
14	信诚系列	66	16
15	博野系列	586	89
16	金丰系列	86	20
17	永祥系列	60	14
18	蓝泰系列	369	72

图 11-32

02 整理好图表数据源后，选择条形图开始创建图表，操作步骤如图11-33所示。

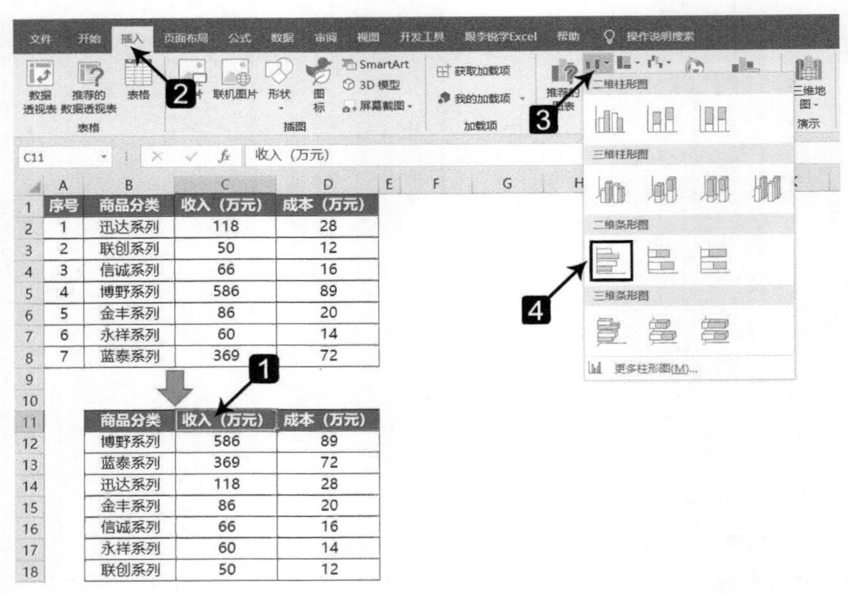

图 11-33

03 在Excel中创建的默认条形图，数据系列的排放顺序与数据源正好相反，效果如图11-34所示。

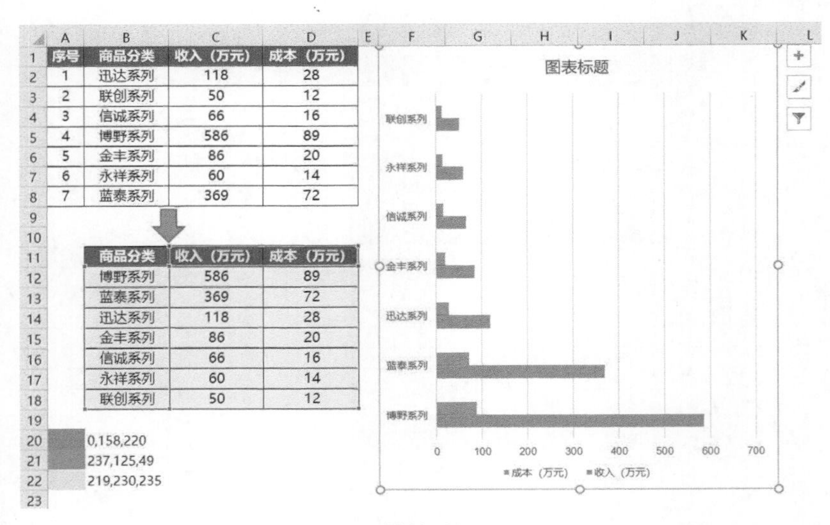

图 11-34

我们需要将数据系列顺序设置为与数据源保持一致，再进行其他图表元素的设置。

04 双击图表纵坐标轴，弹出“设置坐标轴格式”窗格，选中“逆序类别”复选框，操作步骤如图11-35所示。

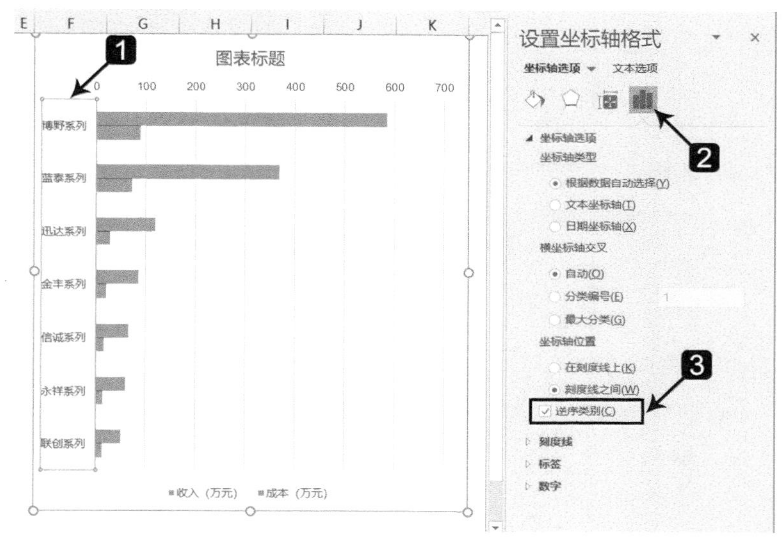

图11-35

05 单击“收入”系列对应的条形图，设置其填充颜色的RGB值为0、158、220，操作步骤如图11-36所示。

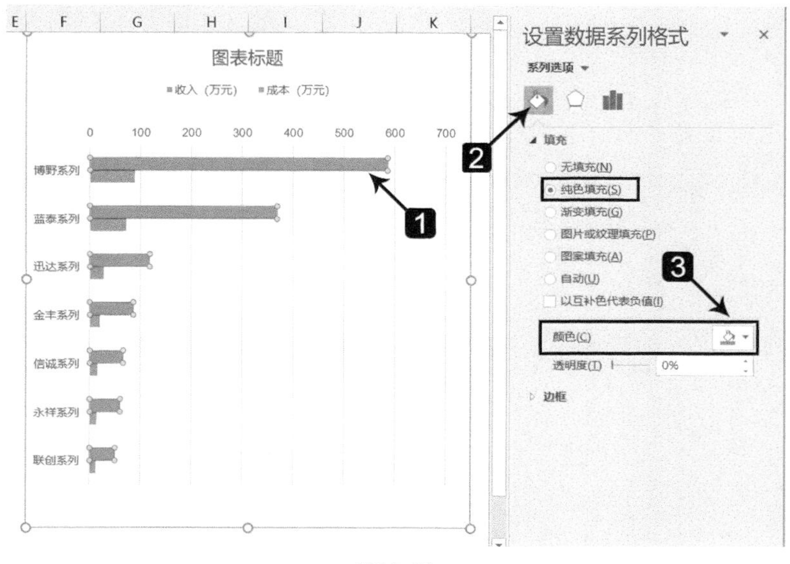

图11-36

06 单击“成本”系列对应的条形图，设置其填充颜色的RGB值为237、125、49，操作步骤如图11-37所示。

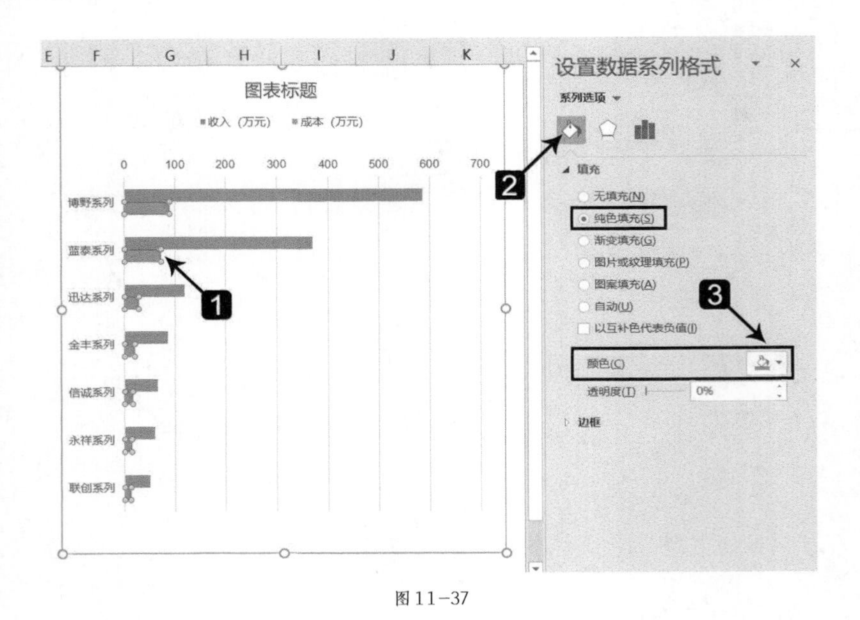

图11-37

07 设置整个图表的背景颜色。双击图表外边框，弹出“设置图表区格式”窗格，设置背景颜色的RGB值为219、230、235，操作步骤如图11-38所示。

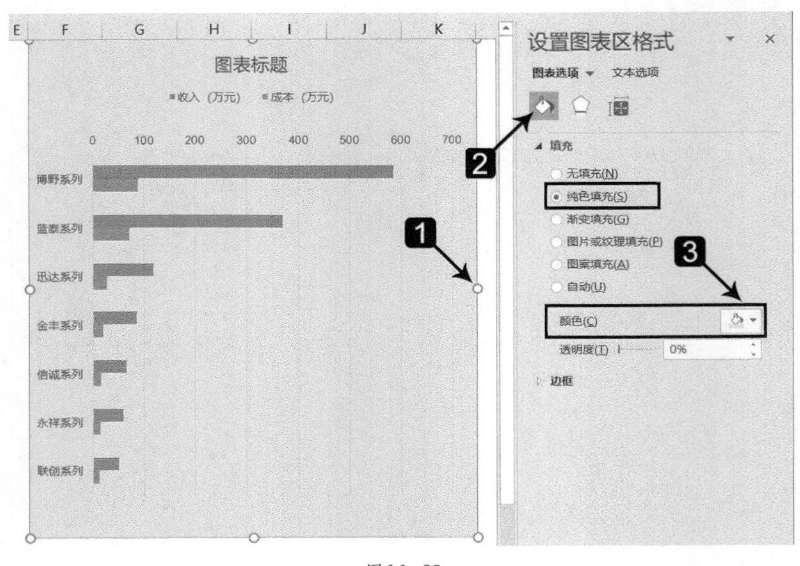

图11-38

08 为了更直观地展示成本与收入的占比情况，需要将两个条形图叠加在一起，可以通过设置“系列重叠”来实现，操作步骤如图11-39所示。

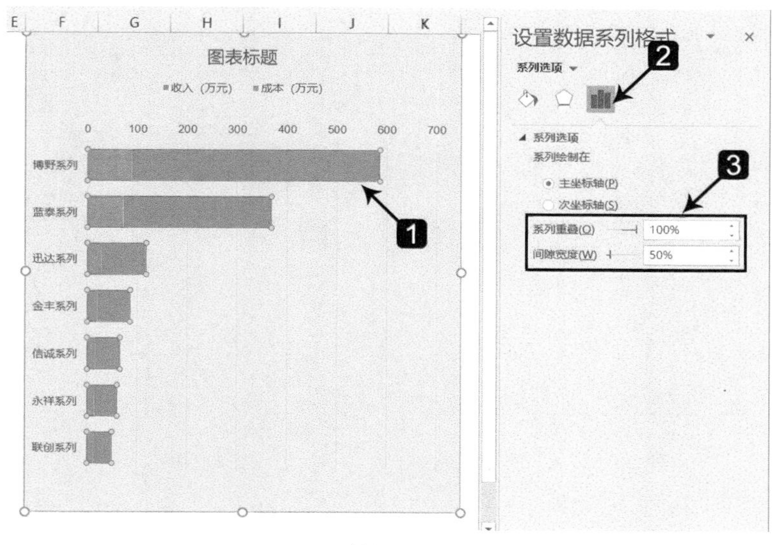

图11-39

09 由于条形图横坐标轴的最大值默认是700，而数据源中的最大值是586，造成绘图区右方空间没有被良好利用，所以可以通过设置横坐标轴最大值，来使条形图尽量占满整个图表的绘图区，操作步骤如图11-40所示。

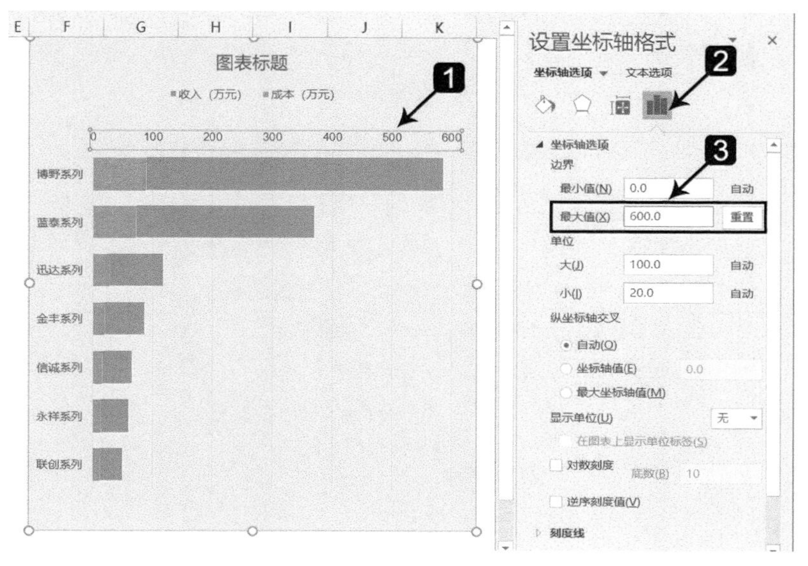

图11-40

10 为了能让读表人一目了然地掌握各商品系列的精确收入，可以为条形图添加数据标签，直接在条形图中显示收入数值，操作步骤如图11-41所示。

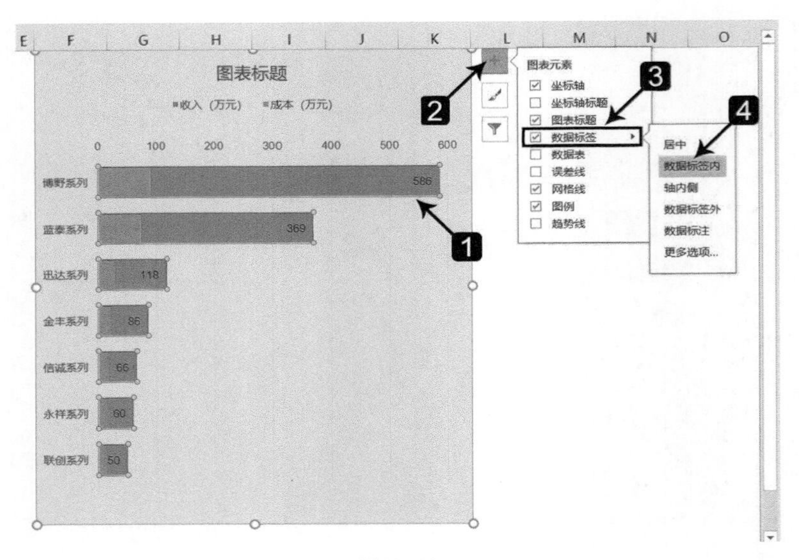

图 11-41

11 为了让整张图表中的数值看起来更加清晰，选中整张图表，设置字体和字号，操作步骤如图11-42所示。

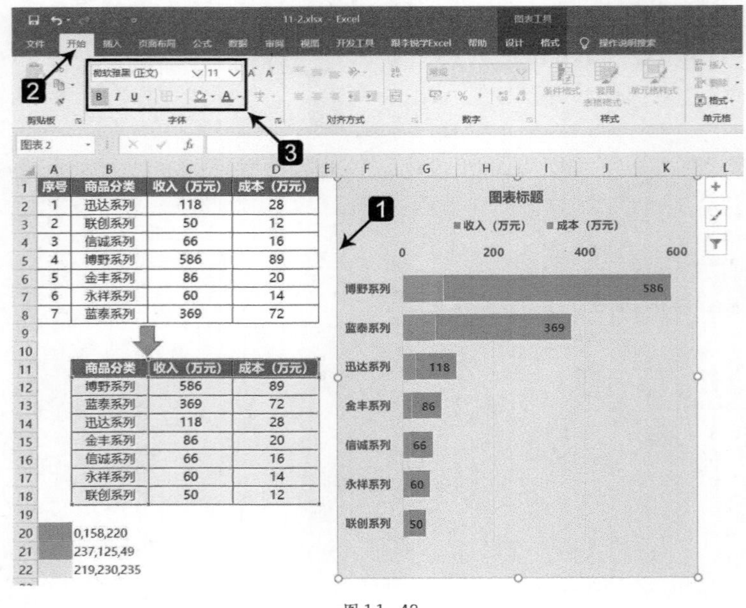

图 11-42

12 选中数据标签，设置颜色为白色，操作步骤如图11-43所示。

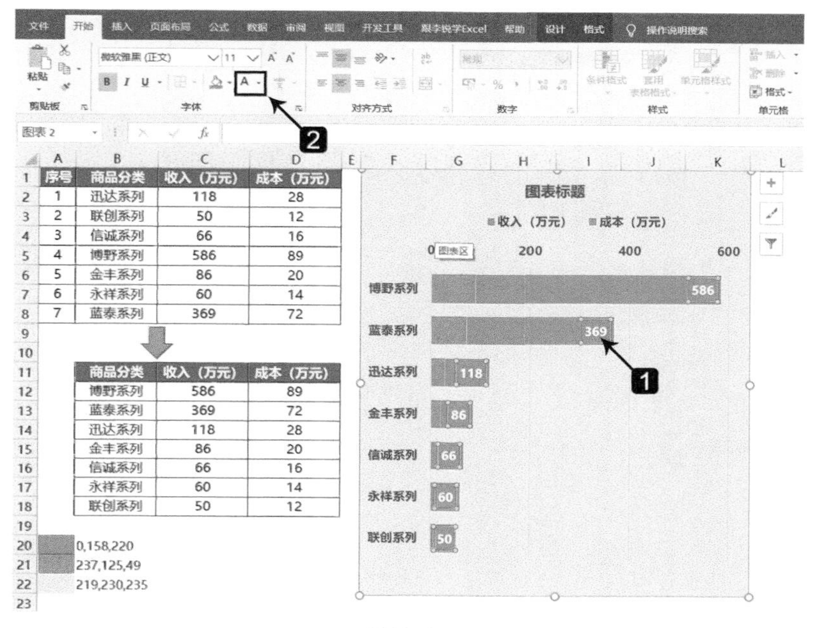

图11-43

13 由于条形图中已显示具体收入数值，所以条形图的横坐标轴可以不必显示，操作步骤如图11-44所示。

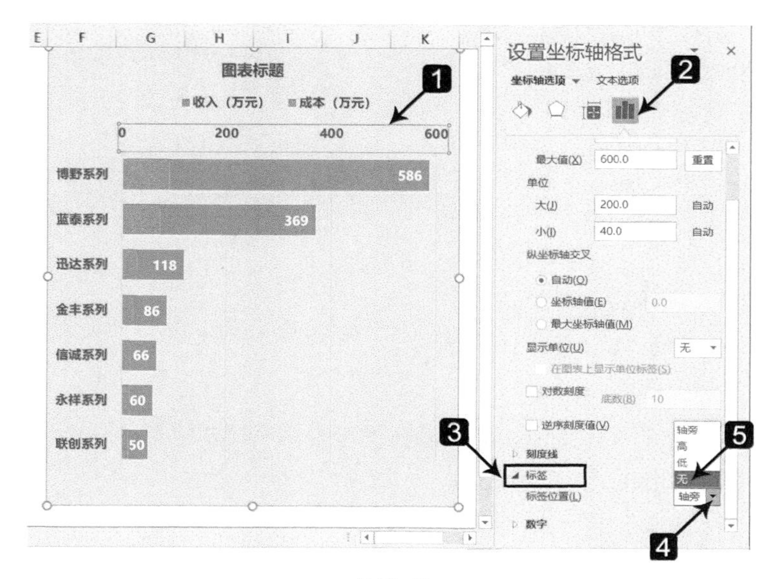

图11-44

14 隐藏坐标轴后，隐藏网格线也可以，操作步骤如图11-45所示。

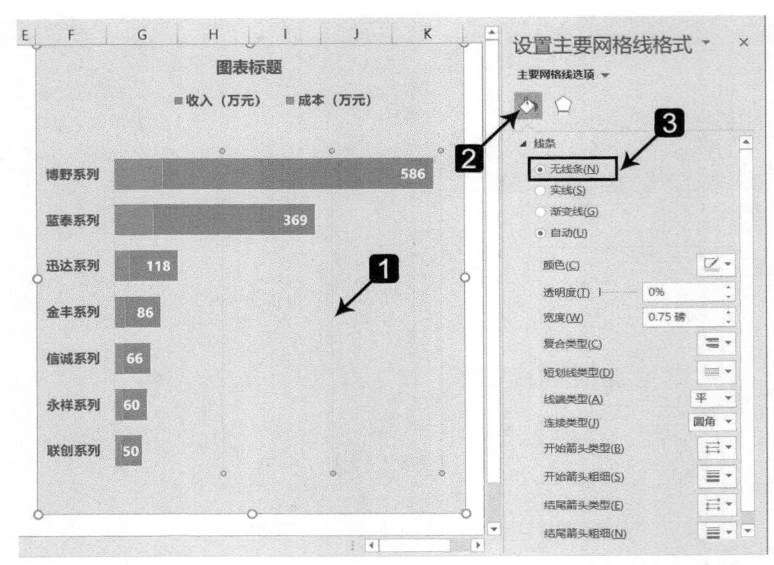

图11-45

15 删除默认的图表标题，插入文本框，自定义图表标题，如图11-46所示。

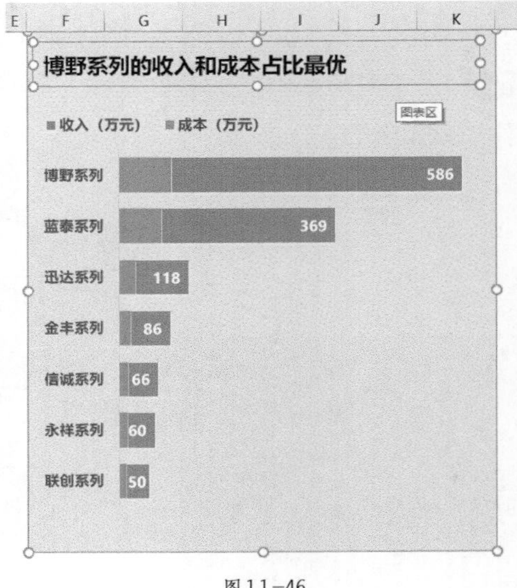

图11-46

提示

目前的条形图已经可以清晰展示各商品系列收入和成本的对比以及比例关系，但是如果领导想进一步掌握成本所占的具体百分比，由于此图表数据源中没有成本百分比的数据支持，所以无法直接制图，我们可以在数据源中添加辅助列计算占比。

16 在E12单元格中输入公式并向下填充，计算各商品系列的成本占比，操作步骤如图11-47所示。

17 有了成本占比的具体数值，就可以在图表中简明扼要地用一句话作为副标题说明，效果如图11-48所示。

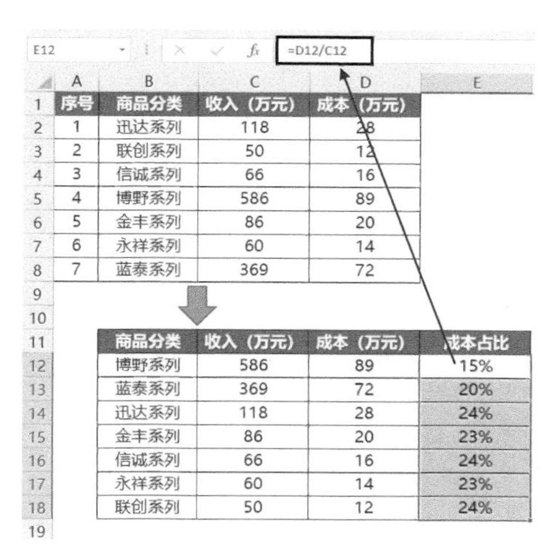

E12 =D12/C12

序号	商品分类	收入（万元）	成本（万元）
1	迅达系列	118	28
2	联创系列	50	12
3	信诚系列	66	16
4	博野系列	586	89
5	金丰系列	86	20
6	永祥系列	60	14
7	蓝泰系列	369	72

商品分类	收入（万元）	成本（万元）	成本占比
博野系列	586	89	15%
蓝泰系列	369	72	20%
迅达系列	118	28	24%
金丰系列	86	20	23%
信诚系列	66	16	24%
永祥系列	60	14	23%
联创系列	50	12	24%

图 11-47

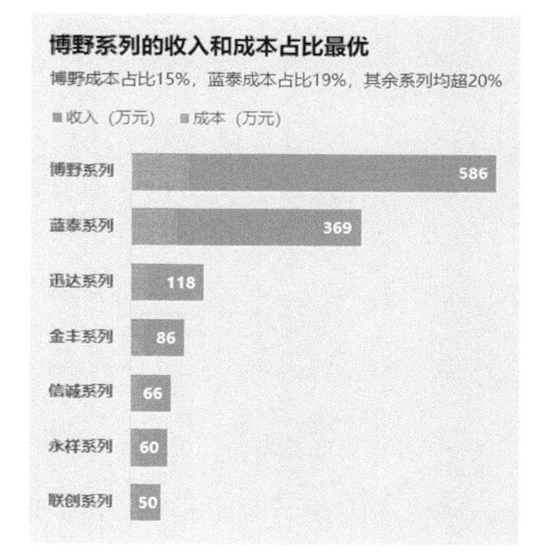

图 11-48

即使领导想查看每个系列的具体百分比，也可以从数据源的辅助列（如E11:E18单元格区域）中获取，就不必把所有信息全部塞进有限的图表空间中了。

这样，就通过对数据源的整理和对图表的美化，使用条形图实现了数据对比及占比的清晰展示。

小结

Excel中的柱形图和条形图都可以用来对比数据，但是由于两种图表随数据系列增加的延伸方向不同（柱形图横向延伸，条形图纵向延伸），在实际工作中请大家根据具体情况选择和使用。当数据系列很多或系列名称较长时，推荐使用条形图，便于更多数据的纵向展开和系列名称的全部显示。

除了数据趋势和数据对比分析，工作中还会经常遇到数据占比分析，我们应该使用什么样的图表实现呢？11.3节具体介绍相关内容。

11.3 查看数据占比，这两种图表轻松满足各种要求

数据占比分析是我们在工作中经常会遇到的实际需求，Excel中的饼图和圆环图都可以实现数据占比的清晰展示，下面结合实际案例具体介绍。

11.3.1 用饼图展示数据占比

希望科技有限公司要求查看各商品分类的收入占比情况，并突出展示收入最好

的前3个系列的收入百分比，数据源如图11-49左图所示，制作完成的饼图如图11-49右图所示。

	A	B
1	商品分类	收入（万元）
2	博野系列	586
3	蓝泰系列	369
4	迅达系列	118
5	金丰系列	86
6	信诚系列	66
7	永祥系列	60
8	联创系列	50
9		

博野、蓝泰和迅达系列的收入占总收入的80%

博野系列占比44%，为主体支柱系列

博野系列 44%

蓝泰系列 28%

迅达系列 9%

数据来源：希望科技有限公司财务部

图 11-49

下面介绍制作图表的操作步骤。

01 选中数据源中任意单元格（如B2单元格），插入饼图，操作步骤如图11-50所示。

02 创建默认样式的饼图后调整图表的位置和大小，调整后效果如图11-51所示。

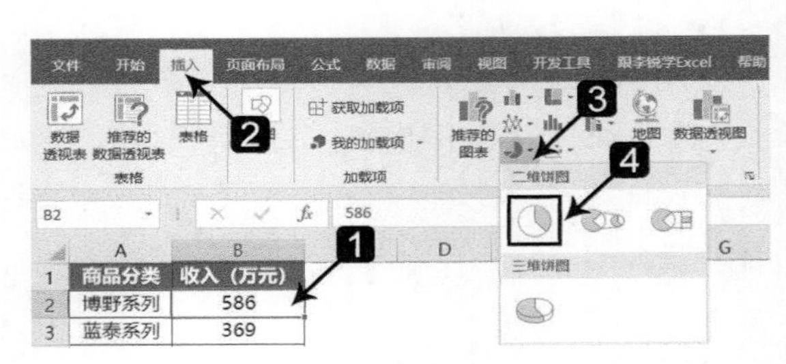

图 11-50

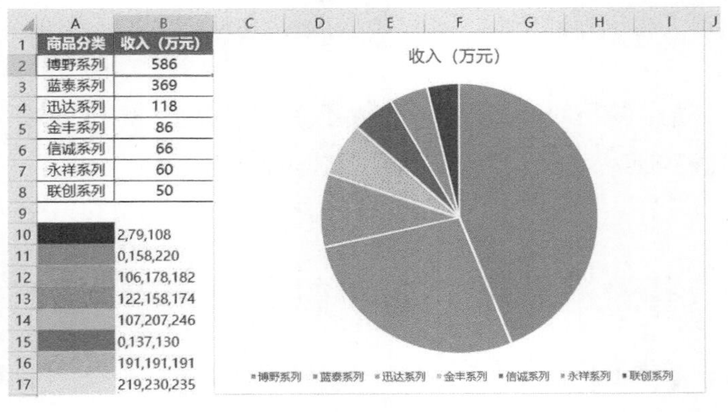

	A	B
1	商品分类	收入（万元）
2	博野系列	586
3	蓝泰系列	369
4	迅达系列	118
5	金丰系列	86
6	信诚系列	66
7	永祥系列	60
8	联创系列	50
9		
10		2,79,108
11		0,158,220
12		106,178,182
13		122,158,174
14		107,207,246
15		0,137,130
16		191,191,191
17		219,230,235

图 11-51

03 设置饼图中7个数据系列的填充颜色。单独选中每一个数据系列，设置自定义颜色的RGB值及效果如图11-52所示。

04 饼图中数据系列之间的边框线太粗，需要设置边框线的颜色及宽度，操作步骤如图11-53所示。

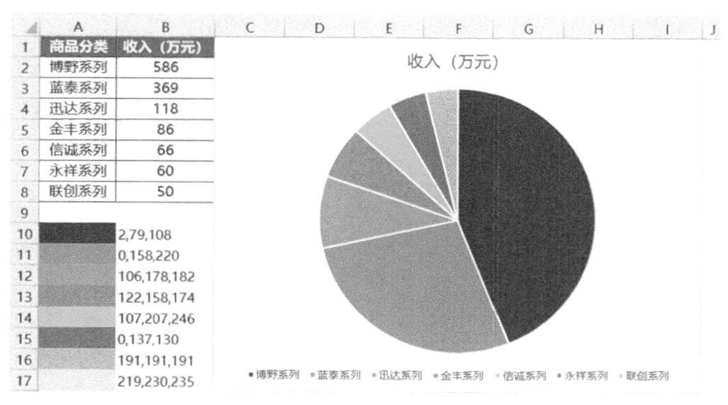

图11-52

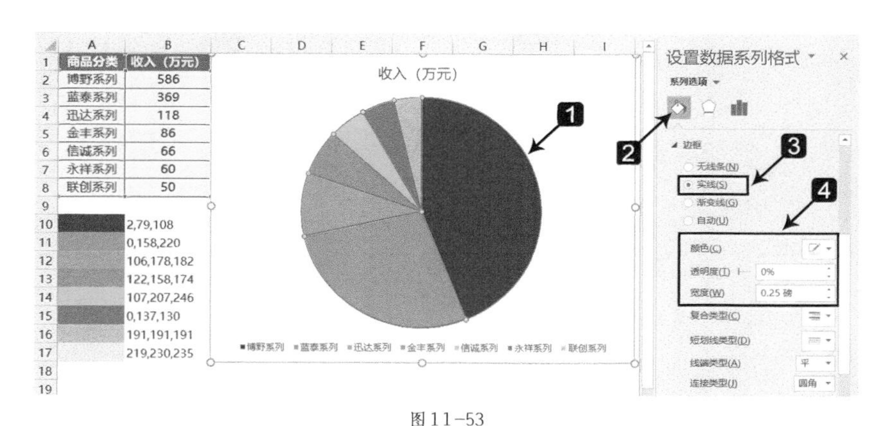

图11-53

05 为了让每个数据系列的占比显示得更加清晰，在图表中添加数据标签，操作步骤如图11-54所示。

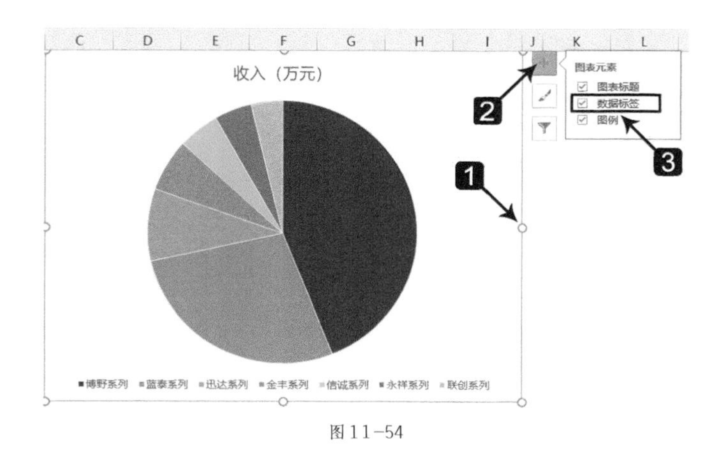

图11-54

06 设置数据标签的显示效果，操作步骤如图11-55所示。

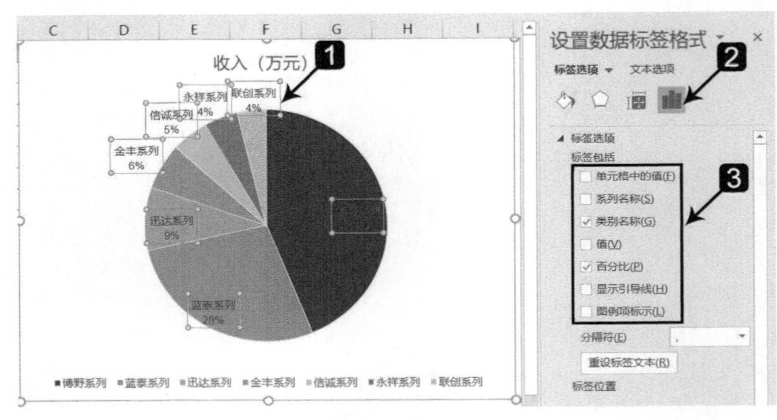

图11-55

07 由于企业的业务目的是突出展示收入最高的前3个系列的收入占比，所以将前3个系列的数据标签加粗并加大字号，颜色设置为白色，删除其他系列的数据标签使其不再显示，效果如图11-56所示。

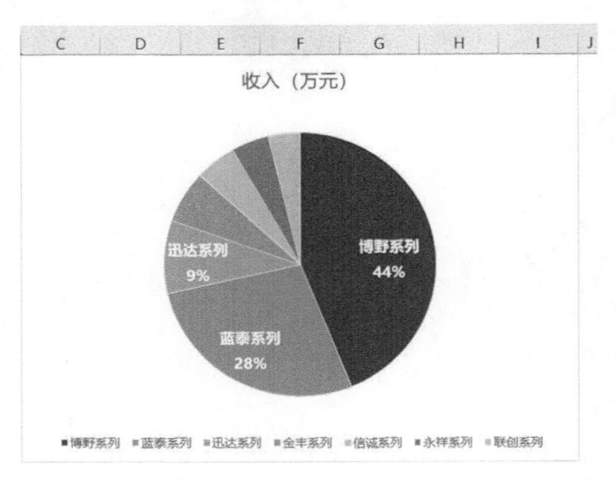

图11-56

08 设置图表背景填充颜色为自定义RGB值219、230、235，操作步骤如图11-57所示。

09 为了让图表中各数据系列主次分明，将次要数据系列的填充颜色的透明度设置为80%，操作步骤如图11-58所示。

10 使用同样的方法设置另外几个次要数据系列的填充透明度，效果如图11-59所示。

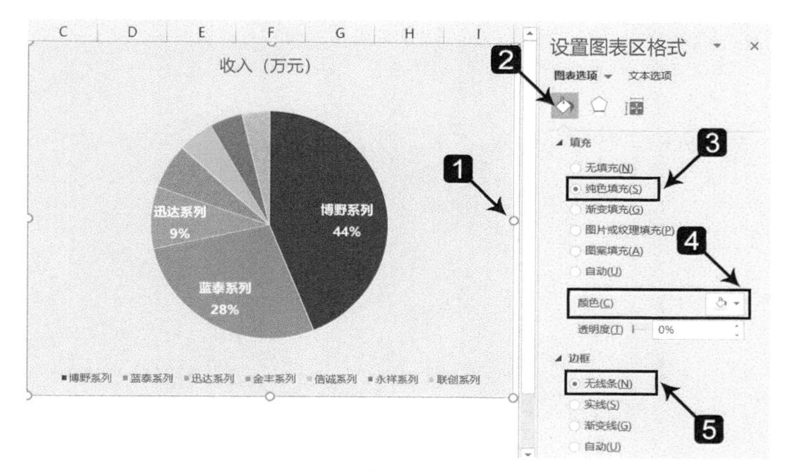

图 11-57

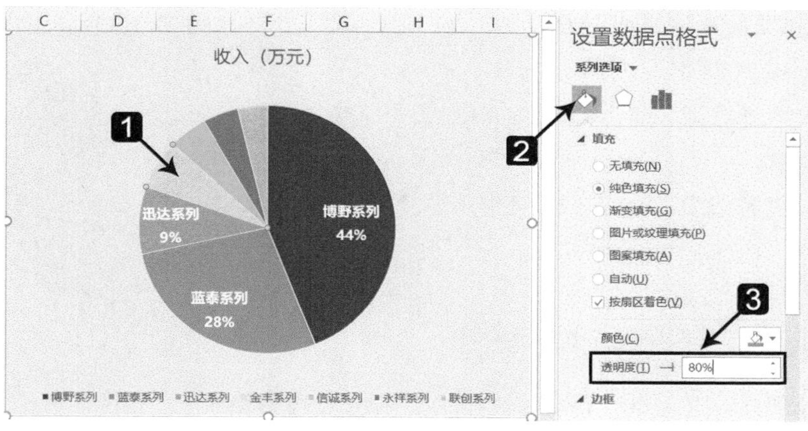

图 11-58

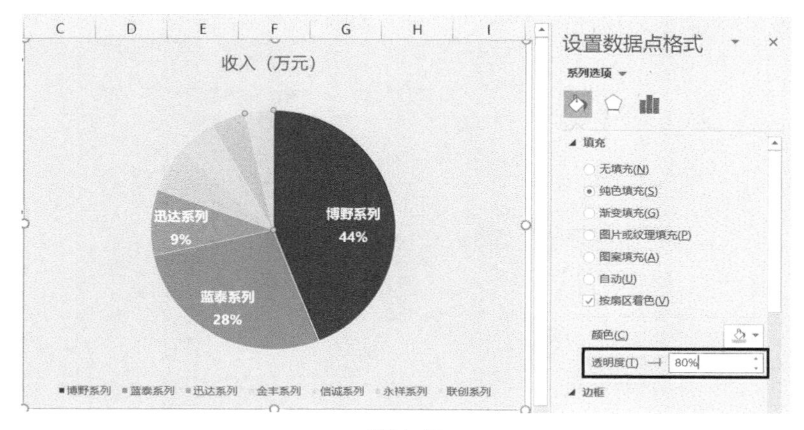

图 11-59

11 删除图表默认的标题和图例，添加自定义文本框设置图表标题，效果如图11-60所示。

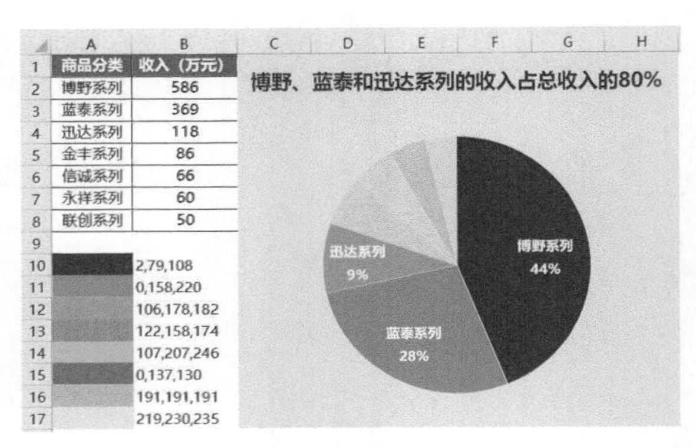

	A	B
1	商品分类	收入（万元）
2	博野系列	586
3	蓝泰系列	369
4	迅达系列	118
5	金丰系列	86
6	信诚系列	66
7	永祥系列	60
8	联创系列	50
9		
10		2,79,108
11		0,158,220
12		106,178,182
13		122,158,174
14		107,207,246
15		0,137,130
16		191,191,191
17		219,230,235

图11-60

12 根据实际需要添加图表的副标题和数据来源说明，效果如图11-61所示。

这样就满足了借助Excel中的饼图展示数据占比的需求。

除了饼图，圆环图也可以用于展示数据占比，11.3.2小节具体介绍相关内容。

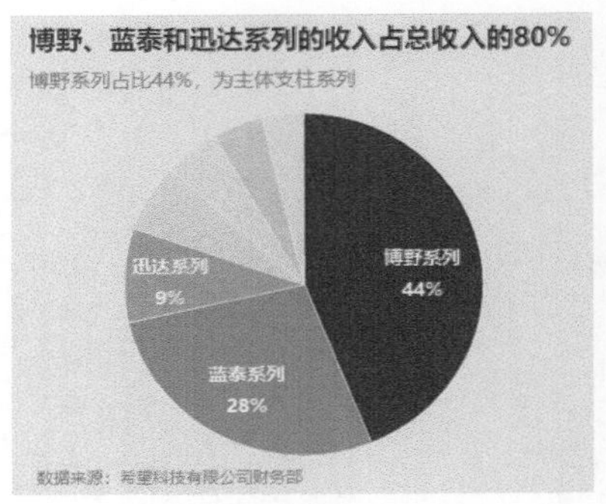

图11-61

11.3.2 用圆环图展示数据占比

希望科技有限公司为了推动市场销售，从多个渠道投放了广告进行宣传，现要求统计广告接受度最高的广告形式及占比情况，为此市场部专门发放调查问卷组织调研，收集到的数据如图11-62左图所示，制作完成的圆环图如图11-62右图所示。

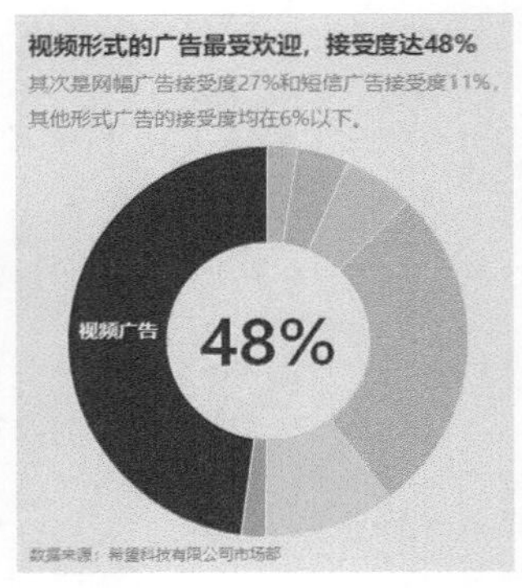

	A	B
1	广告形式	接受人数
2	报纸广告	281
3	广播广告	489
4	电视广告	685
5	网幅广告	3210
6	短信广告	1245
7	户外广告	227
8	视频广告	5623
9		

图11-62

下面使用Excel中的圆环图展示不同广告形式的接受人数占比情况，操作步骤如下。

01 选中数据源中任意单元格（如B5单元格），插入圆环图，操作步骤如图11-63所示。

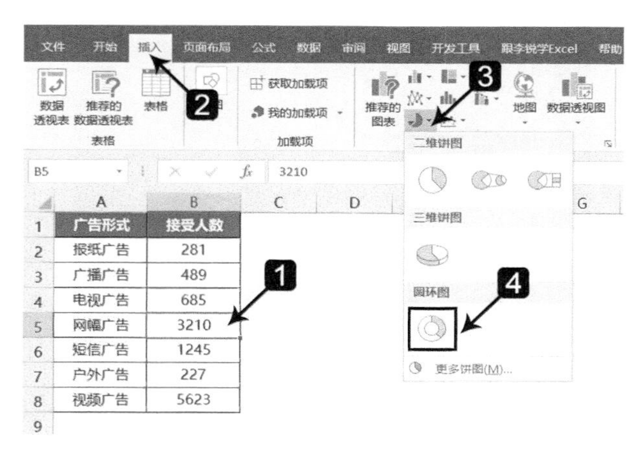

图11-63

02 创建的默认圆环图效果如图11-64所示。

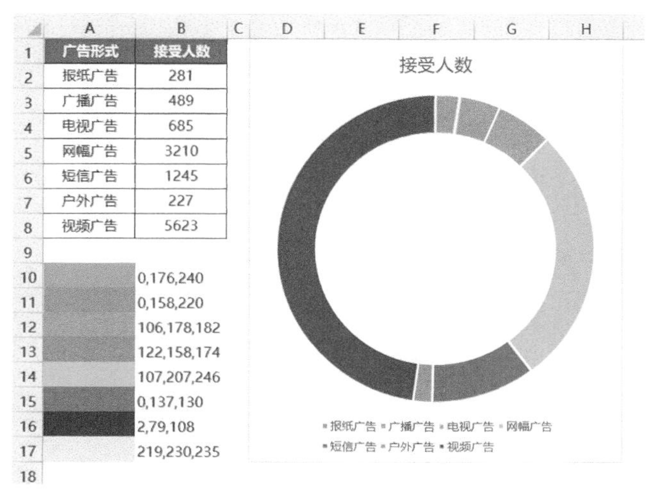

图11-64

03 调整圆环大小使图表更加美观，操作步骤如图11-65所示。

04 单独选中每个数据系列，设置填充颜色和透明度。除了要突出显示的主要数据系列，其他数据系列要弱化显示，所以将透明度设置为50%，操作步骤如图11-66所示。

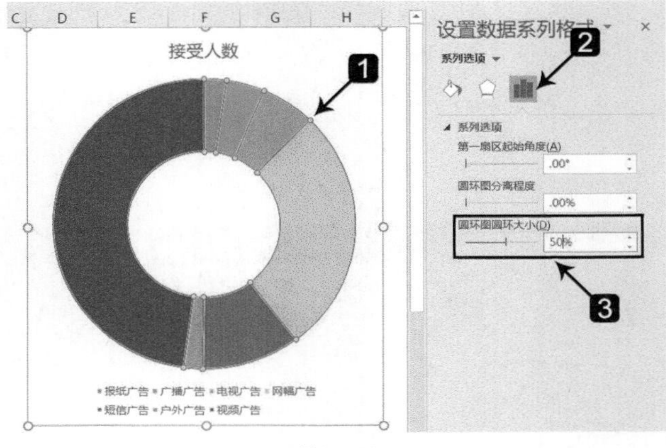

图11-65

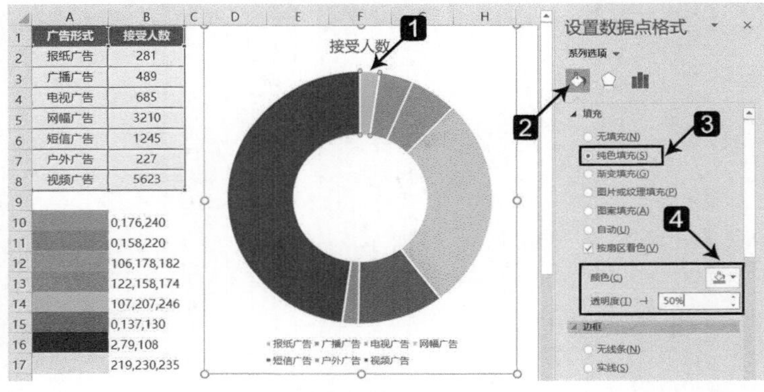

图11-66

05 占比最大的系列仅设置填充颜色，不设置透明度，操作步骤如图11-67所示。

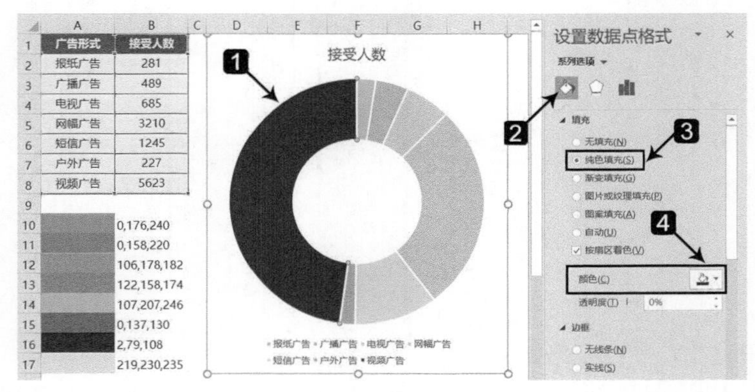

图11-67

06 设置圆环图中各系列边框的颜色及粗细，操作步骤如图11-68所示。

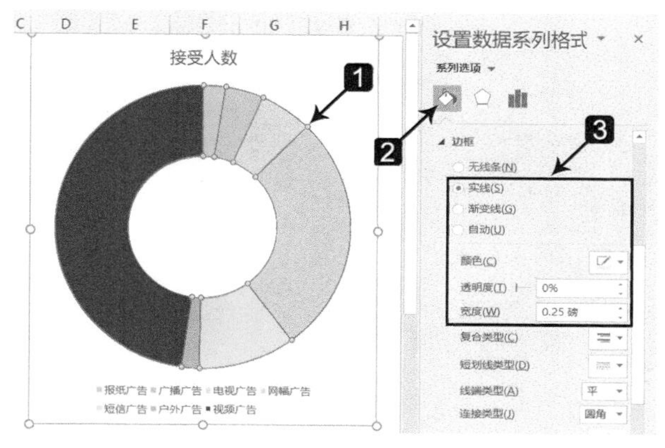

图11-68

07 选中整个图表外边框，设置图表背景颜色，操作步骤如图11-69所示。

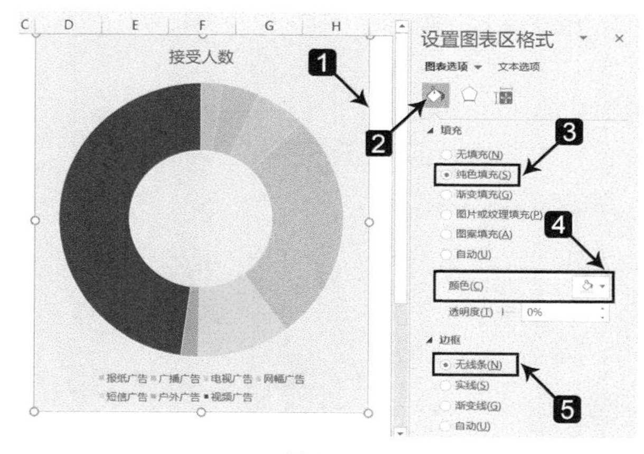

图11-69

08 单独选中占比最大的数据系列，添加数据标签，操作步骤如图11-70所示。

09 设置数据标签加大字号、加粗显示、设置颜色为白色，并设置数据标签显示类别名称，操作步骤如图11-71所示。

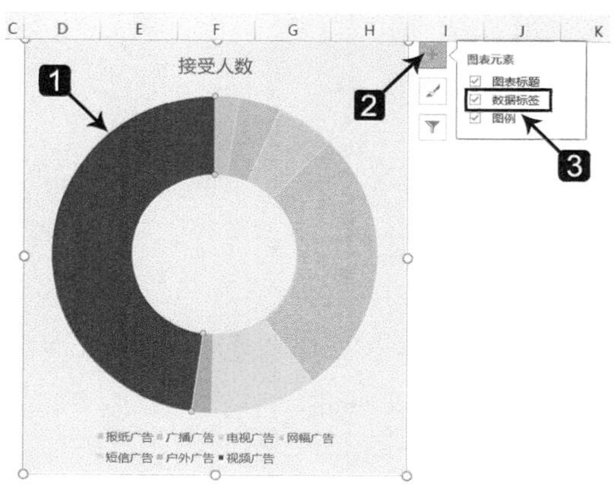

图11-70

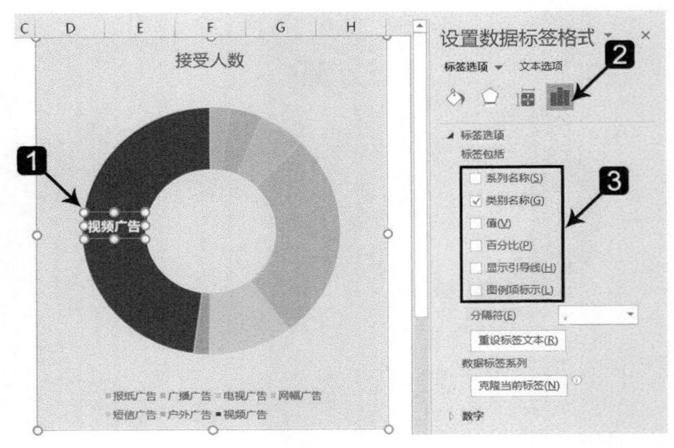

图 11-71

10 为了在圆环图中更加直观地展示最大数据系列所占的具体百分比，在图表数据源中添加辅助列，如图11-72所示。

=B2/SUM($B$2:$B$8)

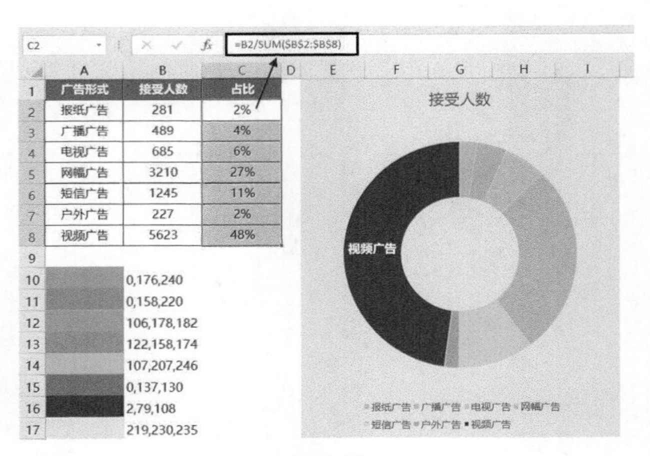

广告形式	接受人数	占比
报纸广告	281	2%
广播广告	489	4%
电视广告	685	6%
网幅广告	3210	27%
短信广告	1245	11%
户外广告	227	2%
视频广告	5623	48%

行	B
10	0,176,240
11	0,158,220
12	106,178,182
13	122,158,174
14	107,207,246
15	0,137,130
16	2,79,108
17	219,230,235

图 11-72

11 插入文本框，选中文本框外边框，在编辑栏输入以下公式，使文本框显示的数据与Excel单元格数据同步更新，操作步骤如图11-73所示。

=$C$8

12 设置文本框使其更加专业、美观，操作步骤如图11-74所示。

13 删除图表默认的图表标题和图例，插入文本框，自定义图表标题，效果如图11-75所示。

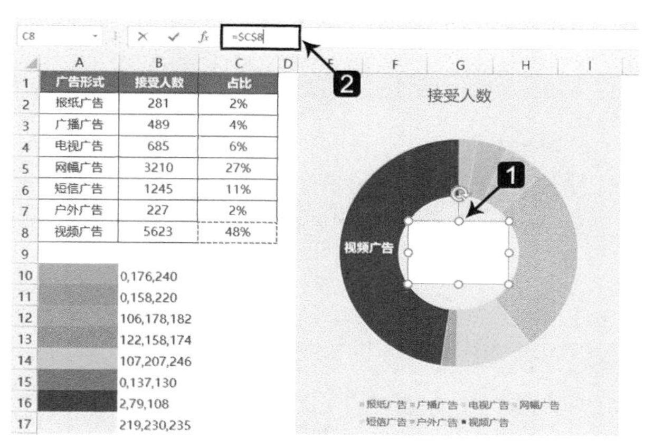

	A	B	C
1	广告形式	接受人数	占比
2	报纸广告	281	2%
3	广播广告	489	4%
4	电视广告	685	6%
5	网幅广告	3210	27%
6	短信广告	1245	11%
7	户外广告	227	2%
8	视频广告	5623	48%
9			
10		0,176,240	
11		0,158,220	
12		106,178,182	
13		122,158,174	
14		107,207,246	
15		0,137,130	
16		2,79,108	
17		219,230,235	

图 11-73

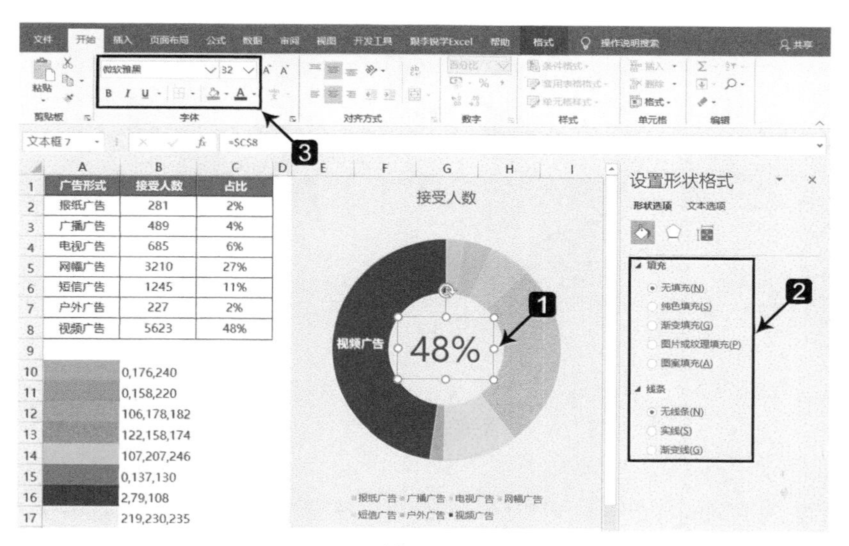

	A	B	C
1	广告形式	接受人数	占比
2	报纸广告	281	2%
3	广播广告	489	4%
4	电视广告	685	6%
5	网幅广告	3210	27%
6	短信广告	1245	11%
7	户外广告	227	2%
8	视频广告	5623	48%
9			
10		0,176,240	
11		0,158,220	
12		106,178,182	
13		122,158,174	
14		107,207,246	
15		0,137,130	
16		2,79,108	
17		219,230,235	

图 11-74

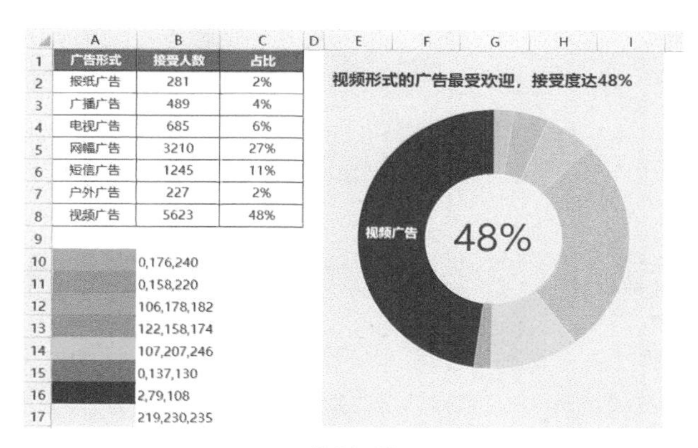

	A	B	C
1	广告形式	接受人数	占比
2	报纸广告	281	2%
3	广播广告	489	4%
4	电视广告	685	6%
5	网幅广告	3210	27%
6	短信广告	1245	11%
7	户外广告	227	2%
8	视频广告	5623	48%
9			
10		0,176,240	
11		0,158,220	
12		106,178,182	
13		122,158,174	
14		107,207,246	
15		0,137,130	
16		2,79,108	
17		219,230,235	

图 11-75

14 为了使用户拖曳图表时，让插入的文本框可以跟随图表同步移动，按住<Ctrl>键不松开，同时选中文本框的外边框与图表的外边框并进行组合，操作步骤如图11-76所示。

15 根据实际需要，插入文本框添加图表的副标题和数据来源，按住<Ctrl>键不松开，同时选中插入的文本框，将其与图表组合在一起，以便实现同步移动，效果如图11-77所示。

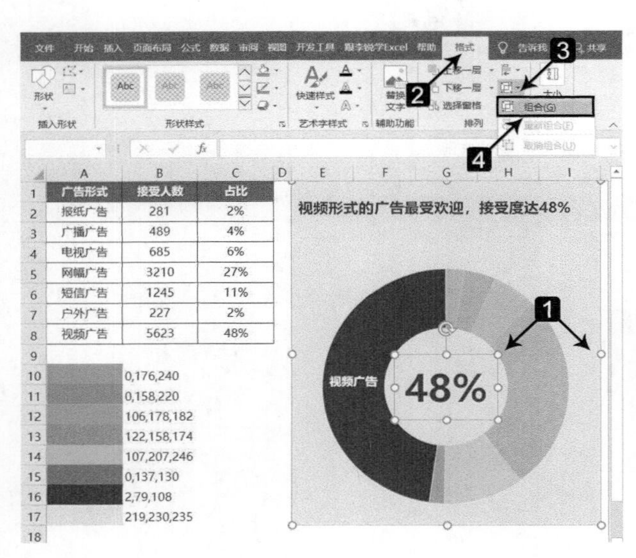

图 11-76

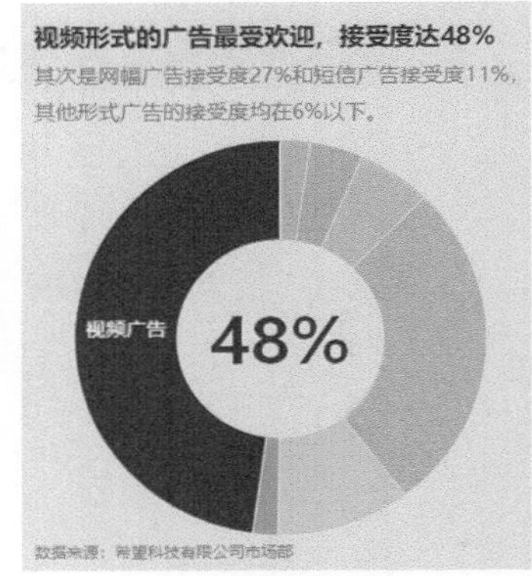

图 11-77

这样既可以利用圆环图展示各数据系列构成占比，又可以用圆环图中心的文本框突出显示主要系列的具体百分比数字，即使当数据源中数据变动时，图表中的占比与百分比数字也可以自动同步更新。

在实际的职场办公中，除了会遇到这类单独的数据趋势、数据对比、数据占比的可视化展示需求外，还可能会遇到同时展示数据趋势和数据对比的需求，应该使用哪种图表满足需求呢？ 11.4节具体介绍相关内容。

11.4 高出镜率的经典组合图，你也能轻松驾驭

由于实际工作需求经常会同时包含多种数据分析维度，而单一的图表类型只能满足某一方面的数据可视化和分析需求，所以需要使用多种Excel图表类型形成组合图表，以满足更加复杂的数据分析需求，其中柱线组合图是职场办公中最经典的Excel

组合图，下面结合一个实际案例具体介绍。

希望科技有限公司从2020年第1季度开始增加电商渠道销售，公司要求对比各季度实体渠道和电商渠道的销售情况，并对整体销售情况做出全年销售趋势的展示和分析，数据源如图11-78左图所示，制作完成的组合图如图11-78右图所示。

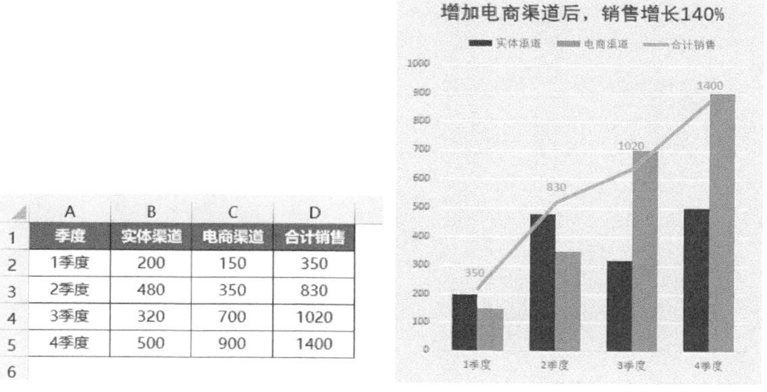

季度	实体渠道	电商渠道	合计销售
1季度	200	150	350
2季度	480	350	830
3季度	320	700	1020
4季度	500	900	1400

图11-78

首先观察数据源，理清思路，确定方法后再动手制作图表。

公司需求可以分为数据对比和数据趋势展示两种需求，我们可以分别使用Excel柱形图和折线图得以满足，既然这里需要同时查看和分析，那么就将Excel中的柱形图和折线图组合成柱线组合图，即同时用柱形图满足数据对比和用折线图满足数据趋势的数据可视化展示需求。

在Excel中我们可以在多数据系列的数据源基础上直接插入图表，然后单独选中某个数据系列更改其图表类型，下面介绍具体操作步骤。

01 选中数据源中任意单元格（如A1单元格），插入柱形图，操作步骤如图11-79所示。

季度	实体渠道	电商渠道	合计销售
1季度	200	150	350
2季度	480	350	830
3季度	320	700	1020
4季度	500	900	1400

图11-79

02 在图表中单独选中“合计销售”对应的柱形图，将其更改为折线图，操作步骤如图11-80所示。

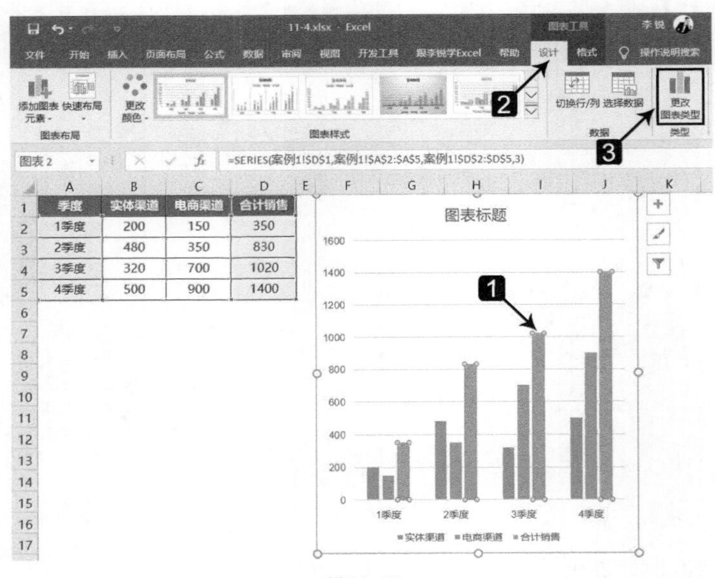

图11-80

03 在弹出的“更改图表类型”对话框中，设置“合计销售”图表类型为折线图，将其放置在次坐标轴上，操作步骤如图11-81所示。

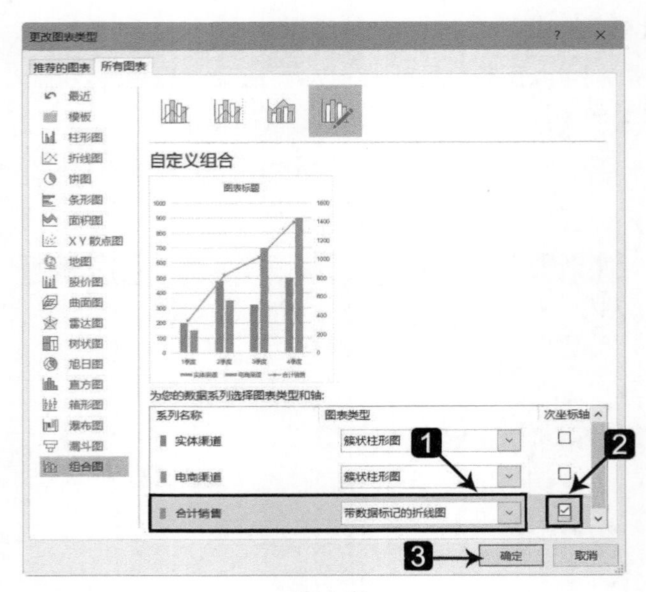

图11-81

04 选中柱形图数据系列，设置系列重叠和间隙宽度，操作步骤如图11-82所示。

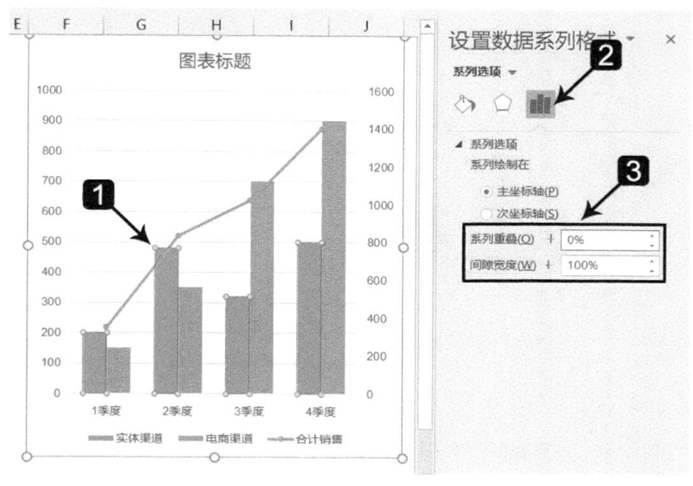

图11-82

05 选中“实体渠道”对应的柱形图，设置填充颜色RGB值为2、79、108，操作步骤如图11-83所示。

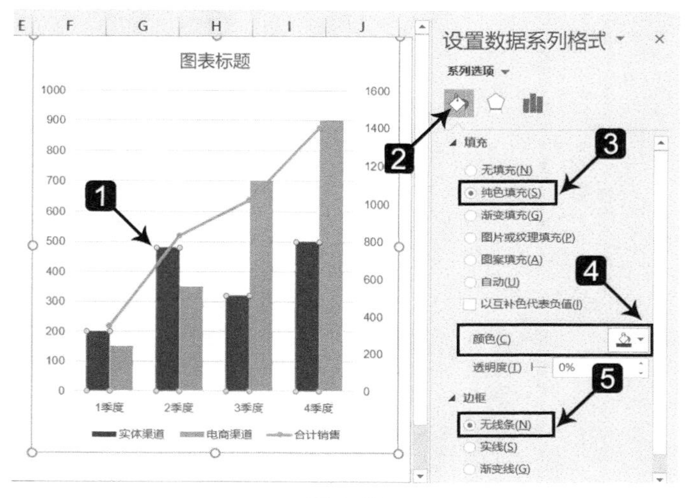

图11-83

06 选中“电商渠道”对应的柱形图，设置填充颜色RGB值为0、158、220，操作步骤如图11-84所示。

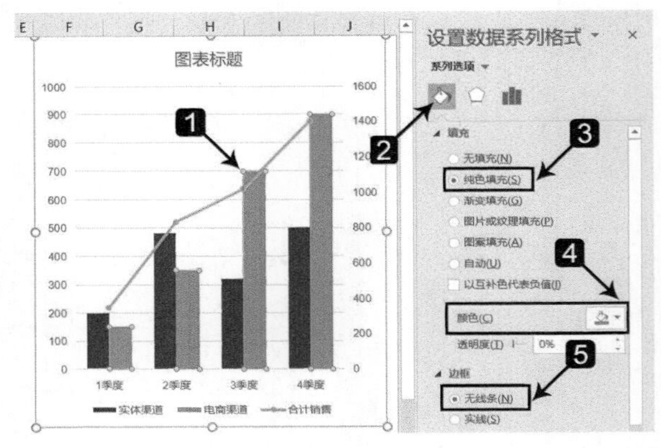

图11-84

07 选中“合计销售”对应的折线图，设置线条宽度，设置填充颜色RGB值为240、146、118，操作步骤如图11-85所示。

08 选中折线图拐点处的数据标记，设置填充颜色及边框，操作步骤如图11-86所示。

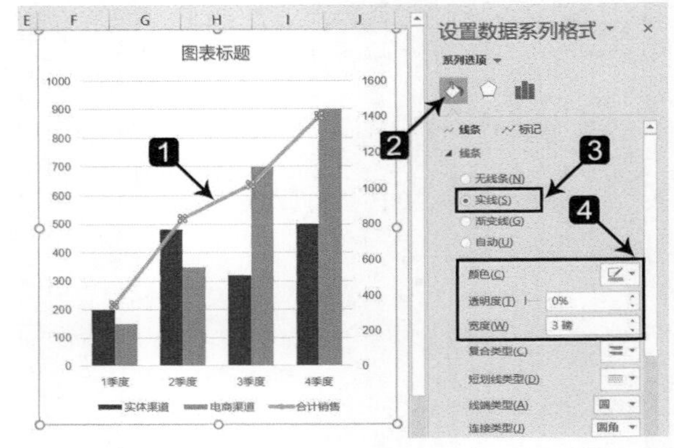

图11-85

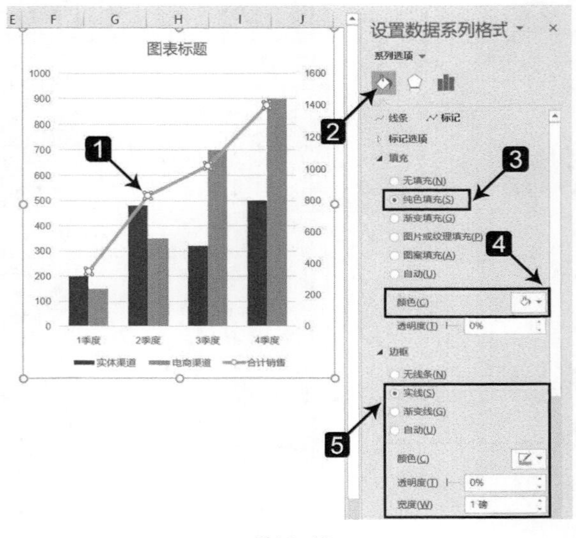

图11-86

09 选中整个图表的外边框，设置图表背景填充颜色RGB值为219、230、235，操作步骤如图11-87所示。

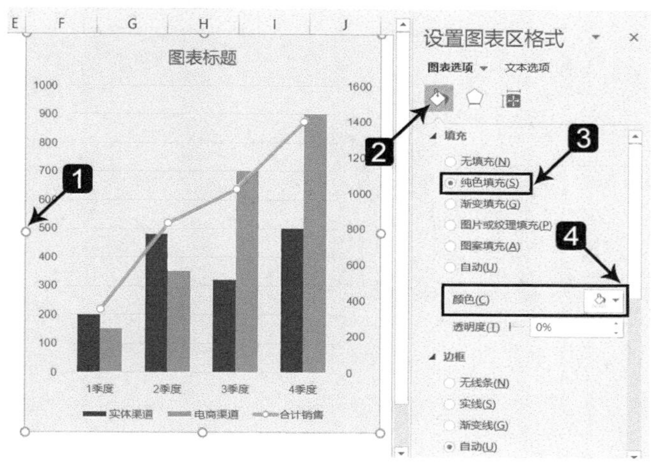

图11-87

10 选中图表中的网格线，设置线条颜色为白色，调整线条宽度，操作步骤如图11-88所示。

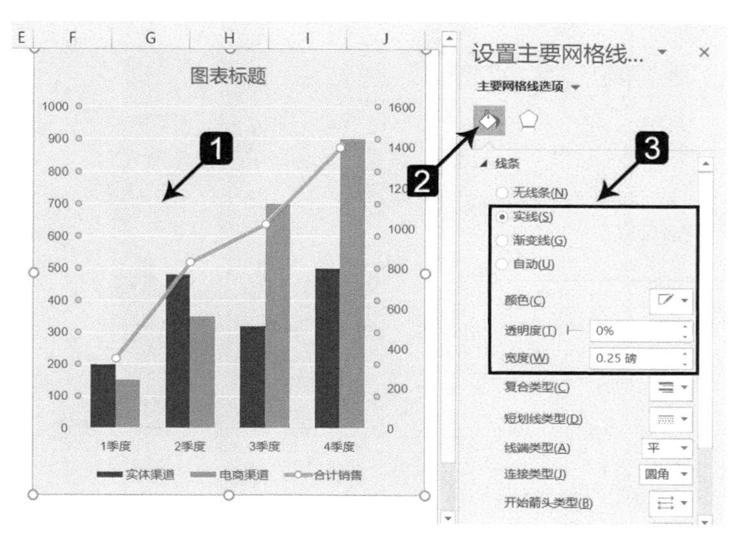

图11-88

11 为了更清晰地展示每季度的合计销售额，选中折线图，添加数据标签，操作步骤如图11-89所示。

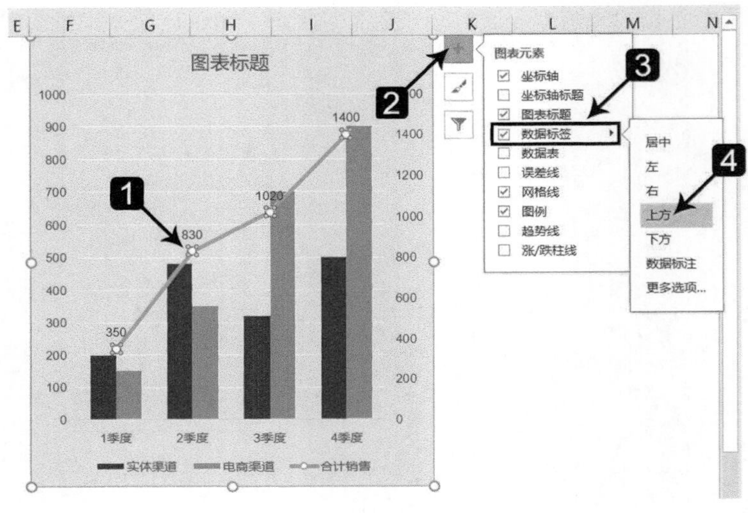

图11-89

12 选中数据标签，设置颜色及字体、字号，操作步骤如图11-90所示。

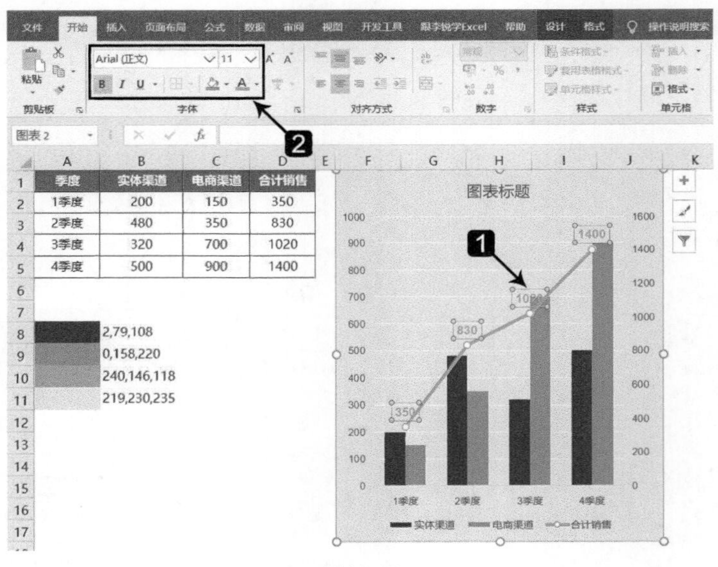

图11-90

13 由于折线图上已有数据标签清晰展示具体数值，不再需要次坐标轴，所以选中图表右侧的次坐标轴将其隐藏，操作步骤如图11-91所示。

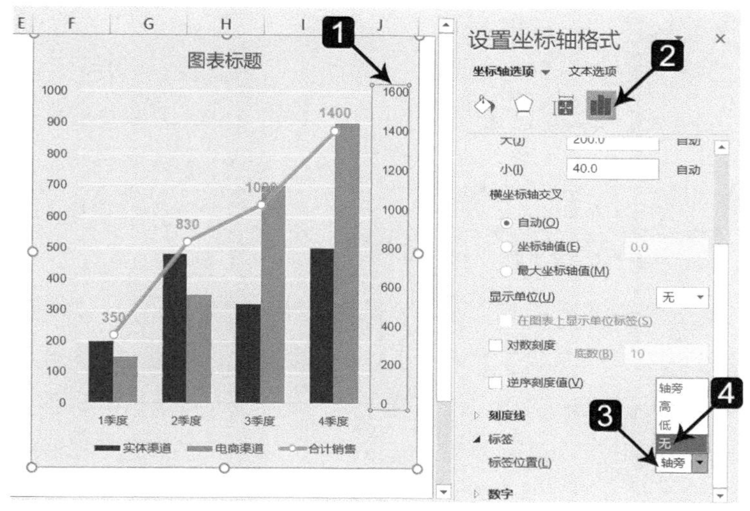

图 11-91

14 隐藏次坐标轴后，图表看起来会更加简洁，效果如图 11-92 所示。

由于公司的制图目的是分析增加电商渠道后带来的销售增长，所以可以在图表标题中直观表达观点，同时用图表展示并用数据对此观点进行支持。

由于实体渠道全年销售额为 1 500 万元，电商渠道全年销售额为 2 100 万元，所以公司增加电商渠道后，销售增长 140%。得出结论后可以直接在图表标题中直观表达，效果如图 11-93 所示。

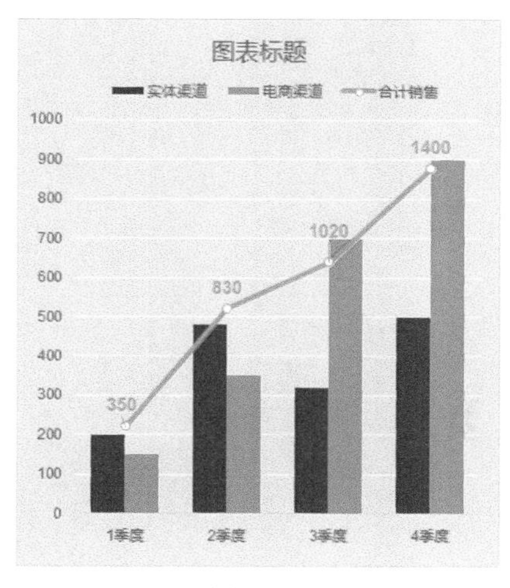

图 11-92

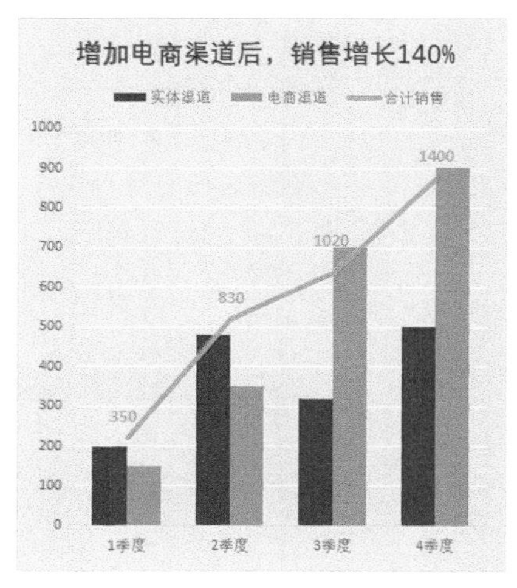

图 11-93

这样即可借助包含多种图表类型的 Excel 组合图制作专业的商务图表，用于满足比较复杂的数据分析和展示需求。

在实际职场办公的各种商务演示和汇报场景中，要求我们不但要会制作专业的商务图表，而且还能以正确的汇报方式进行展示和报告，11.5节具体介绍相关内容。

11.5 错误汇报方式与正确汇报方式

我们用Excel处理数据和制作图表，最终都是为了更好地进行数据分析和决策，所以在最后的汇报环节一定要注意采用正确的汇报方式，避免生搬硬套数据或机械堆砌数字，要将商务图表和标题观点有机结合，图文并茂、有理有据地组织报告。

为了让大家更好地使用商务图表并以正确的汇报方式进行展示和报告，下面结合几个实际案例展示错误汇报方式与正确汇报方式。

希望科技有限公司为了快速推动市场销售，从2020年第1季度开始增加电商渠道销售，其想了解拓展电商渠道后的效果，已采集的销售数据及统计情况如图11-94所示。

	A	B	C	D
1	季度	实体渠道	电商渠道	合计销售
2	1季度	200	150	350
3	2季度	480	350	830
4	3季度	320	700	1020
5	4季度	500	900	1400
6				

图11-94

要求根据此数据对销售情况进行汇报，图11-95所示是错误汇报方式与正确汇报方式。

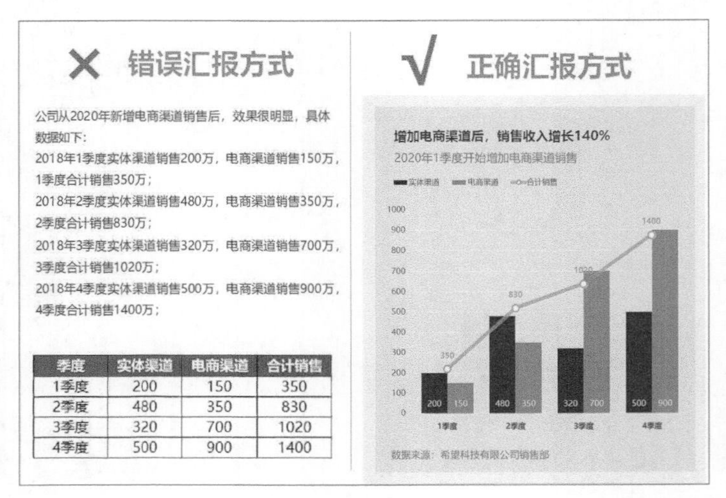

图11-95

希望科技有限公司要进一步加大广告推广，为了使投放策略更加合理，在2020年3月专门对全天24个时段进行广告投放测试，数据如图11-96所示。

要求根据此测试数据有效指导广告投放策略，图11-97所示是错误汇报方式与正确汇报方式。

	A	B
1	时间	下单数
2	0	568
3	1	312
4	2	166
5	3	26
6	4	18
7	5	120
8	6	330
9	7	680
10	8	1260
11	9	720
12	10	506
13	11	350
14	12	920
15	13	806
16	14	420
17	15	310
18	16	201
19	17	500
20	18	580
21	19	690
22	20	960
23	21	1590
24	22	1850
25	23	1320

图11-96

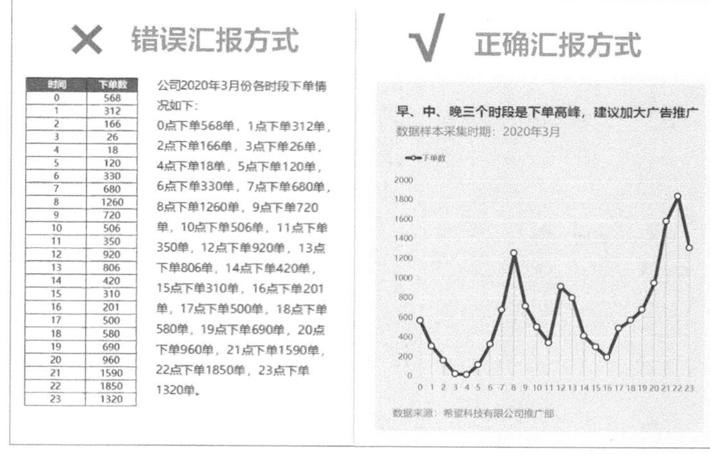

图11-97

希望科技有限公司为了提高广告转化率，专门组织调研不同广告形式的接受度，调研结果如图11-98所示。

要求根据调研结果找出最受欢迎的广告形式，合理调配各种广告形式的占比，图11-99所示是错误汇报方式与正确汇报方式。

	A	B
1	广告形式	接受人数
2	报纸广告	281
3	广播广告	489
4	电视广告	685
5	网幅广告	3210
6	短信广告	1245

图11-98

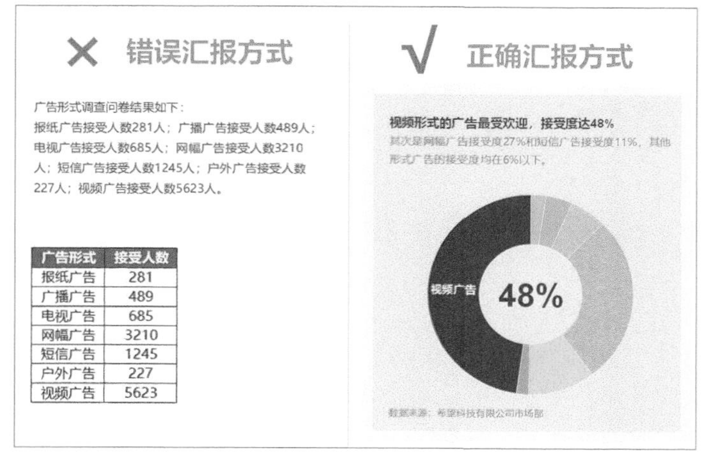

图11-99

在实际处理数据时，除了要在每个层面和领域进行专项分析，还要善于将数据横向或纵向延伸，结合多层面数据进行综合分析，如图11-100所示。

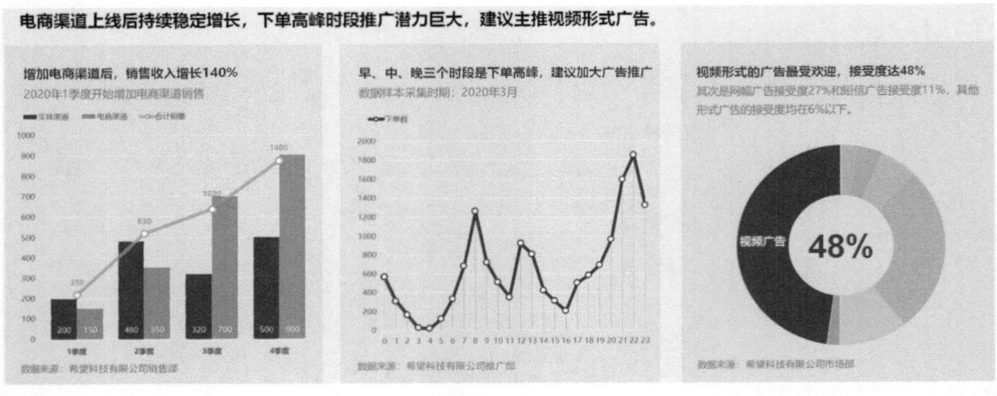

图11-100

小结

汇报要言简意赅，紧扣业务目的给出精准、明确的观点，忌大而全的平铺直叙。表达的观点要有数据支持，用专业的商务图表以最合适的图表类型辅助数据分析。作图时要针对实际需求使图表中各数据系列、各图表元素主次分明，无须对所有数据进行标识，仅需将指向观点的数据重点突出，忌画蛇添足。

综上所述，使用专业、大气的商务图表配合严谨的数据分析做出的精准汇报，会使你在职场中赢得更多机会和尊重。

第12章

数据看板，一页展示多种数据

在实际工作中，我们经常会基于某种特定的业务目的，针对性地使用数据报表和商务图表进行数据分析和数据可视化展示。当需要满足的需求很多时，就需要将多张数据报表和商务图表整合，便于用户进行数据总览和专项分析，这时就需要用到数据看板。Excel中的数据看板技术是针对特定的业务目的，将表格和图表整合在一起，对重点信息和关键指标进行数据可视化的综合应用技术。数据看板便于用户对某一主题进行全面了解和重点分析，其不但逻辑清晰，而且专业、美观。如果你能针对领导的需求在报告中使用数据看板，一定会让他眼前一亮，对你刮目相看。

本章讲解使用Excel制作数据看板的方法，包括从需求分析到核心指标的提炼，从数据整理转换到数据计算准备，从数据看板布局架构到动态数据可视化分析等整体流程的实现过程。为了使内容更加实用，本章将结合工作中最常用的日报看板、周报看板、月报看板展开介绍。

- ◆ 日报看板
- ◆ 周报看板
- ◆ 月报看板

12.1 日报看板，自动完成数据计算、数据分析和展示

某企业要求每天9:00晨会时以日报形式展示前一天企业的整体销售情况，数据源是从系统导出的销售明细记录，按日递增，2019年全年销售记录如图12-1所示。

	A	B	C	D	E	F	G
1	序号	日期	区域	商品	渠道	金额	业务员
2	1	2019/1/1	槐安路店	商品2	代理	475	孙建军
3	2	2019/1/1	槐安路店	商品2	批发	958	王雷
4	3	2019/1/1	新华路店	商品1	代理	168	杨秀珍
5	4	2019/1/1	中山路店	商品3	代理	347	张小娟
6	5	2019/1/1	南京路店	商品5	批发	994	周杰
7	6	2019/1/1	中山路店	商品5	零售	884	刘梅
8	7	2019/1/1	槐安路店	商品4	零售	914	王金凤
9	8	2019/1/1	新华路店	商品2	批发	507	陈建华
10	9	2019/1/1	槐安路店	商品1	批发	521	王桂芝
11	10	2019/1/1	槐安路店	商品4	代理	437	李锐
12	11	2019/1					

共包含50 000行数据，中间省略若干

49993	49992	2019/12/31	新华路店	商品5	零售	905	杨桂英
49994	49993	2019/12/31	新华路店	商品5	批发	871	刘梅
49995	49994	2019/12/31	和平路店	商品4	代理	431	杨小梅
49996	49995	2019/12/31	槐安路店	商品2	代理	572	陈建华
49997	49996	2019/12/31	新华路店	商品5	批发	524	王桂芝
49998	49997	2019/12/31	槐安路店	商品5	零售	354	李小萌
49999	49998	2019/12/31	中山路店	商品3	代理	783	杨秀珍
50000	49999	2019/12/31	和平路店	商品2	代理	705	张琳
50001	50000	2019/12/31	新华路店	商品1	代理	384	李小红
50002							

图12-1

由于领导要求查看的关键指标较多，包含当天总销售额和总订单数、与前一天对比的环比增长情况、旗下各店铺的销售额以及各商品在各店铺的销售对比情况等，而数据源仅能在第二天早上才能从系统中导出，9:00晨会时就要展示、汇报，所以没时间通过手动计算获取各种关键指标，这时就可以使用Excel日报看板及时、准确地满足领导的需求。

先预览做好的Excel日报看板的效果，如图12-2所示。

图12-2

在这张Excel数据看板中，不但可以直观查看各种关键指标的具体数值，而且可以结合数据可视化技术和商务图表进行对比分析和日环比分析。最方便的是，日报看板的所有数据可以跟随选择的日期动态更新，如当在顶部通过按钮调整日期至前一天时，Excel日报看板则会自动更新，效果如图12-3所示。

图 12-3

这种动态数据看板的制作过程，可以分成以下步骤进行：

①根据实际业务目的理解用户需求；

②明确数据分析和展示要素，提炼核心指标；

③构建数据分析看板布局；

④收集、整理、清洗、转换原始数据；

⑤根据整理好的数据计算核心指标数据；

⑥根据需求插入动态图表、数据可视化元素；

⑦整合并组织数据和图表至看板中，调整配色并美化。

下面分步骤进行具体介绍。

12.1.1 理解用户需求

用Excel制作的任何报表、图表和数据看板务必要针对性地满足用户需求，否则即使做得很漂亮也没有实际意义，所以一定要在一切工作开始之前，真正理解并明确用户需求，有必要的时候可以跟领导或对接方再次沟通并核实需求。

12.1.2 明确数据分析和展示要素，提炼核心指标

理解并明确用户需求后，要根据需求从数据源中提炼核心指标。当前案例中，领导要求查看当天总销售额和总订单数、与前一天对比的环比增长情况、旗下各店铺的销售额以及各商品在各店铺的销售对比情况等，这些核心指标都可以借助Excel函数公式从数据源中自动计算得出。

12.1.3 构建数据分析看板布局

在提炼出所有核心指标后，需要先想好日报看板的整体布局，即如何在日报看板中排放这些核心指标，确定哪些指标最重要而需要放大加粗显示、哪些指标次重要、哪些指标需要借助商务图表展示。除此之外，还要在日报看板中显示企业名称、日报标题、日期、星期几等，如图12-4所示。

图 12-4

在构建好的日报看板中：上方放置日报标题、日期、星期几以及口号（如“跟李锐学Excel 高效工作 快乐生活”）；中间放置核心指标总销售额、总订单数，以及与前一天对比的环比变动情况；下方放置该企业旗下各店铺的销售额以及各商品销售情况，这里添加商务图表进行数据可视化展示。

12.1.4 收集、整理、清洗、转换原始数据

明确需求并提炼出核心指标，也想清楚要制作的日报看板布局后，就要针对业务目的准备对应的数据了，包括数据的收集、整理、清洗以及转换。

当现有数据源中条件不足时，需要先添加辅助列满足数据条件再进行计算。在本案例中数据源从系统中导出，数据格式规范，信息齐全，包含需要的所有关键指标，所以不必进行专门处理。

12.1.5 计算核心指标数据

由于“原始记录”工作表中的数据很规范（如图12-5所示），所以可以直接使用Excel函数公式计算核心指标数据。

序号	日期	区域	商品	渠道	金额	业务员
1	2019/1/1	槐安路店	商品2	代理	475	孙建军
2	2019/1/1	槐安路店	商品2	批发	958	王雷
3	2019/1/1	新华路店	商品1	代理	168	杨秀珍
4	2019/1/1	中山路店	商品3	代理	347	张小娟
5	2019/1/1	南京路店	商品5	批发	994	周杰
6	2019/1/1	中山路店	商品5	零售	884	刘梅
7	2019/1/1	槐安路店	商品4	零售	914	王金凤
8	2019/1/1	新华路店	商品2	批发	507	陈建华
9	2019/1/1	槐安路店	商品1	批发	521	王桂芝
10	2019/1/1	槐安路店	商品4	代理	437	李锐

原始记录 | 思路构建 | 日报看板 | 计算过程 | 拆解1 | 拆解2 | 拆解3

图 12-5

01 工作表“计算过程”用于根据原始记录计算核心指标数据。输入今日总销售额的计算公式，如图12-6所示。

=SUMIF(原始记录!B:B,C3,原始记录!F:F)

图 12-6

02 输入昨日总销售额的计算公式，如图12-7所示。

=SUMIF(原始记录!B:B,C4,原始记录!F:F)

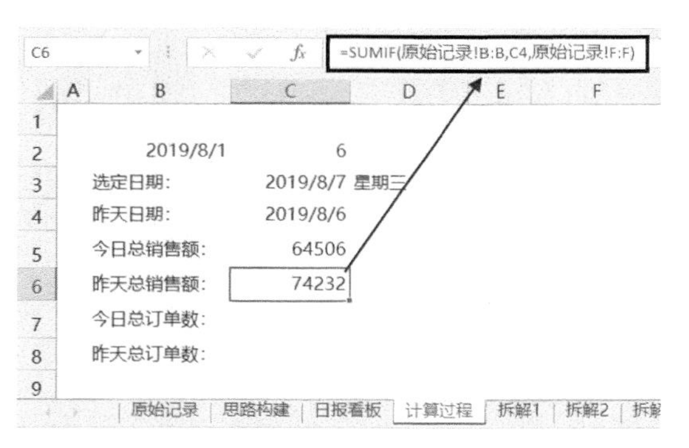

图 12-7

03 输入今日总订单数的计算公式，如图12-8所示。

=COUNTIF(原始记录!B:B,C3)

04 输入昨日总订单数的计算公式，如图12-9所示。

=COUNTIF(原始记录!B:B,C4)

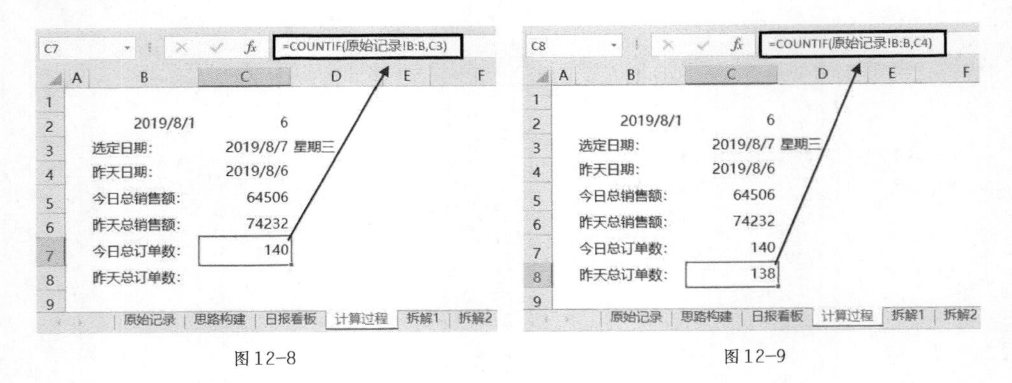

图 12-8　　　　图 12-9

05 接下来要计算各店铺中各商品的销售数据，先创建表格结构如图 12-10 所示。

	中山路店	和平路店	新华路店	南京路店	槐安路店	**区域合计**
商品1						
商品2						
商品3						
商品4						
商品5						
商品合计						

图 12-10

06 选中 I4:M8 单元格区域，输入以下公式，按<Ctrl+Enter>组合键批量填充，如图 12-11 所示。

=SUMIFS(原始记录!$F:$F,原始记录!$B:$B,$C$3,
原始记录!$C:$C,I$3,原始记录!$D:$D,$H4)

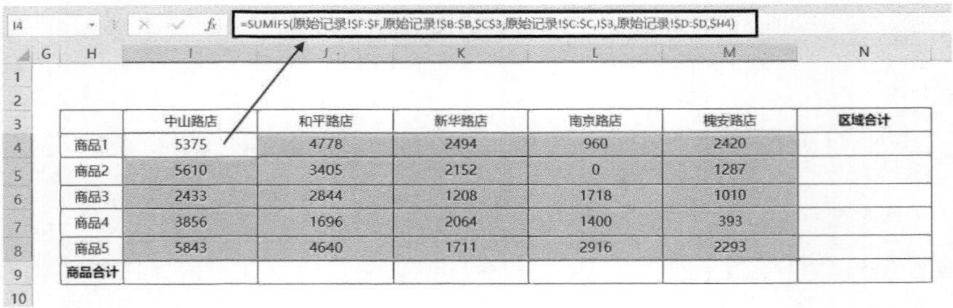

=SUMIFS(原始记录!$F:$F,原始记录!$B:$B,$C$3,原始记录!$C:$C,I$3,原始记录!$D:$D,$H4)

	中山路店	和平路店	新华路店	南京路店	槐安路店	**区域合计**
商品1	5375	4778	2494	960	2420	
商品2	5610	3405	2152	0	1287	
商品3	2433	2844	1208	1718	1010	
商品4	3856	1696	2064	1400	393	
商品5	5843	4640	1711	2916	2293	
商品合计						

图 12-11

07 选中 I4:N9 单元格区域，按<Alt+=>组合键批量添加商品合计公式和区域合计公式，效果如图 12-12 所示。

	G	H	I	J	K	L	M	N
1								
2								
3			中山路店	和平路店	新华路店	南京路店	槐安路店	区域合计
4		商品1	5375	4778	2494	960	2420	16027
5		商品2	5610	3405	2152	0	1287	12454
6		商品3	2433	2844	1208	1718	1010	9213
7		商品4	3856	1696	2064	1400	393	9409
8		商品5	5843	4640	1711	2916	2293	17403
9		商品合计	23117	17363	9629	6994	7403	64506

图 12-12

这样就根据工作表“原始记录”中的数据使用Excel函数公式计算出了所有核心指标数据，在此基础上继续创建商务图表和数据可视化元素，以完成数据看板的动态可视化需求。

12.1.6 根据需求插入动态图表、数据可视化元素

为了在Excel日报看板中直接插入能动态更新的图表和动态图标，我们可以在“计算过程”工作表中准备好需要的动态图表和数据可视化元素，然后将其复制并锚定到数据看板中。

由于要求对每个店铺中各商品销售进行对比和展示，所以我们使用条形图制作商务图表，首先要为图表准备对应的数据源。

各店铺各商品的销售数据已计算完成（如图12-12所示），现在要将每个店铺的商品按销售额降序排列，以便做出的条形图对比效果更加清晰、直观。

01 首先制作中山路店的条形图数据源，在H12:I17单元格区域创建表格，如图12-13所示。

	G	H	I	J	K	L	M	N
1								
2								
3			中山路店	和平路店	新华路店	南京路店	槐安路店	区域合计
4		商品1	5375	4778	2494	960	2420	16027
5		商品2	5610	3405	2152	0	1287	12454
6		商品3	2433	2844	1208	1718	1010	9213
7		商品4	3856	1696	2064	1400	393	9409
8		商品5	5843	4640	1711	2916	2293	17403
9		商品合计	23117	17363	9629	6994	7403	64506
10								
11								
12			中山路店					
13								
14								
15								
16								
17								

图 12-13

提示

要想将中山路店的各商品销售额从高到低放置在I13:I17单元格区域中，可以使用Excel函数公式实现，这样做的优势在于当数据源变动时公式结果可以自动更新，从而带动对应的商务图表自动更新，实现动态数据计算和动态图表展示。

02 选中I13:I17单元格区域，输入以下数组公式，然后按<Ctrl+Shift+Enter>组合键，效果如图12-14所示。

=LARGE(OFFSET($H$4:$H$8,,MATCH(I12,$I$3:$M$3,)),ROW($1:$5))

I13 {=LARGE(OFFSET($H$4:$H$8,,MATCH(I12,$I$3:$M$3,)),ROW($1:$5))}

	中山路店	和平路店	新华路店	南京路店	槐安路店	区域合计
商品1	5375	4778	2494	960	2420	**16027**
商品2	5610	3405	2152	0	1287	**12454**
商品3	2433	2844	1208	1718	1010	**9213**
商品4	3856	1696	2064	1400	393	**9409**
商品5	5843	4640	1711	2916	2293	**17403**
商品合计	**23117**	**17363**	**9629**	**6994**	**7403**	**64506**

	中山路店
	5843
	5610
	5375
	3856
	2433

图12-14

公式原理解析

按照I12单元格的店铺名称，从I3:M8单元格区域提取对应列数据并计算。使用“MATCH(I12,$I$3:$M$3,)”获取其相对位置，再传递给OFFSET函数作为第三参数，控制从H4:H8单元格区域开始向右偏移引用第几列，最后利用LARGE函数和ROW函数从大到小依次提取每种商品的销售额。关注作者的微信公众号“Excel函数与公式”，进入微信公众号，发送函数名称可获取对应函数的用法教程（如发送“OFFSET”即可获取OFFSET函数的详细教程）。

继续在图表数据源中的H13:H17单元格区域添加对应的商品名称，同样使用Excel函数公式计算得出结果，以便实现动态数据计算及动态图表展示。

03 选中H13:H17单元格区域，输入以下数组公式，然后按<Ctrl+Shift+Enter>组合键，效果如图12-15所示。

=INDEX($H$4:$H$8,MATCH(I13:I17,OFFSET($H$4:$H$8,,
MATCH(I12,$I$3:$M$3,)),))

H13　{=INDEX($H$4:$H$8,MATCH(I13:I17,OFFSET($H$4:$H$8,,MATCH(I12,$I$3:$M$3,)),))}

	中山路店	和平路店	新华路店	南京路店	槐安路店	**区域合计**
商品1	5375	4778	2494	960	2420	**16027**
商品2	5610	3405	2152	0	1287	**12454**
商品3	2433	2844	1208	1718	1010	**9213**
商品4	3856	1696	2064	1400	393	**9409**
商品5	5843	4640	1711	2916	2293	**17403**
商品合计	**23117**	**17363**	**9629**	**6994**	**7403**	**64506**

	中山路店
商品5	5843
商品2	5610
商品1	5375
商品4	3856
商品3	2433

图12-15

04 根据H12:I17单元格区域的数据创建条形图商务图表，商务图表的制作及美化方法在11.2.2小节专门介绍过，此处不赘述，做好以后的效果如图12-16所示。

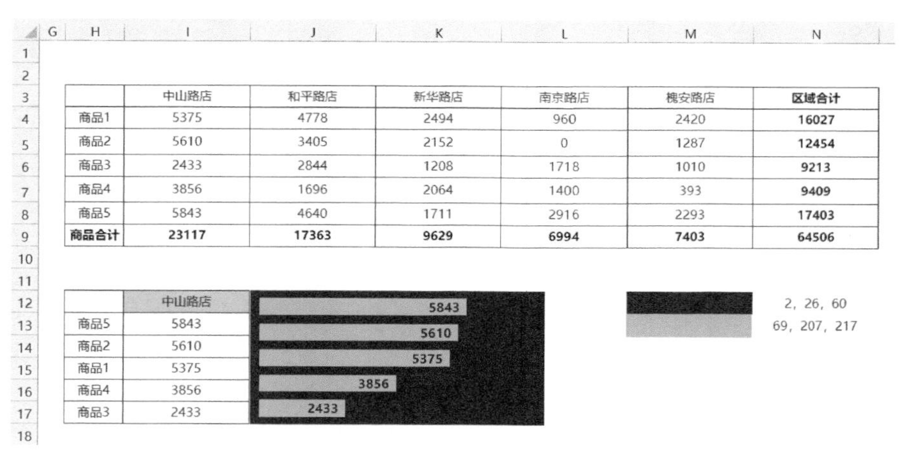

	中山路店	和平路店	新华路店	南京路店	槐安路店	**区域合计**
商品1	5375	4778	2494	960	2420	**16027**
商品2	5610	3405	2152	0	1287	**12454**
商品3	2433	2844	1208	1718	1010	**9213**
商品4	3856	1696	2064	1400	393	**9409**
商品5	5843	4640	1711	2916	2293	**17403**
商品合计	**23117**	**17363**	**9629**	**6994**	**7403**	**64506**

	中山路店
商品5	5843
商品2	5610
商品1	5375
商品4	3856
商品3	2433

图12-16

05 这样就做好了中山路店的条形图商务图表，依此类推制作其他店铺的商务图表，效果如图12-17所示。

准备好日报看板需要的动态图表后，继续准备需要添加的数据可视化元素，如总销售额与总订单数的日环比分析图标。想要实现的效果是日环比增长则使用“▲”及红色百分比数字，日环比下降则使用“▼”及绿色百分比数字。可以使用Excel函数公式结合条件格式功能实现。条件格式功能在第8章介绍过，下面简述关键步骤。

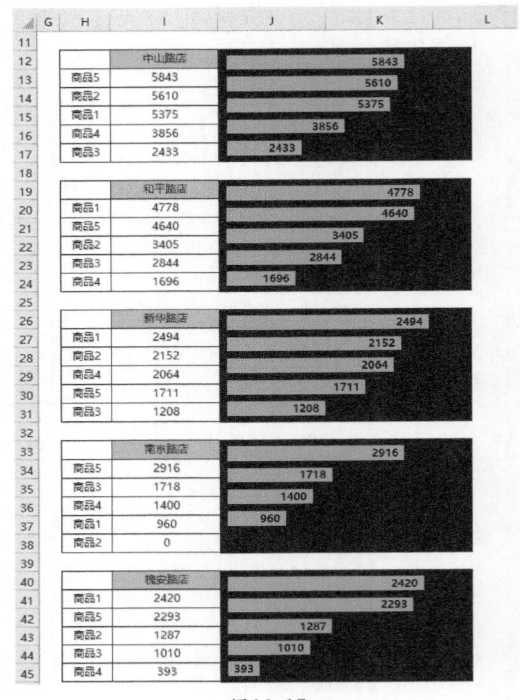

图12-17

06 在E5单元格输入公式，计算总销售额的日环比情况，如图12-18所示。

=IF(C5>C6,"▲",IF(C5=C6,"=","▼"))

07 在F5单元格输入公式，计算总销售额的日环比百分比，如图12-19所示。

=IF(C5>C6,(C5−C6)/C6,IF(C5=C6,0,(C5−C6)/C6))

图12-18

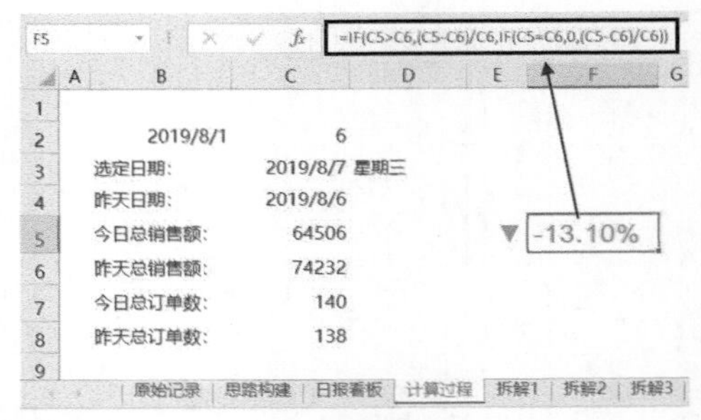

图12-19

08 选中E5:F5单元格区域，设置条件格式，如图12-20所示。

09 两种条件格式规则分别用于实现总销售额日环比下降及增长时的数据可视化展示，如图12-21所示。

10 使用同样的方法计算总订单数的日环比分析情况，在E7单元格输入公式，计算总订单数的日环比情况，如图12-22所示。

=IF(C7>C8,"▲",IF(C7=C8,"=","▼"))

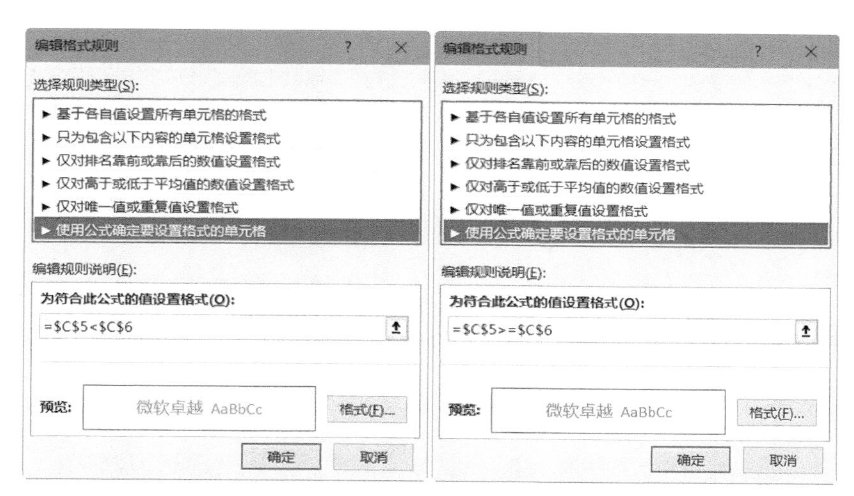

图 12-20

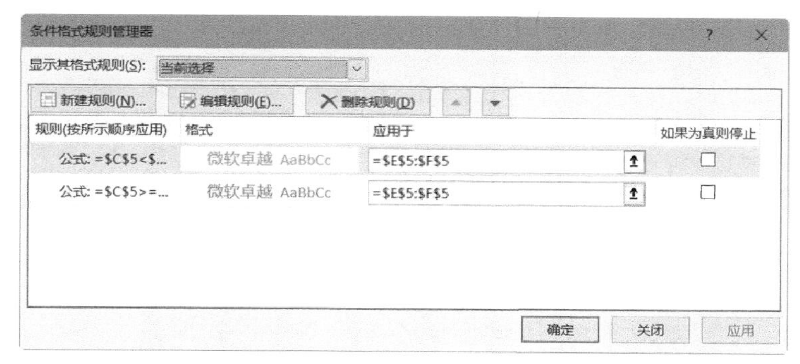

图 12-21

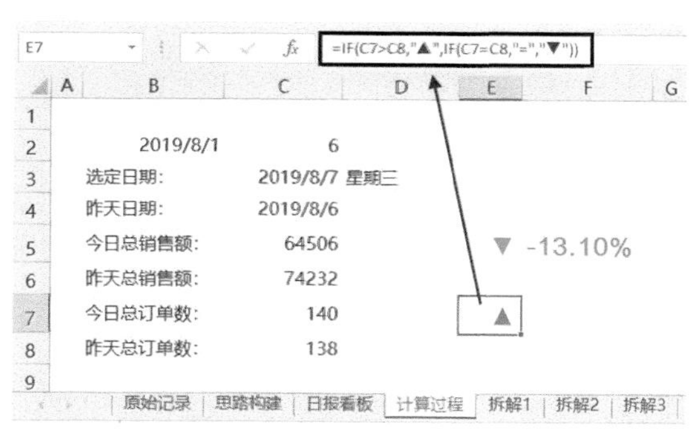

图 12-22

11 在F7单元格输入公式，计算总订单数的日环比百分比，如图12-23所示。

=IF(C7>C8,(C7-C8)/C8,IF(C7=C8,0,(C7-C8)/C8))

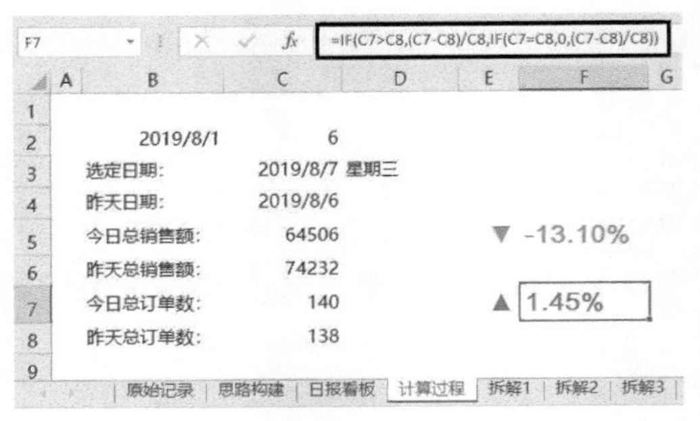

图 12-23

12 选中E7:F7单元格区域，设置条件格式，如图12-24所示。

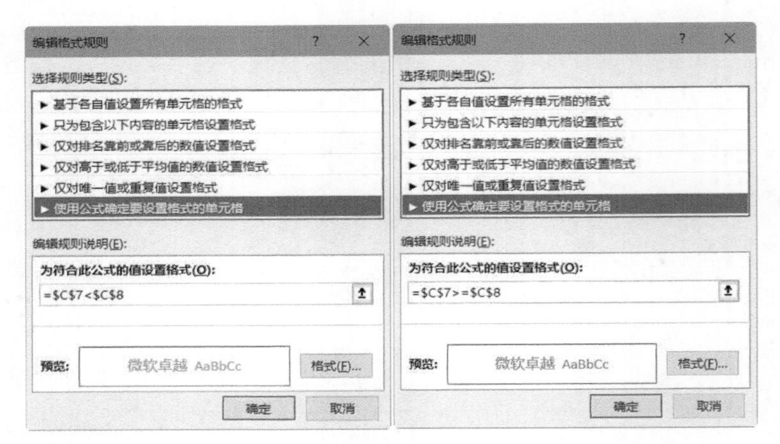

图 12-24

13 设置好条件格式之后，“条件格式规则管理器”对话框如图12-25所示。

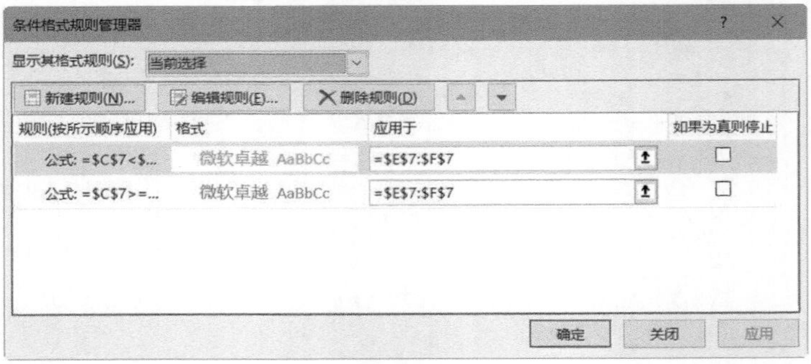

条件格式规则管理器

显示其格式规则(S): 当前选择

新建规则(N)... 编辑规则(E)... 删除规则(D)

规则(按所示顺序应用)	格式	应用于	如果为真则停止
公式: =$C$7<$...	微软卓越 AaBbCc	=$E$7:$F$7	☐
公式: =$C$7>=...	微软卓越 AaBbCc	=$E$7:$F$7	☐

确定 关闭 应用

图 12-25

准备好这些动态图表和数据可视化元素后，再在Excel日报看板中按照构建好的布局将它们整合并组织在一起，12.1.7小节具体介绍相关内容。

12.1.7　整合并组织数据和图表至看板中，调整配色并美化

在Excel工作簿的“日报看板”工作表中，把“计算过程”工作表中计算好的关键指标数据和动态图表按照构建好的布局整合并组织在一起，下面分步骤讲解。

01 填写日报看板的标题名称和日报日期，使用Excel公式从“计算过程”工作表引用日期，如图12-26所示。

=计算过程!C3

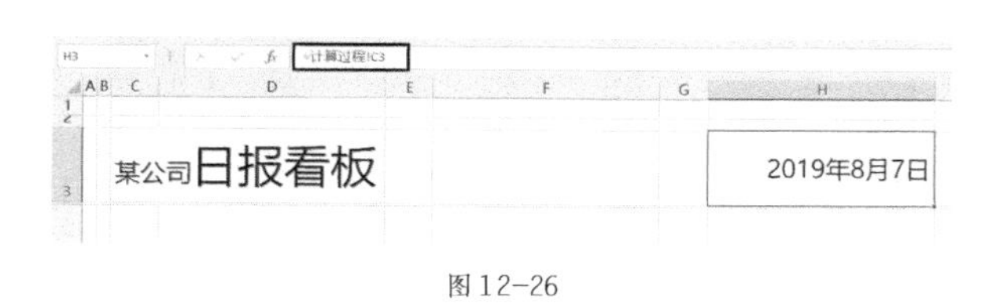

图12-26

02 在“计算过程”工作表中，根据日期使用Excel公式计算对应是星期几，如图12-27所示。

=TEXT(C3,"aaaa")

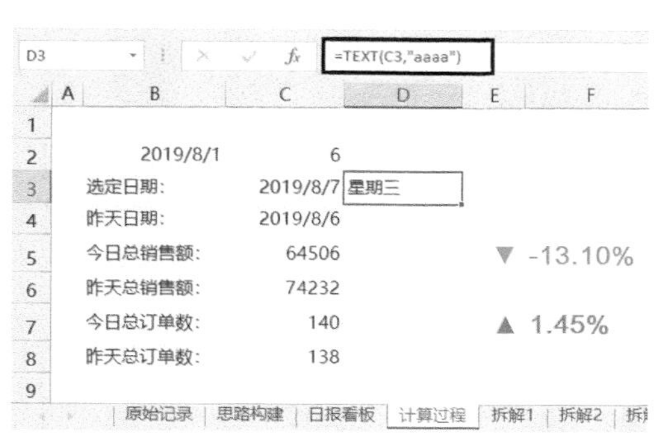

图12-27

03 在“日报看板”工作表中，使用Excel公式从“计算过程”工作表中引用对应的星期几，如图12-28所示。

=计算过程!D3

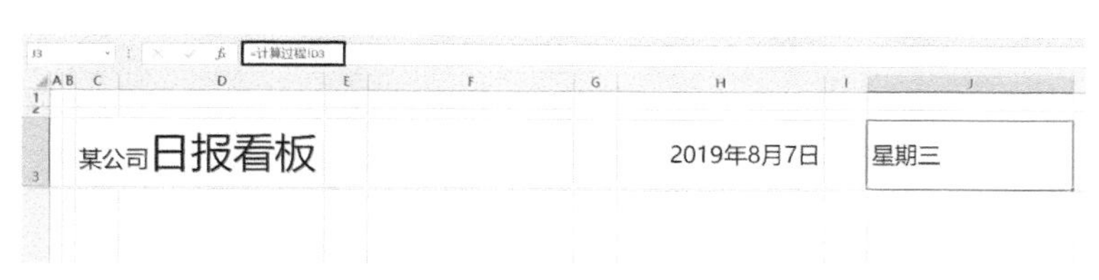

图12-28

04 为了便于用户在日报看板中仅用鼠标即可控制日期选择，在G3单元格插入开发工具控件“数值调节钮”，操作步骤如图12-29所示。

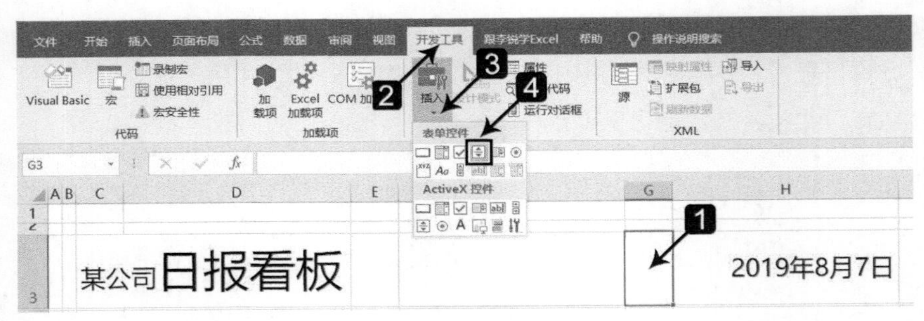

图12-29

05 在G3单元格插入控件按钮后，效果如图12-30所示。

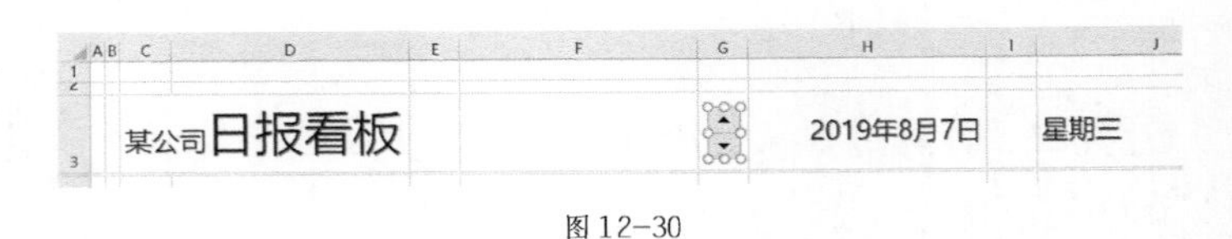

图12-30

提示

如果你在Excel功能区中找不到“开发工具”选项卡，可以在“Excel选项”对话框中选中该组件对应的复选框进行添加，步骤如图12-31所示。

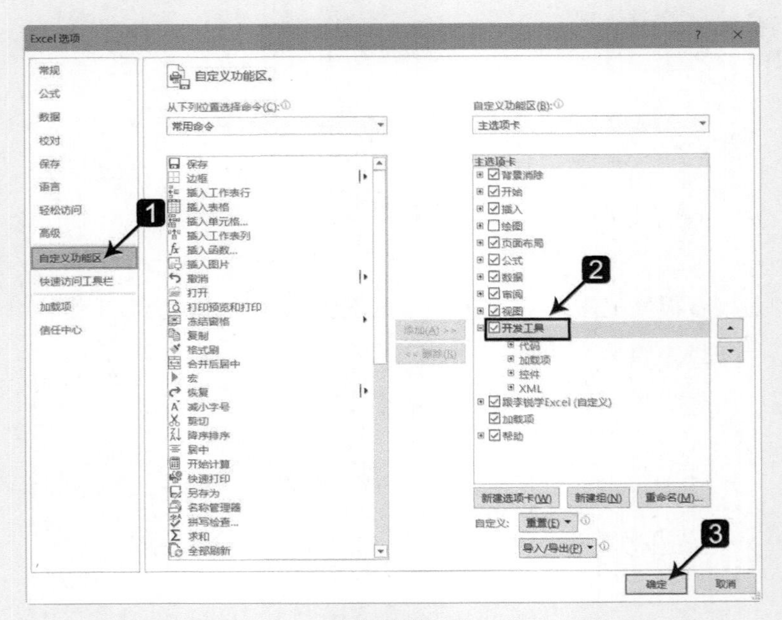

图12-31

添加控件按钮之后，继续设置控件按钮的格式和链接单元格，使用户操作该按钮时可以使“计算过程”工作表中的日期数据同步更新。

06 在“计算过程”工作表中，C3单元格的日期数据是通过B2单元格的起始日期（可根据用户需要自定义设置）和C2单元格的调节天数生成的，如图12-32所示。

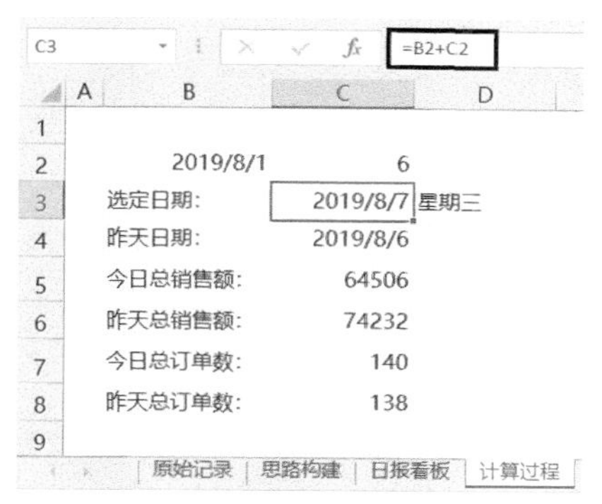

图12-32

07 明确日期数据的构成关系后，在“日报看板”工作表中选中控件按钮，单击鼠标右键，选择“设置控件格式”并在弹出的对话框中设置，操作步骤如图12-33所示。

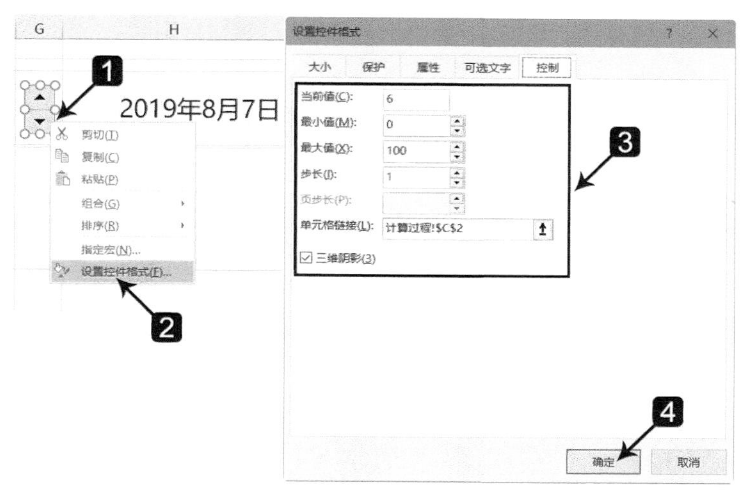

图12-33

08 设置成功后，单击控件按钮中的上下箭头即可同步调节“日报看板”工作表中H3单元格的日期与“计算过程”工作表中C3单元格的日期。

继续从“计算过程”工作表向“日报看板”工作表添加其他关键指标数据。

09 使用Excel公式设置当天总销售额的自动更新，然后设置字体（如Agency FB字体）和字号（如60号），如图12-34所示。

=计算过程!C5

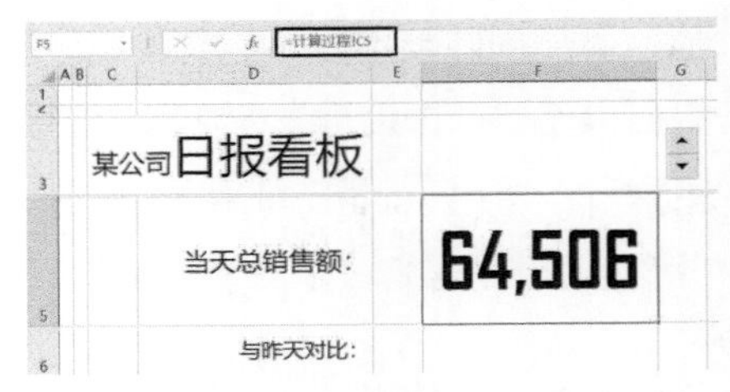

图12-34

10 设置当天总订单数的自动更新，设置字体和字号，如图12-35所示。

=计算过程!C7

图12-35

设置好总销售额及总订单数自动更新后，还需要在“日报看板”工作表中自动更新各店铺的销售数据，由于这些核心指标数据已在“计算过程”工作表中计算出结果，仅需使用Excel公式引用到日报中即可。

11 在“计算过程”工作表中算好的数据如图12-36所示。

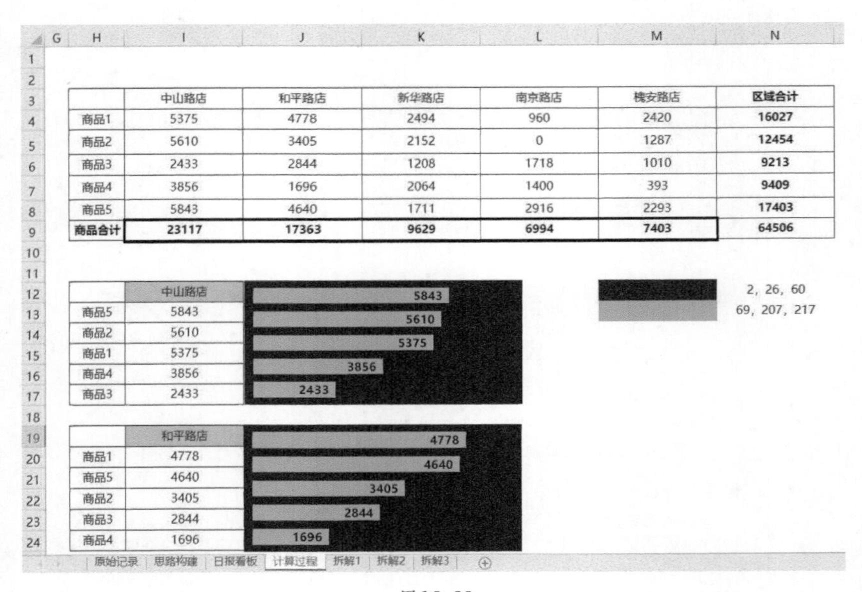

	中山路店	和平路店	新华路店	南京路店	槐安路店	区域合计
商品1	5375	4778	2494	960	2420	16027
商品2	5610	3405	2152	0	1287	12454
商品3	2433	2844	1208	1718	1010	9213
商品4	3856	1696	2064	1400	393	9409
商品5	5843	4640	1711	2916	2293	17403
商品合计	23117	17363	9629	6994	7403	64506

	中山路店
商品5	5843
商品2	5610
商品1	5375
商品4	3856
商品3	2433

	和平路店
商品1	4778
商品5	4640
商品2	3405
商品3	2844
商品4	1696

图12-36

12 输入中山路店当天销售额的公式，然后设置字体和字号（如32号），如图12-37所示。

=计算过程!I9

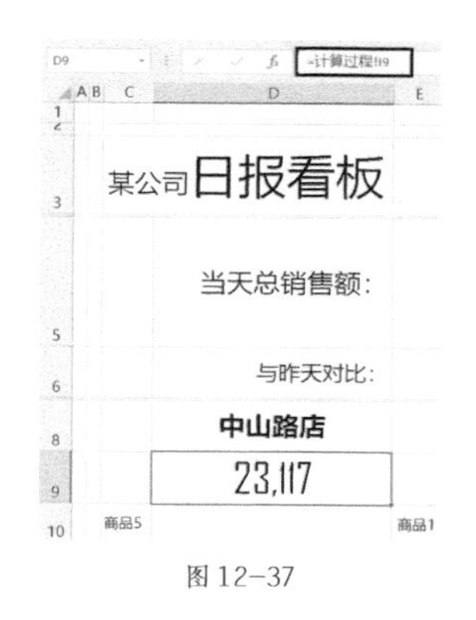

图12-37

13 使用Excel公式将其他店铺的销售额数据引入日报看板，效果如图12-38所示。

F9=计算过程!J9

H9=计算过程!K9

J9=计算过程!L9

L9=计算过程!M9

图12-38

设置好各店铺数据自动更新后，还需要将各店铺中的各商品数据按照从高到低的顺序依次排列并设置其自动更新。由于这些需要的数据在“计算过程”工作表中已经准备好，使用Excel公式引用过来即可。

14 选中C10:C14单元格区域，输入以下数组公式，然后按<Ctrl+Shift+Enter>组合键批量输入，如图12-39所示。

=计算过程!H13:H17

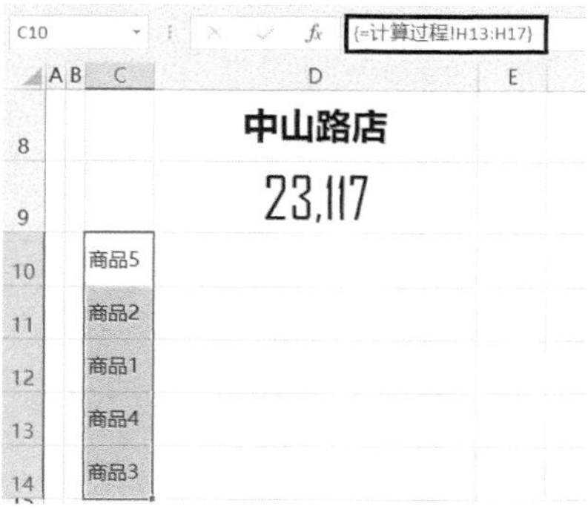

图12-39

15 使用Excel数组公式将其他店铺的各商品数据引入日报看板，效果如图12-40所示。

E10:E14=计算过程!H20:H24

G10:G14=计算过程!H27:H31

I10:I14=计算过程!H34:H38

K10:K14=计算过程!H41:H45

	C	D	E	F	G	H	I	J	K	L
8		中山路店		和平路店		新华路店		南京路店		槐安路店
9		23,117		17,363		9,629		6,994		7,403
10	商品5		商品1		商品1		商品5		商品1	
11	商品2		商品5		商品2		商品3		商品5	
12	商品1		商品2		商品4		商品4		商品2	
13	商品4		商品3		商品5		商品1		商品3	
14	商品3		商品4		商品3		商品2		商品4	

图12-40

16 设置好以后，日报看板整体效果如图12-41所示。

	C	D	E	F	G	H	I	J	K	L
3	某公司日报看板					2019年8月7日		星期三		跟李锐学Excel 高效工作 快乐生活
5		当天总销售额:		64,506		当天总订单数:		140		
6		与昨天对比:				与昨天对比:				
8		中山路店		和平路店		新华路店		南京路店		槐安路店
9		23,117		17,363		9,629		6,994		7,403
10	商品5		商品1		商品1		商品5		商品1	
11	商品2		商品5		商品2		商品3		商品5	
12	商品1		商品2		商品4		商品4		商品2	
13	商品4		商品3		商品5		商品1		商品3	
14	商品3		商品4		商品3		商品2		商品4	

图12-41

17 设置日报看板的背景颜色和字体颜色，效果如图12-42所示。

最后添加数据可视化元素和动态图表：首先在总销售额下方添加与昨天对比的动态标识。由于这些动态标识已在“计算过程”工作表中准备好，仅需按以下步骤将其动态链接至日报看板。

18 在“计算过程”工作表中选中E5:F5单元格区域，按<Ctrl+C>组合键将其复制，粘贴为带链接的图片，操作步骤如图12-43所示。

图 12-42

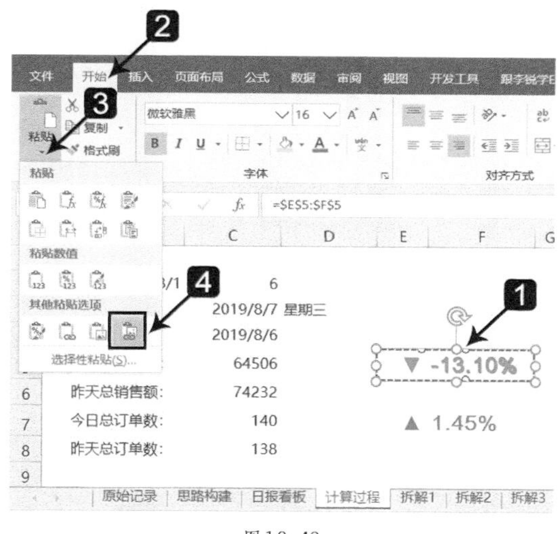

图 12-43

19 选中图片，按<Ctrl+X>组合键将其剪切，定位到“日报看板”工作表的F6单元格，按<Ctrl+V>组合键粘贴，按住<Alt>键不松开并调整图片大小，将其锚定到F6单元格，如图12-44所示。

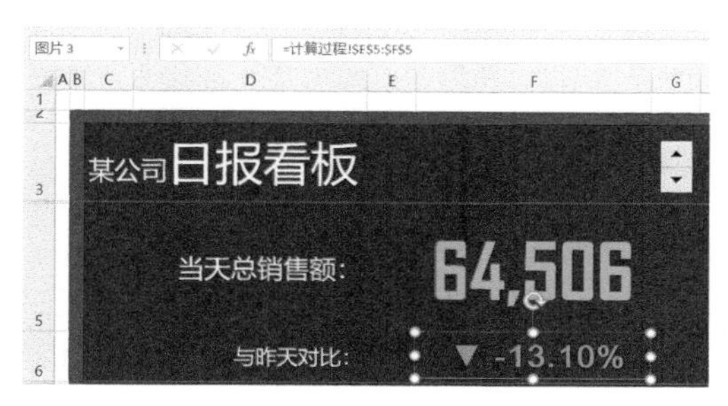

图 12-44

20 选中图片，按<Ctrl+1>组合键设置图片格式，使其随单元格改变位置和大小，操作步骤如图 12-45 所示。

图 12-45

这样就实现了日报看板的总销售额与昨天对比标识动态更新。同理，设置总订单数与昨天对比的动态标识，效果如图 12-46 所示。

图 12-46

这样就设置好了日环比分析的数据可视化标识，然后继续从“计算过程”工作表中复制各店铺各商品销售的动态图表至日报看板中。

21 在“计算过程”工作表中选中“中山路店”的各商品销售条形图，按<Ctrl+ C>组合键将其复制，如图 12-47 所示。

22 将光标定位至“日报看板”工作表的D10单元格，按<Ctrl+V>组合键粘贴图表，按住<Alt>键不松开调整图表大小，使其锚定到D10:D14单元格区域，如图 12-48 所示。

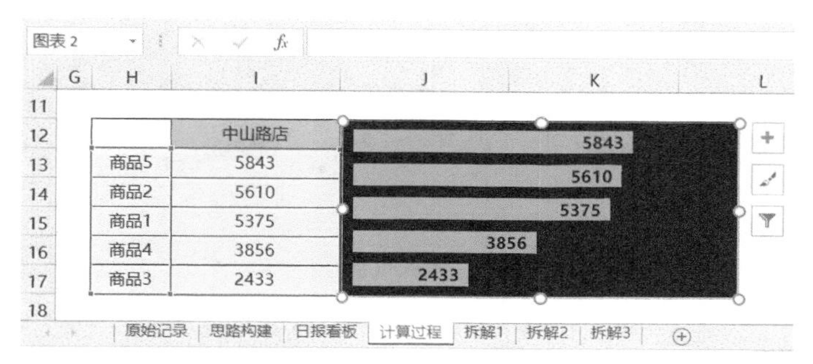

图 12-47

图 12-48

23 选中图表，按<Ctrl+1>组合键，设置图表随单元格改变位置和大小，如图12-49所示。

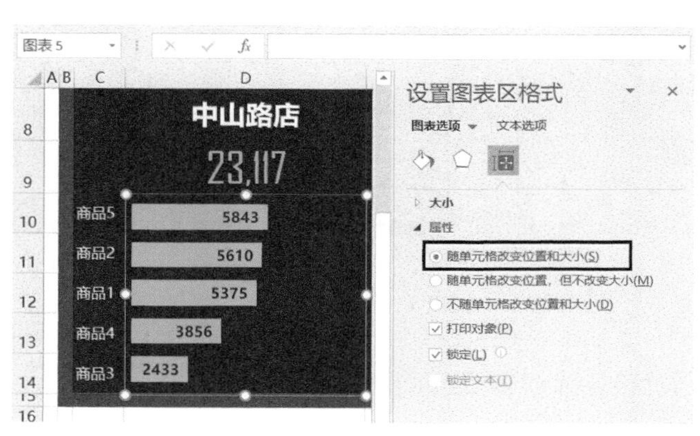

图 12-49

24 这样就设置好了中山路店各商品销售的条形图商务图表。同理，设置其他店铺的商务图表，效果如图12-50所示。

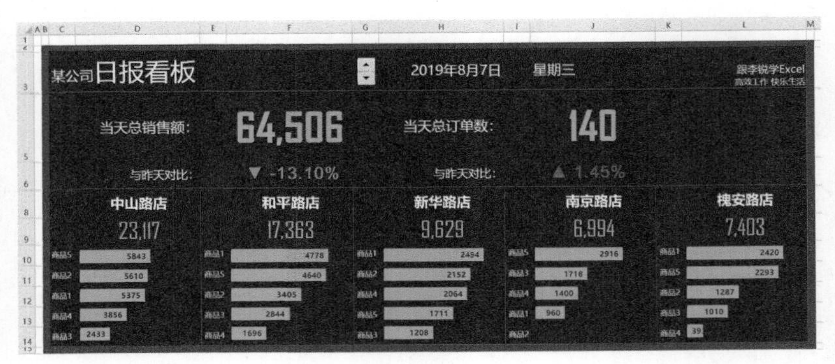

图 12-50

这样就完成了日报看板的设置。用户在G3单元格单击调整按钮后，整个日报看板即可自动计算并对数据分析核心指标数据进行动态展示。

25 为了让日报看板更加美观，可以清除网格线，并隐藏工作表行号、列标，可在“视图”选项卡中进行设置，如图12-51所示。

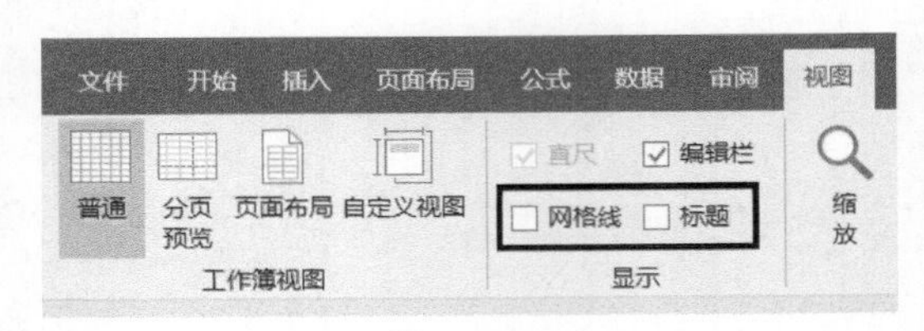

图 12-51

26 设置完成后，Excel工作表中的日报看板效果如图12-52所示。

图 12-52

在实际工作中，可以根据企业的业务需要在日报看板中添加更多的核心指标或商务图表，指标计算及图表制作原理与此案例相同。

日报展示的是某一个时点的数据状态，除了日报，还经常会遇到某一个时段的数据状态展示，如周报，周报制作也是很多企业的必备工作。12.2节具体介绍周报看板的制作方法。

12.2 周报看板，自动按选定期间进行数据分析和展示

周报相比日报而言，除了要展示时点静态数据的对比分析，还要兼顾时段动态数据的趋势分析，下面结合具体案例展开讲解。

某企业要求每周一9:00晨会时以周报形式展示上周企业的整体销售情况，数据源是从系统导出的销售明细记录，每周递增，2019年全年销售记录如图12-1所示。

领导要求除了查看本周总销售额、总订单数以及与上周对比的环比增长情况，还要查看本周单天的销售额和订单数极值、本周销售走势图、各渠道销售比例分布图及对比图，这些需求都可以使用Excel周报看板及时、准确地满足。

先预览做好的Excel周报看板的效果，如图12-53所示。

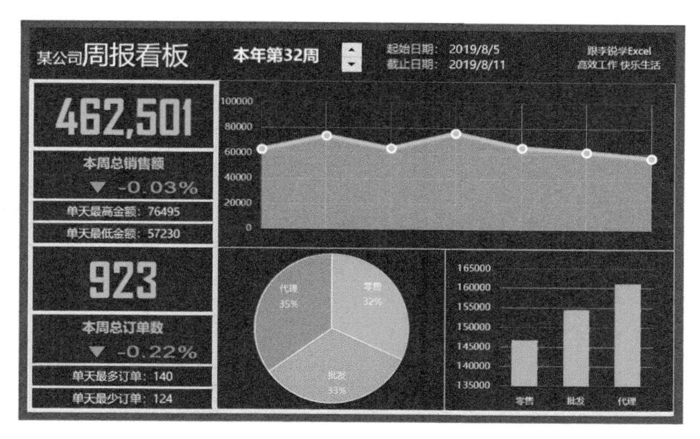

图 12-53

在这张Excel数据看板中，不但可以直观查看各种静态指标的具体数值，而且可以动态查看本周的销售趋势图，整个看板的所有数据可以跟随控件选择的第几周动态更新，如当用户在顶部控件按钮调整至下一周时，Excel周报看板则会自动更新，效果如图12-54所示。

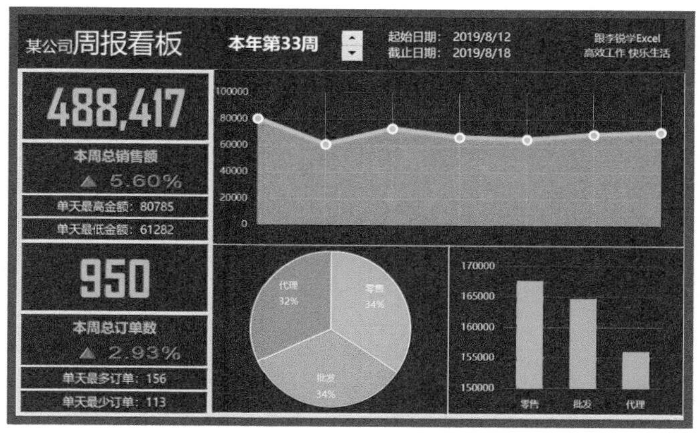

图 12-54

这种动态数据看板的制作过程与12.1节介绍的类似，读者可参阅图12-3下方所列出的7个步骤。

12.2.1 理解用户需求

本案例的周报看板，除了要像日报看板展示核心指标的静态数据外，还要对本周7天的销售数据趋势进行展示，这可以使用折线图来实现，如果想在折线图的基础上进一步突出显示数据趋势的变动效果，可以使用面积图和折线图的组合图表。

对于领导要求的各渠道销售比例分布图及对比图，可以分别使用饼图和柱形图。对于这些需求，都要在动手之前在心中理解透彻并想好对策，这是十分重要的，这一步做不好，很可能会导致最后要把整个数据看板推翻重做。

把大的需求拆分成多个小需求逐一满足，包括核心指标的准确提炼。

12.2.2 明确数据分析和展示要素，提炼核心指标

本案例中的核心指标包括所展示的时间段是全年第几周、本周的起始日期和截止日期、本周总销售额、本周总订单数、销售额及订单数的环比分析与极值（最大值、最小值）、渠道销售百分比等。

12.2.3 构建数据分析看板布局

将用户需求理解、拆分、提炼指标之后，要先构建好数据分析看板的整体布局，即在什么位置展示什么数据，以什么形式进行展示最为合适，如图12-55所示。

图12-55

数值指标的右侧空白区域，用于放置本周7天销售走势折线图、渠道百分比饼图以及渠道销售对比柱形图。

12.2.4 收集、整理、清洗、转换原始数据

在本案例中，数据源是不足以支撑所有指标数据的计算的，因为数据源中只有“日期”而没有“周”，所以可以在数据源中添加辅助列，按照日期计算出其在该年的第几周，如图12-56所示。

=WEEKNUM(B2,2)

H2 =WEEKNUM(B2,2)

	A	B	C	D	E	F	G	H
1	序号	日期	区域	商品	渠道	金额	业务员	周数
2	1	2019/1/1	槐安路店	商品2	代理	475	孙建军	1
3	2	2019/1/1	槐安路店	商品2	批发	958	王雷	1
4	3	2019/1/1	新华路店	商品1	代理	168	杨秀珍	1
5	4	2019/1/1	中山路店	商品3	代理	347	张小娟	1
6	5	2019/1/1	南京路店	商品5	批发	994	周杰	1
7	6	2019/1/1	中山路店	商品5	零售	884	刘梅	1
8	7	2019/1/1	槐安路店	商品4	零售	914	王金凤	1
9	8	2019/1/1	新华路店	商品2	批发	507	陈建华	1
10	9	2019/1/1	槐安路店	商品1	批发	521	王桂芝	1
11	10	2019/1/1	槐安路店	商品4	代理	437	李锐	1

原始记录 | 思路构建 | 周报计算过程 | 周报看板 | 拆解1 | 拆解2

图12-56

Excel中的WEEKNUM函数用于根据日期计算其在该年的第几周，它的语法结构如下：

WEEKNUM(日期,周起始参数)

如果第二参数为1或省略，说明将星期日作为一周的第一天；如果第二参数为2，说明将星期一作为一周的第一天。

本案例中按照大多数企业常用规则，将星期一作为一周的第一天，所以公式中第二参数为2。

这样即可根据日期计算出其在该年的第几周，方便后续按照周统计各种核心指标。

12.2.5 计算核心指标数据

01 工作表“周报计算过程”用于根据原始记录计算核心指标数据。在C2单元格输入代表第几周的数字，后续将此单元格设置与控件按钮关联，现在按此单元格计算本周起始日期、本周截止日期、上周起始日期、上周截止日期。

输入本周起始日期的计算公式，如图12-57所示。

输入本周截止日期的计算公式：=C3+6

输入上周起始日期的计算公式：=C3-7

输入上周截止日期的计算公式：=C4-7

输入本周起始日期对应星期几的计算公式：=TEXT(C3,"aaaa")

输入本周截止日期对应星期几的计算公式：=TEXT(C4,"aaaa")

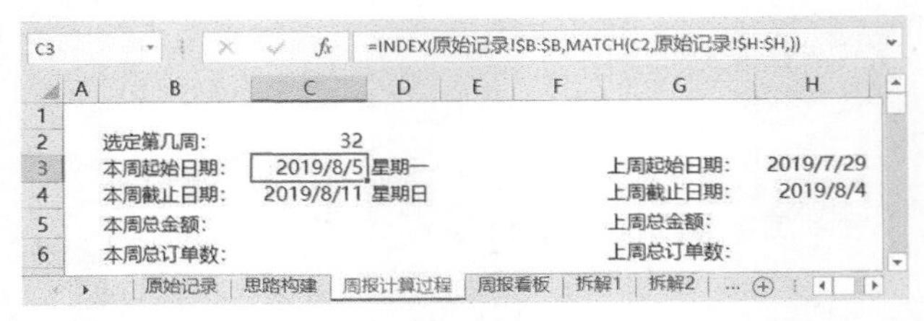

图 12-57

02 计算本周总金额、本周总订单数、上周总金额、上周总订单数。

输入本周总金额的计算公式，如图12-58所示。

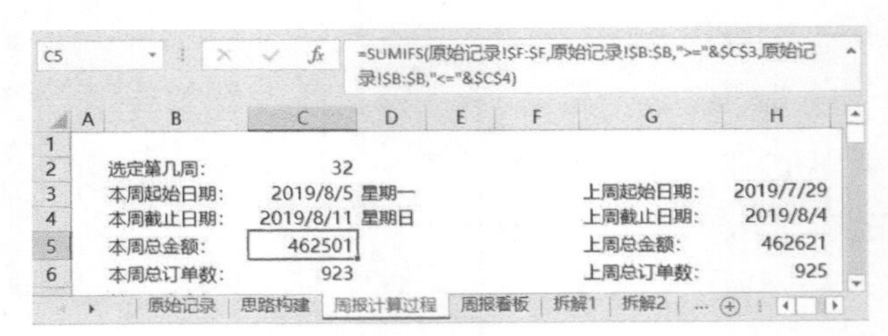

图 12-58

输入本周总订单数的计算公式：

=COUNTIFS(原始记录!$B:$B,">="&$C$3,原始记录!$B:$B,"<="&$C$4)

输入上周总金额的计算公式：

=SUMIFS(原始记录!$F:$F,原始记录!$B:$B,">="&$H$3,原始记录!$B:$B,"<="&$H$4)

输入上周总订单数的计算公式：

=COUNTIFS(原始记录!$B:$B,">="&$H$3,原始记录!$B:$B,"<="&$H$4)

有了这些核心指标之后，为了计算本周金额及订单数极值和后续生成销售趋势图，继续计算本周每天的日期以及对应的金额和订单数。

03 可以使用Excel函数公式自动生成本周日期，在C13单元格输入公式，再将公式向下填充，如图12-59所示。

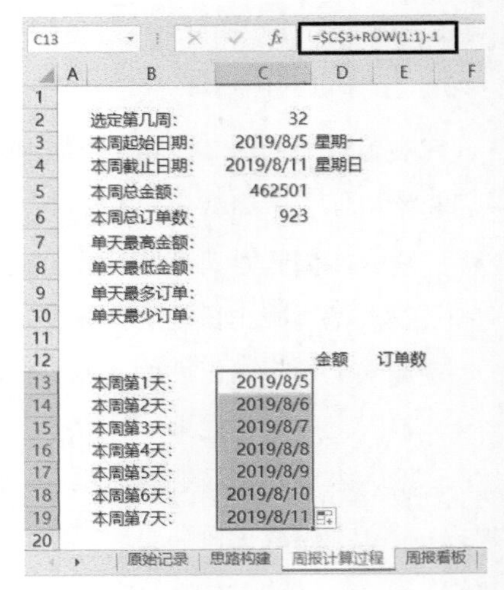

图 12-59

04 根据日期汇总计算当天的销售金额，在D13单元格输入公式，再将公式向下填充，如图12-60所示。

05 根据日期计算当天的订单数，在E13单元格输入公式，再将公式向下填充，如图12-61所示。

D13　=SUMIFS(原始记录!$F:$F,原始记录!$B:$B,C13)

	A	B	C	D	E	F	G
1							
2		选定第几周:	32				
3		本周起始日期:	2019/8/5	星期一			上周起始日期:
4		本周截止日期:	2019/8/11	星期日			上周截止日期:
5		本周总金额:	462501				上周总金额:
6		本周总订单数:	923				上周总订单数:
7		单天最高金额:					
8		单天最低金额:					
9		单天最多订单:					
10		单天最少订单:					
11							
12				金额	订单数		
13		本周第1天:	2019/8/5	63048			
14		本周第2天:	2019/8/6	74232			
15		本周第3天:	2019/8/7	64506			
16		本周第4天:	2019/8/8	76495			
17		本周第5天:	2019/8/9	65149			
18		本周第6天:	2019/8/10	61841			
19		本周第7天:	2019/8/11	57230			
20							

原始记录 | 思路构建 | 周报计算过程 | 周报看板 | 拆解1 | 拆解2 | ...

图12-60

E13　=COUNTIF(原始记录!$B:$B,C13)

	A	B	C	D	E	F	G
1							
2		选定第几周:	32				
3		本周起始日期:	2019/8/5	星期一			上周起始日期:
4		本周截止日期:	2019/8/11	星期日			上周截止日期:
5		本周总金额:	462501				上周总金额:
6		本周总订单数:	923				上周总订单数:
7		单天最高金额:					
8		单天最低金额:					
9		单天最多订单:					
10		单天最少订单:					
11							
12				金额	订单数		
13		本周第1天:	2019/8/5	63048	126		
14		本周第2天:	2019/8/6	74232	138		
15		本周第3天:	2019/8/7	64506	140		
16		本周第4天:	2019/8/8	76495	140		
17		本周第5天:	2019/8/9	65149	129		
18		本周第6天:	2019/8/10	61841	124		
19		本周第7天:	2019/8/11	57230	126		
20							

原始记录 | 思路构建 | 周报计算过程 | 周报看板 | 拆解1 | 拆解2 | ...

图12-61

这些常用的Excel函数用法教程，可以关注作者的微信公众号“Excel函数与公式”，发送函数名称即可获取（如发送“COUNTIF”即可获取COUNTIF函数的详细教程）。

06 有了这些数据，再来计算单天最高金额、单天最低金额、单天最多订单、单天最少订单。输入单天最高金额的计算公式，如图12-62所示。

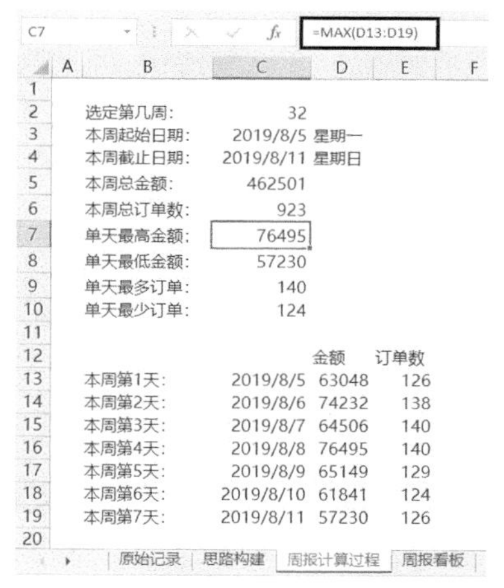

C7　=MAX(D13:D19)

	A	B	C	D	E	F
1						
2		选定第几周:	32			
3		本周起始日期:	2019/8/5	星期一		
4		本周截止日期:	2019/8/11	星期日		
5		本周总金额:	462501			
6		本周总订单数:	923			
7		单天最高金额:	76495			
8		单天最低金额:	57230			
9		单天最多订单:	140			
10		单天最少订单:	124			
11						
12				金额	订单数	
13		本周第1天:	2019/8/5	63048	126	
14		本周第2天:	2019/8/6	74232	138	
15		本周第3天:	2019/8/7	64506	140	
16		本周第4天:	2019/8/8	76495	140	
17		本周第5天:	2019/8/9	65149	129	
18		本周第6天:	2019/8/10	61841	124	
19		本周第7天:	2019/8/11	57230	126	
20						

原始记录 | 思路构建 | 周报计算过程 | 周报看板

图12-62

输入单天最低金额的计算公式：=MIN(D13:D19)

输入单天最多订单的计算公式：=MAX(E13:E19)

输入单天最少订单的计算公式：=MIN(E13:E19)

根据用户需求计算出核心指标数据后，还要继续准备动态图表和数据可视化元素。

12.2.6 根据需求插入动态图表、数据可视化元素

01 根据每天销售金额创建销售趋势图，由于数据源可以根据用户的选择自动更新，所以对应生成的图表也会动态更新，如图12-63所示。

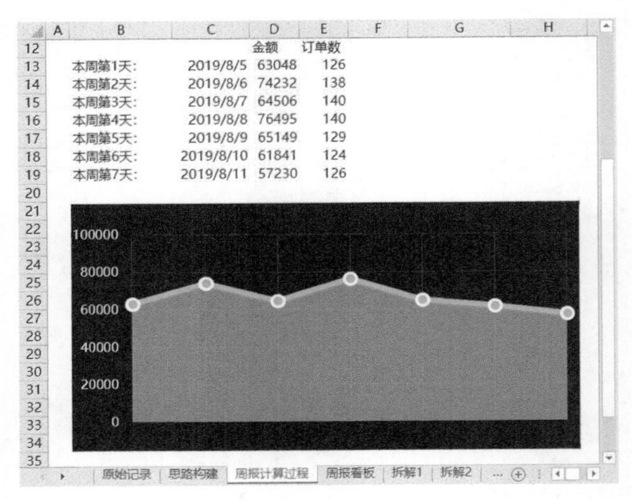

图 12-63

02 这张图表的数据源是C13:D19单元格区域，使用了折线图与面积图的组合，如图12-64所示。

图 12-64

设置面积图填充颜色的同时设置透明度，以免完全遮盖网格线。其余的图表创建与设置方法在第11章专门讲过，此处不赘述。

由于领导还需要查看各渠道销售比例分布图及对比图，所以先使用Excel函数公式自动计算各渠道销售金额，再创建对应的饼图和柱形图。

03 在K3单元格输入公式，将公式向下填充，如图12-65所示。

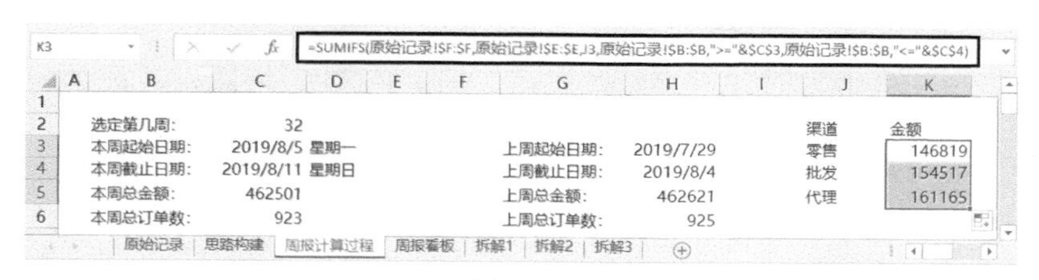

图12-65

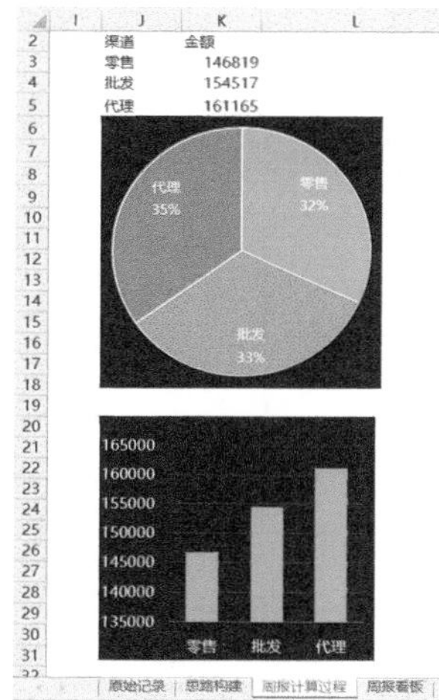

图12-66

04 将J2:K5单元格区域作为图表数据源，分别创建饼图、柱形图，如图12-66所示。

准备好动态图表后，继续准备需要的数据可视化元素，如本周总金额和总订单数的环比分析。

05 在E5单元格输入公式，如图12-67所示。

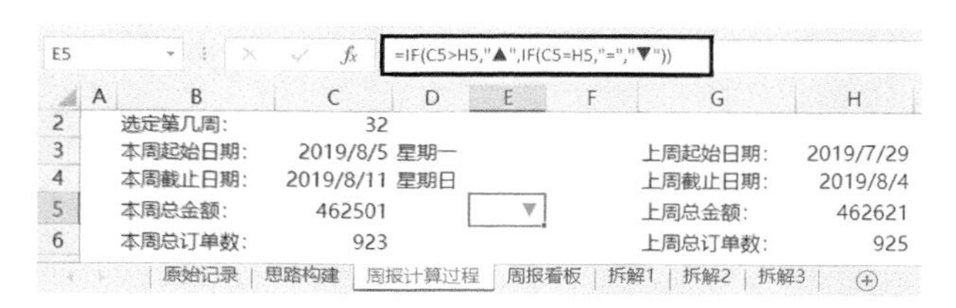

图12-67

06 在F5单元格输入公式，如图12-68所示。

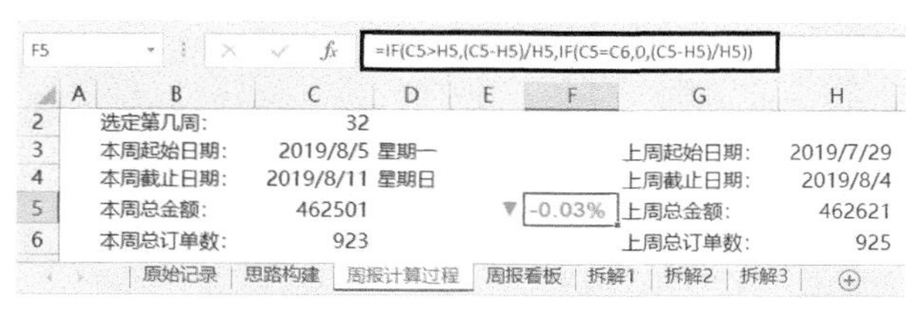

图12-68

07 选中E5:F5单元格区域，设置条件格式，如图12-69所示。

08 两种条件格式规则分别用于实现周销售额环比下降及增长时的数据可视化展示，如图12-70所示。

同理，设置总订单数的周环比分析数据可视化元素。

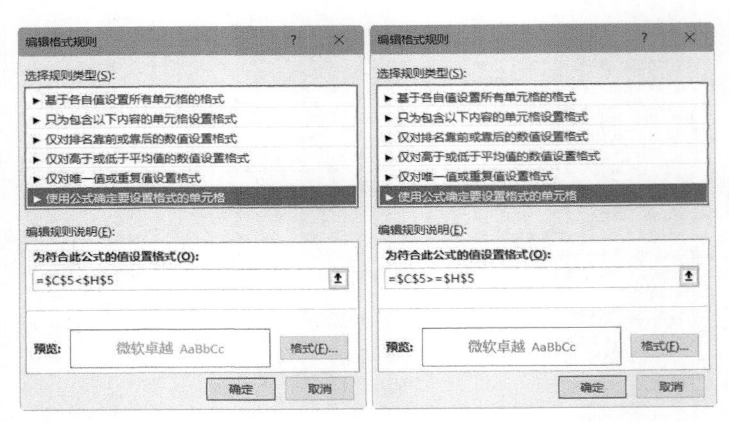

图 12-69

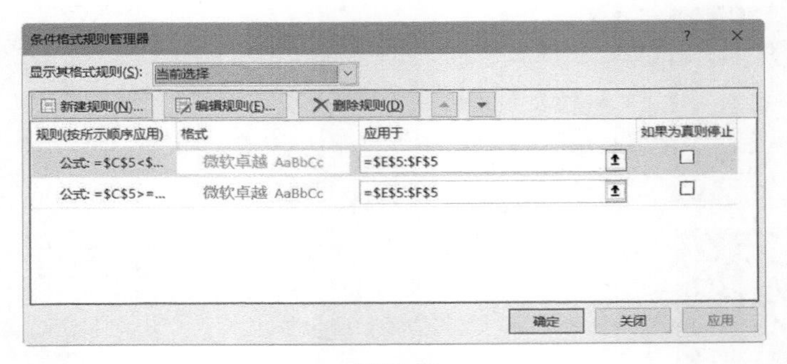

图 12-70

09 在E6单元格输入公式，如图12-71所示。

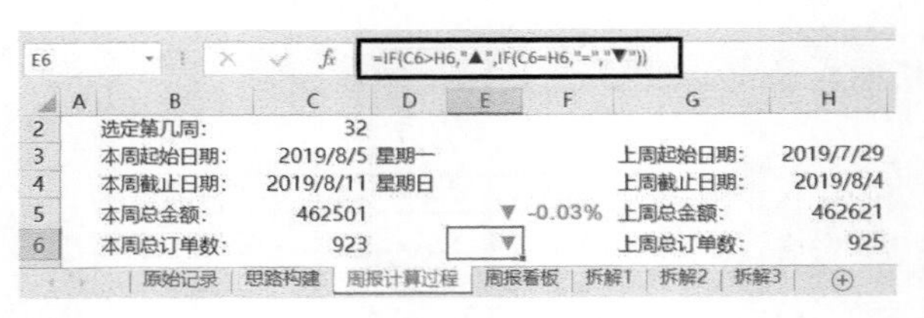

图 12-71

10 在F6单元格输入公式，如图12-72所示。

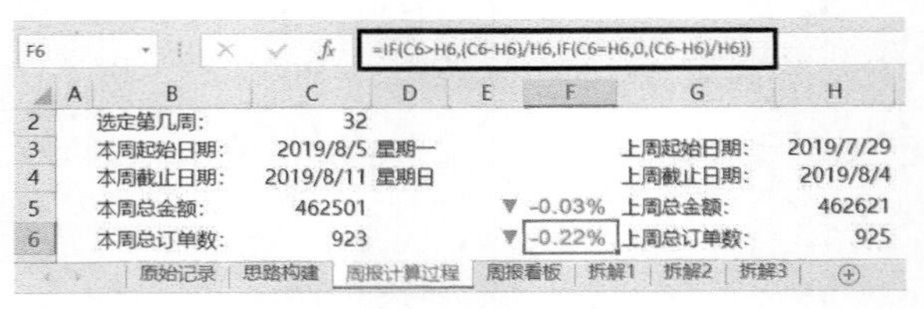

图 12-72

11 选中E6:F6单元格区域，设置条件格式，如图12-73所示。

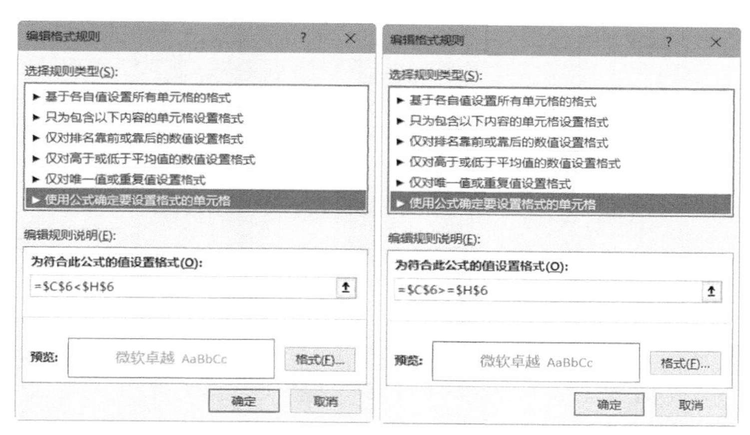

图12-73

12 设置好条件格式之后，“条件格式规则管理器”对话框如图12-74所示。

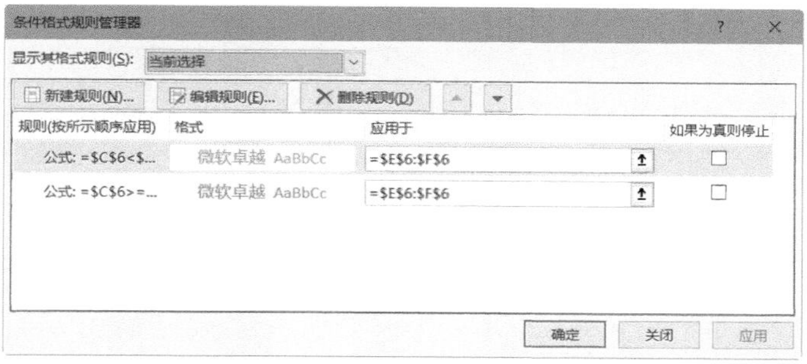

图12-74

这样就实现了周环比增长时使用红色“▲”动态展示，周环比下降时使用绿色“▼”动态展示。

12.2.7 整合并组织数据和图表至看板中，调整配色并美化

在Excel工作簿的“周报看板”工作表中，把“周报计算过程”工作表中计算好的关键指标数据和动态图表按照构建好的布局整合并组织在一起，下面分步骤讲解。

01 填写周报看板的标题名称，使用Excel公式从“周报计算过程”工作表引用算好的核心指标数据至“周报看板”工作表中，插入控件按钮并设置控件格式，如图12-75所示。

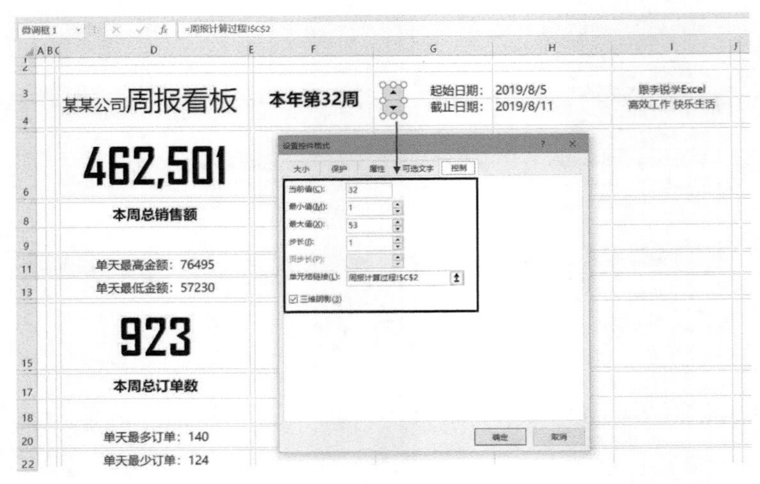

图 12-75

02 作为和控件按钮对应的文字显示，在F3单元格中放置周报的第*N*周标识，如图12-76所示。

="本年第"&周报计算过程!C2&"周"

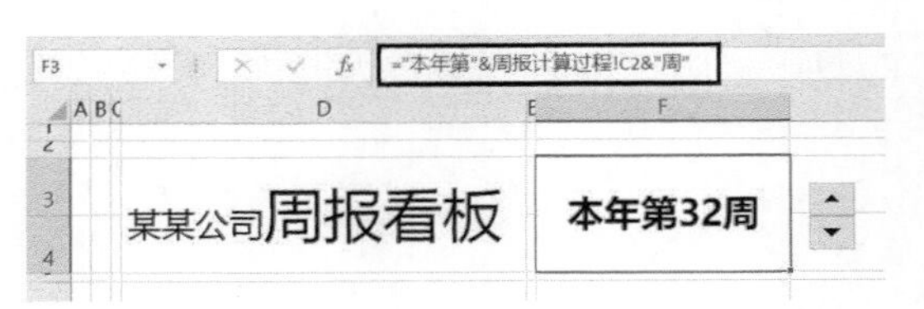

图 12-76

03 当需要在同一个单元格中同时显示指标说明和指标数值时，可以使用Excel公式实现，如要展示单天最高金额，在D11单元格输入以下公式，如图12-77所示。

="单天最高金额："&周报计算过程!C7

图 12-77

04 设置字体、字号，调整配色并美化，如图12-78所示。

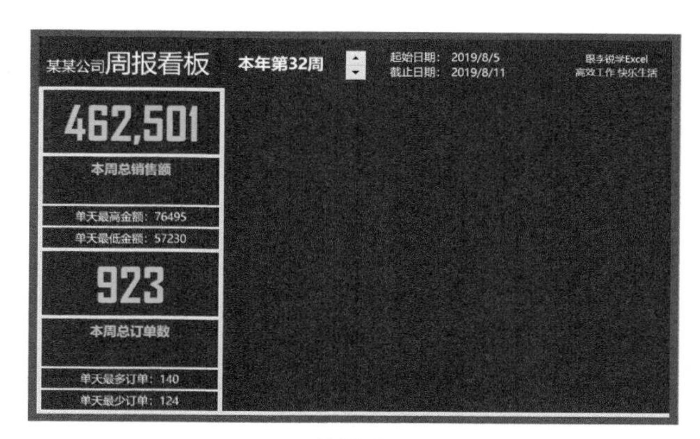

图12-78

05 从“周报计算过程”工作表中复制数据可视化元素的图片链接至周报看板中，具体设置方法在12.1节的日报看板中有详细步骤，设置完毕后效果如图12-79所示。

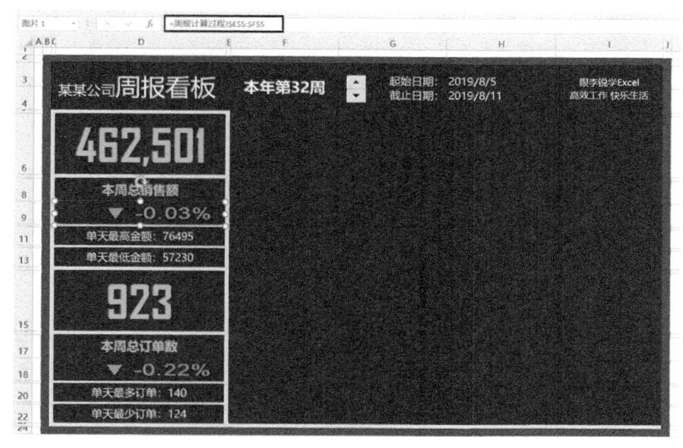

图12-79

06 把做好的动态商务图表从“周报计算过程”工作表复制到周报看板中，锚定在对应的区域中，效果如图12-80所示。

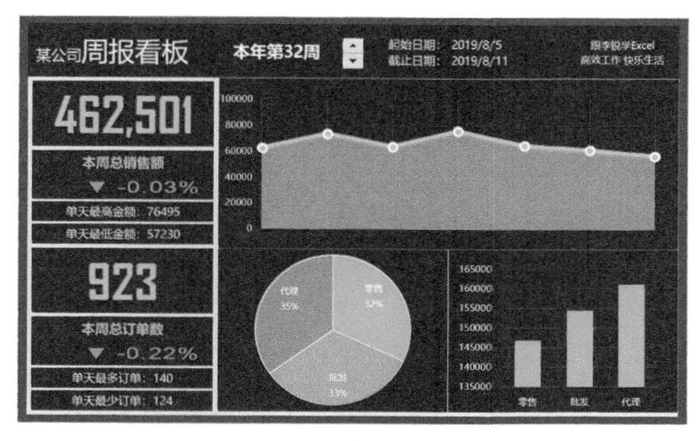

图12-80

07 为了去除周报看板工作表中冗余的行号、列标以及网格线，可以在“视图”选项卡中取消选中“网格线”和“标题”复选框，如图12-81所示。

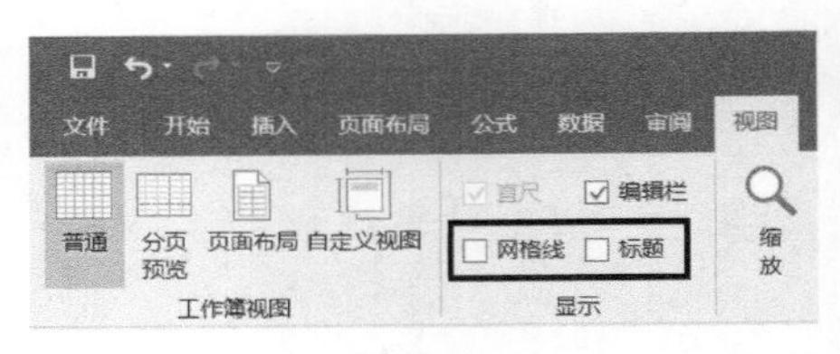

图12-81

08 设置完毕后，周报看板在Excel工作表中的效果如图12-82所示。

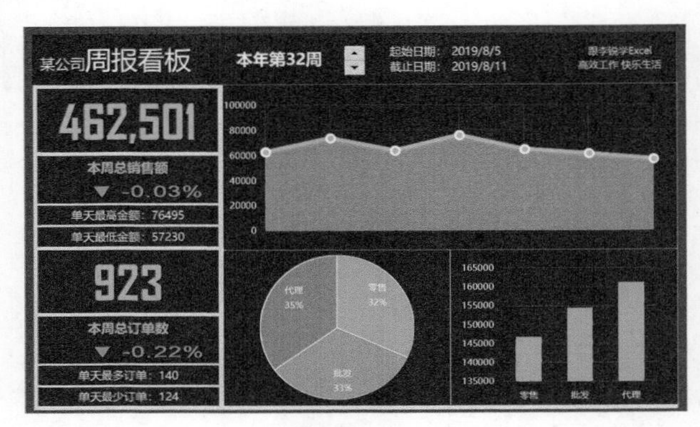

图12-82

这样就完成了周报的数据看板的制作，让表格按选定期间自动计算数据并展示。在实际工作中，可以根据需要在周报看板中添加更多的核心指标或商务图表，指标计算及图表制作原理与此案例相同。

除了周报看板，月报看板也是职场办公中很常见的需求，12.3节具体介绍相关内容。

12.3 月报看板，用数据建模进行自动化数据分析和展示

月报相比周报而言，除了要展示时点静态数据的对比分析和时段动态数据的趋势分析，还要根据实际完成数据和计划数据体现本月完成率和本年完成率，下面结合具体案例展开讲解。

某企业要求每月初9:00晨会时以月报形式展示上个月企业的整体销售情况，数据源是从系统导出的销售明细记录，每月递增，2019年全年销售记录如图12-1所示。

领导要求除了查看本月完成率、本年完成率、本月总销售额、总订单数以及与上月对比的环比增长情况，还要查看本月单天的销售额和订单数极值、本月销售走势图、

各渠道销售比例分布图及对比图、各区域及商品的销售对比图、各业务员销售对比排名等，这些需求都可以通过使用Excel月报看板及时、准确地得到满足。

先预览做好的Excel月报看板的效果，如图12-83所示。

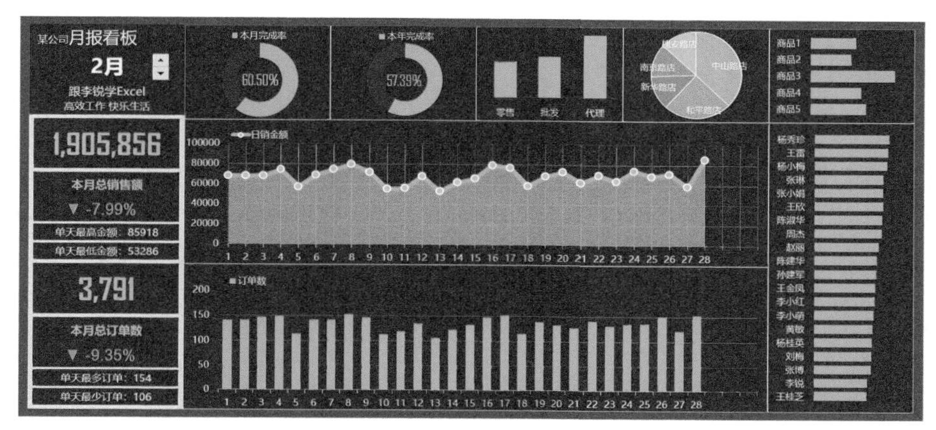

图12-83

在这张Excel数据看板中，不但可以直观查看各种核心指标的具体数值，而且用户可以通过控件按钮选择动态更新整张月报看板，如当用户通过左上方的月份控件按钮调整至下月时，Excel月报看板中的销售趋势图天数则会从2月的28天自动更新为3月的31天，并且本年完成率的计算取值范围自动从1至2月的计划数与实际数调整为1至3月的计划数与实际数，效果如图12-84所示。

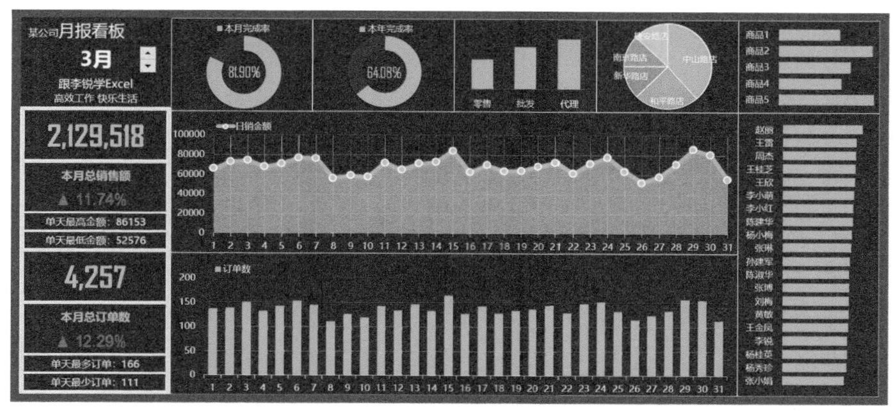

图12-84

动态数据看板的制作过程基本相同，读者可参阅12.1节图12-3下方所列出的7个步骤。

12.3.1 理解用户需求

月报看板除了要满足周报看板中的用户需求外，还要对本月计划完成率、本年计划完成率进行直观展示，让领导一目了然，心中有数，这可以使用圆环图来实现。如果想在圆环图的基础上进一步突出显示计划完成百分比，可以在圆环图中心插入文本框链接单元格，放大显示百分比数值。

在展示目标月份每一天的销售趋势及销售对比时，使用折线图进行趋势分析，使用柱形图进行趋势对比。需要注意的是，图表的横坐标天数不能固定，要根据所选月份对应调整，如2019年2月有28天，3月有31天，这就需要使用Excel函数公式创建动态数据作为图表数据源，实现每个月的图表横坐标长度随月份天数自动调整。

其他各种商品对比图、区域对比图以及业务员业绩对比排名图等都需要先使用函数公式准备好数据源再创建图表，以实现数据看板中的动态图表能够自动更新的效果。

12.3.2 明确数据分析和展示要素，提炼核心指标

本案例中的核心指标包括所展示的时间段是全年第几月、该月份的计划完成率、截至该月份的本年累计计划完成率、本月的起始日期、截止日期、本月总销售额、本月总订单数、销售额及订单数的环比分析与极值（最大值、最小值）、各渠道及各商品销售对比、区域销售百分比、各业务员的销售业绩对比及排名等。

12.3.3 构建数据分析看板布局

将用户需求理解、拆分、提炼指标之后，要先构建月报数据分析看板的整体布局，即在什么位置展示什么数据，以什么形式进行展示最为合适，如图12-85所示。

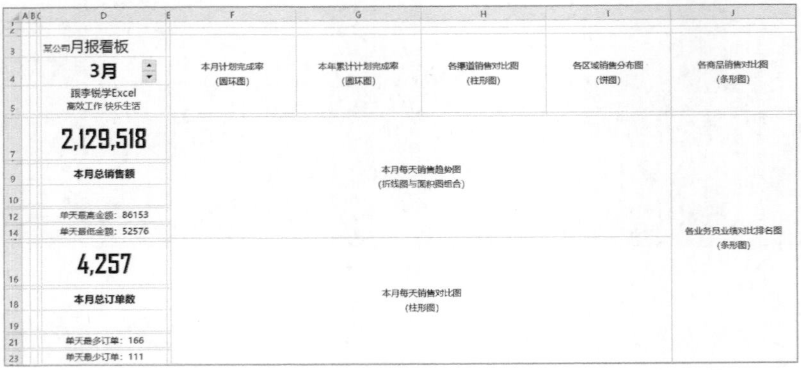

图 12-85

构建好布局以后，再根据这个想要展示的结果向前倒推，缺少什么数据就准备和计算什么数据。

12.3.4 收集、整理、清洗、转换原始数据

在本案例中，数据源中只有“日期”而没有“月份”，所以可以在数据源中添加辅助列，按照日期计算出所对应的月份，如图12-86所示。

=MONTH(B2)

	A	B	C	D	E	F	G	H	I
1	序号	日期	区域	商品	渠道	金额	业务员	周数	月份
2	1	2019/1/1	槐安路店	商品2	代理	475	孙建军	1	1
3	2	2019/1/1	槐安路店	商品2	批发	958	王雷	1	1
4	3	2019/1/1	新华路店	商品1	代理	168	杨秀珍	1	1
5	4	2019/1/1	中山路店	商品3	代理	347	张小娟	1	1
6	5	2019/1/1	南京路店	商品5	批发	994	周杰	1	1
7	6	2019/1/1	中山路店	商品5	零售	884	刘梅	1	1
8	7	2019/1/1	槐安路店	商品4	零售	914	王金凤	1	1
9	8	2019/1/1	新华路店	商品2	批发	507	陈建华	1	1
10	9	2019/1/1	槐安路店	商品1	批发	521	王桂芝	1	1
11	10	2019/1/1	槐安路店	商品4	代理	437	李锐	1	1

图12-86

12.3.5 计算核心指标数据

01 工作表“月报计算过程”用于根据原始记录计算核心指标数据。在C2单元格输入代表月份的数字（如2），通过设置单元格格式将其显示为“2月”，操作步骤如图12-87所示。

将C2单元格设置为与控件按钮关联，用于根据用户选择快捷指定目标月份。其他所有核心指标数据都按此单元格确定日期时段进行对应计算，如本月起始日期、本月截止日期、上月起始日期、上月截止日期。

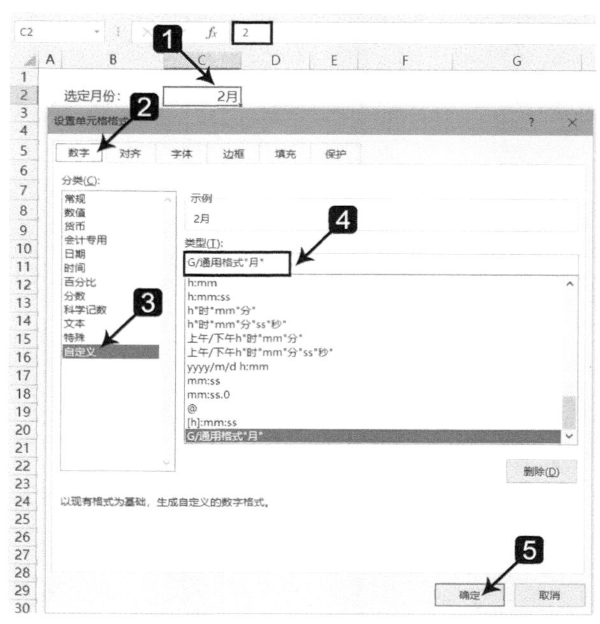

图12-87

02 输入本月起始日期的计算公式，如图12-88所示。

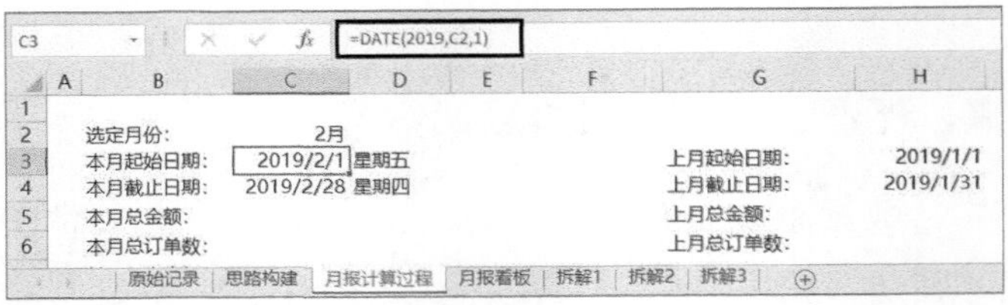

C3 =DATE(2019,C2,1)

	A	B	C	D	E	F	G	H
1								
2		选定月份:	2月					
3		本月起始日期:	2019/2/1	星期五			上月起始日期:	2019/1/1
4		本月截止日期:	2019/2/28	星期四			上月截止日期:	2019/1/31
5		本月总金额:					上月总金额:	
6		本月总订单数:					上月总订单数:	

原始记录 | 思路构建 | 月报计算过程 | 月报看板 | 拆解1 | 拆解2 | 拆解3

图12-88

输入本月截止日期的计算公式：=DATE(2019,C2+1,1)-1

输入上月起始日期的计算公式：=DATE(2019,C2-1,1)

输入上月截止日期的计算公式：=DATE(2019,C2,1)-1

输入本月起始日期对应星期几的计算公式：=TEXT(C3,"aaaa")

输入本月截止日期对应星期几的计算公式：=TEXT(C4,"aaaa")

03 输入公式计算本月总金额、本月总订单数、上月总金额、上月总订单数。在C5单元格输入本月总金额的计算公式，如图12-89所示。

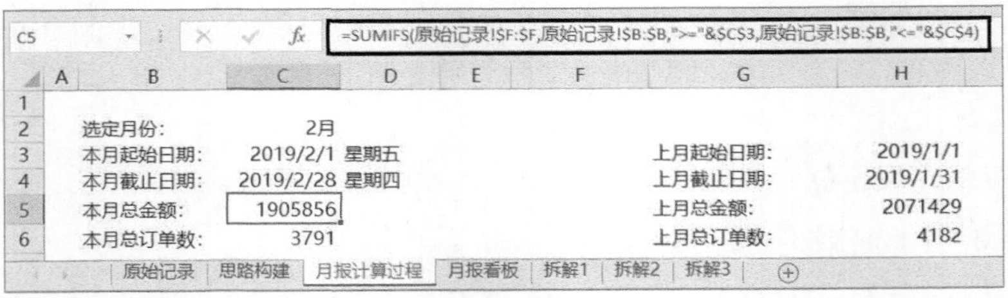

C5 =SUMIFS(原始记录!$F:$F,原始记录!$B:$B,">="&$C$3,原始记录!$B:$B,"<="&$C$4)

	A	B	C	D	E	F	G	H
1								
2		选定月份:	2月					
3		本月起始日期:	2019/2/1	星期五			上月起始日期:	2019/1/1
4		本月截止日期:	2019/2/28	星期四			上月截止日期:	2019/1/31
5		本月总金额:	1905856				上月总金额:	2071429
6		本月总订单数:	3791				上月总订单数:	4182

原始记录 | 思路构建 | 月报计算过程 | 月报看板 | 拆解1 | 拆解2 | 拆解3

图12-89

输入本月总订单数的计算公式：

=COUNTIFS(原始记录!$B:$B,">="&$C$3,原始记录!$B:$B,"<="&$C$4)

输入上月总金额的计算公式：

=SUMIFS(原始记录!$F:$F,原始记录!$B:$B,">="&$H$3,
原始记录!$B:$B,"<="&$H$4)

输入上月总订单数的计算公式：

=COUNTIFS(原始记录!$B:$B,">="&$H$3,原始记录!$B:$B,"<="&$H$4)

有了这些核心指标数据之后，为了计算本月金额和订单数极值和后续生成销售趋势图，继续计算本月每天的日期以及对应的金额和订单数。

可以使用Excel函数公式自动生成天数序号和本月日期，无论是天数序号还是本月日期都要根据所选的月份自动更新（如2月的天数序号是1至28）。

04 按照月份自动生成天数序号，在B13单元格输入以下公式，生成从1开始的天数序号。由于月份最大天数是31天，所以将公式向下填充至B43单元格，如图12-90所示。

=IF(ROW(1:1)>DAY(DATE(2019,$C$2+1,1)-1)," ",ROW(1:1))

在填充公式的31个单元格中，超过当前月份最大天数的位置不再生成序号，会显示空文本，这样即可控制后续生成图表的横坐标长度。

05 生成目标月份的日期，在C13单元格输入以下公式，再将公式向下填充至C43单元格，如图12-91所示。

=IF(ROW(1:1)>DAY(DATE(2019,$C$2+1,1)-1),NA(),$C$3+ROW(1:1)-1)

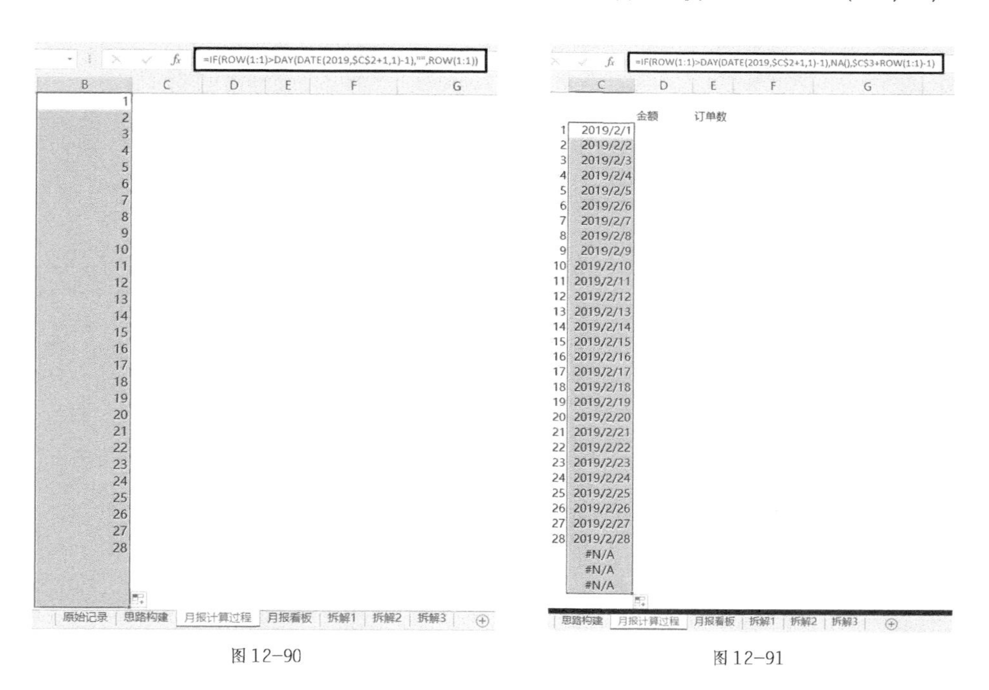

图12-90　　　　图12-91

在填充公式的31个单元格中，超过当前月份最大天数的位置不再生成日期，会显示错误值“#N/A”，使生成的图表不显示超出该月最大日期后对应的数据。

06 根据日期计算当天的销售金额，在D13单元格输入以下公式，再将公式向下填充。

=IF(ROW(1:1)>DAY(DATE(2019,$C$2+1,1)-1),NA(),
SUMIFS(原始记录!$F:$F,原始记录!$B:$B,C13))

07 根据日期计算当天的订单数，在E13单元格输入以下公式，再将公式向下填充。

=IF(ROW(1:1)>DAY(DATE(2019,$C$2+1,1)-1),NA(),
COUNTIF(原始记录!$B:$B,C13))

> **提示**
>
> 这些常用的Excel函数用法教程，可以关注作者的微信公众号“Excel函数与公式”，发送函数名称即可获取（如发送“ROW”即可获取ROW函数的详细教程）。

08 有了这些数据，再来计算该月份中的单天最高金额、单天最低金额、单天最多订单、单天最少订单。单天最高金额的计算公式如下，如图12-92所示。

C7 =MAX(OFFSET(D13,,,DAY(C4)))

	A	B	C	D	E	F
1						
2		选定月份:	2月			
3		本月起始日期:	2019/2/1	星期五		
4		本月截止日期:	2019/2/28	星期四		
5		本月总金额:	1905856			
6		本月总订单数:	3791			
7		单天最高金额:	85918			
8		单天最低金额:	53286			
9		单天最多订单:	154			
10		单天最少订单:	106			
11						
12				金额	订单数	
13		1	2019/2/1	68319	141	
14		2	2019/2/2	68056	141	
15		3	2019/2/3	68292	147	
16		4	2019/2/4	74530	149	
17		5	2019/2/5	57486	114	
18		6	2019/2/6	69320	142	

原始记录 | 思路构建 | 月报计算过程 | 月报看板 | 拆解1

图12-92

输入单天最低金额的计算公式：=MIN(OFFSET(D13,,,DAY(C4)))

输入单天最多订单的计算公式：=MAX(OFFSET(E13,,,DAY(C4)))

输入单天最少订单的计算公式：=MIN(OFFSET(E13,,,DAY(C4)))

根据用户需求计算出核心指标数据后，还要继续准备动态图表和数据可视化元素。

12.3.6 根据需求插入动态图表、数据可视化元素

01 根据使用Excel函数公式自动计算出的本月每天销售金额创建销售趋势图，由

于数据源可以根据用户交互选择自动更新，所以对应生成的图表也会动态更新，如图12-93所示。

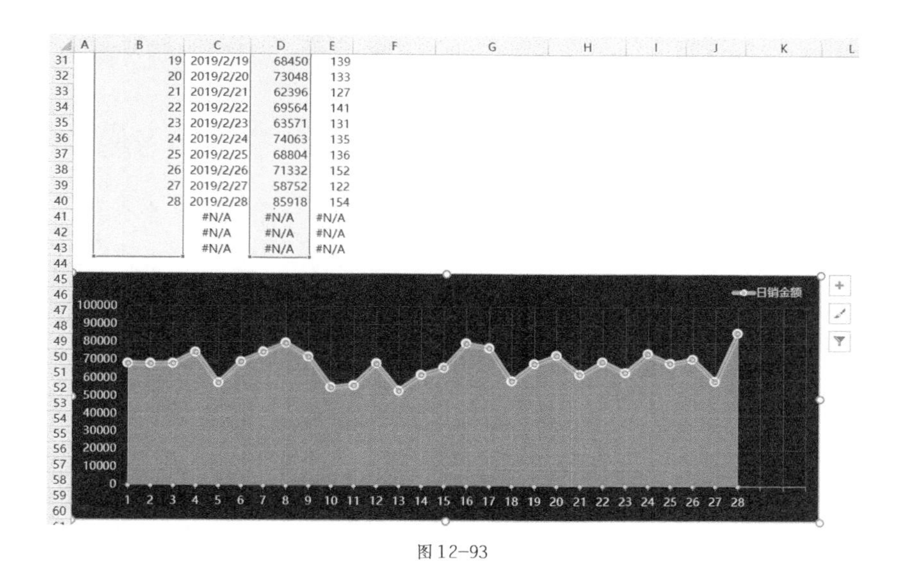

图12-93

02 这张图表的数据源是B13:B43和D13:D43单元格区域，使用了折线图与面积图的组合，如图12-94所示。

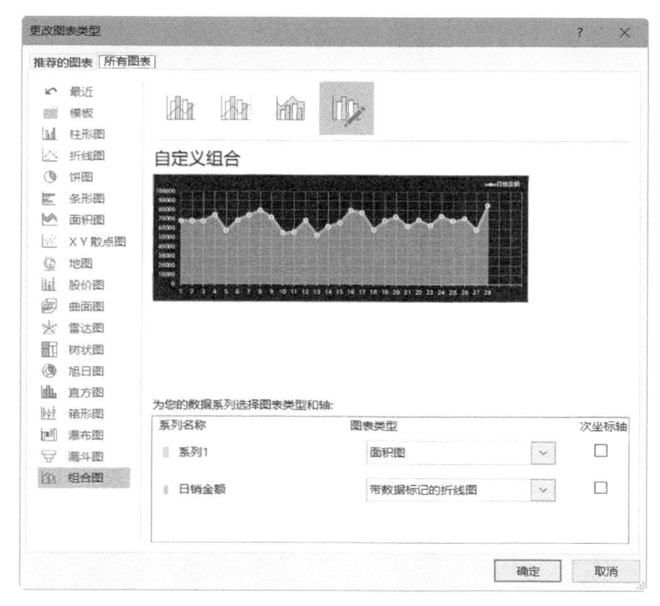

图12-94

03 为了对该月份每天的销售额和订单数进行对比展示，再根据B13:B43和E13:E43单元格区域创建柱形图，如图12-95所示。

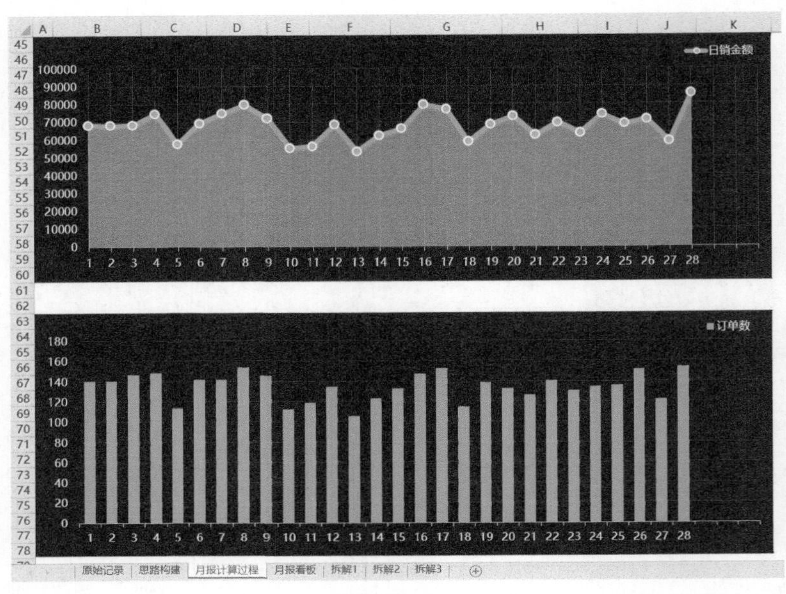

图12-95

这样就准备好了月销售趋势图和每天订单数对比图。

由于领导还要查看本月完成率和截至本月的本年累计完成率，所以要为展示完成率的圆环图准备图表数据源。

04 本年各月份计划销售额数据放置在G12:H24单元格区域中，先获得计算本月完成率需要的数据源。在H28单元格输入公式，根据月份提取本月计划金额，如图12-96所示。

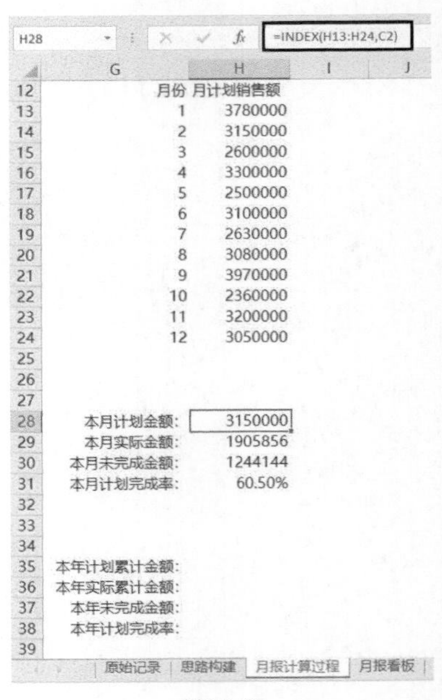

H28 =INDEX(H13:H24,C2)

	G	H
12	月份	月计划销售额
13	1	3780000
14	2	3150000
15	3	2600000
16	4	3300000
17	5	2500000
18	6	3100000
19	7	2630000
20	8	3080000
21	9	3970000
22	10	2360000
23	11	3200000
24	12	3050000
28	本月计划金额:	3150000
29	本月实际金额:	1905856
30	本月未完成金额:	1244144
31	本月计划完成率:	60.50%
35	本年计划累计金额:	
36	本年实际累计金额:	
37	本年未完成金额:	
38	本年计划完成率:	

图12-96

在H29单元格输入公式提取本月实际金额：

=C5

在H30单元格输入公式计算本月未完成金额：

=H28-H29

在H31单元格输入公式计算本月计划完成率：

=H29/H28

05 以H29:H30单元格区域作为图表数据源创建圆环图，如图12-97所示。

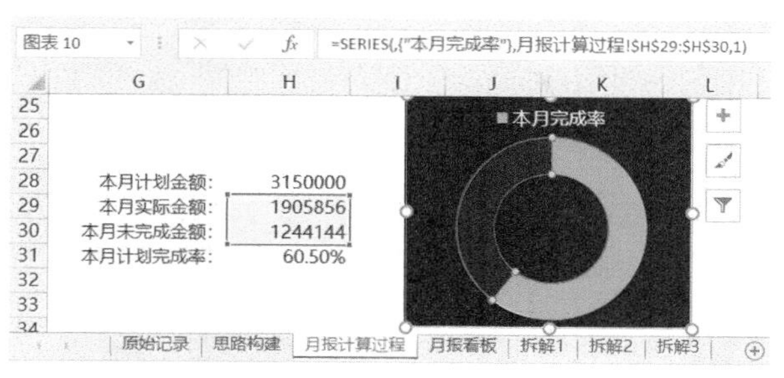

图 12-97

06 插入文本框，将其链接到H31单元格，如图12-98所示。

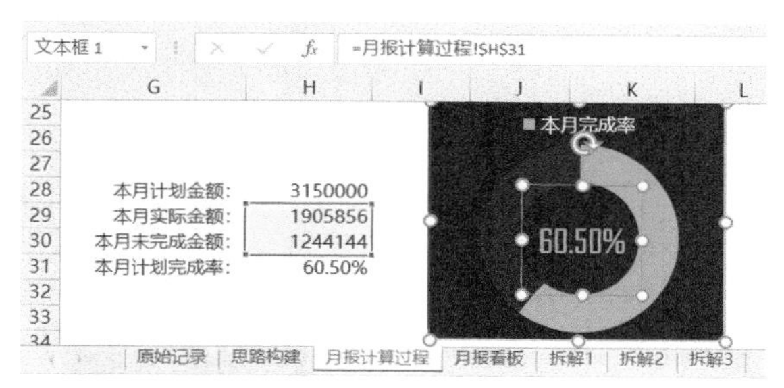

图 12-98

这样就完成了本月完成率的圆环图，继续设置截至本月的本年累计完成率的圆环图，首先为圆环图准备对应的数据源。

07 在H35单元格输入公式，计算本年计划累计金额，如图12-99所示。

08 在H36单元格输入以下公式计算本年实际累计金额：

=SUMIFS(原始记录!$F:$F,

原始记录!$B:$B,">=2019-1-1",

原始记录!$B:$B,"<="&$C$4)

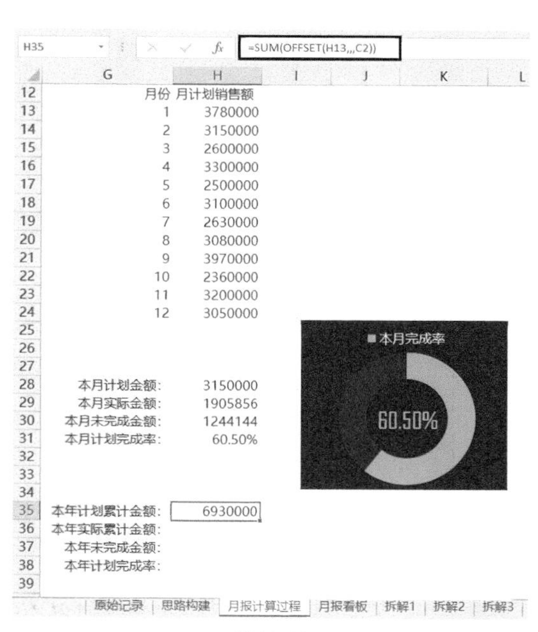

图 12-99

在H37单元格输入公式计算本年未完成金额：=H35-H36

在H38单元格输入公式计算本年计划完成率：=H36/H35

09 以H36:H37单元格区域作为图表数据源创建圆环图，如图12-100所示。

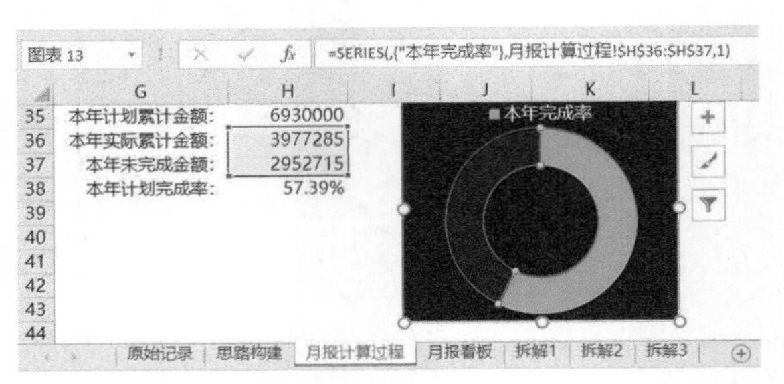

图12-100

10 插入文本框，将其链接到H38单元格，如图12-101所示。

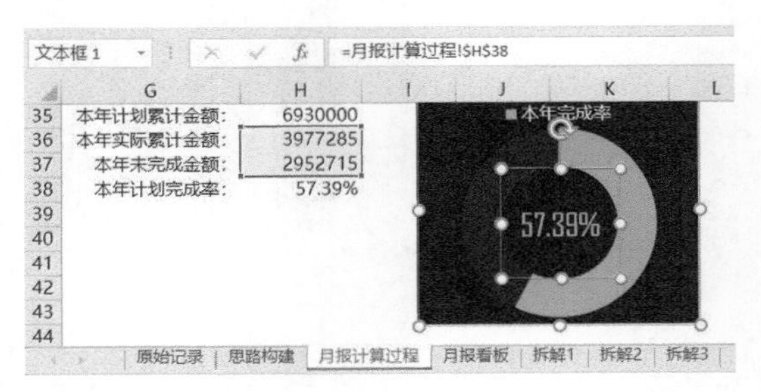

图12-101

11 下面为各渠道销售对比图准备图表数据源，在O3单元格输入以下公式，将公式向下填充，如图12-102所示。

=SUMIFS(原始记录!$F:$F,原始记录!$E:$E,N3,原始记录!$B:$B,">="&$C$3,原始记录!$B:$B,"<="&$C$4)

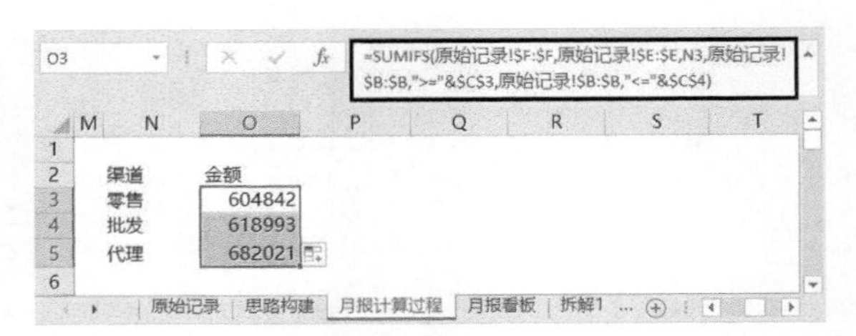

图12-102

12 以N3:O5单元格区域作为图表数据源创建柱形图，如图12-103所示。

13 为各区域销售分布图准备图表数据源，在R3单元格输入以下公式，将公式向下填充，如图12-104所示。

=SUMIFS(原始记录!$F:$F,原始记录!$C:$C,Q3,原始记录!$B:$B,">="&$C$3,原始记录!$B:$B,"<="&$C$4)

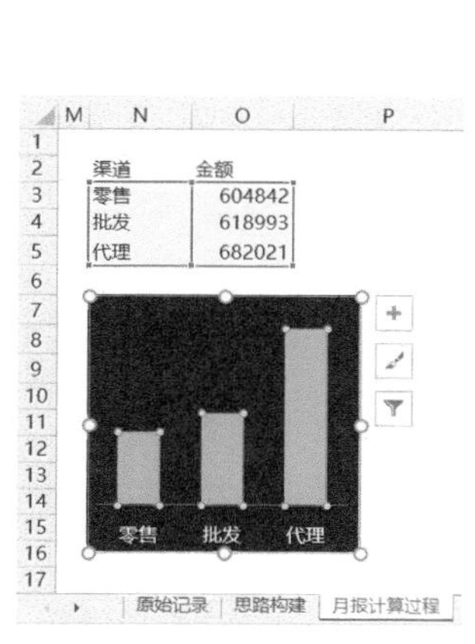

图 12-103

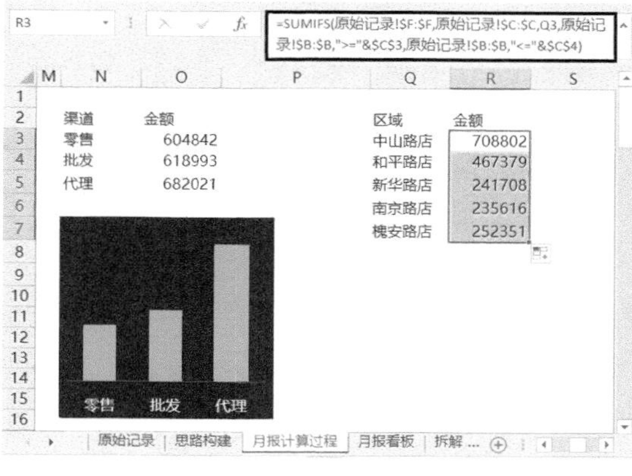

图 12-104

14 以Q3:R7单元格区域作为图表数据源创建饼图，如图12-105所示。

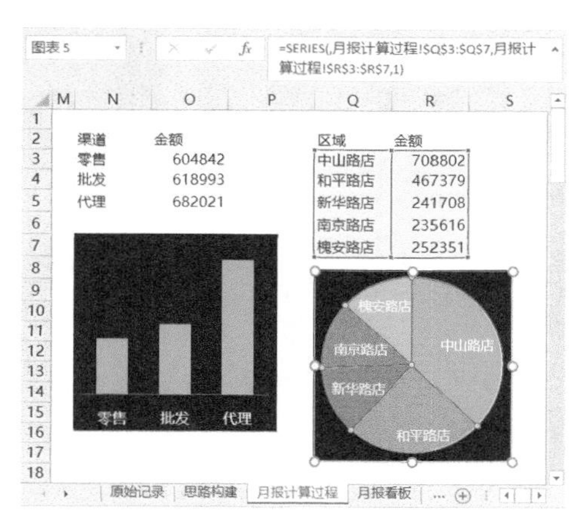

图 12-105

15 为各商品销售对比图准备图表数据源，在U3单元格输入以下公式，将公式向下填充，如图12-106所示。

=SUMIFS(原始记录!$F:$F,原始记录!$D:$D,T3,原始记录!$B:$B,">=" &$C$3,原始记录!$B:$B,"<=" &$C$4)

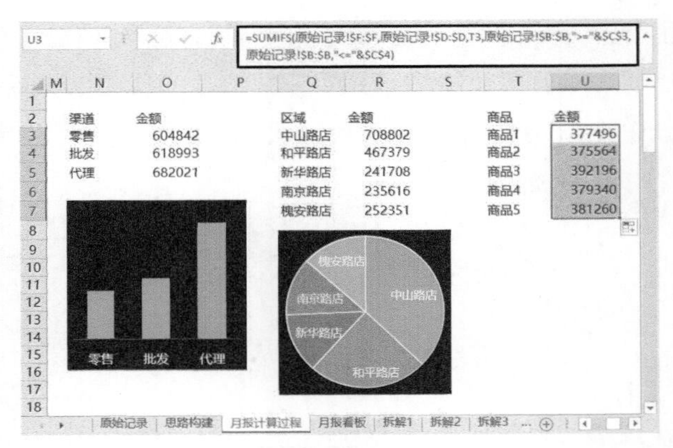

图 12-106

16 以T3:U7单元格区域作为图表数据源创建条形图，如图12-107所示。

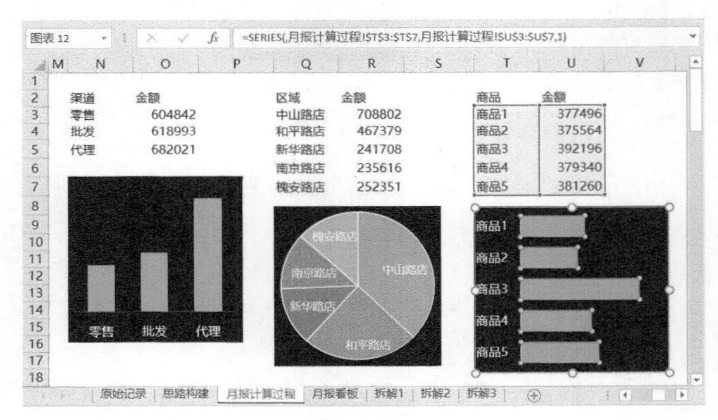

图 12-107

由于还要对各业务员业绩进行对比排名，所以先统计所有业务员在目标月份的销售金额，再将其从高到低依次排序。

17 在O23单元格输入以下公式，将公式向下填充，如图12-108所示。

=SUMIFS(原始记录!$F:$F,
原始记录!$G:$G,N23,
原始记录!$B:$B,">="&$C$3,
原始记录!$B:$B,"<="&$C$4)

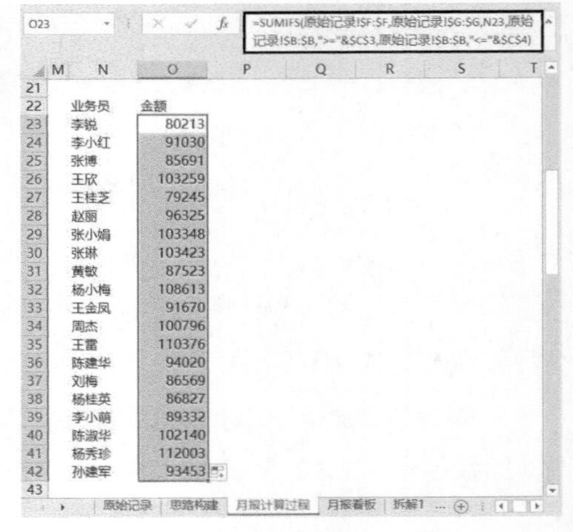

图 12-108

18 在Q22:S22单元格区域中输入标题，在Q23:Q42单元格区域中填充数字序列。在R23单元格输入以下公式，将公式向下填充，如图12-109所示。

=INDEX($N$23:$N$42,MATCH(S23,$O$23:$O$42,))

19 在S23单元格输入以下公式，将公式向下填充，如图12-110所示。

=LARGE($O$23:$O$42,ROW(A1))

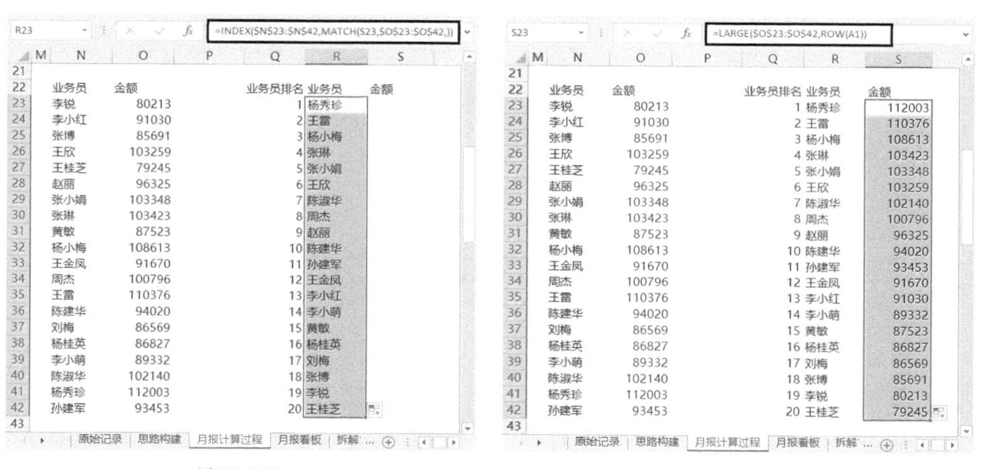

R23 =INDEX($N$23:$N$42,MATCH(S23,$O$23:$O$42,))

	N	O	P	Q	R	S
22	业务员	金额		业务员排名	业务员	金额
23	李锐	80213		1	杨秀珍	
24	李小红	91030		2	王雷	
25	张博	85691		3	杨小梅	
26	王欣	103259		4	张琳	
27	王桂芝	79245		5	张小娟	
28	赵丽	96325		6	王欣	
29	张小娟	103348		7	陈淑华	
30	张琳	103423		8	周杰	
31	黄敏	87523		9	赵丽	
32	杨小梅	108613		10	陈建华	
33	王金凤	91670		11	孙建军	
34	周杰	100796		12	王金凤	
35	王雷	110376		13	李小红	
36	陈建华	94020		14	李小萌	
37	刘梅	86569		15	黄敏	
38	杨桂英	86827		16	杨桂英	
39	李小萌	89332		17	刘梅	
40	陈淑华	102140		18	张博	
41	杨秀珍	112003		19	李锐	
42	孙建军	93453		20	王桂芝	

原始记录 | 思路构建 | 月报计算过程 | 月报看板 | 拆解 ...

图12-109

S23 =LARGE($O$23:$O$42,ROW(A1))

	N	O	P	Q	R	S
22	业务员	金额		业务员排名	业务员	金额
23	李锐	80213		1	杨秀珍	112003
24	李小红	91030		2	王雷	110376
25	张博	85691		3	杨小梅	108613
26	王欣	103259		4	张琳	103423
27	王桂芝	79245		5	张小娟	103348
28	赵丽	96325		6	王欣	103259
29	张小娟	103348		7	陈淑华	102140
30	张琳	103423		8	周杰	100796
31	黄敏	87523		9	赵丽	96325
32	杨小梅	108613		10	陈建华	94020
33	王金凤	91670		11	孙建军	93453
34	周杰	100796		12	王金凤	91670
35	王雷	110376		13	李小红	91030
36	陈建华	94020		14	李小萌	89332
37	刘梅	86569		15	黄敏	87523
38	杨桂英	86827		16	杨桂英	86827
39	李小萌	89332		17	刘梅	86569
40	陈淑华	102140		18	张博	85691
41	杨秀珍	112003		19	李锐	80213
42	孙建军	93453		20	王桂芝	79245

原始记录 | 思路构建 | 月报计算过程 | 月报看板 | 拆解 ...

图12-110

20 以R23:S42单元格区域作为图表数据源创建条形图，如图12-111所示。

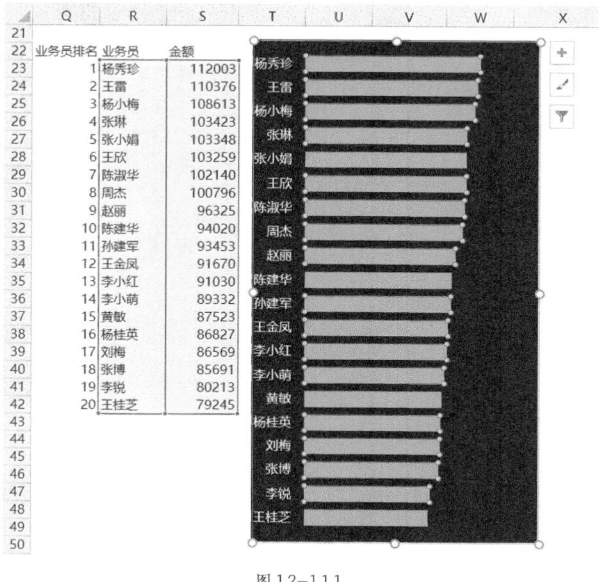

	Q	R	S
22	业务员排名	业务员	金额
23	1	杨秀珍	112003
24	2	王雷	110376
25	3	杨小梅	108613
26	4	张琳	103423
27	5	张小娟	103348
28	6	王欣	103259
29	7	陈淑华	102140
30	8	周杰	100796
31	9	赵丽	96325
32	10	陈建华	94020
33	11	孙建军	93453
34	12	王金凤	91670
35	13	李小红	91030
36	14	李小萌	89332
37	15	黄敏	87523
38	16	杨桂英	86827
39	17	刘梅	86569
40	18	张博	85691
41	19	李锐	80213
42	20	王桂芝	79245

图12-111

准备好动态图表后，继续准备需要的数据可视化元素，如本月总金额和总订单数的环比分析。

21 在E5单元格输入公式，如图12-112所示。

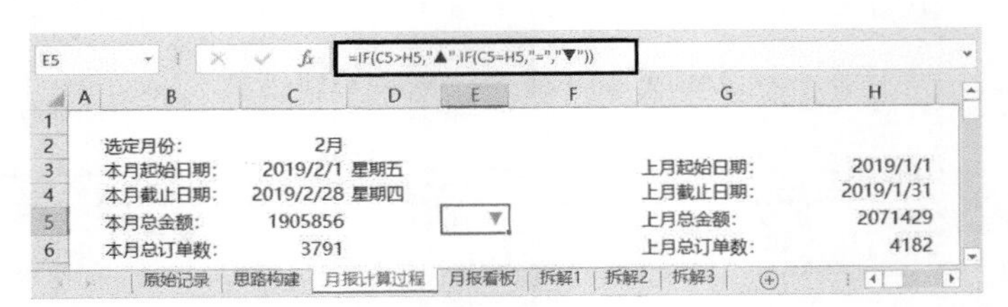

图 12-112

22 在F5单元格输入公式，如图12-113所示。

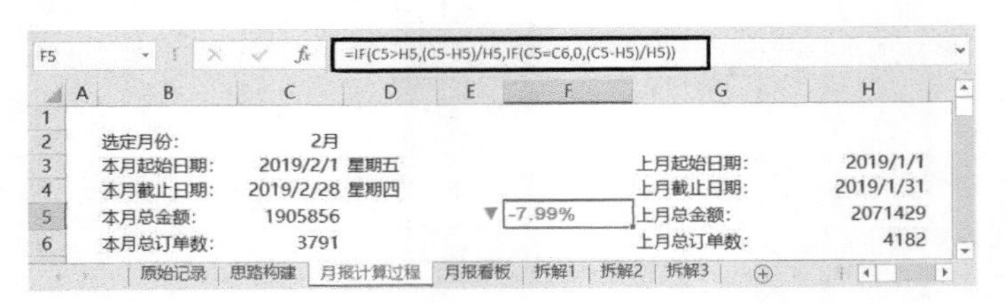

图 12-113

23 选中E5:F5单元格区域，设置条件格式，如图12-114所示。

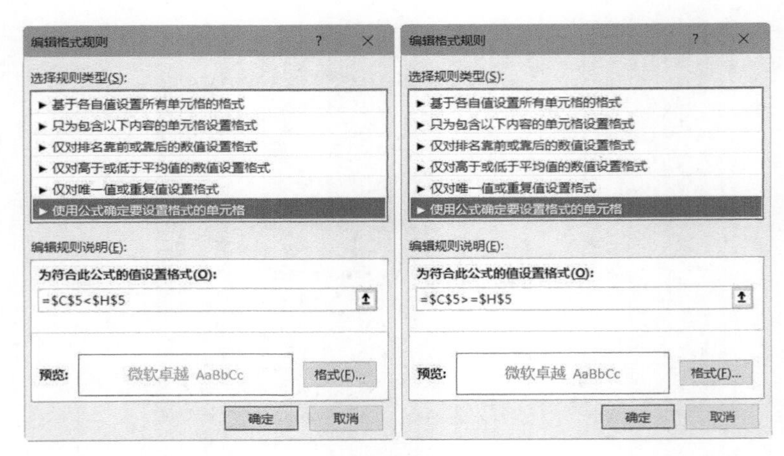

图 12-114

24 两种条件格式规则分别用于实现月销售额环比下降及增长时的数据可视化展示，如图12-115所示。

同理，设置总订单数的月环比分析数据可视化元素。

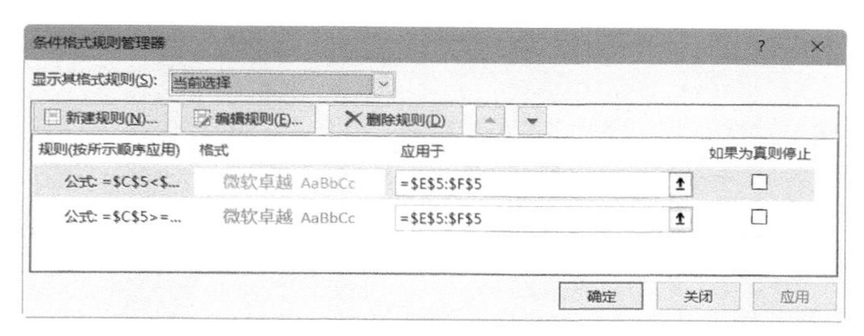

图12-115

25 在E6单元格输入公式，如图12-116所示。

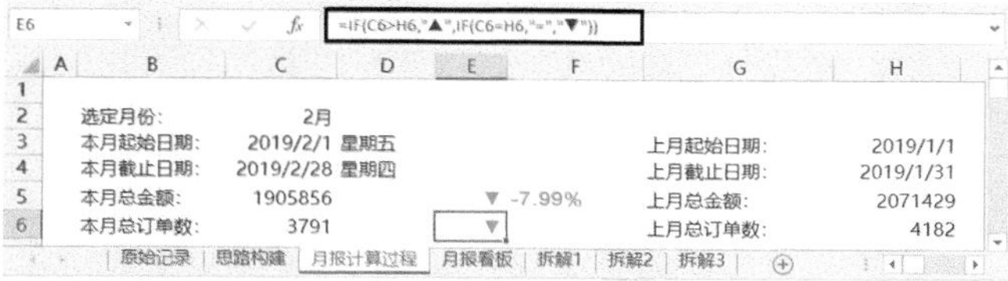

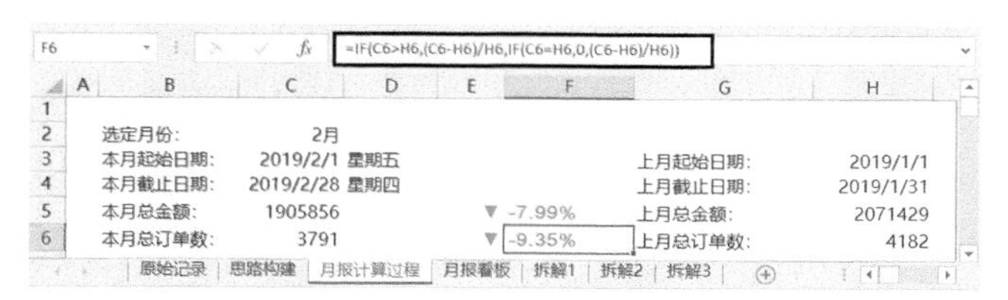

图12-116

26 在F6单元格输入公式，如图12-117所示。

图12-117

27 选中E6:F6单元格区域，设置条件格式，如图12-118所示。

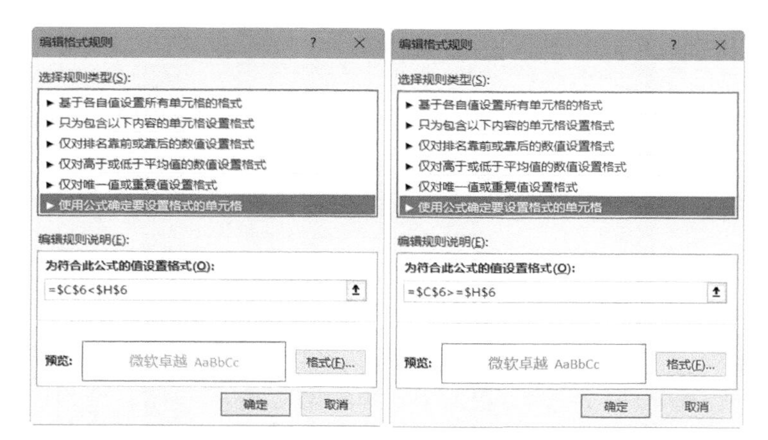

图12-118

28 设置好条件格式之后，“条件格式规则管理器”对话框如图12-119所示。

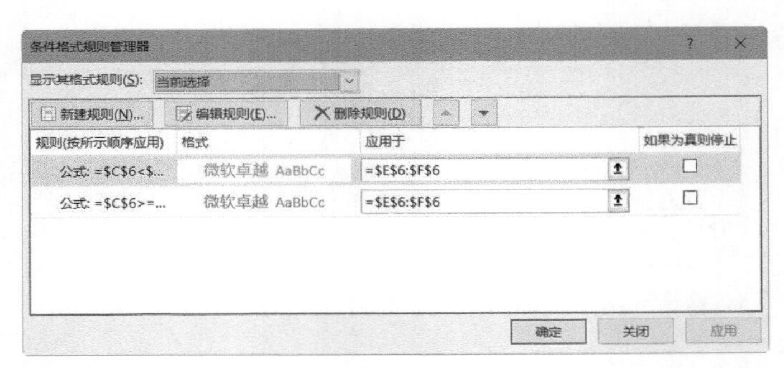

图12-119

这样就实现了月环比增长时使用红色“▲”动态展示，周环比下降时使用绿色“▼”动态展示。

12.3.7 整合并组织数据和图表至看板中，调整配色并美化

在Excel工作簿的“月报看板”工作表中，把“月报计算过程”工作表中计算好的关键指标数据和动态图表按照构建好的布局整合并组织在一起，下面分步骤讲解。

01 填写月报看板的标题，使用Excel公式从“月报计算过程”工作表引用算好的核心指标数据至“月报看板”工作表中，插入控件按钮并设置控件格式，如图12-120所示。

图12-120

02 设置字体、字号，调整配色并美化，如图12-121所示。

图12-121

03 从“月报计算过程”工作表中复制数据可视化元素的图片链接至月报看板中，具体设置方法在12.1节中有详细介绍，设置完毕后效果如图12-122所示。

图12-122

04 按照构建好的看板布局，把做好的动态商务图表从“月报计算过程”工作表复制到月报看板中，并锚定在对应的单元格区域中，效果如图12-123所示。

05 为了去除月报看板工作表中冗余的行号、列标以及网格线，可以在“视图”选项卡中取消选中“网格线”和“标题”复选框，如图12-124所示。

06 设置完毕后，月报看板在Excel工作表中的效果如图12-125所示。

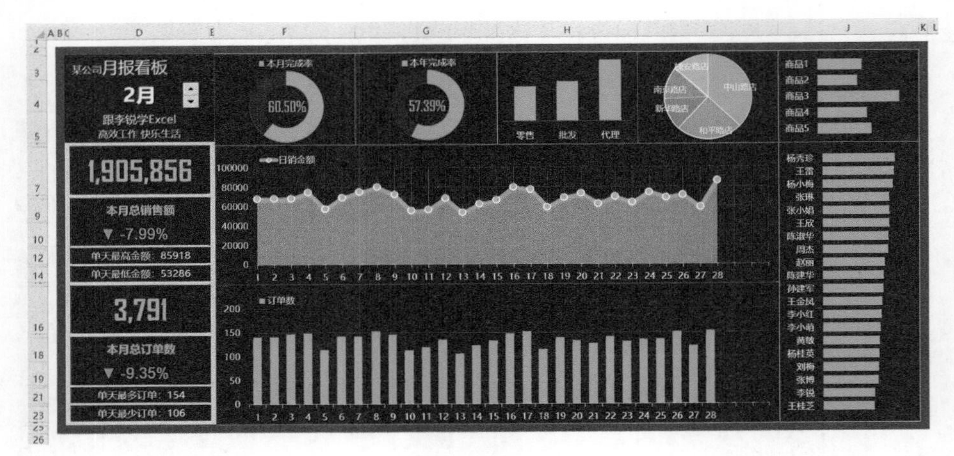

图 12-123

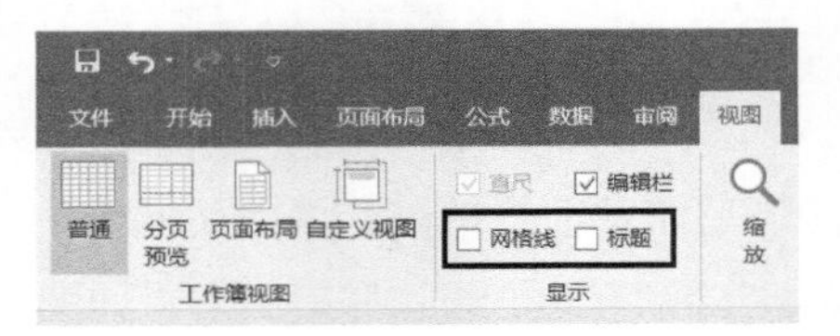

图 12-124

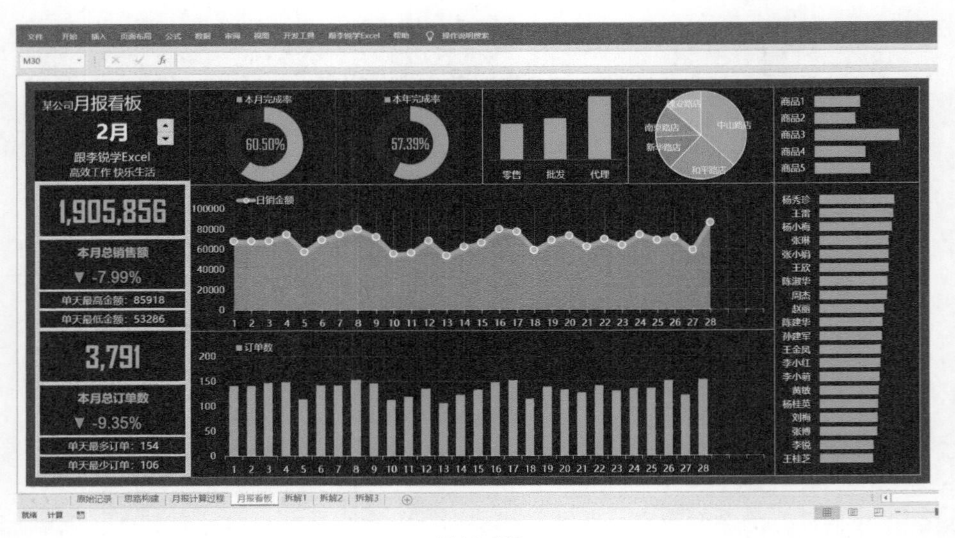

图 12-125

这样就完成了月报看板的制作，并用数据建模进行了自动化数据分析和动态展示。在实际工作中，可以根据企业的业务需要在月报看板中添加更多的核心指标或商务图表，指标数据计算及图表制作原理与此案例相同。

第13章

Power BI，商务数据分析必备工具

Power BI是微软公司开发的功能强大的商务智能分析工具，包括Power Query、Power Pivot、Power View和Power Map四个组件，用于根据用户需求进行数据获取、数据整理、数据分析，制作数据可视化交互报表和动态数据3D地图等一系列商务智能计算及分析。

本章将结合工作实例介绍Power BI核心组件Power Query和Power Pivot的具体用法。

- Power Query超级查询，智能提取、转换、整合数据
- Power Pivot超级数据透视表，智能数据分析、计算

13.1 Power Query超级查询，智能提取、转换、整合数据

Power Query从字面翻译叫作“超级查询”，是一款功能强大的数据获取、数据清洗、数据整理和数据查询工具。Excel 2019和Excel 2016中已内置了Power Query工具。如果你使用的是Excel 2013或者Excel 2010，可以从微软公司官网下载并安装Power Query插件以增强Excel功能。下面结合工作实例展开介绍。

13.1.1 提取数据

某企业需要从系统导出的数据中提取联系人和手机号，如图13-1所示。

序号	联系人&手机号
1	孟丹红(195****2873)
2	李浩(182****5008)
3	马雅美(114****9412)
4	欧阳菲菲(100****6837)
5	王博(163****8514)
6	魏俊豪(112****0251)
7	齐远翔(168****3923)
8	冯和(124****5820)
9	廉高朗(182****5624)
10	元明睿(101****9506)
11	安风(121****3575)
12	范明哲(144****9671)

序号	联系人&手机号	联系人	手机号
1	孟丹红(195****2873)	孟丹红	195****2873
2	李浩(182****5008)	李浩	182****5008
3	马雅美(114****9412)	马雅美	114****9412
4	欧阳菲菲(100****6837)	欧阳菲菲	100****6837
5	王博(163****8514)	王博	163****8514
6	魏俊豪(112****0251)	魏俊豪	112****0251
7	齐远翔(168****3923)	齐远翔	168****3923
8	冯和(124****5820)	冯和	124****5820
9	廉高朗(182****5624)	廉高朗	182****5624
10	元明睿(101****9506)	元明睿	101****9506
11	安风(121****3575)	安风	121****3575
12	范明哲(144****9671)	范明哲	144****9671

图13-1

这类问题如果使用手动操作的方式，不但步骤重复、烦琐、费时费力，而且一旦数据源变动又要重新从头操作一遍。而使用Power Query可以快速实现数据提取，还支持提取结果随数据源同步更新，下面分步骤具体介绍。

01 选中数据源中任意单元格（如A1单元格），将数据源导入Power Query编辑器，操作步骤如图13-2所示。

02 导入成功后，效果如图13-3所示。

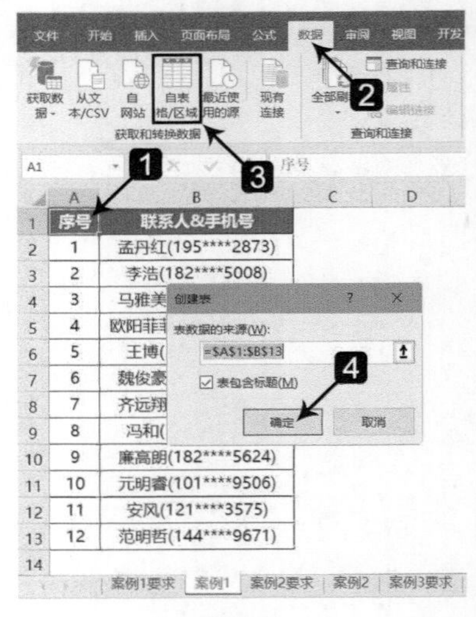

图13-2

图 13-3

03 利用Power Query中的内置工具提取联系人姓名，操作步骤如图13-4所示。

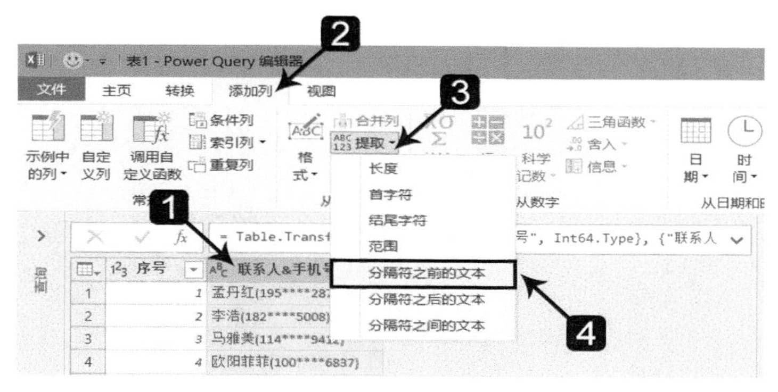

图 13-4

04 由于联系人和手机号之间使用左括号“(”分隔，所以在“分隔符”文本框中输入英文半角形式的“(”，操作步骤如图13-5所示。

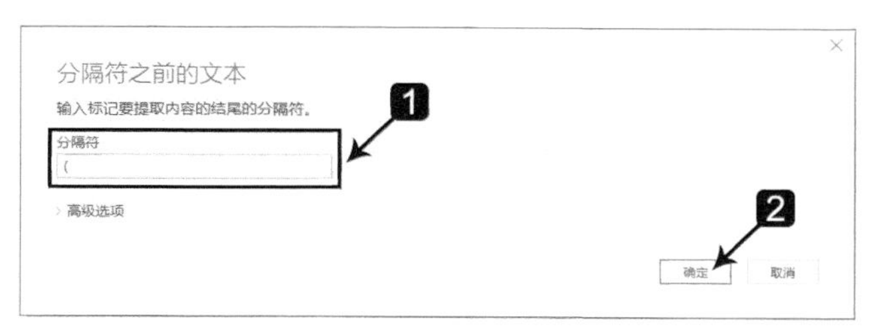

图 13-5

05 提取成功后，效果如图13-6所示。

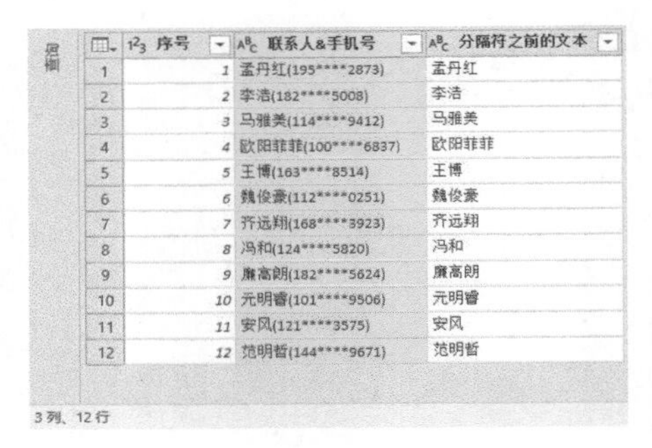

	序号	联系人&手机号	分隔符之前的文本
1	1	孟丹红(195****2873)	孟丹红
2	2	李浩(182****5008)	李浩
3	3	马雅美(114****9412)	马雅美
4	4	欧阳菲菲(100****6837)	欧阳菲菲
5	5	王博(163****8514)	王博
6	6	魏俊豪(112****0251)	魏俊豪
7	7	齐远翔(168****3923)	齐远翔
8	8	冯和(124****5820)	冯和
9	9	庸高朗(182****5624)	庸高朗
10	10	元明睿(101****9506)	元明睿
11	11	安风(121****3575)	安风
12	12	范明哲(144****9671)	范明哲

3列、12行

图13-6

06 提取手机号，操作步骤如图13-7所示。

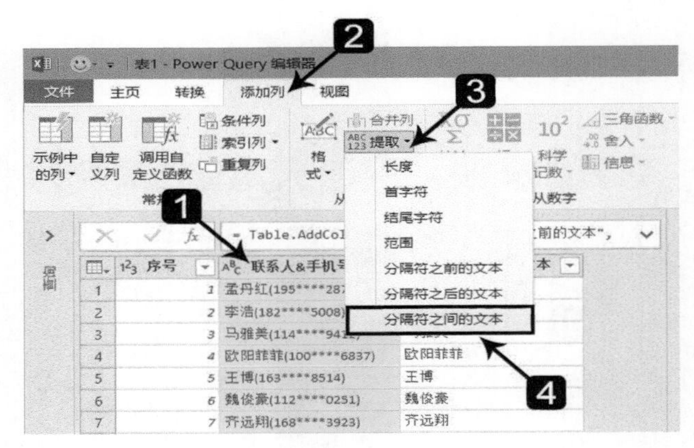

图13-7

07 由于手机号在左括号“(”和右括号“)”之间，所以分别输入开始分隔符和结束分隔符，操作步骤如图13-8所示。

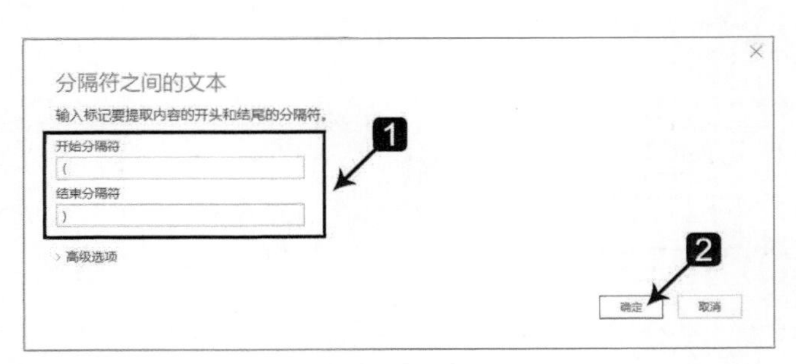

图13-8

08 提取成功之后，效果如图13-9所示。

09 在Power Query编辑器中得到想要的结果之后，在将其导入Excel工作表之前可以先保存数据连接，操作步骤如图13-10所示。

	序号	联系人&手机号	分隔符之前的文本	分隔符之间的文本
1	1	孟丹红(195****2873)	孟丹红	195****2873
2	2	李浩(182****5008)	李浩	182****5008
3	3	马雅美(114****9412)	马雅美	114****9412
4	4	欧阳菲菲(100****6837)	欧阳菲菲	100****6837
5	5	王博(163****8514)	王博	163****8514
6	6	魏俊豪(112****0251)	魏俊豪	112****0251
7	7	齐远翔(168****3923)	齐远翔	168****3923
8	8	冯和(124****5820)	冯和	124****5820
9	9	廉高朗(182****5624)	廉高朗	182****5624
10	10	元明睿(101****9506)	元明睿	101****9506
11	11	安风(121****3575)	安风	121****3575
12	12	范明哲(144****9671)	范明哲	144****9671

图13-9

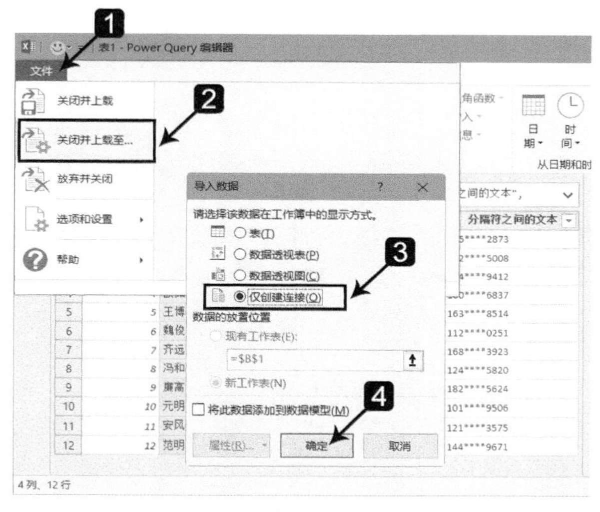

图13-10

10 在Excel工作表中选中要放置结果的起始单元格（如D1单元格），将Power Query编辑器的结果导入Excel工作表，操作步骤如图13-11所示。

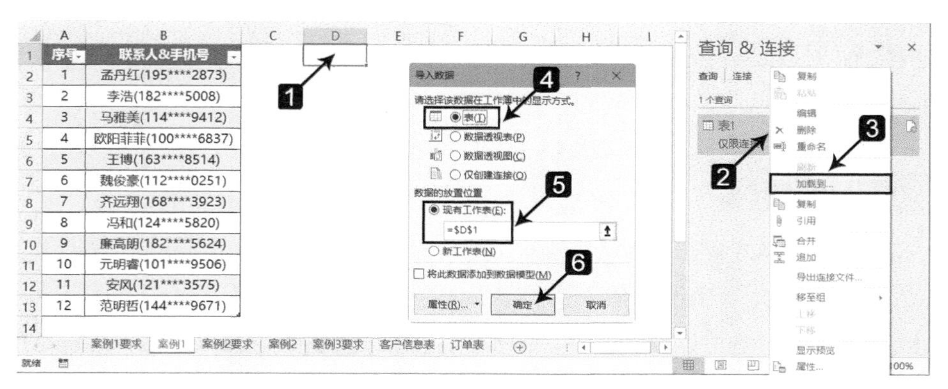

图13-11

11 导入成功之后，效果如图13-12所示。

序号	联系人&手机号
1	孟丹红(195****2873)
2	李浩(182****5008)
3	马雅美(114****9412)
4	欧阳菲菲(100****6837)
5	王博(163****8514)
6	魏俊豪(112****0251)
7	齐远翔(168****3923)
8	冯和(124****5820)
9	廉高朗(182****5624)
10	元明睿(101****9506)
11	安风(121****3575)
12	范明哲(144****9671)

序号	联系人&手机号	分隔符之前的文本	分隔符之间的文本
1	孟丹红(195****2873)	孟丹红	195****2873
2	李浩(182****5008)	李浩	182****5008
3	马雅美(114****9412)	马雅美	114****9412
4	欧阳菲菲(100****6837)	欧阳菲菲	100****6837
5	王博(163****8514)	王博	163****8514
6	魏俊豪(112****0251)	魏俊豪	112****0251
7	齐远翔(168****3923)	齐远翔	168****3923
8	冯和(124****5820)	冯和	124****5820
9	廉高朗(182****5624)	廉高朗	182****5624
10	元明睿(101****9506)	元明睿	101****9506
11	安风(121****3575)	安风	121****3575
12	范明哲(144****9671)	范明哲	144****9671

查询 & 连接

表1 已加载 12 行。

图13-12

12 由于这个数据结果是使用Power Query生成的，所以结果报表可以跟随数据源变动而同步更新，仅需刷新数据即可，操作步骤如图13-13所示。

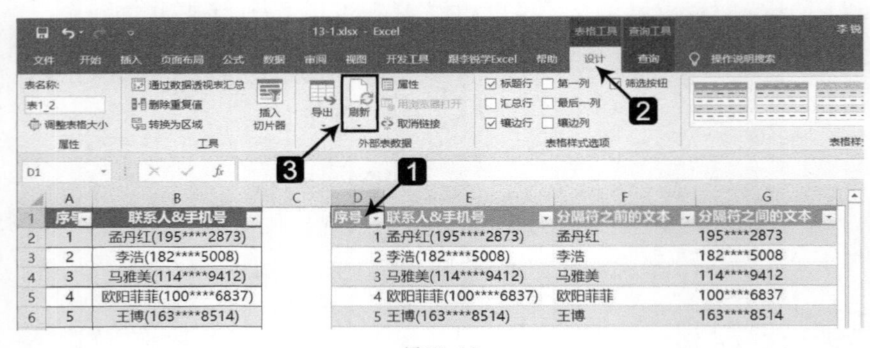

图13-13

Excel功能区顶部的“表格工具”和“查询工具”都是上下文选项卡，当选中超级表时才会出现，当定位至空单元格时会自动消失。

Power Query不但可以智能提取数据，而且可以智能转换数据，13.1.2小节具体介绍相关内容。

13.1.2 转换数据

某企业需要将库存信息表从二维表结构转换为一维表结构，如图13-14所示。

这类问题如果使用手动操作的方法会耗费大量的时间和精力，而使用Power Query可快速实现数据转换，还支持转换结果随数据源同步更新，下面介绍具体操作步骤。

库存信息	S	M	L	XL	XXL	XXXL
商品1	626	112	520	431	77	518
商品2	62	274	289	650	93	86
商品3	471	593	196	154	761	507
商品4	625	524	463	697	256	76
商品5	656	237	271	487	795	790
商品6	392	206	349	327	391	103
商品7	125	56	626	451	672	224
商品8	254	205	620	640	712	319
商品9	301	103	383	126	190	187

库存信息	尺码	库存
商品1	S	626
商品1	M	112
商品1	L	520
商品1	XL	431
商品1	XXL	77
商品1	XXXL	518
商品2	S	62
商品2	M	274
商品2	L	289
商品2	XL	650
商品2	XXL	93
商品2	XXXL	86
商品3	S	471
商品3	M	593
商品3	L	196
商品3	XL	154
商品3	XXL	761
商品3	XXXL	507
商品4	S	625
商品4	M	524

图13-14

01 选中数据源中任意一个单元格（如A1单元格），将左侧的数据源导入Power Query编辑器中，操作步骤如图13-15所示。

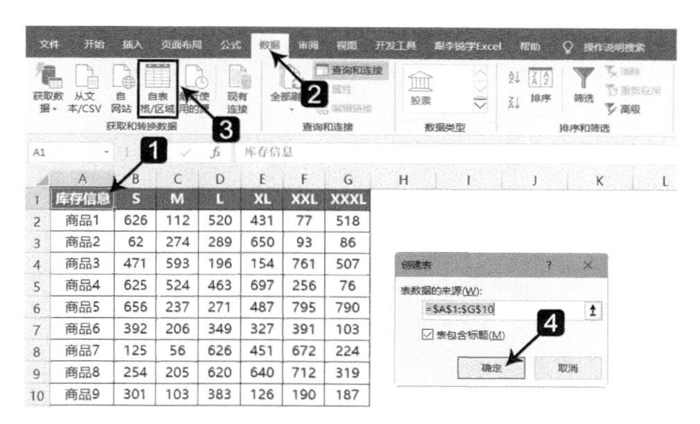

图13-15

02 进入Power Query编辑器后，效果如图13-16所示。

= Table.TransformColumnTypes(源,{{"库存信息", type text}, {"S",

	库存信...	S	M	L	XL	XXL	XXXL
1	商品1	626	112	520	431	77	518
2	商品2	62	274	289	650	93	86
3	商品3	471	593	196	154	761	507
4	商品4	625	524	463	697	256	76
5	商品5	656	237	271	487	795	790
6	商品6	392	206	349	327	391	103
7	商品7	125	56	626	451	672	224
8	商品8	254	205	620	640	712	319
9	商品9	301	103	383	126	190	187

查询设置
属性
名称
表3
所有属性
应用的步骤
源
更改的类型

图13-16

03 选中“库存信息”列，使用Power Query中的逆透视列功能，操作步骤如图13-17所示。

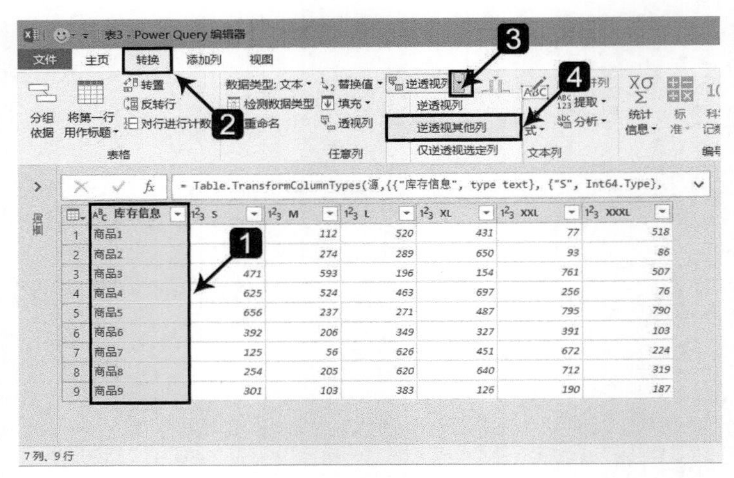

图 13-17

04 Power Query执行逆透视列功能，即将各尺码的字段信息从列方向转换到行方向上，效果如图13-18所示。

05 按企业需求修改字段名称，效果如图13-19所示。

	库存信息	属性	值
1	商品1	S	626
2	商品1	M	112
3	商品1	L	520
4	商品1	XL	431
5	商品1	XXL	77
6	商品1	XXXL	518
7	商品2	S	62
8	商品2	M	274
9	商品2	L	289
10	商品2	XL	650
11	商品2	XXL	93
12	商品2	XXXL	86
13	商品3	S	471
14	商品3	M	593
15	商品3	L	196

图 13-18

	库存信...	尺码	库存
1	商品1	S	626
2	商品1	M	112
3	商品1	L	520
4	商品1	XL	431
5	商品1	XXL	77
6	商品1	XXXL	518

图 13-19

06 在Power Query编辑器中得到想要的转换结果后，先将其仅保存连接，如图13-20所示，具体操作方法可参照图13-10所示。

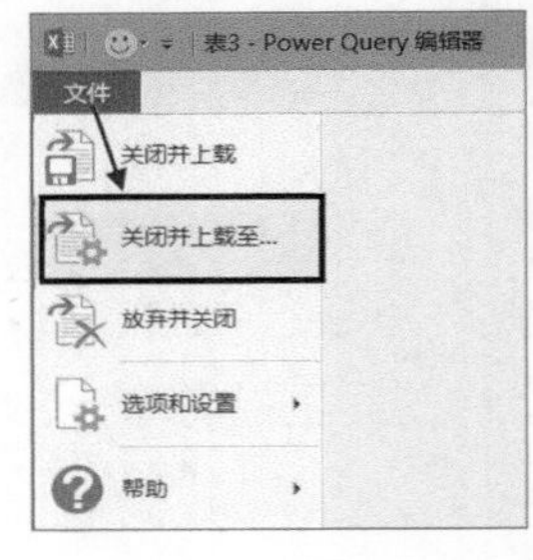

图 13-20

07 回到Excel工作界面后，选中I1单元格加载Power Query编辑器中的转换结果，效果如图13-21所示。

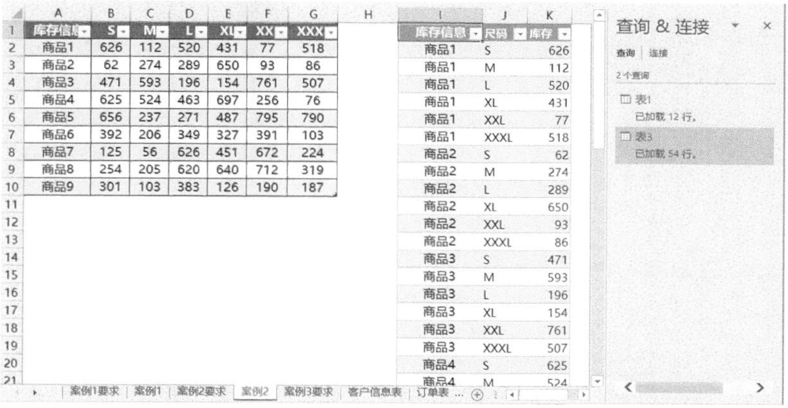

图13-21

08 整个转换过程仅需几秒，而且右侧的转换结果可以跟随左侧数据源的变动而同步更新。如在左侧数据源中新增字段“XXXXL”和对应库存数据后，在右侧结果表格选中任意单元格（如K2单元格），单击鼠标右键，选择“刷新”命令即可将结果同步更新，操作步骤如图13-22所示。

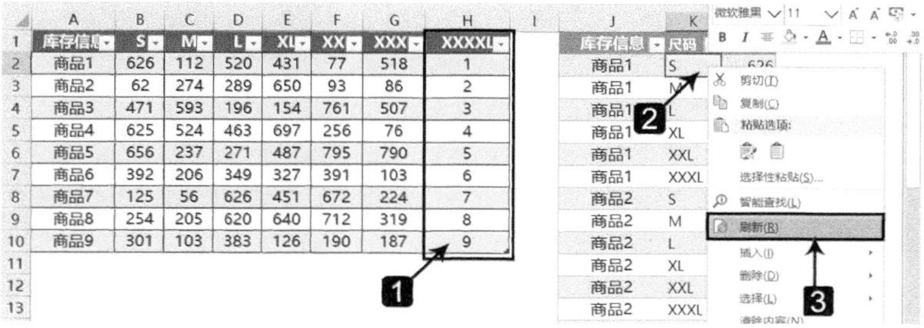

图13-22

09 表格中会根据刷新后的结果在每种商品中新增尺码为“XXXXL”的对应库存信息，效果如图13-23所示。

10 在列方向上增加新的字段，转换结果可以保持同步更新；在行方向上增加新的商品，转换结果依然可以保持同步更新。如在左侧新增“商品10”的库存信息后，刷新右侧结果即可得到包含“商品10”数据的一维表，效果如图13-24所示。

库存信息	S	M	L	XL	XX	XXX	XXXXL
商品1	626	112	520	431	77	518	1
商品2	62	274	289	650	93	86	2
商品3	471	593	196	154	761	507	3
商品4	625	524	463	697	256	76	4
商品5	656	237	271	487	795	790	5
商品6	392	206	349	327	391	103	6
商品7	125	56	626	451	672	224	7
商品8	254	205	620	640	712	319	8
商品9	301	103	383	126	190	187	9

库存信息	尺码	库存
商品1	S	626
商品1	M	112
商品1	L	520
商品1	XL	431
商品1	XXL	77
商品1	XXXL	518
商品1	XXXXL	1
商品2	S	62
商品2	M	274
商品2	L	289
商品2	XL	650
商品2	XXL	93
商品2	XXXL	86
商品2	XXXXL	2
商品3	S	471
商品3	M	593
商品3	L	196
商品3	XL	154
商品3	XXL	761

案例1要求 | 案例1 | 案例2要求 | 案例2 | 案例3要求 | 客户信息表 | 订单表

图 13-23

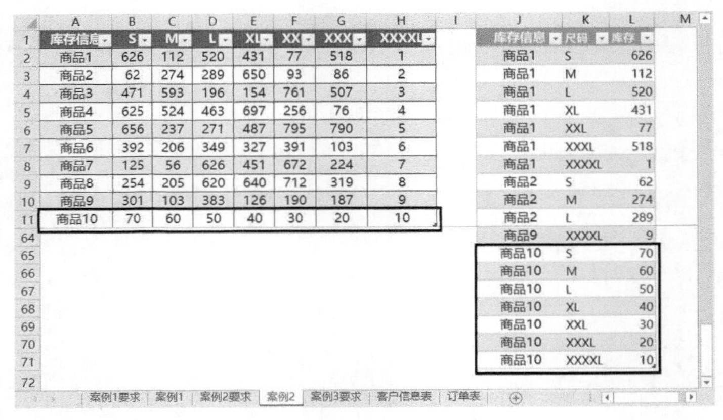

库存信息	S	M	L	XL	XX	XXX	XXXXL
商品1	626	112	520	431	77	518	1
商品2	62	274	289	650	93	86	2
商品3	471	593	196	154	761	507	3
商品4	625	524	463	697	256	76	4
商品5	656	237	271	487	795	790	5
商品6	392	206	349	327	391	103	6
商品7	125	56	626	451	672	224	7
商品8	254	205	620	640	712	319	8
商品9	301	103	383	126	190	187	9
商品10	70	60	50	40	30	20	10

库存信息	尺码	库存
商品1	S	626
商品1	M	112
商品1	L	520
商品1	XL	431
商品1	XXL	77
商品1	XXXL	518
商品1	XXXXL	1
商品2	S	62
商品2	M	274
商品2	L	289
商品9	XXXXL	9
商品10	S	70
商品10	M	60
商品10	L	50
商品10	XL	40
商品10	XXL	30
商品10	XXXL	20
商品10	XXXXL	10

案例1要求 | 案例1 | 案例2要求 | 案例2 | 案例3要求 | 客户信息表 | 订单表

图 13-24

可见使用Power Query转换表格不但操作快捷，而且在表格的后续更新和维护方面具备极大优势。

Power Query不但可以智能提取和转换数据，还可以智能整合多表数据，13.1.3小节具体介绍相关内容。

13.1.3 整合数据

某企业的订单表和客户信息表分别放置在不同的Excel工作表中，订单表中包含订单编号、商品、金额、客户编号共计10万条订单记录，客户信息表中包含客户编号、客户信息、客户手机号、客户地址共计10万条客户记录。要求对这20万条记录进行整合，在订单表中根据客户编号添加客户信息、客户手机号、客户地址，数据源如图13-25所示。

工作表“订单表”中部分记录：

	A	B	C	D
1	订单编号	商品	金额	客户编号
2	LR0000001	商品829	829.78	KH0047520
3	LR0000002	商品842	384.36	KH0042855
4	LR0000003	商品281	662.14	KH0010090
5	LR0000004	商品951	152.03	KH0045954
6	LR0000005	商品949	792.55	KH0043416
7	LR0000006	商品124	33.67	KH0023720
8	LR0000007	商品785	107.87	KH0013379
9	LR0000008	商品485	97.81	KH0003560
10	LR0000009	商品91	198.76	KH0060539
11	LR0000010	商品508	872.23	KH0080851
12	LR0000011	商品80	554.53	KH0040314
13	LR0000012	商品187	384.84	KH0012393

共10万条记录，以下省略若干条

工作表“客户信息表”中部分记录：

	A	B	C	D
1	客户编号	客户信息	客户手机号	客户地址
2	KH0000001	李锐1	186****3333	地址1
3	KH0000002	李锐2	182****5008	地址2
4	KH0000003	李锐3	145****2122	地址3
5	KH0000004	李锐4	100****6837	地址4
6	KH0000005	李锐5	163****8514	地址5
7	KH0000006	李锐6	112****0251	地址6
8	KH0000007	李锐7	168****3923	地址7
9	KH0000008	李锐8	124****5820	地址8
10	KH0000009	李锐9	182****5624	地址9
11	KH0000010	李锐10	101****9506	地址10
12	KH0000011	李锐11	121****3575	地址11
13	KH0000012	李锐12	144****9671	地址12

共10万条记录，以下省略若干条

图 13-25

这种量级的数据整理工作，靠手动操作是极难完成的，更无法保证准确率，所以我们一定要选择最合适的方法进行处理。借助Excel中的Power Query工具，可及时、准确地完成20万条记录的整合，下面分步骤具体介绍。

01 从数据源所在的Excel工作簿文件中将订单表和客户信息表导入Power Query编辑器，操作步骤如图13-26所示。

02 在弹出的“导入数据”对话框中选中文件并导入，操作步骤如图13-27所示。

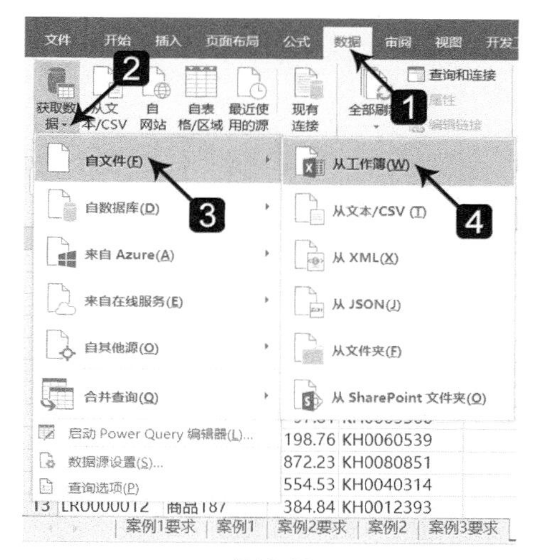

图 13-26

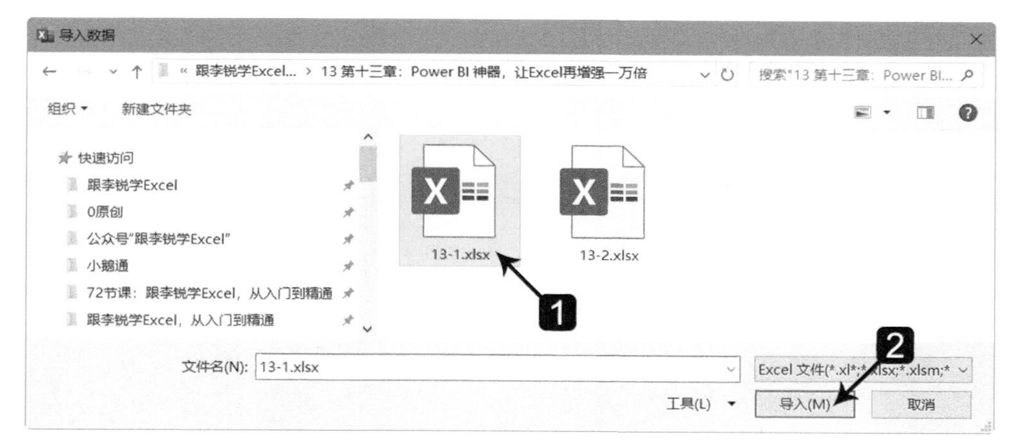

图 13-27

03 在Power Query导航器中选中“选择多项”复选框，并选中需要导入的工作表对应的复选框，单击“转换数据”按钮，操作步骤如图13-28所示。

04 将数据源导入Power Query编辑器后，对数据进行整理和规范。由于导入的客户信息表的默认字段不规范，所以要先设置好标题行字段以便后续操作，步骤如图13-29所示。

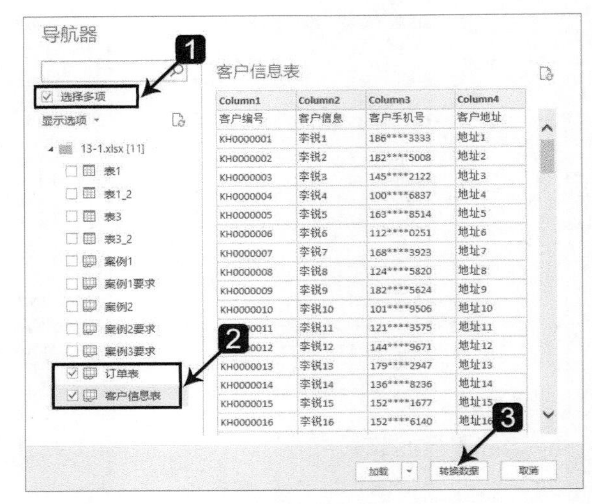

图13-28

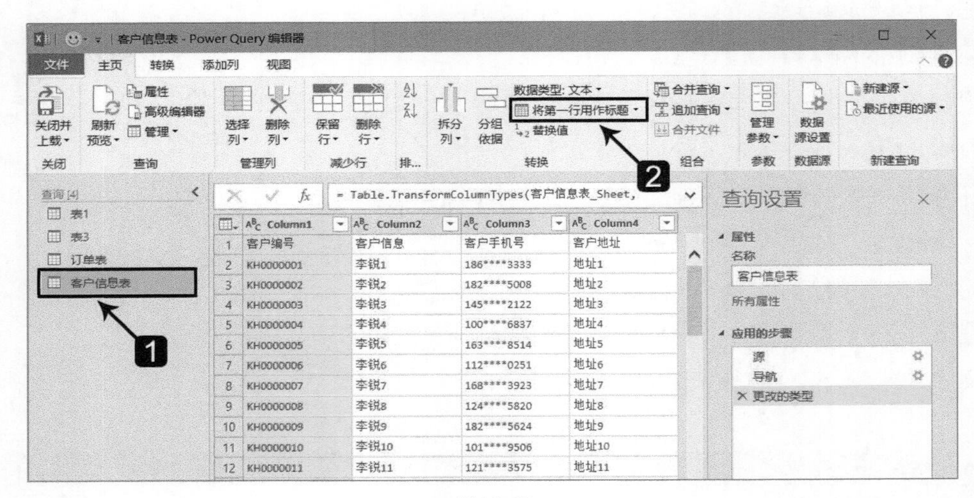

图13-29

05 规范后的客户信息表效果如图13-30所示。

	客户编号	客户信息	客户手机号	客户地址
1	KH0000001	李锐1	186****3333	地址1
2	KH0000002	李锐2	182****5008	地址2
3	KH0000003	李锐3	145****2122	地址3
4	KH0000004	李锐4	100****6837	地址4
5	KH0000005	李锐5	163****8514	地址5
6	KH0000006	李锐6	112****0251	地址6
7	KH0000007	李锐7	168****3923	地址7

图13-30

06 由于企业的需求是在订单表中根据客户编号添加客户信息表中的客户信息、客户手机号、客户地址，所以选中订单表进行合并查询，操作步骤如图13-31所示。

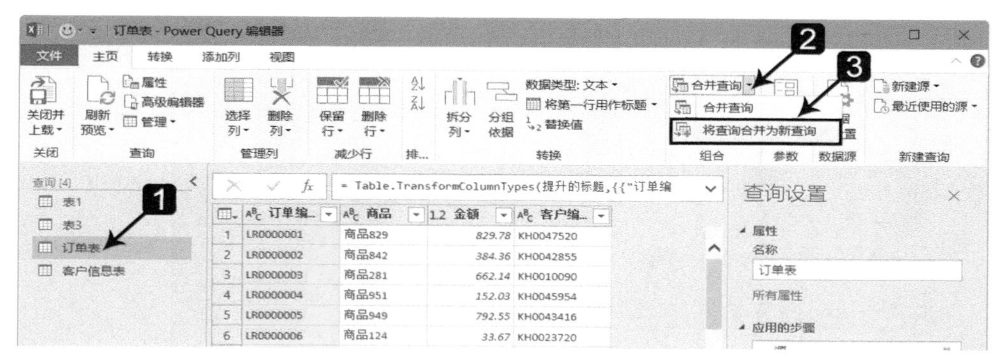

图 13-31

07 在弹出的“合并”对话框中，上方已默认选择了“订单表”，在下方选择“客户信息表”，操作步骤如图13-32所示。

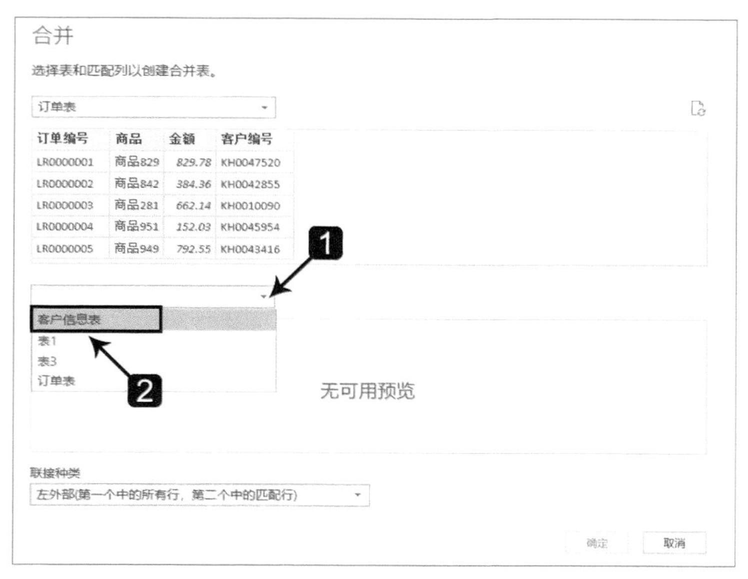

图 13-32

08 由于这两张报表要根据“客户编号”字段进行整合，所以依次选中两张报表中的匹配列进行左外部联接，操作步骤如图13-33所示。

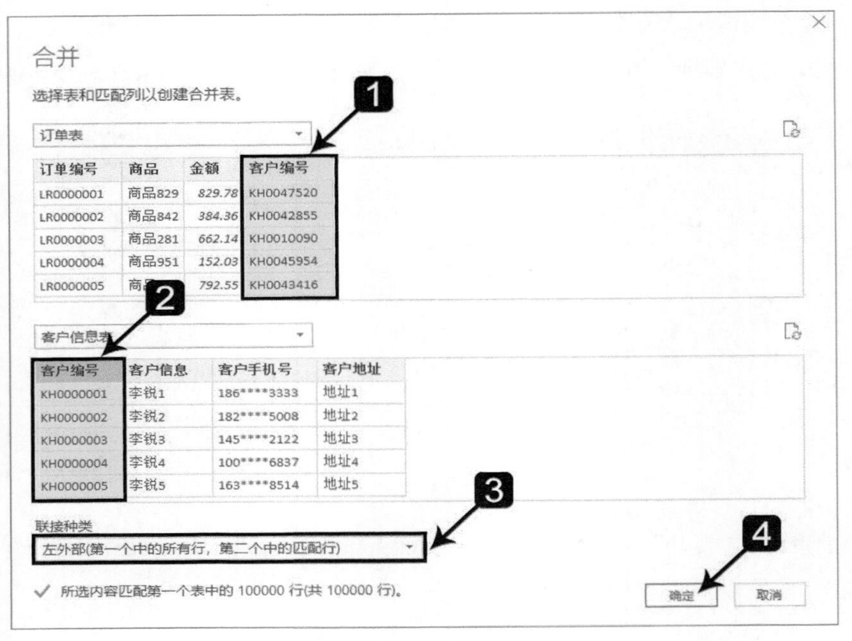

图 13-33

09 合并完毕后，Power Query编辑器中新增“客户信息表”列，效果如图13-34所示。

查询 [5]：表1、表3、订单表、客户信息表、合并1

= Table.NestedJoin(订单表, {"客户编号"}, 客户信息表, {"客

	订单编...	商品	金额	客户编...	客户信息表
1	LR0000001	商品829	829.78	KH0047520	Table
2	LR0000002	商品842	384.36	KH0042855	Table
3	LR0000003	商品281	662.14	KH0010090	Table
4	LR0000004	商品951	152.03	KH0045954	Table
5	LR0000005	商品949	792.55	KH0043416	Table
6	LR0000006	商品124	33.67	KH0023720	Table
7	LR0000007	商品785	107.87	KH0013379	Table
8	LR0000008	商品485	97.81	KH0003560	Table
9	LR0000009	商品91	198.76	KH0060539	Table
10	LR0000010	商品508	872.23	KH0080851	Table
11	LR0000011	商品80	554.53	KH0040314	Table
12	LR0000012	商品187	384.84	KH0012393	Table
13	LR0000013	商品244	277.34	KH0034908	Table
14	LR0000014	商品279	482.36	KH0002197	Table
15	LR0000015	商品263	124.33	KH0054251	Table

5 列、999+ 行

图 13-34

10 在Power Query编辑器中展开“客户信息表”的字段信息，由于订单表中已包含“客户编号”字段，所以不必选中该字段复选框，操作步骤如图13-35所示。

图 13-35

11 展开后的效果如图13-36所示。

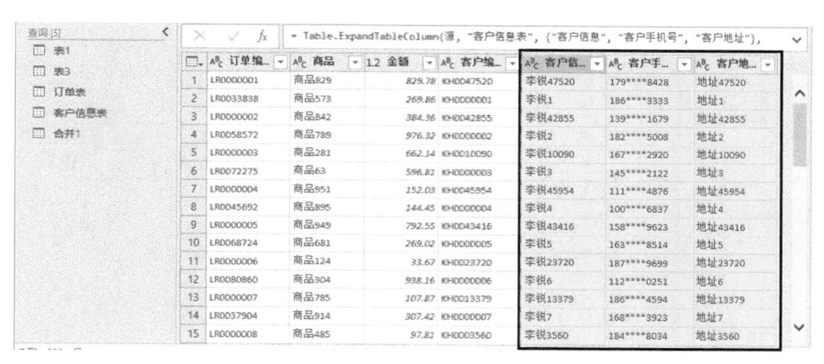

图 13-36

12 整合完毕后对数据进行检查和整理，由于订单编号是乱序排列的，所以选中该字段进行升序排列，操作步骤如图13-37所示。

13 在Power Query编辑器中得到想要的结果后，将需要的数据上传至Excel。由于Power Query编辑器中包含5个查询，其中只有“合并1”需要上传，所以选择“关闭并上载至...”，操作步骤如图13-38所示。

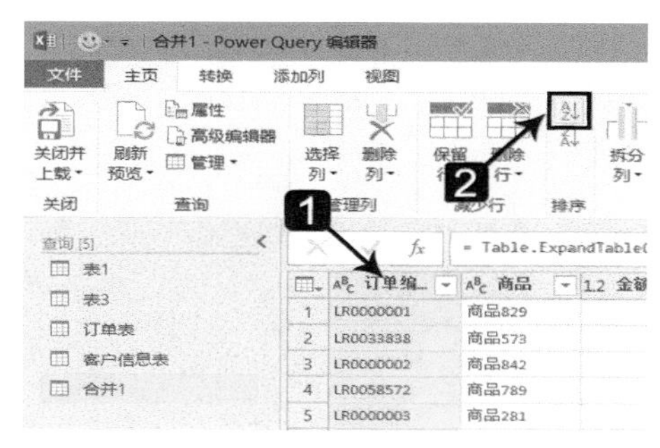

图 13-37

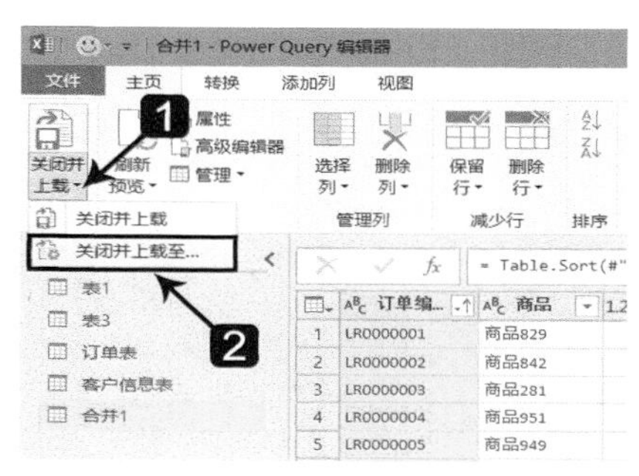

图 13-38

14 在弹出的“导入数据”对话框中选中“仅创建连接”单选项，如图13-39所示。

15 回到Excel界面后，新建工作表“Sheet1”并选中A1单元格，再选中右侧查询中的“合并1”，单击鼠标右键，选择“加载到”命令，操作步骤如图13-40所示。

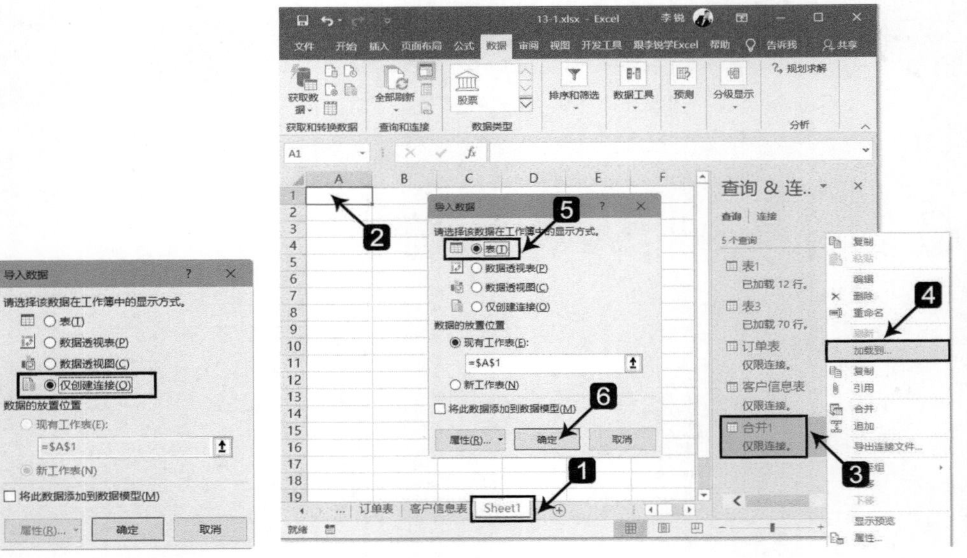

图13-39　　　　图13-40

16 数据加载完毕后，效果如图13-41所示。

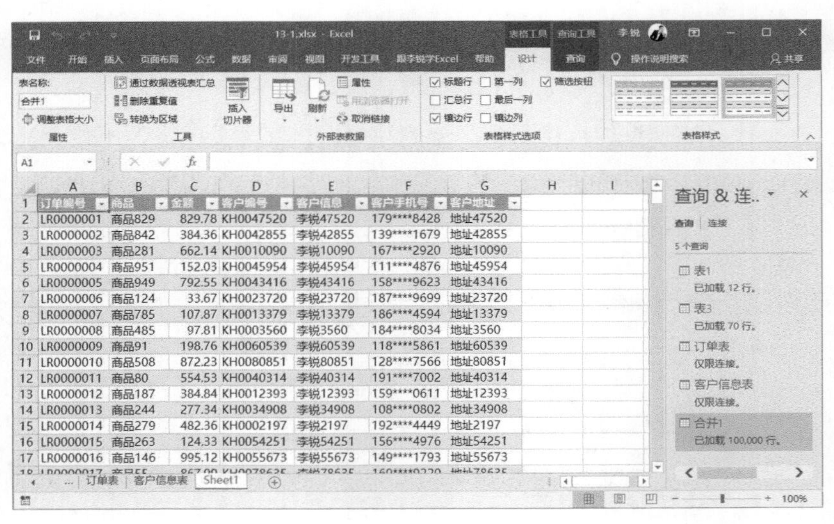

	A	B	C	D	E	F	G
1	订单编号	商品	金额	客户编号	客户信息	客户手机号	客户地址
2	LR0000001	商品829	829.78	KH0047520	李锐47520	179****8428	地址47520
3	LR0000002	商品842	384.36	KH0042855	李锐42855	139****1679	地址42855
4	LR0000003	商品281	662.14	KH0010090	李锐10090	167****2920	地址10090
5	LR0000004	商品951	152.03	KH0045954	李锐45954	111****4876	地址45954
6	LR0000005	商品949	792.55	KH0043416	李锐43416	158****9623	地址43416
7	LR0000006	商品124	33.67	KH0023720	李锐23720	187****9699	地址23720
8	LR0000007	商品785	107.87	KH0013379	李锐13379	186****4594	地址13379
9	LR0000008	商品485	97.81	KH0003560	李锐3560	184****8034	地址3560
10	LR0000009	商品91	198.76	KH0060539	李锐60539	118****5861	地址60539
11	LR0000010	商品508	872.23	KH0080851	李锐80851	128****7566	地址80851
12	LR0000011	商品80	554.53	KH0040314	李锐40314	191****7002	地址40314
13	LR0000012	商品187	384.84	KH0012393	李锐12393	159****0611	地址12393
14	LR0000013	商品244	277.34	KH0034908	李锐34908	108****0802	地址34908
15	LR0000014	商品279	482.36	KH0002197	李锐2197	192****4449	地址2197
16	LR0000015	商品263	124.33	KH0054251	李锐54251	156****4976	地址54251
17	LR0000016	商品146	995.12	KH0055673	李锐55673	149****1793	地址55673

图13-41

这样即可实现多表整合，整个过程的操作既方便又快捷，极大地提高了工作效率。

Power BI中Power Query工具的优势集中在数据查询和数据整理领域，当遇到数据分析和自动计算需求时，可以使用Power Pivot工具，13.2节具体介绍相关内容。

13.2 Power Pivot超级数据透视表，智能数据分析、计算

Power Pivot是Power BI核心组件之一，从字面翻译叫作“超级数据透视表”，是一款功能强大的商业智能数据分析和计算工具。在Excel 2019和Excel 2016中已内置了Power Pivot工具，经过加载即可直接使用，下面先介绍加载方法。

13.2.1 Power Pivot加载方法

01 选择“文件”选项卡下的“选项”，在弹出的对话框中设置Excel加载项，操作步骤如图13-42所示。

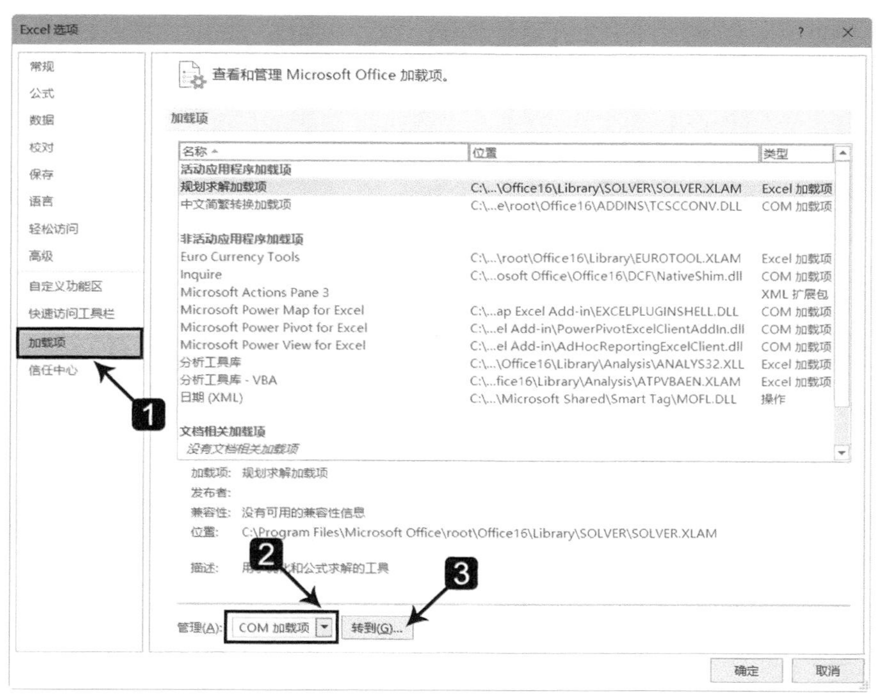

图13-42

02 在弹出的“COM加载项”对话框中选中“Microsoft Power Pivot for Excel”

复选框，单击“确定”按钮，如图13-43所示。

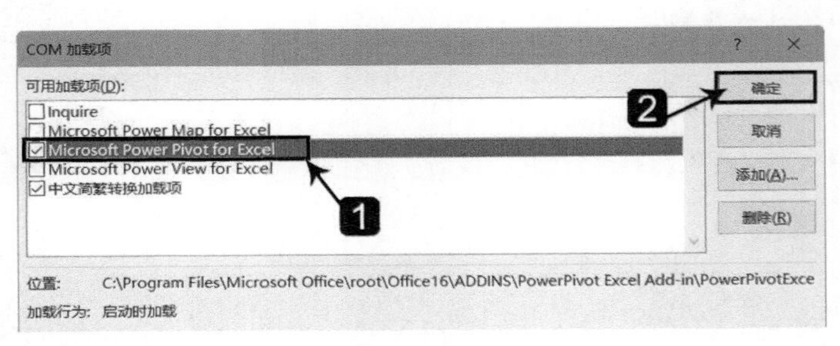

图13-43

03 加载成功后，Excel功能区会新增“Power Pivot”选项卡，如图13-44所示。这样即可直接在Excel中使用Power Pivot的各种功能，下面结合案例具体介绍。

图13-44

13.2.2 单表数据智能计算

某企业要求从销售记录中按照日期和店铺计算销售金额和不重复客户数，数据源如图13-45左侧表格所示。

	A	B	C	D	E
1	销售日期	订单编号	店铺名称	金额	客户名称
2	2020/7/1	LR0001	和平路店	681	李锐
3	2020/7/1	LR0002	和平路店	521	李锐
4	2020/7/1	LR0003	和平路店	35	李兰英
5	2020/7/1	LR0004	南京路店	344	王婷婷
6	2020/7/1	LR0005	南京路店	923	王婷婷
7	2020/7/1	LR0006	中山路店	656	李冰
8	2020/7/1	LR0007	西康路店	134	张建国
9	2020/7/1	LR0008	新华路店	509	李兰英
10	2020/7/2	LR0009	和平路店	504	王珍
11	2020/7/2	LR0010	和平路店	545	王珍
12	2020/7/2	LR0011	中山路店	467	李冰
13	2020/7/2	LR0012	中山路店	707	李冰
14	2020/7/2	LR0013	中山路店	333	李兰英
15	2020/7/2	LR0014	南京路店	995	张建国
16	2020/7/2	LR0015	南京路店	602	张建国
17	2020/7/2	LR0016	南京路店	475	王婷婷

G	H	I	J
销售日期	店铺名称	金额	客户数
2020/7/1	和平路店	1237	2
2020/7/1	南京路店	1267	1
2020/7/1	西康路店	134	1
2020/7/1	新华路店	509	1
2020/7/1	中山路店	656	1
2020/7/2	和平路店	1049	1
2020/7/2	南京路店	2072	2
2020/7/2	中山路店	1507	2
总计		8431	6

案例1要求 | 案例1 | 案例2要求 | 销售记录表 | 订单明细表

图13-45

该企业的业务目的可以分解为以下两点：

①按照销售日期和店铺名称汇总金额；

②按照销售日期和店铺名称统计不重复的客户数。

其中，第一个目的使用普通数据透视表即可实现，但是第二个目的涉及多条件非重复计数统计，所以使用普通的数据透视表很难满足对应需求，借助Power Pivot可以快速计算，操作步骤如下。

01 选中数据源中任意单元格（如E1单元格），创建数据透视表，操作步骤如图13-46所示。

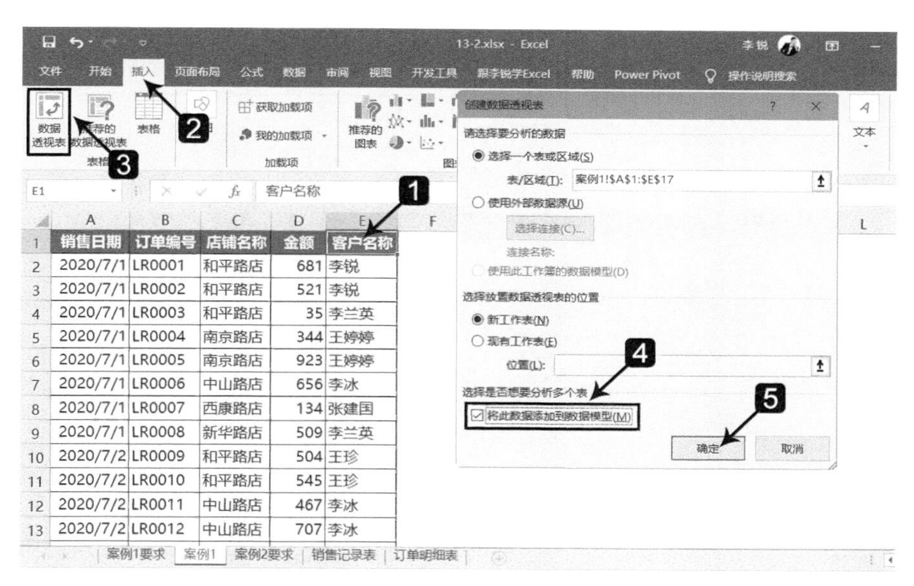

图13-46

> **注意**
>
> 要在数据透视表创建向导中选中“将此数据添加到数据模型”复选框，这样才能使用Power Pivot工具的强大功能。

02 在打开的新工作表中，设置数据透视表字段布局如图13-47所示。

03 当前的报表布局并不符合大多数人的习惯，因为数据透视表行字段中的“销售日期”和“店铺名称”是同时压缩在A列显示的，这是由于创建的默认数据透视表的报表布局是压缩形式，将其报表布局转换为表格形式显示即可符合大多数人的习惯，操作步骤如图13-48所示。

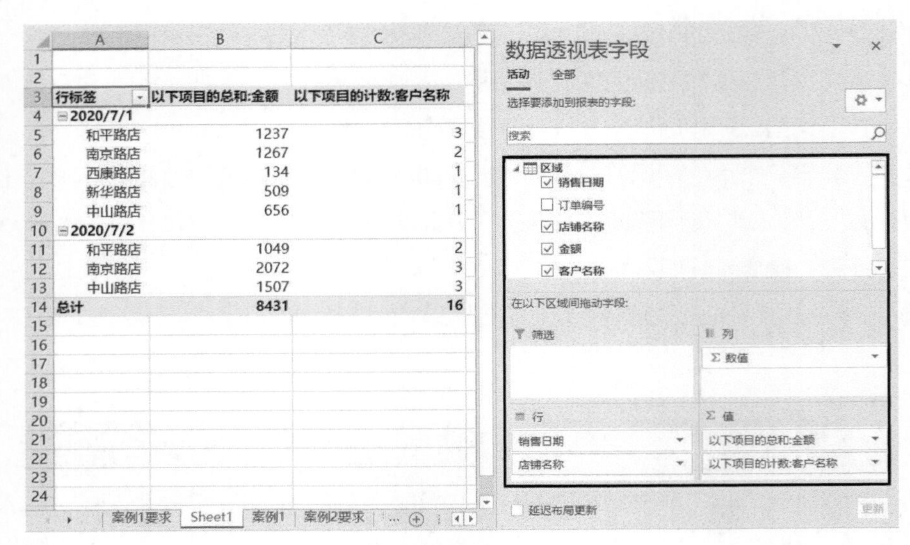

图 13-47

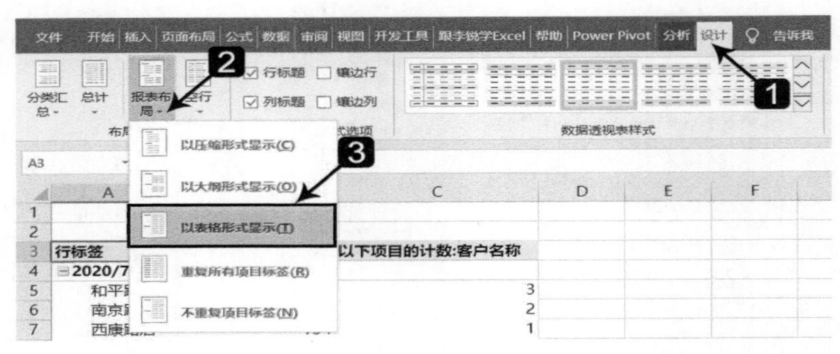

图 13-48

04 转换为表格形式显示报表布局的数据透视表会将行字段分列放置并显示字段名称，效果如图13-49所示。

销售日期	店铺名称	以下项目的总和:金额	以下项目的计数:客户名称
2020/7/1	和平路店	1237	3
	南京路店	1267	2
	西康路店	134	1
	新华路店	509	1
	中山路店	656	1
2020/7/2	和平路店	1049	2
	南京路店	2072	3
	中山路店	1507	3
总计		8431	16

图 13-49

05 当前数据透视表中D列的客户名称计数结果是包含重复客户的，要想排除重复值再统计，可以通过设置“值汇总依据”来实现，操作步骤如图13-50所示。

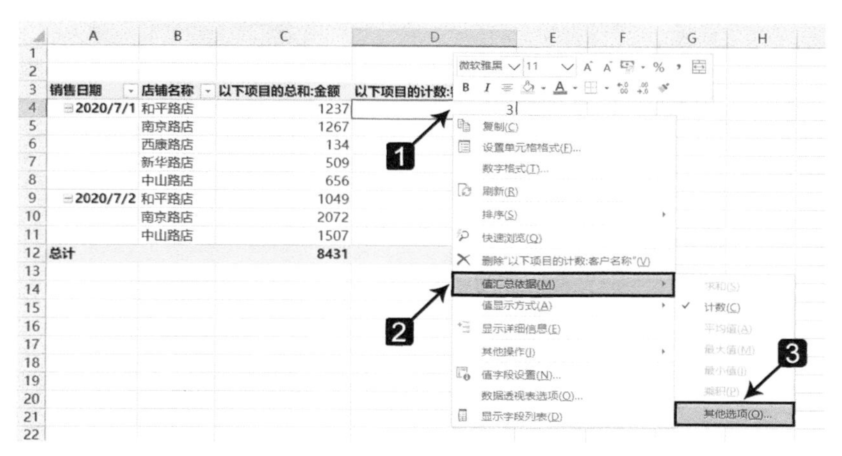

图13-50

06 弹出“值字段设置”对话框，选择“非重复计数”进行汇总，操作步骤如图13-51所示。

07 非重复计数设置成功后，效果如图13-52所示。

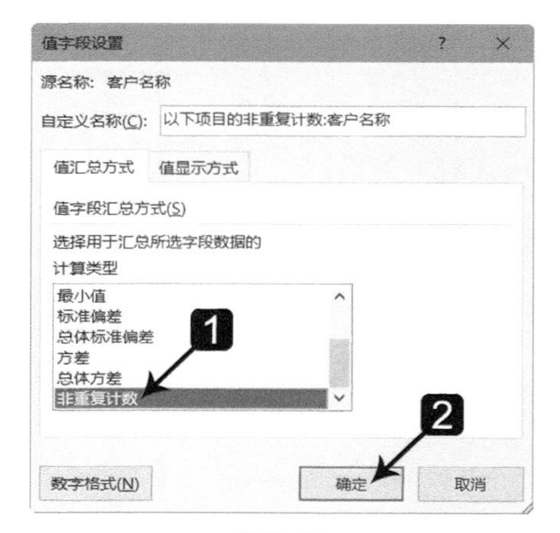

图13-51

	A	B	C	D	E
1					
2					
3	销售日期	店铺名称	以下项目的总和:金额	以下项目的非重复计数:客户名称	
4	⊟2020/7/1	和平路店	1237	2	
5		南京路店	1267	1	
6		西康路店	134	1	
7		新华路店	509	1	
8		中山路店	656	1	
9	⊟2020/7/2	和平路店	1049	1	
10		南京路店	2072	2	
11		中山路店	1507	2	
12	总计		8431	6	
13					

案例1要求 | Sheet1 | 案例1 | 案例2要求 | 销售记录表 | 订单明细表

图13-52

08 当前数据透视表中的“销售日期”字段并非每行填充，可以在“报表布局”中设置“重复所有项目标签”，操作步骤如图13-53所示。

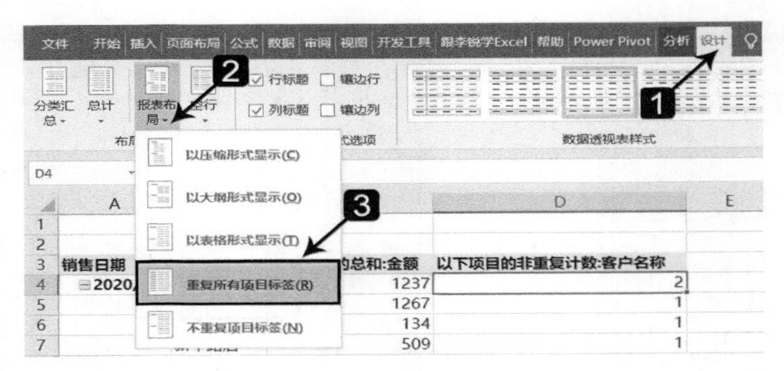

图13-53

09 设置成功后，效果如图13-54所示。

	A	B	C	D
1				
2				
3	销售日期	店铺名称	以下项目的总和:金额	以下项目的非重复计数:客户名称
4	2020/7/1	和平路店	1237	2
5	2020/7/1	南京路店	1267	1
6	2020/7/1	西康路店	134	1
7	2020/7/1	新华路店	509	1
8	2020/7/1	中山路店	656	1
9	2020/7/2	和平路店	1049	1
10	2020/7/2	南京路店	2072	2
11	2020/7/2	中山路店	1507	2
12	总计		8431	6
13				

案例1要求 | Sheet1 | 案例1 | 案例2要求 | 销售记录表 | 订单明细表

图13-54

10 最后根据实际需求对数据透视表字段名称进行规范，选中C3和D3单元格并输入字段名称，效果如图13-55所示。

这样即可轻松实现多条件分类汇总统计和非重复计数统计的智能数据计算。Power Pivot不但可以针对单表数据进行智能计算，而且可以对多表数据进行智能分析，13.2.3小节具体介绍相关内容。

	A	B	C	D
1				
2				
3	销售日期	店铺名称	金额	客户数
4	2020/7/1	和平路店	1237	2
5	2020/7/1	南京路店	1267	1
6	2020/7/1	西康路店	134	1
7	2020/7/1	新华路店	509	1
8	2020/7/1	中山路店	656	1
9	2020/7/2	和平路店	1049	1
10	2020/7/2	南京路店	2072	2
11	2020/7/2	中山路店	1507	2
12	总计		8431	6
13				

案例1要求 | Sheet1 | 案例1 | 案例2要求

图13-55

13.2.3 多表数据智能分析

某企业要求根据销售记录表和订单明细表进行汇总分析，得到各销售日期下各产品名称的总金额，如图13-56所示。

销售记录表结构如下

销售日期	订单编号	快递公司	发货地址	收货人	手机号
2020/7/1	LR0001	顺丰	地址1	李锐	168****3923
2020/7/1	LR0002	宅急送	地址2	王婷婷	124****5820
2020/7/2	LR0003	申通	地址3	李冰	182****5624
2020/7/3	LR0004	圆通	地址4	张建国	101****9506
2020/7/3	LR0005	中通	地址5	李兰英	121****3575
2020/7/4	LR0006	韵达	地址6	王珍	144****9671
2020/7/4	LR0007	顺丰	地址7	李秀梅	179****2947
2020/7/4	LR0008	顺丰	地址8	王龙	136****8236
2020/7/5	LR0009	宅急送	地址9	赵丽丽	152****1677

订单明细表结构如下

订单编号	产品名称	销售单价	数量
LR0001	产品A	100	9
LR0001	产品B	200	18
LR0001	产品D	400	7
LR0002	产品B	200	26
LR0002	产品C	300	23
LR0003	产品C	300	20
LR0003	产品D	400	24
LR0003	产品A	100	12
LR0004	产品D	400	16
LR0005	产品A	100	8
LR0005	产品B	200	4
LR0006	产品B	200	25
LR0007	产品A	100	20
LR0007	产品C	300	25
LR0008	产品D	400	27
LR0009	产品A	100	5
LR0009	产品A	100	14

要求得到结果表

销售日期	产品名称	总金额
2020/7/1	产品A	900
2020/7/1	产品B	8800
2020/7/1	产品C	6900
2020/7/1	产品D	2800
2020/7/2	产品A	1200
2020/7/2	产品C	6000
2020/7/2	产品D	9600
2020/7/3	产品A	800
2020/7/3	产品B	800
2020/7/3	产品D	6400
2020/7/4	产品A	2000
2020/7/4	产品B	5000
2020/7/4	产品C	7500
2020/7/4	产品D	10800
2020/7/5	产品A	1900
总计		71400

图 13-56

遇到这类问题后，我们首先要根据业务目的拆分需求，理清思路后再动手计算。

企业要求按照日期对产品总金额进行汇总，但是销售记录表里仅有日期信息却没有金额信息，而订单明细表里仅有销售单价和数量信息却没有日期信息，这就需要先将两张表的信息整合在一起再进行计算和分析。

经过观察发现两张表同时包含“订单编号”信息，且销售记录表中的每个订单编号对应着订单明细表中的多个销售记录，我们可以借助Power Pivot按照“订单编号”关联销售记录表和订单明细表数据。

01 为了使导入Power Pivot数据模型中的表格具有良好的含义标识，在导出之前先将数据源创建为超级表并设置表名。将销售记录表转换为超级表，操作步骤如图13-57所示。

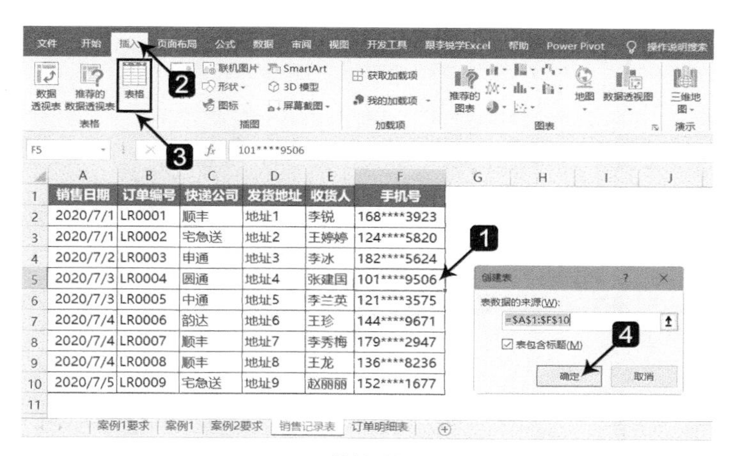

图 13-57

02 为销售记录表设置表名称，操作步骤如图13-58所示。

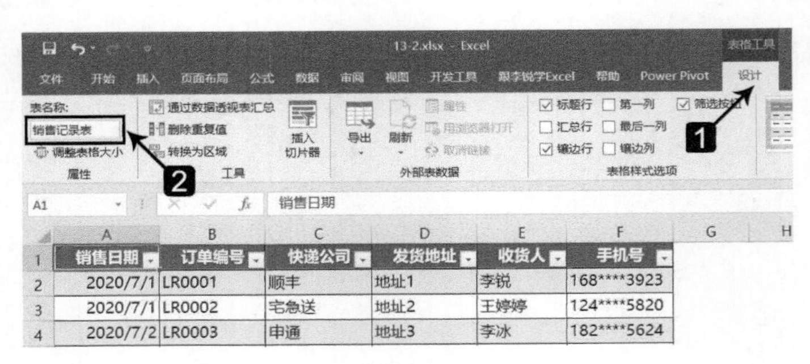

	A	B	C	D	E	F
1	销售日期	订单编号	快递公司	发货地址	收货人	手机号
2	2020/7/1	LR0001	顺丰	地址1	李锐	168****3923
3	2020/7/1	LR0002	宅急送	地址2	王婷婷	124****5820
4	2020/7/2	LR0003	申通	地址3	李冰	182****5624

图 13-58

03 设置好销售记录表以后，使用同样的方法设置订单明细表。首先按<Ctrl+T>组合键将订单明细表创建为超级表，然后为订单明细表设置表名称，操作步骤如图13-59所示。

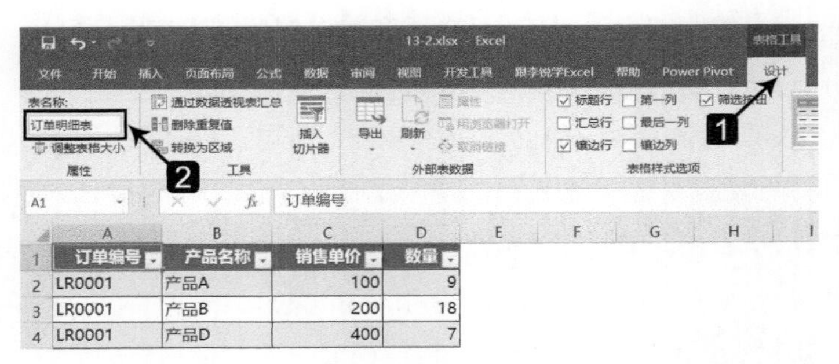

	A	B	C	D
1	订单编号	产品名称	销售单价	数量
2	LR0001	产品A	100	9
3	LR0001	产品B	200	18
4	LR0001	产品D	400	7

图 13-59

04 准备好这些需要的超级表后，将它们添加到Power Pivot数据模型中。首先添加订单明细表，操作步骤如图13-60所示。

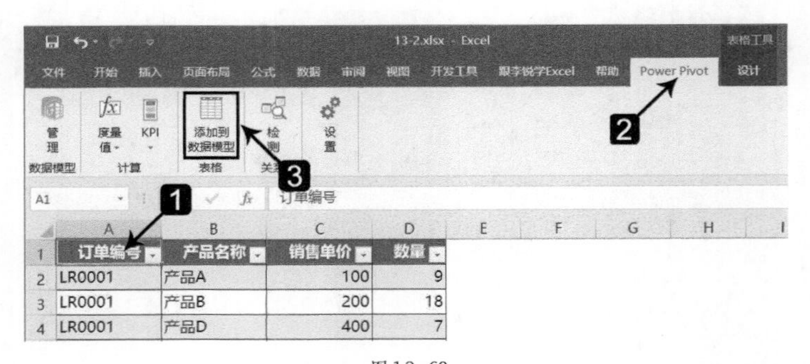

	A	B	C	D
1	订单编号	产品名称	销售单价	数量
2	LR0001	产品A	100	9
3	LR0001	产品B	200	18
4	LR0001	产品D	400	7

图 13-60

05 将订单明细表添加到Power Pivot数据模型后，效果如图13-61所示。

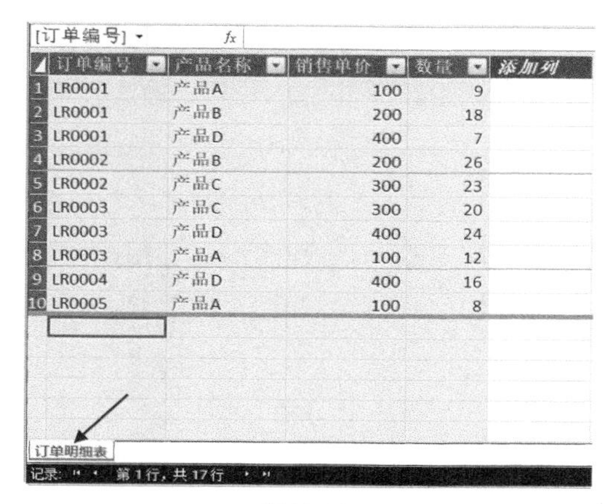

	订单编号	产品名称	销售单价	数量	添加列
1	LR0001	产品A	100	9	
2	LR0001	产品B	200	18	
3	LR0001	产品D	400	7	
4	LR0002	产品B	200	26	
5	LR0002	产品C	300	23	
6	LR0003	产品C	300	20	
7	LR0003	产品D	400	24	
8	LR0003	产品A	100	12	
9	LR0004	产品D	400	16	
10	LR0005	产品A	100	8	

图 13-61

06 将销售记录表添加到Power Pivot数据模型，添加完毕后可在Power Pivot数据模型中查看到从Excel导入的表名称及数据，效果如图13-62所示。

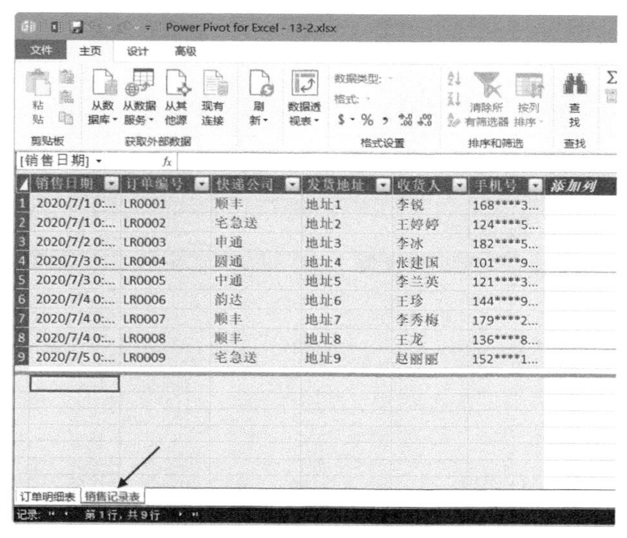

	销售日期	订单编号	快递公司	发货地址	收货人	手机号	添加列
1	2020/7/1 0:...	LR0001	顺丰	地址1	李锐	168****3...	
2	2020/7/1 0:...	LR0002	宅急送	地址2	王婷婷	124****5...	
3	2020/7/2 0:...	LR0003	申通	地址3	李冰	182****5...	
4	2020/7/3 0:...	LR0004	圆通	地址4	张建国	101****9...	
5	2020/7/3 0:...	LR0005	中通	地址5	李兰英	121****3...	
6	2020/7/4 0:...	LR0006	韵达	地址6	王珍	144****9...	
7	2020/7/4 0:...	LR0007	顺丰	地址7	李秀梅	179****2...	
8	2020/7/4 0:...	LR0008	顺丰	地址8	王龙	136****8...	
9	2020/7/5 0:...	LR0009	宅急送	地址9	赵丽丽	152****1...	

图 13-62

提示

由于企业要求汇总的是总金额，但是原始记录中没有金额信息而只有单价和数量信息，所以需要先根据以下对应关系用单价和数量计算出金额：

$$金额=单价\times数量$$

为了在数据模型中添加“金额”字段，同时并不额外增加模型容量，提高运算效率，我们添加一个度量值并将其命名为“总金额”。下面介绍添加度量值的具体操作步骤。

07 首先在Power Pivot数据模型中选中订单明细表，然后在下方区域选中任意位置，在编辑栏中输入DAX公式，添加度量值“总金额”。输入公式时注意使用英文半角符号，并且可以利用单引号“'”显示表名称及字段的下拉菜单方便、快捷地输入。例如，当在编辑栏中输入“总金额:=SUMX('”时，显示的提示下拉菜单如图13-63所示。在下拉菜单中双击对应项目即可将其输入到编辑栏中，利用此技巧输入以下DAX公式：

总金额:=SUMX('订单明细表','订单明细表'[销售单价]*'订单明细表'[数量])

08 输入完毕后的度量值及计算结果在Power Pivot数据模型下方区域中可见，效果如图13-64所示。

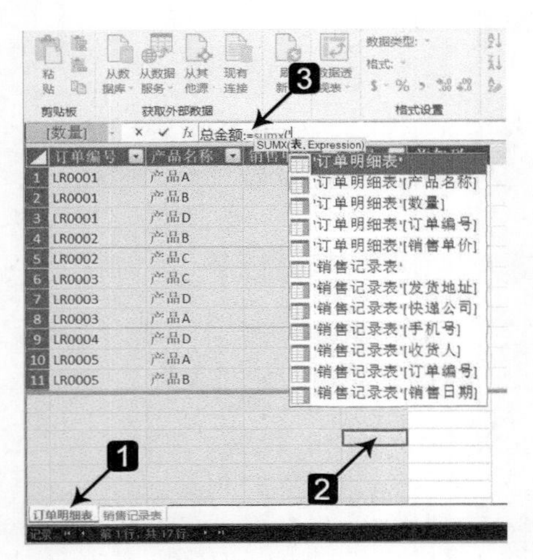

图13-63

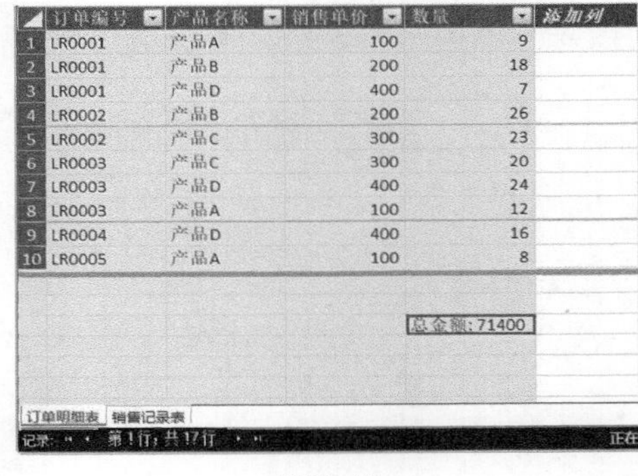

图13-64

09 由于订单明细表和销售记录表要按照“订单编号”进行关联，所以将Power Pivot数据模型由默认的数据视图转换为关系图视图显示，操作步骤如图13-65所示。

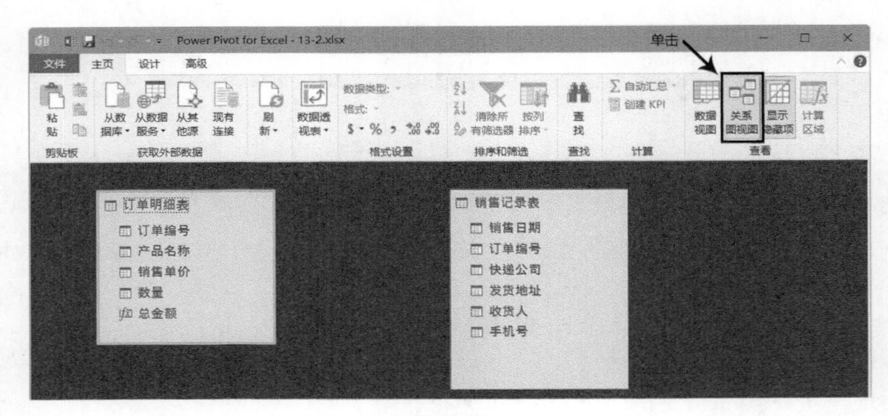

图13-65

10 先在“订单明细表”中选中“订单编号”字段，按住鼠标左键不松开，将其拖曳至右侧的“销售记录表”的“订单编号”字段上再松开鼠标左键，如图13-66所示。

11 将两表按照“订单编号”建立关联后，可见从销售记录表到订单明细表建立了一对多关系，效果如图13-67所示。

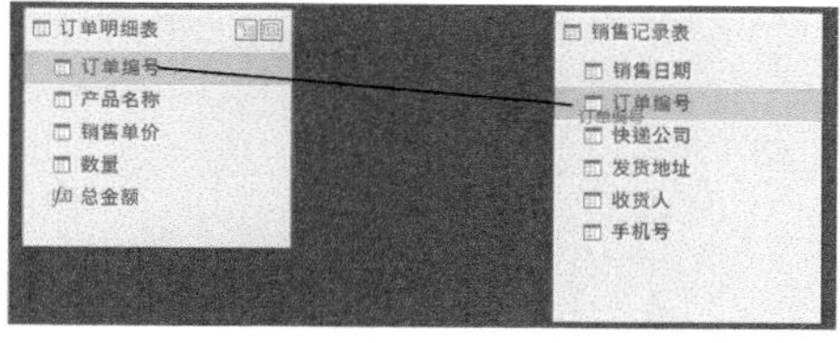

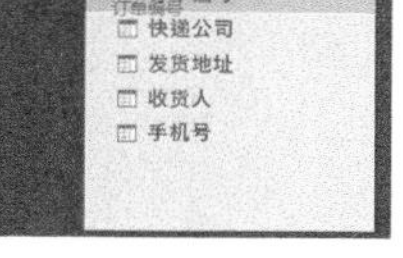

图13-66

图13-67

12 设置好多表关联后，创建数据透视表，操作步骤如图13-68所示。

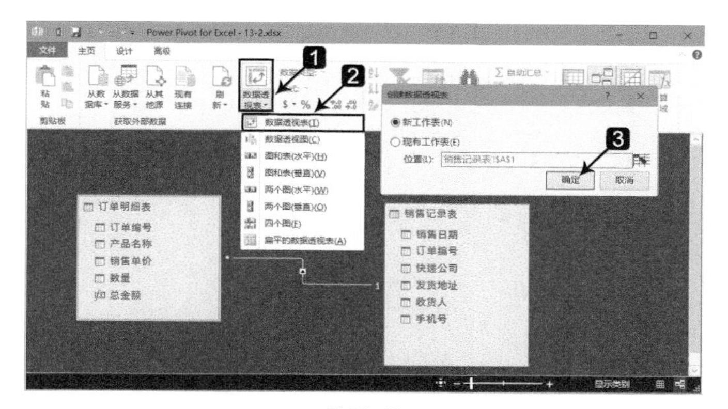

图13-68

13 在新建的“Sheet1”工作表中，单击鼠标右键，从快捷菜单中选择“显示字段列表”，如图13-69所示。

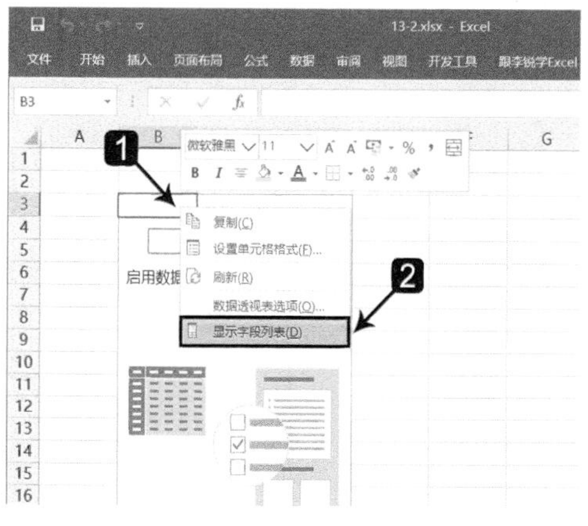

图13-69

14 在数据透视表字段区域中，可见数据模型中的多个表名称，如图13-70所示。单击表名称可以展开对应的表字段。

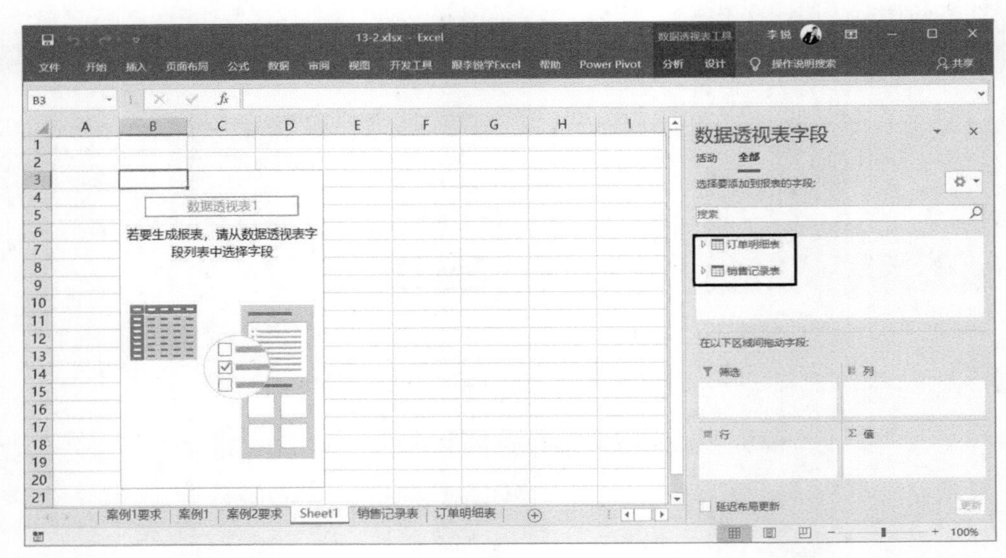

图13-70

15 调整数据透视表字段布局为“字段节和区域节并排”，操作步骤如图13-71所示。

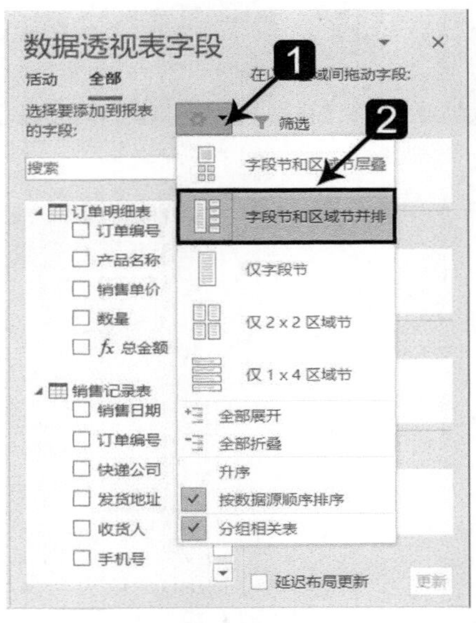

图13-71

16 按照企业需求设置数据透视表字段布局，如图13-72所示。

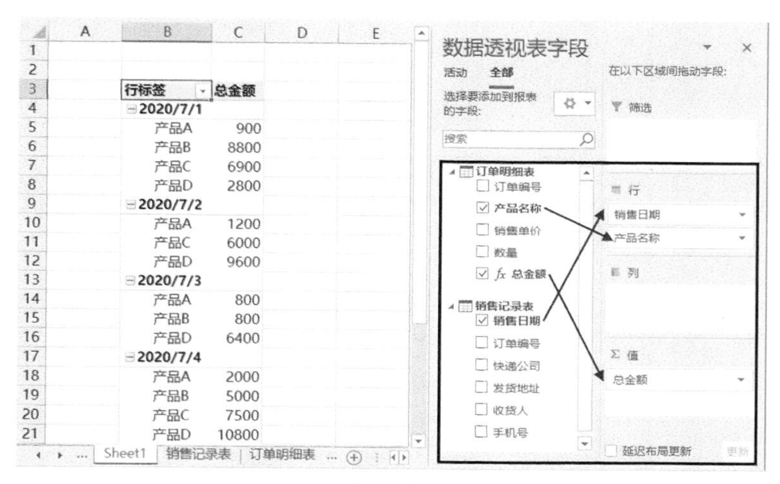

图 13-72

17 将数据透视表的报表布局转换为“以表格形式显示”，操作步骤如图13-73所示。

图 13-73

18 设置数据透视表重复所有项目标签，如图13-74所示。

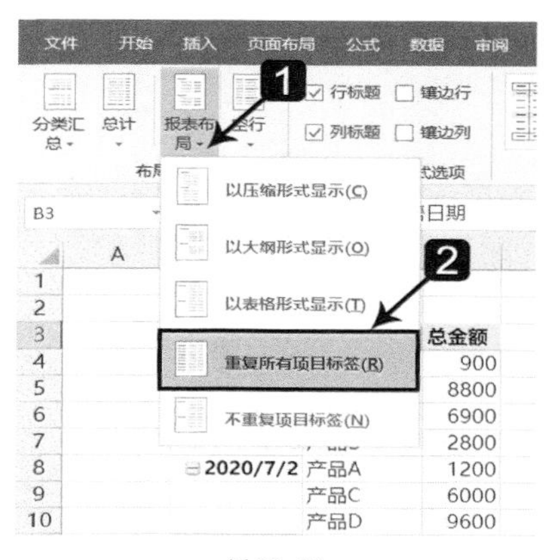

图 13-74

19 最终效果如图13-75所示。

	A	B	C	D	E
1					
2					
3		销售日期	产品名称	总金额	
4		⊟2020/7/1	产品A	900	
5		2020/7/1	产品B	8800	
6		2020/7/1	产品C	6900	
7		2020/7/1	产品D	2800	
8		⊟2020/7/2	产品A	1200	
9		2020/7/2	产品C	6000	
10		2020/7/2	产品D	9600	
11		⊟2020/7/3	产品A	800	
12		2020/7/3	产品B	800	
13		2020/7/3	产品D	6400	
14		⊟2020/7/4	产品A	2000	
15		2020/7/4	产品B	5000	
16		2020/7/4	产品C	7500	
17		2020/7/4	产品D	10800	
18		⊟2020/7/5	产品A	1900	
19		总计		71400	
20					

Sheet1 | 销售记录表 | 订单明细表

图13-75

这样即可利用Power Pivot快速实现多表数据智能计算和数据分析。此案例仅是Power Pivot众多强大功能的应用之一，如想获取更多资料请关注作者的微信公众号“跟李锐学Excel”。